George William Jones

Logarithmic Tables

George William Jones

Logarithmic Tables

ISBN/EAN: 9783337132460

Printed in Europe, USA, Canada, Australia, Japan

Cover: Foto ©berggeist007 / pixelio.de

More available books at **www.hansebooks.com**

LOGARITHMIC TABLES

BY

PROF. GEORGE WILLIAM JONES

OF

CORNELL UNIVERSITY.

SEVENTH EDITION.

To promote the detection of errors in the tables, one dollar will be paid for the first notice of every such error. Address Prof. Jones at Ithaca.

London
MACMILLAN AND CO.
ITHACA, N. Y.
GEORGE W. JONES.
1898.

CONTENTS.

PAGES.

EXPLANATION OF THE TABLES, ... 3–11

I. FOUR-PLACE LOGARITHMS, ... 12–14

A four-place table of logarithms of the natural numbers 1, 2, 3,..999, with a table of proportional differences in the margin, and of the logarithms of the squares, cubes, square-roots, cube-roots and reciprocals of the numbers 1, 2, 3,..99.

II. FOUR-PLACE TRIGONOMETRIC FUNCTIONS, ... 15–19

A four-place table of logarithms of the six principal trigonometric functions, with differences for minutes, and of the lengths of arcs in radians.

III. LOGARITHMS OF NUMBERS, ... 20–37

A six-place table of logarithms of four-figure numbers, with a table of differences.

IV. CONSTANTS OF MATHEMATICS AND OF NATURE—WEIGHTS AND MEASURES, 38–41

A table of useful constants, with the logarithms of those in common use.

V. ADDITION-SUBTRACTION LOGARITHMS, ... 42–58

A six-place table of logarithms so related that, by their use, the logarithm of the sum and of the difference of two numbers may be found from their logarithms without taking out the numbers themselves.

VI. SINES AND TANGENTS OF SMALL ANGLES, ... 59

A table of the ratios sin A″: A, tan A″: A for angles 0°–5°, whereby the logarithmic sines and tangents of these small angles are found more exactly than by Table VII.

VII. TRIGONOMETRIC FUNCTIONS, ... 60–104

A five-place table of natural sines, cosines, tangents, and cotangents of angles 0°–180°, to minutes, and a six-place table of their logarithms, with differences of logarithms for seconds expressed in units of the sixth decimal place.

VIII. NATURAL LOGARITHMS, ... 105–117

A six-place table of natural logarithms of the decimal numbers, .01, .02, .03,..9.99, of the natural numbers 1, 2, 3,..1213, and of the prime numbers between 1213 and 10000.

IX. PRIME AND COMPOSITE NUMBERS, ... 118–137

A table of prime and composite numbers from 1 to 20000, with the factors of the composite numbers that are not divisible by 2 or 5, and ten-place logarithms of the primes.

X. SQUARES, ... 138–139

A table of the squares of the natural numbers 1, 2, 3,..999.

XI. CUBES, ... 140–141

A table of the cubes of the decimal numbers .1, .2, .3,..99.9.

XII. SQUARE-ROOTS, ... 142–145

A table of the square-roots, to four decimal places, of the natural numbers 1, 2, 3,..999, and of the decimal numbers .1, .2, .3,..99.9.

XIII. CUBE-ROOTS, ... 146–151

A table of the cube-roots, to four decimal places, of the natural numbers 1, 2, 3,..999, of the decimals .1, .2, .3,..99.9, and of the decimals .01, .02, .03,..9.99.

XIV. RECIPROCALS, ... 152–153

A table of the reciprocals of the decimal numbers .01, .02, .03,..9.99.

XV. QUARTER-SQUARES, ... 154–157

A table of the quarter-squares of the natural numbers 1, 2, 3,..2000.

XVI. BESSEL'S COEFFICIENTS, ... 158

A table of Bessel's coefficients for second, third, fourth, and fifth differences, for interpolation.

XVII. BINOMIAL COEFFICIENTS, ... 159

A table of binomial coefficients for second, third, fourth, and fifth differences, for interpolation.

XVIII. ERRORS OF OBSERVATION, ... 160

A table of ordinates of the probability-curve, values of probability integrals, and other values.

Copyright, 1889, by George William Jones.

EXPLANATION OF THE TABLES.

COMMON LOGARITHMS.

FORM OF A LOGARITHM.

THE LOGARITHM of a number is the exponent of that power to which another number, the base, must be raised to give the number first named.

The base commonly used in computation is 10, and as most numbers are incommensurable powers of 10, a common logarithm, in general, consists of an integer, the characteristic, and an endless decimal, the mantissa.

If a number be resolved into two factors, of which one is an integer power of 10 and the other lies between 1 and 10, then the integer exponent of 10 is the characteristic, and the logarithm of the other factor is the mantissa. The characteristic is positive if the number be larger than unity, and negative if it be smaller; the mantissa is always positive. A negative characteristic is indicated by the sign $-$ above it.

E.g., $7770 = 10^3 \times 7.77$, and $\log 7770 = 3.890421$,
$.0777 = 10^{-2} \times 7.77$, and $\log .0777 = \overline{2}.890421$.

The logarithms of all numbers expressed by the same figures in the same order have different characteristics but the same mantissa; for since all such numbers may be got one from another by multiplying or dividing by some integer power of 10, their logarithms differ by integers.

In particular: if the decimal point stand after the first figure of a number, counting from the left, the characteristic is 0; if after two figures, it is 1; if after three figures, it is 2, and so on. So, if the decimal point stand before the first significant figure, the characteristic is $\overline{1}$; if one zero follow the decimal point, it is $\overline{2}$.

E.g., $\log 3649 = 3.562174$, $\log 3.649 = 0.562174$, $\log .003649 = \overline{3}.562174$.

TABLES OF LOGARITHMS.

The logarithms of any set of consecutive numbers, arranged in a form convenient for use, constitute a table of logarithms. Such a table, to the base 10, need give only the mantissas; the characteristics are evident.

In this book there are three tables of common logarithms: Table I, pp. 12, 13, gives the logarithms of all three-figure numbers correct to four decimal places. Table III, pp. 20-37, gives the logarithms of all four-figure numbers correct to six decimal places. Table IX, pp. 118-137, gives the logarithms of all prime numbers below 20000 correct to ten decimal places.

All these tables are arranged upon the same general plan, that of double entry, the last figure of a number standing at the top of the page, above the logarithm, and the other figures at the extreme left and on a line with the logarithm.

The explanations that follow apply particularly to Table III; but, with slight changes, they may serve also for Tables I and IX.

TABLE III.

In Table III, the first three figures of a number stand at the left of the page, and the fourth figure at the top; the mantissa of the logarithm is found on a line with the first three figures of the number, and under the fourth figure.

The mantissas, though endless decimals, are carried to six places only; the sixth figure, being that which is nearest to the true value, is in error by less than half a unit. Of these six figures the last four are always printed in full, but the first two appear in the first column only, and at intervals of ten, or when they change. If a change occur in the middle of a line, warning is given by stars, and then the first two figures are read from the line below.

E.g., on page 32 the mantissas of all numbers from 7000 to 7079 begin with 84; of numbers from 7080 to 7244, with 85; and the change to 86 takes place in the logarithm of 7245.

The four-figure numbers found in the table are tabular numbers, and their logarithms are tabular logarithms. The differences of consecutive tabular logarithms, the tabular differences, are printed in the column of differences with multiples of their tenth parts below them.

TO TAKE OUT THE LOGARITHM OF A NUMBER.

For a four-figure number. Take out the tabular mantissa that lies in line with the first three figures of the number and under the fourth figure; the characteristic is the exponent of that integer power of 10 which lies next below the number.

E.g., $\log 72.44 = 1.859978$, $\log .7245 = \bar{1}.860038$, $\log .007246 = \bar{3}.860098$.

For a number of less than four figures. Make the number a four-figure number by annexing zeros; and follow the rule above.

E.g., $\log 700 = 2.845098$, $\log 72 = 1.857332$, $\log 702 = 2.846337$,
$\log .007 = \bar{3}.845098$, $\log .72 = \bar{1}.857332$, $\log .000702 = \bar{4}.846337$.

For a number of more than four figures. Take out the tabular mantissa of the first four figures, subtract this mantissa from the next greater tabular mantissa, multiply the difference so found by the remaining figures, as a decimal, and add the product, as a correction, to the mantissa of the first four figures.

E.g., to take out log 8513.64:
The characteristic is 3, and the mantissa of log 8513 is .930083.
The tabular difference is .000051, and the product of .000051 by .64 is .000033.
The corrected logarithm (3.930083 + .000033) is 3.930116.

The work may take this form:

```
   3.930134                  51                3.930083
         83  51             .64  32.64                33  3.930116
```

The labor of multiplying is shortened by finding the tabular difference in the column of differences and adding mentally that part of this difference which lies opposite the fifth figure of the number, a tenth of that which lies opposite the sixth figure, a hundredth of that which lies opposite the seventh figure, and so on.

E.g., in the example above, under 51 and opposite 6 is 31; opposite 4 is 20, whose tenth part is 2, and the sum is 33.

So, to take out log .001386137:
 man. log $1386 = .141763$, tab. dif. $= 313$, $313 \times .137 = 43$,
and the logarithm sought is $\bar{3}.141806$.

This process of finding logarithms of numbers of more than four figures is interpolation by proportional parts; it rests upon this property of logarithms: that the differences of logarithms are very nearly proportional to the differences of their numbers when those differences are small.

TO TAKE OUT A NUMBER FROM ITS LOGARITHM.

For a mantissa found exactly in the table. Join the figure at the top that lies above the given mantissa to the three figures upon the same line at the extreme left; in the four-figure number thus found, so place the decimal point that the number shall be the product of some number that lies between 1 and 10 by a power of 10 whose exponent is the characteristic of the logarithm.

E.g., to take out $\log^{-1} 3.583652$:   [$\log^{-1}$ is read antilogarithm.

The mantissa .583652 lies in line with 383 and under 4; and since the characteristic is 3, there are four integer figures, and the number is 3834.

So, $\log^{-1} 0.583652 = 3.834$, $\log^{-1} \bar{3}.583652 = .003834$.

To take out $\log^{-1} \bar{1}.780029$:

The mantissa .780029 lies in line with 602 and under 6, and since the characteristic is -1, the number sought is .6026.

So, $\log^{-1} \bar{3}.780029 = .006026$, $\log^{-1} 2.780029 = 602.6$.

For a mantissa not found exactly in the table. Take out the four-figure antilogarithm of the tabular mantissa next less than the given mantissa, and to it join the quotient of the difference of these two mantissas by the tabular difference.

E.g., to take out $\log^{-1} 3.583700$:

The next less tabular mantissa is .583652, whose four-figure antilogarithm is 3834,

     583700   583765   48 : 113 = .425 nearly,
     583652   48   583652   113

and the number sought is 3834.425 nearly.

To take out $\log^{-1} \bar{1}.780089$:

The next less tabular mantissa is .780029, whose four-figure antilogarithm is 6026,

     780089   780101   60 : 72 = .83 nearly,
        29   60   29   72

and the number sought is .602683 nearly.

To take out $\log^{-1} 6.471197$:

The next less tabular mantissa is .471145, whose four-figure antilogarithm is 2959,

     471197   471292   52 : 147 = 35 nearly,
        45   52   145   147

and the number sought is 2959350 nearly.

The labor of dividing is shortened by finding the tabular difference in the column of differences, and using the multiples of its tenth part for the several products in the course of the division. Thus shortened, the whole work may in most cases be done mentally, and only the complete antilogarithm is then written down.

E.g., in dividing 48 by 113, the table of differences shows that 45 is 4 tenths of 113, and that the remainder, 3, is nearly 3 hundredths of 113.

POSSIBLE ERRORS.

The possible error of any logarithm, as printed in this table, is half a millionth, and the possible error of any tabular difference is a millionth; but the probable error is much less. If several logarithms be added, or if a logarithm be multiplied by the exponent of a high power, the resulting logarithm may be in error by more than a millionth. In such a case the fifth figure of the antilogarithm, the first got by division, is generally trustworthy, the sixth figure is often in doubt, and the seventh figure is rarely to be used. The possible error in the result is nearly ten times greater if the logarithm be near the end of the table than if near the beginning; for then the tabular difference, the divisor, is much smaller, and an error either in it or in the dividend has greater effect. If greater accuracy be desired, larger tables must be used.

LABOR-SAVING DEVICES.

If the number whose logarithm is sought lie nearer the larger of two tabular numbers, the correction may be applied, by subtraction, to the larger tabular mantissa; and so, if a given logarithm lie nearer the larger of two tabular mantissas, the correction may be applied, by subtraction, to the larger tabular number.

To avoid straining the eyes the logarithms are grouped in blocks of five, and, instead of tracing the lines of figures across the page and down the columns, the computer may guide himself by correspondences of position in the blocks.

To divide a logarithm whose characteristic is negative: Write down, as first quotient figure, the number of times the divisor is contained in that negative multiple of itself which is equal to, or next larger than, the negative characteristic; carry the positive remainder to the mantissa and divide for the mantissa of the quotient.

To avoid negative characteristics: Modify the logarithms by adding 10 to such characteristics. Use the sums, differences, or multiples of the modified logarithms where the subject-matter is such that the general magnitude of the results cannot be mistaken.

To divide a modified logarithm: Add such a multiple of 10 as will make the sum exceed the true logarithm by 10 times the divisor; divide, and the quotient is the true logarithm, modified.

The arithmetical complement of a logarithm is the excess of 10 over the given logarithm; it is the modified logarithm of the reciprocal of the number. The arithmetical complement of a tabular logarithm may be read directly from the table, subtracting the first figures of the logarithm from 9 and the last from 10.

CONSTANTS.—WEIGHTS AND MEASURES.
TABLE IV.

Table IV gives the principal constants of mathematics and of nature, with the logarithms of such of them as are in common use. If the characteristic of a logarithm be negative the modified logarithm is used. In addition to the constants of mathematics, certain formulæ are shown by which these constants may be determined.

In chemistry, Professor Clarke is the authority.

In physics, Professors Everett, Landolt and Börnstein are the principal authorities. When there have been several determinations of a constant, either the range has been given, where space permitted, or that one of them has been chosen which seemed most reliable. Here the meter is taken as 39.370432 inches.

In the conversion tables for "Weights and Measures," the meter has been taken as 39.3700 inches, with a very small possible error, on the authority of Professor Rogers and of Professor Mendenhall, the superintendent of the United States Coast and Geodetic Survey. This value is also the legal value of the meter in the United States. The kilogram, by the determinations of the International Bureau of Weights and Measures, is 15432.35639 grains.

ADDITION-SUBTRACTION LOGARITHMS.

TABLE V.

Addition-subtraction logarithms (Gaussians) are of use in finding the logarithm of the sum or difference of two numbers directly from their logarithms. They are known as A-logarithms, B-logarithms, and C-logarithms. The table is divided into three parts: pp. 42-51, 52-53, 54-58.

The formulæ at the bottom of any page show how to use the logarithms on that page: for addition, at the left; for subtraction, at the right.

All cases of addition can be solved by the use of part 1, and part 2 need be used only for subtraction; part 3 is for subtraction only.

This table is arranged on the same general plan as Table III: the A-logarithms in parts 1, 2 take the place of numbers in that table, and the B-logarithms that of logarithms; the B-logarithms in part 3 take the place of numbers, and the C-logarithms that of logarithms.

In parts 1, 2, A, B are so related that $\log^{-1}B = 1 + \log^{-1}A$.

GIVEN $\log a$, $\log b$, AND $\log a$ GREATER THAN $\log b$, TO FIND $\log (a+b)$.

From $\log b$ subtract $\log a$ and add 10; enter the table with this sum as A, take out B, as a logarithm is found from its number; to B add $\log a$.

Or, from $\log a$ subtract $\log b$, and if the remainder be less than .2, enter the table with this remainder as A, take out B, and add $\log b$.

The work may take this form:

A	9.216000	[part 1	A	0.110925	[part 2
$\log b$	3.091175		$\log a$	3.847129	
$\log a$	3.875175		$\log b$	3.736204	
B	0.066116		B	0.360024	
$\log (a+b)$	3.941291		$\log (a+b)$	4.096228	

GIVEN $\log a$, $\log b$, AND $\log a$ GREATER THAN $\log b$, TO FIND $\log (a-b)$.

From $\log a$ subtract $\log b$, then:

(*a*) If the remainder be less than .4, enter the table with this remainder as B, and and take out A, as a number is found from its logarithm; to A add $\log b$.

B	0.230162	[part 1	B	0.340079	[part 2
$\log a$	1.517893		$\log a$	$\bar{1}.683719$	
$\log b$	1.287731		$\log b$	$\bar{1}.343640$	
A	9.844400		A	0.074875	
$\log (a-b)$	1.132131		$\log (a-b)$	$\bar{1}.418515$	

(*b*) If the remainder be more than .4, enter the table with this remainder as B, and take out C, as a logarithm is found from its number; to C add $\log a$.

B	0.450700		B	0.600311	[part 3
$\log b$	1.916429		$\log b$	0.196834	
$\log a$	2.367129		$\log a$	0.797145	
C	9.810070		C	9.874476	
$\log (a-b)$	2.177199		$\log (a-b)$	0.671621	

TRIGONOMETRIC FUNCTIONS.

In this book there are two tables of trigonometric functions:

Table II, pp. 15-19, gives the angles in degrees, and in radians, to five minutes for the first five degrees and the last five degrees of a right angle, and to ten minutes for the rest; and it gives four-place logarithms of the six principal functions of these angles, with differences for minutes.

Table VI, page 59, is a supplementary table whose object is to make more exact such computations as involve very small angles.

Table VII, pp. 60-104, gives the angles to minutes for two right angles, with their natural sines, cosines, tangents, and cotangents, correct to five places, and six-place logarithms of these functions, with differences for seconds.

The explanations that follow apply particularly to Table VII; with slight changes they may serve also for Table II. For explanations of Table VI, see page 10.

TABLE VII.

If the angle be less than 45° or more than 135°, the name of the function and the number of degrees in the angle are found at the top of the page, and the minutes at the side of the page below the degrees; if the angle lie between 45° and 135°, the name of the function and the number of degrees are found at the bottom of the page, and the minutes above the number of degrees. The functions are given for every degree and minute from 0° to 180°, and they lie in line with the minutes of the angle.

The functions themselves, called the natural functions, and their logarithms, the logarithmic functions, are printed side by side, the first in small type, and the other in larger type as being more important. If a logarithm be negative, then the modified logarithm is used.

At the right of the columns of logarithmic sines and cosines and between those of logarithmic tangents and cotangents are printed the sixtieth parts of the differences of consecutive logarithms; they are the tabular differences for seconds.

Logarithmic secants and cosecants are found by subtracting from 10 the modified logarithms of cosines and sines.

The tables do not distinguish between positive and negative functions, and every function is some function of four different angles: every sine is the sine of two angles that are supplementary, and the cosine of their complements, and so with every cosine, tangent, and cotangent.

E.g., on page 71 the decimal .19652 is the sine of 11° 20' and of 168° 40', and the cosine of 78° 40' and of 101° 20'; and 9.293399 is its logarithm.

TO TAKE OUT A FUNCTION OF AN ANGLE.

For an angle given in degrees and minutes. If the degrees be at the top of the page, find the minutes under the degrees and take out the number, or its logarithm, that lies in line with the minutes and below the name of the function sought.

If the degrees be at the bottom of the page, find the minutes over the degrees and the function sought above its name.

E.g., to take out nat-sin 16° 10':

Under 16° and nat-sine, and in line with 10' on the left, read .27843.

So, to take out log-cot 107° 34':

Over 107° and log-cotangent, and in line with 34' on the left, read 9.500481.

For an angle given in degrees, minutes, and seconds. Take out, as above, the functions of the two tabular angles between which the given angle lies; and to the function of the less angle add such part of the excess of the function of the greater angle over that of the less, as the seconds are of one minute.

The correction for seconds may be computed and applied mentally. With logarithmic functions the corrections sought are the products of the tabular differences for seconds by the number of seconds.

If the function of the greater angle be the greater function, the correction is positive; but if it be the less function, the correction is negative.

E.g., to take out nat-tan 106° 33′ 47″:

nat-tan 106° 34′ = 3.3616 　　　　3.3652

nat-tan 106° 33′ = 3.3652, 　$-36 \times \frac{47}{60} = -28$ 　　28 3.3624

So, to take out log-cot 107° 34′ 25″:

log-cot 107° 34′ = 9.500481 　　$7.32 \times 25 = 183.$

183 9.500664

TO TAKE OUT AN ANGLE FROM ITS FUNCTION.

The function found exactly in the table. If the name of the function be found at the top of the column, read the degrees at the top of the page, and the minutes in line with the function under the degrees.

If the name of the function be found at the bottom of the column, read the degrees at the bottom of the page, and the minutes in line with the function over the degrees.

For every sine, the table gives two angles, supplements; and which of them shall be taken is made known in practice by other considerations. So with the other functions if the signs of the functions be disregarded.

E.g., to take out nat-cos^{-1}.51279: The function is found on page 90, over 120° and in line with 51′, and over 59° and in line with 9′.

So, to take out log-sin^{-1} 9.716224: The function is found on page 91, under 31° and in line with 21′, and under 148° and in line with 39′.

So, to take out log-tan^{-1}.206744: The function is found on page 91, over 58° and in line with 9′, and over 121° and in line with 51′.

The function not found exactly in the table. Take out the two tabular functions between which the given function lies and to the smaller tabular angle add such part of sixty seconds as the difference between the function of the less angle and the given function is a part of the tabular difference.

With logarithmic functions the number of seconds is the quotient of this difference by the tabular difference for seconds.

E.g., to take out nat-cos^{-1}.51267:

nat-cos 59° 10′ = .51254 　　.51267 　　$60'' \times \frac{12}{25} = 29''$ 　　59° 9′ 29″,

nat-cos 59° 9′ = .51279 −25 　　.51279 −12 　　　　120° 50′ 31″.

So, to take out log-sin^{-1} 9.716300: 　　　　31° 21′ 22″,

log-sin 31° 21′ = 9.716224, 　　$76 : 3.47 = 22''$. 　　148° 38′ 38″.

With practice the seconds may be computed mentally, and the whole angle is then read directly from the table.

SINES AND TANGENTS OF SMALL ANGLES.
TABLE VI.

If an angle be very small, its sine and tangent are also very small; but their logarithms are negative and very large, and they change rapidly and at rapidly varying rates. Such logarithms, therefore, are not convenient for use where interpolation is necessary, and in their stead the logarithms given in Table VI may be used; they are based on the following considerations:

An angle whose bounding arc is just as long as a radius is a radian; it is equal to $57°\ 17'\ 44''.8$, i. e., to $206264''.8$, and the number of seconds in an angle is 206264.8 times the number of radians.

For a small angle the number of radians in the bounding arc is a little larger than the sine of the angle and a little smaller than its tangent: it follows that, if A be a small angle expressed in radians, the ratio $\sin A : A$ is a little smaller, and the ratio $\tan A : A$ is a little larger, than unity; but both these ratios approach unity closer and closer as the angle grows smaller.

If the angle be expressed in seconds, then the ratio $\sin A'' : A$ is a little smaller than the reciprocal of 206264.8, and the ratio $\tan A'' : A$ is a little larger than this reciprocal. These ratios change very slowly, and hence interpolation is always possible; the table gives their logarithms for every minute from $0°$ to $5°$.

The cosine and cotangent of an angle near $90°$ are the sine and tangent of the complementary small angle. The logarithm of the cotangent of a small angle is found by subtracting the modified logarithm of the tangent of the angle from 10; that of the tangent of an angle near $90°$, by subtracting the modified logarithm of the tangent of the complementary small angle from 10.

TO TAKE OUT THE SINE OR TANGENT OF A SMALL ANGLE.

Take out the logarithm that lies below the number of degrees and in line with the minutes; interpolate for seconds, and add the logarithm of the whole number of seconds in the angle.

Let A be the number of seconds in an angle; then

$\sin A'' = (\sin A'' : A) \cdot A$,   and $\log\text{-}\sin A'' = \log(\sin A'' : A) + \log A$,
$\tan A'' = (\tan A'' : A) \cdot A$,   and $\log\text{-}\tan A'' = \log(\tan A'' : A) + \log A$.

E.g., $\log\text{-}\sin 10'\ 30'' = \log(\sin 630'' : 630) + \log 630$,
$\qquad\qquad = 4.685574 + 2.799341 = 7.484915.$ [pp. 59, 30.

So, $\log\text{-}\tan 3°\ 13'\ 40'' = \log(\tan 11620'' : 11620) + \log 11620$,
$\qquad\qquad = 4.686034 + 4.065206 = 8.751240.$

The angle is found by a reverse process.

E.g., to take out $\log\text{-}\sin^{-1} 8.414317$, and $\log\text{-}\tan^{-1} 8.414317$:

From Table VII, page 61, it appears that the angles sought lie between $1°\ 29'$ and $1°\ 30'$, and nearer to $1°\ 29'$; and by the formula

$\log\text{-}\sin A'' - \log(\sin A'' : A) = \log A$; $\qquad\log\text{-}\tan A'' - \log(\tan A'' : A) = \log A$:
$\quad 8.414317 - 4.685526 = 3.728791,\qquad\qquad 8.414317 - 4.685672 = 3.728645,$
and the angle is $5355''$; i.e., $1°\ 29'\ 15''.\qquad\qquad 5354''$; i.e., $1°\ 29'\ 14''.$

So, to take out $\log\text{-}\sin^{-1} 8.806231$: $\qquad\log\text{-}\tan^{-1} 8.806231$:

The angle lies between $3°\ 40'$ and $3°\ 41'$;   between $3°\ 39'$ and $3°\ 40'$;   [p. 63
$\quad 8.806231 - 4.685278 = 4.120953,\qquad\qquad 8.806231 - 4.686167 = 4.120064,$
and the angle is $13212''$; i.e., $3°\ 40'\ 12''.\qquad 13185''$; i.e., $3°\ 39'\ 45''.$

MINOR TABLES.

VIII. NATURAL LOGARITHMS.

In table VIII, pp. 105-117, the natural logarithms (sometimes improperly called Naperian, and sometimes hyperbolic, logarithms) follow their numbers in parallel columns. The characteristics are given; and a change in the position of the decimal point in the number changes both the mantissa and the characteristic of the logarithm.

IX. PRIME AND COMPOSITE NUMBERS.

Table IX, pp. 118-137, gives all the prime factors of composite numbers less than 20 000 that are not divisible by 2 or 5, and the ten-place common logarithms of the primes. It is a double entry table, and to find primes it is sufficient to look for numbers whose logarithms are given. The ten-place logarithms of all composite numbers whose prime factors are smaller than 20 000 are found by adding the logarithms of the factors, and of prime numbers greater than 20 000 by interpolation.

X-XIV. SQUARES, CUBES, SQUARE-ROOTS, CUBE-ROOTS AND RECIPROCALS.

Table X, pp. 138-139, gives the squares of all three-figure numbers in full; and a change in the position of the decimal point in the number makes twice as great a change in the square, and in the same direction.

Table XI, pp. 140-141, gives the cubes of three-figure numbers correct to six figures.

Table XII, pp. 142-145, in two parts, gives the square-roots of all three-figure numbers to four places, and by interpolation it gives the square-roots of all other numbers.

Table XIII, pp. 146-151, in three parts, gives the cube-roots of all three-figure numbers to four places, and, by interpolation, of all other numbers.

Table XIV, pp. 152-153, gives the reciprocals of all three-figure numbers to four places, and, by interpolation, of all other numbers.

XV. QUARTER-SQUARES.

Table XV, pp. 154-157, makes it possible, without logarithms, to find the product of any two numbers whose sum does not exceed 2000, by addition and subtraction. For if a, b be any two numbers, then $\frac{1}{4}(a+b)^2 - \frac{1}{4}(a-b)^2 = ab$.

The quarter-square of an even number is an integer, and that of an odd number ends always with the fraction $\frac{1}{4}$; but as the sum and difference of any two integers are either both even or both odd, these fractions cancel each other in the subtraction.

XVI-XVII. COEFFICIENTS FOR INTERPOLATION.

Let $a, b, c, d, e, f, \cdots$ be any series; $a_1, b_1, c_1, d_1, e_1, \cdots$ their first differences; $a_2, b_2, c_2, d_2, \cdots$ their second differences, and so on; and let n be the number of any term, T_n, between c and d, counting c as T_0; then $C_1 = n$, and

with Bessel's coefficients $\quad T_n = c + C_1 c_1 + \frac{1}{2} C_2 (b_2 + c_2) + C_3 b_3 + \frac{1}{2} C_4 (a_4 + b_4) + C_5 a_5;$
with the binomial coefficients $\quad T_n = c + C_1 c_1 + C_2 c_2 + C_3 c_3 + \cdots$

Of Bessel's coefficients C_2 is negative throughout, and C_4 positive, C_3 is negative for values of C_1 above .5, and C_5 for values below .5. Of the binomial coefficients all values of C_2 and C_4 are negative.

XVIII. ERRORS OF OBSERVATION.

Table XVIII, page 160, is in three parts: The first part gives ordinates of the probability-curve, and its area. The second part gives the probability that the absolute magnitude of the error does not exceed the indicated fraction of the probable error. The third part tabulates four factors that give the probable error of a single observation, and the probable error of the mean of n observations: Multiply the first two factors into the square root of the sums of the squares of the discrepancies between the n observations and their mean; or multiply the last two factors into the sum of the absolute values of the discrepancies.

12 I. FOUR-PLACE LOGARITHMS.

1	0	1	2	3	4	5	6	7	8	9
0	0000	0000	3010	4771	6021	6990	7782	8451	9031	9542
1	0000	0414	0792	1139	1461	1761	2041	2304	2553	2788
2	3010	3222	3424	3617	3802	3979	4150	4314	4472	4624
3	4771	4914	5051	5185	5315	5441	5563	5682	5798	5911
4	6021	6128	6232	6335	6435	6532	6628	6721	6812	6902
5	6990	7076	7160	7243	7324	7404	7482	7559	7634	7709
6	7782	7853	7924	7993	8062	8129	8195	8261	8325	8388
7	8451	8513	8573	8633	8692	8751	8808	8865	8921	8976
8	9031	9085	9138	9191	9243	9294	9345	9395	9445	9494
9	9542	9590	9638	9685	9731	9777	9823	9868	9912	9956
10	0000	0043	0086	0128	0170	0212	0253	0294	0334	0374
11	0414	0453	0492	0531	0569	0607	0645	0682	0719	0755
12	0792	0828	0864	0899	0934	0969	1004	1038	1072	1106
13	1139	1173	1206	1239	1271	1303	1335	1367	1399	1430
14	1461	1492	1523	1553	1584	1614	1644	1673	1703	1732
15	1761	1790	1818	1847	1875	1903	1931	1959	1987	2014
16	2041	2068	2095	2122	2148	2175	2201	2227	2253	2279
17	2304	2330	2355	2380	2405	2430	2455	2480	2504	2529
18	2553	2577	2601	2625	2648	2672	2695	2718	2742	2765
19	2788	2810	2833	2856	2878	2900	2923	2945	2967	2989
20	3010	3032	3054	3075	3096	3118	3139	3160	3181	3201
21	3222	3243	3263	3284	3304	3324	3345	3365	3385	3404
22	3424	3444	3464	3483	3502	3522	3541	3560	3579	3598
23	3617	3636	3655	3674	3692	3711	3729	3747	3766	3784
24	3802	3820	3838	3856	3874	3892	3909	3927	3945	3962
25	3979	3997	4014	4031	4048	4065	4082	4099	4116	4133
26	4150	4166	4183	4200	4216	4232	4249	4265	4281	4298
27	4314	4330	4346	4362	4378	4393	4409	4425	4440	4456
28	4472	4487	4502	4518	4533	4548	4564	4579	4594	4609
29	4624	4639	4654	4669	4683	4698	4713	4728	4742	4757
30	4771	4786	4800	4814	4829	4843	4857	4871	4886	4900
31	4914	4928	4942	4955	4969	4983	4997	5011	5024	5038
32	5051	5065	5079	5092	5105	5119	5132	5145	5159	5172
33	5185	5198	5211	5224	5237	5250	5263	5276	5289	5302
34	5315	5328	5340	5353	5366	5378	5391	5403	5416	5428
35	5441	5453	5465	5478	5490	5502	5514	5527	5539	5551
36	5563	5575	5587	5599	5611	5623	5635	5647	5658	5670
37	5682	5694	5705	5717	5729	5740	5752	5763	5775	5786
38	5798	5809	5821	5832	5843	5855	5866	5877	5888	5899
39	5911	5922	5933	5944	5955	5966	5977	5988	5999	6010
40	6021	6031	6042	6053	6064	6075	6085	6096	6107	6117
41	6128	6138	6149	6160	6170	6180	6191	6201	6212	6222
42	6232	6243	6253	6263	6274	6284	6294	6304	6314	6325
43	6335	6345	6355	6365	6375	6385	6395	6405	6415	6425
44	6435	6444	6454	6464	6474	6484	6493	6503	6513	6522
45	6532	6542	6551	6561	6571	6580	6590	6599	6609	6618
46	6628	6637	6646	6656	6665	6675	6684	6693	6702	6712
47	6721	6730	6739	6749	6758	6767	6776	6785	6794	6803
48	6812	6821	6830	6839	6848	6857	6866	6875	6884	6893
49	6902	6911	6920	6928	6937	6946	6955	6964	6972	6981
50	0	1	2	3	4	5	6	7	8	9

Differences.

	43	42	41	40	39
1	4	4	4	4	4
2	9	8	8	8	8
3	13	13	12	12	12
4	17	17	16	16	16
5	22	21	21	20	20
6	26	25	25	24	23
7	30	29	29	28	27
8	34	34	33	32	31
9	39	38	37	36	35

	38	37	36	35	34
1	4	4	4	4	3
2	8	7	7	7	7
3	11	11	11	11	10
4	15	15	14	14	14
5	19	19	18	18	17
6	23	22	22	21	20
7	27	26	25	25	24
8	30	30	29	28	27
9	34	33	32	32	31

	33	32	31	30	29
1	3	3	3	3	3
2	7	6	6	6	6
3	10	10	9	9	9
4	13	13	12	12	12
5	17	16	16	15	15
6	20	19	19	18	17
7	23	22	22	21	20
8	26	26	25	24	23
9	30	29	28	27	26

	28	27	26	25	24
1	3	3	3	3	2
2	6	5	5	5	5
3	8	8	8	8	7
4	11	11	10	10	10
5	14	14	13	13	12
6	17	16	16	15	14
7	20	19	18	18	17
8	22	22	21	20	19
9	25	24	23	23	22

	23	22	21	20	19
1	2	2	2	2	2
2	5	4	4	4	4
3	7	7	6	6	6
4	9	9	8	8	8
5	12	11	11	10	10
6	14	13	13	12	11
7	16	15	15	14	13
8	18	18	17	16	15
9	21	20	19	18	17

	18	17	16	15	14
1	2	2	2	2	1
2	4	3	3	3	3
3	5	5	5	5	4
4	7	7	6	6	6
5	9	9	8	8	7
6	11	10	10	9	8
7	13	12	11	11	10
8	14	14	13	12	11
9	16	15	14	14	13

	13	12	11	10	9
1	1	1	1	1	1
2	3	2	2	2	2
3	4	4	3	3	3
4	5	5	4	4	4
5	7	6	6	5	5
6	8	7	7	6	5
7	9	8	8	7	6
8	10	10	9	8	7
9	12	11	10	9	8

Differences.

I. FOUR-PLACE LOGARITHMS.

50	0	1	2	3	4	5	6	7	8	9	Differences.	
50	6990	6998	7007	7016	7024	7033	7042	7050	7059	7067		
51	7076	7084	7093	7101	7110	7118	7126	7135	7143	7152		
52	7160	7168	7177	7185	7193	7202	7210	7218	7226	7235		8
53	7243	7251	7259	7267	7275	7284	7292	7300	7308	7316	1	1
54	7324	7332	7340	7348	7356	7364	7372	7380	7388	7396	2	2
											3	2
55	7404	7412	7419	7427	7435	7443	7451	7459	7466	7474	4	3
56	7482	7490	7497	7505	7513	7520	7528	7536	7543	7551	5	4
57	7559	7566	7574	7582	7589	7597	7604	7612	7619	7627	6	5
58	7634	7642	7649	7657	7664	7672	7679	7686	7694	7701	7	6
59	7709	7716	7723	7731	7738	7745	7752	7760	7767	7774	8	6
											9	7
60	7782	7789	7796	7803	7810	7818	7825	7832	7839	7846		
61	7853	7860	7868	7875	7882	7889	7896	7903	7910	7917		
62	7924	7931	7938	7945	7952	7959	7966	7973	7980	7987		7
63	7993	8000	8007	8014	8021	8028	8035	8041	8048	8055	1	1
64	8062	8069	8075	8082	8089	8096	8102	8109	8116	8122	2	1
											3	2
											4	3
65	8129	8136	8142	8149	8156	8162	8169	8176	8182	8189	5	4
66	8195	8202	8209	8215	8222	8228	8235	8241	8248	8254	6	4
67	8261	8267	8274	8280	8287	8293	8299	8306	8312	8319	7	5
68	8325	8331	8338	8344	8351	8357	8363	8370	8376	8382	8	6
69	8388	8395	8401	8407	8414	8420	8426	8432	8439	8445	9	6
70	8451	8457	8463	8470	8476	8482	8488	8494	8500	8506		
71	8513	8519	8525	8531	8537	8543	8549	8555	8561	8567		
72	8573	8579	8585	8591	8597	8603	8609	8615	8621	8627		6
73	8633	8639	8645	8651	8657	8663	8669	8675	8681	8686	1	1
74	8692	8698	8704	8710	8716	8722	8727	8733	8739	8745	2	1
											3	2
											4	2
75	8751	8756	8762	8768	8774	8779	8785	8791	8797	8802	5	3
76	8808	8814	8820	8825	8831	8837	8842	8848	8854	8859	6	4
77	8865	8871	8876	8882	8887	8893	8899	8904	8910	8915	7	4
78	8921	8927	8932	8938	8943	8949	8954	8960	8965	8971	8	5
79	8976	8982	8987	8993	8998	9004	9009	9015	9020	9025	9	5
80	9031	9036	9042	9047	9053	9058	9063	9069	9074	9079		
81	9085	9090	9096	9101	9106	9112	9117	9122	9128	9133		5
82	9138	9143	9149	9154	9159	9165	9170	9175	9180	9186	1	1
83	9191	9196	9201	9206	9212	9217	9222	9227	9232	9238	2	1
84	9243	9248	9253	9258	9263	9269	9274	9279	9284	9289	3	2
											4	2
											5	3
85	9294	9299	9304	9309	9315	9320	9325	9330	9335	9340	6	3
86	9345	9350	9355	9360	9365	9370	9375	9380	9385	9390	7	4
87	9395	9400	9405	9410	9415	9420	9425	9430	9435	9440	8	4
88	9445	9450	9455	9460	9465	9469	9474	9479	9484	9489	9	5
89	9494	9499	9504	9509	9513	9518	9523	9528	9533	9538		
90	9542	9547	9552	9557	9562	9566	9571	9576	9581	9586		4
91	9590	9595	9600	9605	9609	9614	9619	9624	9628	9633	1	0
92	9638	9643	9647	9652	9657	9661	9666	9671	9675	9680	2	1
93	9685	9689	9694	9699	9703	9708	9713	9717	9722	9727	3	1
94	9731	9736	9741	9745	9750	9754	9759	9763	9768	9773	4	2
											5	2
											6	2
95	9777	9782	9786	9791	9795	9800	9805	9809	9814	9818	7	3
96	9823	9827	9832	9836	9841	9845	9850	9854	9859	9863	8	3
97	9868	9872	9877	9881	9886	9890	9894	9899	9903	9908	9	4
98	9912	9917	9921	9926	9930	9934	9939	9943	9948	9952		
99	9956	9961	9965	9969	9974	9978	9983	9987	9991	9996		
100	0	1	2	3	4	5	6	7	8	9	Differences.	

I. FOUR-PLACE LOGARITHMS.

0	Square.	Cube.	Sq. Root.	Cu. Root.	Recip.	50	Square.	Cube.	Sq. Root.	Cu. Root.	Recip.
0	∞	∞	∞	∞	∞	50	3.3979	5.0969	0.8495	0.5663	8.3010
1	0.0000	0.0000	0.0000	0.0000	0.0000	51	4151	1227	8538	5692	2924
2	6021	9031	1505	1003	9.6990	52	4320	1480	8580	5720	2840
3	9542	1.4314	2386	1590	5229	53	4486	1728	8621	5748	2757
4	1.2041	8062	3010	2007	3979	54	4648	1972	8662	5775	2676
5	3979	2.0969	3495	2330	3010	55	4807	2211	8702	5801	2596
6	5563	3345	3891	2594	2218	56	4964	2446	8741	5827	2518
7	6902	5353	4225	2817	1549	57	5117	2676	8779	5853	2441
8	8062	7093	4515	3010	0969	58	5269	2903	8817	5878	2366
9	9085	8627	4771	3181	0458	59	5417	3126	8854	5903	2291
10	2.0000	3.0000	0.5000	0.3333	9.0000	60	3.5563	5.3345	0.8891	0.5927	8.2218
11	0828	1242	5207	3471	8.9586	61	5707	3560	8927	5951	2147
12	1584	2375	5396	3597	9208	62	5848	3772	8962	5975	2076
13	2279	3418	5570	3713	8861	63	5987	3980	8997	5998	2007
14	2923	4384	5731	3820	8539	64	6124	4185	9031	6021	1938
15	3522	5283	5880	3920	8239	65	6258	4387	9065	6043	1871
16	4082	6124	6021	4014	7959	66	6391	4586	9098	6065	1805
17	4609	6913	6152	4101	7696	67	6521	4782	9130	6087	1739
18	5105	7658	6276	4184	7447	68	6650	4975	9163	6108	1675
19	5575	8363	6394	4263	7212	69	6777	5165	9194	6129	1612
20	2.6021	3.9031	0.6505	0.4337	8.6990	70	3.6902	5.5353	0.9225	0.6150	8.1549
21	6444	9667	6611	4407	6778	71	7025	5538	9256	6171	1487
22	6848	4.0273	6712	4475	6576	72	7147	5720	9287	6191	1427
23	7235	0852	6809	4539	6383	73	7266	5900	9317	6211	1367
24	7604	1406	6901	4601	6198	74	7385	6077	9346	6231	1308
25	7959	1938	6990	4660	6021	75	7501	6252	9375	6250	1249
26	8299	2449	7075	4717	5850	76	7616	6424	9404	6269	1192
27	8627	2941	7157	4771	5686	77	7730	6595	9432	6288	1135
28	8943	3415	7236	4824	5528	78	7842	6763	9460	6307	1079
29	9248	3872	7312	4875	5376	79	7953	6929	9488	6325	1024
30	2.9542	4.4314	0.7386	0.4924	8.5229	80	3.8062	5.7093	0.9515	0.6344	8.0969
31	9827	4741	7457	4971	5086	81	8170	7255	9542	6362	0915
32	3.0103	5154	7526	5017	4949	82	8276	7414	9569	6379	0862
33	0370	5555	7593	5062	4815	83	8382	7572	9595	6397	0809
34	0630	5944	7657	5105	4685	84	8486	7728	9621	6414	0757
35	0881	6322	7720	5147	4559	85	8588	7883	9647	6431	0706
36	1126	6689	7782	5188	4437	86	8690	8035	9672	6448	0655
37	1364	7046	7841	5227	4318	87	8790	8186	9698	6465	0605
38	1596	7394	7899	5266	4202	88	8890	8334	9722	6482	0555
39	1821	7732	7955	5304	4089	89	8988	8482	9747	6498	0506
40	3.2041	4.8062	0.8010	0.5340	8.3979	90	3.9085	5.8627	0.9771	0.6514	8.0458
41	2256	8384	8064	5376	3872	91	9181	8771	9795	6530	0410
42	2465	8697	8116	5411	3768	92	9276	8914	9819	6546	0362
43	2669	9004	8167	5445	3665	93	9370	9054	9842	6562	0315
44	2869	9304	8217	5478	3565	94	9463	9194	9866	6577	0269
45	3064	9596	8266	5511	3468	95	9554	9332	9889	6592	0223
46	3255	9883	8314	5543	3372	96	9645	9468	9911	6608	0177
47	3442	5.0163	8360	5574	3279	97	9735	9603	9934	6623	0132
48	3625	0437	8406	5604	3188	98	9825	9737	9956	6637	0088
49	3804	0706	8451	5634	3098	99	9913	9869	9978	6652	0044

$\log \pi = 0.4971$, $\log \tfrac{1}{2}\pi = 0.1961$, $\log \tfrac{1}{4}\pi = 9.8951$, $\log \tfrac{1}{6}\pi = 9.7190$, $\log \tfrac{4}{3}\pi = 0.6221$.

II. FOUR-PLACE TRIGONOMETRIC FUNCTIONS.

Deg.	Rad.	Sin.	Dif.	Csc.	Cos.	Dif.	Sec.	Tan.	Dif.	Cot.	Rad.	Deg.
0° 00'	0.0000	∞		∞	∞	0.0000	.0	0.0000	∞		∞	∞	1.5708	90° 00'
05	0015	7.1627	602	2.8373	0000		0000	7.1627	602	2.8373	5693	55
10	0029	4637	352	5363	0000		0000	4637	352	5363	5679	50
15	0044	6398	250	3602	0000		0000	6398	250	3602	5664	45
20	0058	7648	194	2352	0000		0000	7648	194	2352	5650	40
25	0073	8617	158	1383	0000		0000	8617	158	1383	5635	35
30	0087	9408	134	0592	0000		0000	9409	134	0591	5621	30
35	0102	8.0078	116	1.9922	0000		0000	8.0078	116	1.9922	5606	25
40	0116	0658	102	9342	0000		0000	0658	102	9342	5592	20
45	0131	1169	91.6	8831	0000		0000	1170	91.4	8830	5577	15
50	0145	1627	82.8	8373	0000	.2	0000	1627	82.8	8373	5563	10
55	0160	2041	75.6	7959	9.9999	.0	0001	2041	75.6	7959	5548	05
1° 00'	0.0175	8.2419	69.4	1.7581	9.9999	.0	0.0001	8.2419	69.6	1.7581	1.5533	89° 00'
05	0189	2766	64.4	7234	9999		0001	2767	64.4	7233	5519	55
10	0204	3088	60.0	6912	9999		0001	3089	60.0	6911	5504	50
15	0218	3388	56.0	6612	9999		0001	3389	56.0	6611	5490	45
20	0233	3668	52.6	6332	9999		0001	3669	52.6	6331	5475	40
25	0247	3931	49.6	6069	9999		0001	3932	49.8	6068	5461	35
30	0262	4179	47.0	5821	9999	.2	0001	4181	47.0	5819	5446	30
35	0276	4414	44.6	5586	9998	.0	0002	4416	44.4	5584	5432	25
40	0291	4637	42.2	5363	9998		0002	4638	42.6	5362	5417	20
45	0305	4848	40.4	5152	9998		0002	4851	40.4	5149	5403	15
50	0320	5050	38.6	4950	9998		0002	5053	38.6	4947	5388	10
55	0335	5243	37.0	4757	9998	.2	0002	5246	37.0	4754	5373	05
2° 00'	0.0349	8.5428	35.4	1.4572	9.9997	.0	0.0003	8.5431	35.4	1.4569	1.5359	88° 00'
05	0364	5605	34.2	4395	9997		0003	5608	34.2	4392	5344	55
10	0378	5776	32.6	4224	9997		0003	5779	32.8	4221	5330	50
15	0393	5939	31.6	4061	9997	.2	0003	5943	31.6	4057	5315	45
20	0407	6097	30.6	3903	9996	.0	0004	6101	30.6	3899	5301	40
25	0422	6250	29.4	3750	9996		0004	6254	29.4	3746	5286	35
30	0436	6397	28.4	3603	9996		0004	6401	28.6	3599	5272	30
35	0451	6539	27.6	3461	9996	.2	0004	6544	27.6	3456	5257	25
40	0465	6677	26.6	3323	9995	.0	0005	6682	26.6	3318	5243	20
45	0480	6810	26.0	3190	9995		0005	6815	26.0	3185	5228	15
50	0495	6940	25.2	3060	9995	.2	0005	6945	25.2	3055	5213	10
55	0509	7066	24.4	2934	9994	.0	0006	7071	24.6	2929	5199	05
3° 00'	0.0524	8.7188	23.8	1.2812	9.9994	.0	0.0006	8.7194	23.8	1.2806	1.5184	87° 00'
05	0538	.7307	23.2	2693	9994	.2	0006	7313	23.2	2687	5170	55
10	0553	7423	22.4	2577	9993	.0	0007	7429	22.6	2571	5155	50
15	0567	7535	22.0	2465	9993		0007	7542	22.0	2458	5141	45
20	0582	7645	21.4	2355	9993	.2	0007	7652	21.6	2348	5126	40
25	0596	7752	21.0	2248	9992	.0	0008	7760	21.0	2240	5112	35
30	0611	7857	20.4	2143	9992		0008	7865	20.4	2135	5097	30
35	0625	7959	20.0	2041	9992	.2	0008	7967	20.0	2033	5083	25
40	0640	8059	19.4	1941	9991	.0	0009	8067	19.6	1933	5068	20
45	0654	8156	19.0	1844	9991	.2	0009	8165	19.2	1835	5053	15
50	0669	8251	18.8	1749	9990	.0	0010	8261	18.8	1739	5039	10
55	0684	8345	18.2	1655	9990	.2	0010	8355	18.2	1645	5024	05
4° 00'	0.0698	8.8436	17.8	1.1564	9.9989	.0	0.0011	8.8446	18.0	1.1554	1.5010	86° 00'
05	0713	8525	17.6	1475	9989		0011	8536	17.6	1464	4995	55
10	0727	8613	17.2	1387	9989	.2	0011	8624	17.4	1376	4981	50
15	0742	8699	16.8	1301	9988	.0	0012	8711	16.8	1289	4966	45
20	0756	8783	16.4	1217	9988	.2	0012	8795	16.6	1205	4952	40
25	0771	8865	16.2	1135	9987	.0	0013	8878	16.4	1122	4937	35
30	0785	8946	16.0	1054	9987	.2	0013	8960	16.0	1040	4923	30
35	0800	9026	15.6	0974	9986	.0	0014	9040	15.6	0960	4908	25
40	0814	9104	15.4	0896	9986	.2	0014	9118		0882	4893	20
45	0829	9181	15.0	0819	9985	.0	0015	9196	15.2	0804	4879	15
50	0844	9256	14.8	0744	9985	.2	0015	9272	14.8	0728	4864	10
55	0858	9330	14.6	0670	9984		0016	9346		0654	4850	05
5° 00'	0.0873	8.9403		1.0597	9.9983		0.0017	8.9420		1.0580	1.4835	85° 00'
Deg.	Rad.	Cos.	Dif.	Sec.	Sin.	Dif.	Csc.	Cot.	Dif.	Tan.	Rad.	Deg.

II. FOUR-PLACE TRIGONOMETRIC FUNCTIONS.

Deg.	Rad.	Sin.	Dif.	Csc.	Cos.	Dif.	Sec.	Tan.	Dif.	Cot.	Rad.	Deg.
5° 00'	0.0873	8.9403	14.2	1.0597	9.9983	.1	0.0017	8.9420	14.8	1.0580	1.4835	85° 00'
10	0902	9545	13.7	0455	9982		0018	9563	13.8	0437	4806	50
20	0931	9682	13.4	0318	9981		0019	9701	13.5	0299	4777	40
30	0960	9816	12.9	0184	9980		0020	9836	13.0	0164	4748	30
40	0989	9945	12.5	0055	9979	.2	0021	9966	12.7	0034	4719	20
50	1018	9.0070	12.2	0.9930	9977	.1	0023	9.0093	12.3	0.9907	4690	10
6° 00'	0.1047	9.0192	11.9	0.9808	9.9976	.1	0.0024	9.0216	12.0	0.9784	1.4661	84° 00'
10	1076	0311	11.5	9689	9975	.2	0025	0336	11.7	9664	4632	50
20	1105	0426	11.3	9574	9973	.1	0027	0453	11.4	9547	4603	40
30	1134	0539	10.9	9461	9972		0028	0567	11.1	9433	4573	30
40	1164	0648	10.7	9352	9971	.2	0029	0678	10.8	9322	4544	20
50	1193	0755	10.4	9245	9969	.1	0031	0786	10.5	9214	4515	10
7° 00'	0.1222	9.0859	10.2	0.9141	9.9968	.2	0.0032	9.0891	10.4	0.9109	1.4486	83° 00'
10	1251	0961	9.9	9039	9966		0034	0995	10.1	9005	4457	50
20	1280	1060	9.7	8940	9964	.1	0036	1096	9.8	8904	4428	40
30	1309	1157	9.5	8843	9963	.2	0037	1194	9.7	8806	4399	30
40	1338	1252	9.3	8748	9961		0039	1291	9.4	8709	4370	20
50	1367	1345	9.1	8655	9959	.1	0041	1385	9.3	8615	4341	10
8° 00'	0.1396	9.1436	8.9	0.8564	9.9958	.2	0.0042	9.1478	9.1	0.8522	1.4312	82° 00'
10	1425	1525	8.7	8475	9956		0044	1569	8.9	8431	4283	50
20	1454	1612	8.5	8388	9954		0046	1658	8.7	8342	4254	40
30	1484	1697	8.4	8303	9952		0048	1745	8.6	8255	4224	30
40	1513	1781	8.2	8219	9950		0050	1831	8.4	8169	4195	20
50	1542	1863	8.0	8137	9948		0052	1915	8.2	8085	4166	10
9° 00'	0.1571	9.1943	7.9	0.8057	9.9946	.2	0.0054	9.1997	8.1	0.8003	1.4137	81° 00'
10	1600	2022	7.8	7978	9944		0056	2078	8.0	7922	4108	50
20	1629	2100	7.6	7900	9942		0058	2158	7.8	7842	4079	40
30	1658	2176	7.5	7824	9940		0060	2236	7.7	7764	4050	30
40	1687	2251	7.3	7749	9938		0062	2313	7.6	7687	4021	20
50	1716	2324		7676	9936		0064	2389	7.4	7611	3992	10
10° 00'	0.1745	9.2397	7.1	0.7603	9.9934	.3	0.0066	9.2463	7.3	0.7537	1.3963	80° 00'
10	1774	2468	7.0	7532	9931	.2	0069	2536		7464	3934	50
20	1804	2538	6.8	7462	9929		0071	2609	7.1	7391	3904	40
30	1833	2606		7394	9927	.3	0073	2680	7.0	7320	3875	30
40	1862	2674	6.6	7326	9924	.2	0076	2750	6.9	7250	3846	20
50	1891	2740		7260	9922	.3	0078	2819	6.8	7181	3817	10
11° 00'	0.1920	9.2806	6.4	0.7194	9.9919	.2	0.0081	9.2887	6.6	0.7113	1.3788	79° 00'
10	1949	2870		7130	9917	.3	0083	2953	6.7	7047	3759	50
20	1978	2934	6.3	7066	9914		0086	3020	6.5	6980	3730	40
30	2007	2997	6.1	7003	9912	.3	0088	3085	6.4	6915	3701	30
40	2036	3058		6942	9909	.2	0091	3149	6.3	6851	3672	20
50	2065	3119	6.0	6881	9907	.3	0093	3212		6788	3643	10
12° 00'	0.2094	9.3179	5.9	0.6821	9.9904	.3	0.0096	9.3275	6.1	0.6725	1.3614	78° 00'
10	2123	3238	5.8	6762	9901	.2	0099	3336		6664	3584	50
20	2153	3296	5.7	6704	9899	.3	0101	3397		6603	3555	40
30	2182	3353		6647	9896		0104	3458	5.9	6542	3526	30
40	2211	3410	5.6	6590	9893		0107	3517		6483	3497	20
50	2240	3466	5.5	6534	9890		0110	3576	5.8	6424	3468	10
13° 00'	0.2269	9.3521	5.4	0.6479	9.9887	.3	0.0113	9.3634	5.7	0.6366	1.3439	77° 00'
10	2298	3575		6425	9884		0116	3691		6309	3410	50
20	2327	3629	5.3	6371	9881		0119	3748	5.6	6252	3381	40
30	2356	3682	5.2	6318	9878		0122	3804	5.5	6196	3352	30
40	2385	3734		6266	9875		0125	3859		6141	3323	20
50	2414	3786	5.1	6214	9872		0128	3914	5.4	6086	3294	10
14° 00'	0.2443	9.3837	5.0	0.6163	9.9869	.3	0.0131	9.3968	5.3	0.6032	1.3265	76° 00'
10	2473	3887		6113	9866		0134	4021		5979	3235	50
20	2502	3937	4.9	6063	9863	.4	0137	4074		5926	3206	40
30	2531	3986		6014	9859	.3	0141	4127	5.1	5873	3177	30
40	2560	4035	4.8	5965	9856		0144	4178	5.2	5822	3148	20
50	2589	4083	4.7	5917	9853	.4	0147	4230	5.1	5770	3119	10
15° 00'	0.2618	9.4130		0.5870	9.9849		0.0151	9.4281		0.5719	1.3090	75° 00'

| Deg. | Rad. | Cos. | Dif. | Sec. | Sin. | Dif. | Csc. | Cot. | Dif. | Tan. | Rad. | Deg. |

Deg.	Rad.	Sin.	Dif.	Csc.	Cos.	Dif.	Sec.	Tan.	Dif.	Cot.	Rad.	Deg.
15° 00′	0.2618	9.4130	4.7	0.5870	9.9849	.3	0.0151	9.4281	5.0	0.5719	1.3090	75° 00′
10	2647	4177	4.6	5823	9846		0154	4331		5669	3061	50
20	2676	4223		5777	9843	.4	0157	4381	4.9	5619	3032	40
30	2705	4269	4.5	5731	9839	.3	0161	4430		5570	3003	30
40	2734	4314		5686	9836	.4	0164	4479	4.8	5521	2974	20
50	2763	4359	4.4	5641	9832		0168	4527		5473	2945	10
16° 00′	0.2793	9.4403	4.4	0.5597	9.9828	.3	0.0172	9.4575	4.7	0.5425	1.2915	74° 00′
10	2822	4447		5553	9825	.4	0175	4622		5378	2886	50
20	2851	4491	4.2	5509	9821		0179	4669		5331	2857	40
30	2880	4533	4.3	5467	9817	.3	0183	4716	4.6	5284	2828	30
40	2909	4576	4.2	5424	9814	.4	0186	4762		5238	2799	20
50	2938	4618	4.1	5382	9810		0190	4808	4.5	5192	2770	10
17° 00′	0.2967	9.4659	4.1	0.5341	9.9806	.4	0.0194	9.4853	4.5	0.5147	1.2741	73° 00′
10	2996	4700		5300	9802		0198	4898		5102	2712	50
20	3025	4741	4.0	5259	9798		0202	4943	4.4	5057	2683	40
30	3054	4781		5219	9794		0206	4987		5013	2654	30
40	3083	4821		5179	9790		0210	5031		4969	2625	20
50	3113	4861	3.9	5139	9786		0214	5075	4.3	4925	2595	10
18° 00′	0.3142	9.4900	3.9	0.5100	9.9782	.4	0.0218	9.5118	4.3	0.4882	1.2566	72° 00′
10	3171	4939	3.8	5061	9778		0222	5161	4.2	4839	2537	50
20	3200	4977		5023	9774		0226	5203		4797	2508	40
30	3229	5015	3.7	4985	9770	.5	0230	5245		4755	2479	30
40	3258	5052	3.8	4948	9765	.4	0235	5287		4713	2450	20
50	3287	5090	3.6	4910	9761		0239	5329	4.1	4671	2421	10
19° 00′	0.3316	9.5126	3.7	0.4874	9.9757	.5	0.0243	9.5370	4.1	0.4630	1.2392	71° 00′
10	3345	5163	3.6	4837	9752	.4	0248	5411	4.0	4589	2363	50
20	3374	5199		4801	9748	.5	0252	5451		4549	2334	40
30	3403	5235	3.5	4765	9743	.4	0257	5491		4509	2305	30
40	3432	5270	3.6	4730	9739	.5	0261	5531		4469	2275	20
50	3462	5306	3.5	4694	9734	.4	0266	5571		4429	2246	10
20° 00′	0.3491	9.5341	3.4	0.4659	9.9730	.5	0.0270	9.5611	3.9	0.4389	1.2217	70° 00′
10	3520	5375		4625	9725	.4	0275	5650		4350	2188	50
20	3549	5409		4591	9721	.5	0279	5689	3.8	4311	2159	40
30	3578	5443		4557	9716		0284	5727	3.9	4273	2130	30
40	3607	5477	3.3	4523	9711		0289	5766	3.8	4234	2101	20
50	3636	5510		4490	9706	.4	0294	5804		4196	2072	10
21° 00′	0.3665	9.5543	3.3	0.4457	9.9702	.5	0.0298	9.5842	3.7	0.4158	1.2043	69° 00′
10	3694	5576		4424	9697		0303	5879	3.8	4121	2014	50
20	3723	5609	3.2	4391	9692		0308	5917	3.7	4083	1985	40
30	3752	5641		4359	9687		0313	5954		4046	1956	30
40	3782	5673	3.1	4327	9682		0318	5991		4009	1926	20
50	3811	5704	3.2	4296	9677		0323	6028	3.6	3972	1897	10
22° 00′	0.3840	9.5736	3.1	0.4264	9.9672	.5	0.0328	9.6064	3.6	0.3936	1.1868	68° 00′
10	3869	5767		4233	9667	.6	0333	6100		3900	1839	50
20	3898	5798	3.0	4202	9661	.5	0339	6136		3864	1810	40
30	3927	5828	3.1	4172	9656		0344	6172		3828	1781	30
40	3956	5859	3.0	4141	9651		0349	6208	3.5	3792	1752	20
50	3985	5889		4111	9646	.6	0354	6243	3.6	3757	1723	10
23° 00′	0.4014	9.5919	2.9	0.4081	9.9640	.5	0.0360	9.6279	3.5	0.3721	1.1694	67° 00′
10	4043	5948	3.0	4052	9635	.6	0365	6314	3.4	3686	1665	50
20	4072	5978	2.9	4022	9629	.5	0371	6348	3.5	3652	1636	40
30	4102	6007		3993	9624	.6	0376	6383	3.4	3617	1606	30
40	4131	6036		3964	9618	.5	0382	6417	3.5	3583	1577	20
50	4160	6065	2.8	3935	9613	.6	0387	6452	3.4	3548	1548	10
24° 00′	0.4189	9.6093	2.8	0.3907	9.9607	.5	0.0393	9.6486	3.4	0.3514	1.1519	66° 00′
10	4218	6121		3879	9602	.6	0398	6520	3.3	3480	1490	50
20	4247	6149		3851	9596		0404	6553	3.4	3447	1461	40
30	4276	6177		3823	9590		0410	6587	3.3	3413	1432	30
40	4305	6205	2.7	3795	9584	.5	0416	6620	3.4	3380	1403	20
50	4334	6232		3768	9579	.6	0421	6654	3.3	3346	1374	10
25° 00′	0.4363	9.6259		0.3741	9.9573		0.0427	9.6687		0.3313	1.1345	65° 00′
Deg.	Rad.	Cos.	Dif.	Sec.	Sin.	Dif.	Csc.	Cot.	Dif.	Tan.	Rad.	Deg.

Deg.	Rad.	Sin.	Dif.	Csc.	Cos.	Dif.	Sec.	Tan.	Dif.	Cot.	Rad.	Deg.
25° 00′	0.4363	9.6259	2.7	0.3741	9.9573	.6	0.0427	9.6687	3.3	0.3313	1.1345	65° 00′
10	4392	6286		3714	9567		0433	6720	3.2	3280	1316	50
20	4422	6313		3687	9561		0439	6752	3.3	3248	1286	40
30	4451	6340	2.6	3660	9555		0445	6785	3.2	3215	1257	30
40	4480	6366		3634	9549		0451	6817	3.3	3183	1228	20
50	4509	6392		3608	9543		0457	6850	3.2	3150	1199	10
26° 00′	0.4538	9.6418	2.6	0.3582	9.9537	.7	0.0463	9.6882	3.2	0.3118	1.1170	64° 00′
10	4567	6444		3556	9530	.6	0470	6914		3086	1141	50
20	4596	6470	2.5	3530	9524		0476	6946	3.1	3054	1112	40
30	4625	6495	2.6	3505	9518		0482	6977	3.2	3023	1083	30
40	4654	6521	2.5	3479	9512	.7	0488	7009	3.1	2991	1054	20
50	4683	6546	2.4	3454	9505	.6	0495	7040	3.2	2960	1025	10
27° 00′	0.4712	9.6570	2.5	0.3430	9.9499	.7	0.0501	9.7072	3.1	0.2928	1.0996	63° 00′
10	4741	6595		3405	9492	.6	0508	7103		2897	0966	50
20	4771	6620	2.4	3380	9486	.7	0514	7134		2866	0937	40
30	4800	6644		3356	9479	.6	0521	7165		2835	0908	30
40	4829	6668		3332	9473	.7	0527	7196	3.0	2804	0879	20
50	4858	6692		3308	9466		0534	7226	3.1	2774	0850	10
28° 00′	0.4887	9.6716	2.4	0.3284	9.9459	.6	0.0541	9.7257	3.0	0.2743	1.0821	62° 00′
10	4916	6740	2.3	3260	9453	.7	0547	7287		2713	0792	50
20	4945	6763	2.4	3237	9446		0554	7317	3.1	2683	0763	40
30	4974	6787	2.3	3213	9439		0561	7348	3.0	2652	0734	30
40	5003	6810		3190	9432		0568	7378		2622	0705	20
50	5032	6833		3167	9425		0575	7408		2592	0676	10
29° 00′	0.5061	9.6856	2.2	0.3144	9.9418	.7	0.0582	9.7438	2.9	0.2562	1.0647	61° 00′
10	5091	6878	2.3	3122	9411		0589	7467	3.0	2533	0617	50
20	5120	6901	2.2	3099	9404		0596	7497	2.9	2503	0588	40
30	5149	6923	2.3	3077	9397		0603	7526	3.0	2474	0559	30
40	5178	6946	2.2	3054	9390		0610	7556	2.9	2444	0530	20
50	5207	6968		3032	9383	.8	0617	7585		2415	0501	10
30° 00′	0.5236	9.6990	2.2	0.3010	9.9375	.7	0.0625	9.7614	3.0	0.2386	1.0472	60° 00′
10	5265	7012	2.1	2988	9368		0632	7644	2.9	2356	0443	50
20	5294	7033	2.2	2967	9361	.8	0639	7673	2.8	2327	0414	40
30	5323	7055	2.1	2945	9353	.7	0647	7701	2.9	2299	0385	30
40	5352	7076		2924	9346	.8	0654	7730		2270	0356	20
50	5381	7097		2903	9338	.7	0662	7759		2241	0327	10
31° 00′	0.5411	9.7118	2.1	0.2882	9.9331	.8	0.0669	9.7788	2.8	0.2212	1.0297	59° 00′
10	5440	7139		2861	9323		0677	7816	2.9	2184	0268	50
20	5469	7160		2840	9315	.7	0685	7845	2.8	2155	0239	40
30	5498	7181	2.0	2819	9308	.8	0692	7873	2.9	2127	0210	30
40	5527	7201	2.1	2799	9300		0700	7902	2.8	2098	0181	20
50	5556	7222	2.0	2778	9292		0708	7930		2070	0152	10
32° 00′	0.5585	9.7242	2.0	0.2758	9.9284	.8	0.0716	9.7958	2.8	0.2042	1.0123	58° 00′
10	5614	7262		2738	9276		0724	7986		2014	0094	50
20	5643	7282		2718	9268		0732	8014		1986	0065	40
30	5672	7302		2698	9260		0740	8042		1958	0036	30
40	5701	7322		2678	9252		0748	8070	2.7	1930	0007	20
50	5730	7342	1.9	2658	9244		0756	8097	2.8	1903	0.9977	10
33° 00′	0.5760	9.7361	1.9	0.2639	9.9236	.8	0.0764	9.8125	2.8	0.1875	0.9948	57° 00′
10	5789	7380	2.0	2620	9228	.9	0772	8153	2.7	1847	9919	50
20	5818	7400	1.9	2600	9219	.8	0781	8180	2.8	1820	9890	40
30	5847	7419		2581	9211		0789	8208	2.7	1792	9861	30
40	5876	7438		2562	9203	.9	0797	8235	2.8	1765	9832	20
50	5905	7457		2543	9194	.8	0806	8263	2.7	1737	9803	10
34° 00′	0.5934	9.7476	1.9	0.2524	9.9186	.9	0.0814	9.8290	2.7	0.1710	0.9774	56° 00′
10	5963	7494	1.9	2506	9177	.8	0823	8317		1683	9745	50
20	5992	7513	1.8	2487	9169	.9	0831	8344		1656	9716	40
30	6021	7531	1.9	2469	9160		0840	8371		1629	9687	30
40	6050	7550	1.8	2450	9151		0849	8398		1602	9657	20
50	6080	7568		2432	9142	.8	0858	8425		1575	9628	10
35° 00′	0.6109	9.7586		0.2414	9.9134		0.0866	9.8452		0.1548	0.9599	55° 00′
Deg.	Rad.	Cos.	Dif.	Sec.	Sin.	Dif.	Csc.	Cot.	Dif.	Tan.	Rad.	Deg.

Deg.	Rad.	Sin.	Dif.	Csc.	Cos.	Dif.	Sec.	Tan.	Dif.	Cot.	Rad.	Deg.
35° 00′	0.6109	9.7586	1.8	0.2414	9.9134	.9	0.0866	9.8452	2.7	0.1548	0.9599	55° 00′
10	6138	7604		2396	9125		0875	8479		1521	9570	50
20	6167	7622		2378	9116		0884	8506		1494	9541	40
30	6196	7640	1.7	2360	9107		0893	8533	2.6	1467	9512	30
40	6225	7657	1.8	2343	9098		0902	8559	2.7	1441	9483	20
50	6254	7675	1.7	2325	9089		0911	8586		1414	9454	10
36° 00′	0.6283	9.7692	1.8	0.2308	9.9080	1.0	0.0920	9.8613	2.6	0.1387	0.9425	54° 00′
10	6312	7710	1.7	2290	9070	.9	0930	8639	2.7	1361	9396	50
20	6341	7727		2273	9061		0939	8666	2.6	1334	9367	40
30	6370	7744		2256	9052	1.0	0948	8692		1308	9338	30
40	6400	7761		2239	9042	.9	0958	8718	2.7	1282	9308	20
50	6429	7778		2222	9033	1.0	0967	8745	2.6	1255	9279	10
37° 00′	0.6458	9.7795	1.6	0.2205	9.9023	.9	0.0977	9.8771	2.6	0.1229	0.9250	53° 00′
10	6487	7811	1.7	2189	9014	1.0	0986	8797	2.7	1203	9221	50
20	6516	7828	1.6	2172	9004	.9	0996	8824	2.6	1176	9192	40
30	6545	7844	1.7	2156	8995	1.0	1005	8850		1150	9163	30
40	6574	7861	1.6	2139	8985		1015	8876		1124	9134	20
50	6603	7877		2123	8975		1025	8902		1098	9105	10
38° 00′	0.6632	9.7893	1.7	0.2107	9.8965	1.0	0.1035	9.8928	2.6	0.1072	0.9076	52° 00′
10	6661	7910	1.6	2090	8955		1045	8954		1046	9047	50
20	6690	7926	1.5	2074	8945		1055	8980		1020	9018	40
30	6720	7941	1.6	2059	8935		1065	9006		0994	8988	30
40	6749	7957		2043	8925		1075	9032		0968	8959	20
50	6778	7973		2027	8915		1085	9058		0942	8930	10
39° 00′	0.6807	9.7989	1.5	0.2011	9.8905	1.0	0.1095	9.9084	2.6	0.0916	0.8901	51° 00′
10	6836	8004	1.6	1996	8895	1.1	1105	9110	2.5	0890	8872	50
20	6865	8020	1.5	1980	8884	1.0	1116	9135	2.6	0865	8843	40
30	6894	8035		1965	8874		1126	9161		0839	8814	30
40	6923	8050	1.6	1950	8864	1.1	1136	9187	2.5	0813	8785	20
50	6952	8066	1.5	1934	8853	1.0	1147	9212	2.6	0788	8756	10
40° 00′	0.6981	9.8081	1.5	0.1919	9.8843	1.1	0.1157	9.9238	2.6	0.0762	0.8727	50° 00′
10	7010	8096		1904	8832		1168	9264	2.5	0736	8698	50
20	7039	8111	1.4	1889	8821		1179	9289	2.6	0711	8668	40
30	7069	8125	1.5	1875	8810	1.0	1190	9315		0685	8639	30
40	7098	8140		1860	8800	1.1	1200	9341	2.5	0659	8610	20
50	7127	8155	1.4	1845	8789		1211	9366	2.6	0634	8581	10
41° 00′	0.7156	9.8169	1.5	0.1831	9.8778	1.1	0.1222	9.9392	2.5	0.0608	0.8552	49° 00′
10	7185	8184	1.4	1816	8767		1233	9417	2.6	0583	8523	50
20	7214	8198	1.5	1802	8756		1244	9443	2.5	0557	8494	40
30	7243	8213	1.4	1787	8745	1.2	1255	9468	2.6	0532	8465	30
40	7272	8227		1773	8733	1.1	1267	9494	2.5	0506	8436	20
50	7301	8241		1759	8722		1278	9519		0481	8407	10
42° 00′	0.7330	9.8255	1.4	0.1745	9.8711	1.2	0.1289	9.9544	2.6	0.0456	0.8378	48° 00′
10	7359	8269		1731	8699	1.1	1301	9570	2.5	0430	8348	50
20	7389	8283		1717	8688	1.2	1312	9595	2.6	0405	8319	40
30	7418	8297		1703	8676	1.1	1324	9621	2.5	0379	8290	30
40	7447	8311	1.3	1689	8665	1.2	1335	9646		0354	8261	20
50	7476	8324	1.4	1676	8653		1347	9671	2.6	0329	8232	10
43° 00′	0.7505	9.8338	1.3	0.1662	9.8641	1.2	0.1359	9.9697	2.5	0.0303	0.8203	47° 00′
10	7534	8351	1.4	1649	8629	1.1	1371	9722		0278	8174	50
20	7563	8365	1.3	1635	8618	1.2	1382	9747		0253	8145	40
30	7592	8378		1622	8606		1394	9772	2.6	0228	8116	30
40	7621	8391	1.4	1609	8594		1406	9798	2.5	0202	8087	20
50	7650	8405	1.3	1595	8582	1.3	1418	9823		0177	8058	10
44° 00′	0.7679	9.8418	1.3	0.1582	9.8569	1.2	0.1431	9.9848	2.6	0.0152	0.8029	46° 00′
10	7709	8431		1569	8557		1443	9874	2.5	0126	7999	50
20	7738	8444		1556	8545	1.3	1455	9899		0101	7970	40
30	7767	8457	1.2	1543	8532	1.2	1468	9924		0076	7941	30
40	7796	8469	1.3	1531	8520	1.3	1480	9949	2.6	0051	7912	20
50	7825	8482		1518	8507	1.2	1493	9975	2.5	0025	7883	10
45° 00′	0.7854	9.8495		0.1505	9.8495		0.1505	0.0000		0.0000	0.7854	45° 00′
Deg.	Rad.	Cos.	Dif.	Sec.	Sin.	Dif.	Csc.	Cot.	Dif.	Tan.	Rad.	Deg.

20 III. LOGARITHMS OF NUMBERS.

100	0	1	2	3	4	5	6	7	8	9
100	00 0000	0434	0868	1301	1734	2166	2598	3029	3461	3891
01	4321	4751	5181	5609	6038	6466	6894	7321	7748	8174
02	8600	9026	9451	9876	*0300	*0724	*1147	*1570	*1993	*2415
03	01 2837	3259	3680	4100	4521	4940	5360	5779	6197	6616
04	7033	7451	7868	8284	8700	9116	9532	9947	*0361	*0775
05	02 1189	1603	2016	2428	2841	3252	3664	4075	4486	4896
06	5306	5715	6125	6533	6942	7350	7757	8164	8571	8978
07	9384	9789	*0195	*0600	*1004	*1408	*1812	*2216	*2619	*3021
08	03 3424	3826	4227	4628	5029	5430	5830	6230	6629	7028
09	7426	7825	8223	8620	9017	9414	9811	*0207	*0602	*0998
110	04 1393	1787	2182	2576	2969	3362	3755	4148	4540	4932
11	5323	5714	6105	6495	6885	7275	7664	8053	8442	8830
12	9218	9606	9993	*0380	*0766	*1153	*1538	*1924	*2309	*2694
13	05 3078	3463	3846	4230	4613	4996	5378	5760	6142	6524
14	6905	7286	7666	8046	8426	8805	9185	9563	9942	*0320
15	06 0698	1075	1452	1829	2206	2582	2958	3333	3709	4083
16	4458	4832	5206	5580	5953	6326	6699	7071	7443	7815
17	8186	8557	8928	9298	9668	*0038	*0407	*0776	*1145	*1514
18	07 1882	2250	2617	2985	3352	3718	4085	4451	4816	5182
19	5547	5912	6276	6640	7004	7368	7731	8094	8457	8819
120	07 9181	9543	9904	*0266	*0626	*0987	*1347	*1707	*2067	*2426
21	08 2785	3144	3503	3861	4219	4576	4934	5291	5647	6004
22	6360	6716	7071	7426	7781	8136	8490	8845	9198	9552
23	9905	*0258	*0611	*0963	*1315	*1667	*2018	*2370	*2721	*3071
24	09 3422	3772	4122	4471	4820	5169	5518	5866	6215	6562
25	6910	7257	7604	7951	8298	8644	8990	9335	9681	*0026
26	10 0371	0715	1059	1403	1747	2091	2434	2777	3119	3462
27	3804	4146	4487	4828	5169	5510	5851	6191	6531	6871
28	7210	7549	7888	8227	8565	8903	9241	9579	9916	*0253
29	11 0590	0926	1263	1599	1934	2270	2605	2940	3275	3609
130	11 3943	4277	4611	4944	5278	5611	5943	6276	6608	6940
31	7271	7603	7934	8265	8595	8926	9256	9586	9915	*0245
32	12 0574	0903	1231	1560	1888	2216	2544	2871	3198	3525
33	3852	4178	4504	4830	5156	5481	5806	6131	6456	6781
34	7105	7429	7753	8076	8399	8722	9045	9368	9690	*0012
35	13 0334	0655	0977	1298	1619	1939	2260	2580	2900	3219
36	3539	3858	4177	4496	4814	5133	5451	5769	6086	6403
37	6721	7037	7354	7671	7987	8303	8618	8934	9249	9564
38	9879	*0194	*0508	*0822	*1136	*1450	*1763	*2076	*2389	*2702
39	14 3015	3327	3639	3951	4263	4574	4885	5196	5507	5818
140	14 6128	6438	6748	7058	7367	7676	7985	8294	8603	8911
41	9219	9527	9835	*0142	*0449	*0756	*1063	*1370	*1676	*1982
42	15 2288	2594	2900	3205	3510	3815	4120	4424	4728	5032
43	5336	5640	5943	6246	6549	6852	7154	7457	7759	8061
44	8362	8664	8965	9266	9567	9868	*0168	*0469	*0769	*1068
45	16 1368	1667	1967	2266	2564	2863	3161	3460	3758	4055
46	4353	4650	4947	5244	5541	5838	6134	6430	6726	7022
47	7317	7613	7908	8203	8497	8792	9086	9380	9674	9968
48	17 0262	0555	0848	1141	1434	1726	2019	2311	2603	2895
49	3186	3478	3769	4060	4351	4641	4932	5222	5512	5802
150	0	1	2	3	4	5	6	7	8	9

Differences.

	435	430	425	420
1	44	43	43	42
2	87	86	85	84
3	131	129	128	126
4	174	172	170	168
5	218	215	213	210
6	261	258	255	252
7	305	301	298	294
8	348	344	340	336
9	392	387	383	378
	415	410	405	400
1	42	41	41	40
2	83	82	81	80
3	125	123	122	120
4	166	164	162	160
5	208	205	203	200
6	249	246	243	240
7	291	287	284	280
8	332	328	324	320
9	374	369	365	360
	395	390	385	380
1	40	39	39	38
2	79	78	77	76
3	119	117	116	114
4	158	156	154	152
5	198	195	193	190
6	237	234	231	228
7	277	273	270	266
8	316	312	308	304
9	356	351	347	342
	375	370	365	360
1	38	37	37	36
2	75	74	73	72
3	113	111	110	108
4	150	148	146	144
5	188	185	183	180
6	225	222	219	216
7	263	259	256	252
8	300	296	292	288
9	338	333	329	324
	355	350	345	340
1	36	35	35	34
2	71	70	69	68
3	107	105	104	102
4	142	140	138	136
5	178	175	173	170
6	213	210	207	204
7	249	245	242	238
8	284	280	276	272
9	320	315	311	306
	335	330	325	320
1	34	33	33	32
2	67	66	65	[illegible]
3	101	99	98	[illegible]
4	134	132	130	128
5	168	165	163	160
6	201	198	195	192
7	235	231	228	224
8	268	264	260	256
9	302	297	293	288
	315	310	305	300
1	32	31	31	30
2	63	62	61	60
3	95	93	92	90
4	126	124	122	120
5	158	155	153	150
6	189	186	183	180
7	221	217	214	210
8	252	248	244	240
9	284	279	275	270

Differences.

150	0	1	2	3	4	5	6	7	8	9
150	17 6091	6381	6670	6959	7248	7536	7825	8113	8401	8689
51	8977	9264	9552	9839	*0126	*0413	*0699	*0986	*1272	*1558
52	18 1844	2129	2415	2700	2985	3270	3555	3839	4123	4407
53	4691	4975	5259	5542	5825	6108	6391	6674	6956	7239
54	7521	7803	8084	8366	8647	8928	9209	9490	9771	*0051
55	19 0332	0612	0892	1171	1451	1730	2010	2289	2567	2846
56	3125	3403	3681	3959	4237	4514	4792	5069	5346	5623
57	5900	6176	6453	6729	7005	7281	7556	7832	8107	8382
58	8657	8932	9206	9481	9755	*0029	*0303	*0577	*0850	*1124
59	20 1397	1670	1943	2216	2488	2761	3033	3305	3577	3848
160	20 4120	4391	4663	4934	5204	5475	5746	6016	6286	6556
61	6826	7096	7365	7634	7904	8173	8441	8710	8979	9247
62	9515	9783	*0051	*0319	*0586	*0853	*1121	*1388	*1654	*1921
63	21 2188	2454	2720	2986	3252	3518	3783	4049	4314	4579
64	4844	5109	5373	5638	5902	6166	6430	6694	6957	7221
65	7484	7747	8010	8273	8536	8798	9060	9323	9585	9846
66	22 0108	0370	0631	0892	1153	1414	1675	1936	2196	2456
67	2716	2976	3236	3496	3755	4015	4274	4533	4792	5051
68	5309	5568	5826	6084	6342	6600	6858	7115	7372	7630
69	7887	8144	8400	8657	8913	9170	9426	9682	9938	*0193
170	23 0449	0704	0960	1215	1470	1724	1979	2234	2488	2742
71	2996	3250	3504	3757	4011	4264	4517	4770	5023	5276
72	5528	5781	6033	6285	6537	6789	7041	7292	7544	7795
73	8046	8297	8548	8799	9049	9299	9550	9800	*0050	*0300
74	24 0549	0799	1048	1297	1546	1795	2044	2293	2541	2790
75	3038	3286	3534	3782	4030	4277	4525	4772	5019	5266
76	5513	5759	6006	6252	6499	6745	6991	7237	7482	7728
77	7973	8219	8464	8709	8954	9198	9443	9687	9932	*0176
78	25 0420	0664	0908	1151	1395	1638	1881	2125	2368	2610
79	2853	3096	3338	3580	3822	4064	4306	4548	4790	5031
180	25 5273	5514	5755	5996	6237	6477	6718	6958	7198	7439
81	7679	7918	8158	8398	8637	8877	9116	9355	9594	9833
82	26 0071	0310	0548	0787	1025	1263	1501	1739	1976	2214
83	2451	2688	2925	3162	3399	3636	3873	4109	4346	4582
84	4818	5054	5290	5525	5761	5996	6232	6467	6702	6937
85	7172	7406	7641	7875	8110	8344	8578	8812	9046	9279
86	9513	9746	9980	*0213	*0446	*0679	*0912	*1144	*1377	*1609
87	27 1842	2074	2306	2538	2770	3001	3233	3464	3696	3927
88	4158	4389	4620	4850	5081	5311	5542	5772	6002	6232
89	6462	6692	6921	7151	7380	7609	7838	8067	8296	8525
190	27 8754	8982	9211	9439	9667	9895	*0123	*0351	*0578	*0806
191	28 1033	1261	1488	1715	1942	2169	2396	2622	2849	3075
92	3301	3527	3753	3979	4205	4431	4656	4882	5107	5332
93	5557	5782	6007	6232	6456	6681	6905	7130	7354	7578
94	7802	8026	8249	8473	8696	8920	9143	9366	9589	9812
95	29 0035	0257	0480	0702	0925	1147	1369	1591	1813	2034
96	2256	2478	2699	2920	3141	3363	3584	3804	4025	4246
97	4466	4687	4907	5127	5347	5567	5787	6007	6226	6446
98	6665	6884	7104	7323	7542	7761	7979	8198	8416	8635
99	8853	9071	9289	9507	9725	9943	*0161	*0378	*0595	*0813
200	0	1	2	3	4	5	6	7	8	9

Differences.

	295	290	285	280
1	30	29	29	28
2	59	58	57	56
3	89	87	86	84
4	118	116	114	112
5	148	145	143	140
6	177	174	171	168
7	207	203	200	196
8	236	232	228	224
9	266	261	257	252
	275	270	265	260
1	28	27	27	26
2	55	54	53	52
3	83	81	80	78
4	110	108	106	104
5	138	135	133	130
6	165	162	159	156
7	193	189	186	182
8	220	216	212	208
9	248	243	239	234
	255	250	248	246
1	26	25	25	25
2	51	50	50	49
3	77	75	74	74
4	102	100	99	98
5	128	125	124	123
6	153	150	149	148
7	179	175	174	172
8	204	200	198	197
9	230	225	223	221
	244	242	240	238
1	24	24	24	24
2	49	48	48	48
3	73	73	72	71
4	98	97	96	95
5	122	121	120	119
6	146	145	144	143
7	171	169	168	167
8	195	194	192	190
9	220	218	216	214
	236	234	232	230
1	24	23	23	23
2	47	47	46	46
3	71	70	70	69
4	94	94	93	92
5	118	117	116	115
6	142	140	139	138
7	165	164	162	161
8	189	187	186	184
9	212	211	209	207
	228	226	224	222
1	23	23	22	22
2	46	45	45	44
3	68	68	67	67
4	91	90	90	89
5	114	113	112	111
6	137	136	134	133
7	160	158	157	155
8	182	181	179	178
9	205	203	202	200
	220	218	216	214
1	22	22	22	21
2	44	44	43	43
3	66	65	65	64
4	88	87	86	86
5	110	109	108	107
6	132	131	130	128
7	154	153	151	150
8	176	174	173	171
9	198	196	194	193

Differences.

200	0	1	2	3	4	5	6	7	8	9
200	30 1030	1247	1464	1681	1898	2114	2331	2547	2764	2980
01	3196	3412	3628	3844	4059	4275	4491	4706	4921	5136
02	5351	5566	5781	5996	6211	6425	6639	6854	7068	7282
03	7496	7710	7924	8137	8351	8564	8778	8991	9204	9417
04	9630	9843	*0056	*0268	*0481	*0693	*0906	*1118	*1330	*1542
05	31 1754	1966	2177	2389	2600	2812	3023	3234	3445	3656
06	3867	4078	4289	4499	4710	4920	5130	5340	5551	5760
07	5970	6180	6390	6599	6809	7018	7227	7436	7646	7854
08	8063	8272	8481	8689	8898	9106	9314	9522	9730	9938
09	32 0146	0354	0562	0769	0977	1184	1391	1598	1805	2012
210	32 2219	2426	2633	2839	3046	3252	3458	3665	3871	4077
11	4282	4488	4694	4899	5105	5310	5516	5721	5926	6131
12	6336	6541	6745	6950	7155	7359	7563	7767	7972	8176
13	8380	8583	8787	8991	9194	9398	9601	9805	*0008	*0211
14	33 0414	0617	0819	1022	1225	1427	1630	1832	2034	2236
15	2438	2640	2842	3044	3246	3447	3649	3850	4051	4253
16	4454	4655	4856	5057	5257	5458	5658	5859	6059	6260
17	6460	6660	6860	7060	7260	7459	7659	7858	8058	8257
18	8456	8656	8855	9054	9253	9451	9650	9849	*0047	*0246
19	34 0444	0642	0841	1039	1237	1435	1632	1830	2028	2225
220	34 2423	2620	2817	3014	3212	3409	3606	3802	3999	4196
21	4392	4589	4785	4981	5178	5374	5570	5766	5962	6157
22	6353	6549	6744	6939	7135	7330	7525	7720	7915	8110
23	8305	8500	8694	8889	9083	9278	9472	9666	9860	*0054
24	35 0248	0442	0636	0829	1023	1216	1410	1603	1796	1989
25	2183	2375	2568	2761	2954	3147	3339	3532	3724	3916
26	4108	4301	4493	4685	4876	5068	5260	5452	5643	5834
27	6026	6217	6408	6599	6790	6981	7172	7363	7554	7744
28	7935	8125	8316	8506	8696	8886	9076	9266	9456	9646
29	9835	*0025	*0215	*0404	*0593	*0783	*0972	*1161	*1350	*1539
230	36 1728	1917	2105	2294	2482	2671	2859	3048	3236	3424
31	3612	3800	3988	4176	4363	4551	4739	4926	5113	5301
32	5488	5675	5862	6049	6236	6423	6610	6796	6983	7169
33	7356	7542	7729	7915	8101	8287	8473	8659	8845	9030
34	9216	9401	9587	9772	9958	*0143	*0328	*0513	*0698	*0883
35	37 1068	1253	1437	1622	1806	1991	2175	2360	2544	2728
36	2912	3096	3280	3464	3647	3831	4015	4198	4382	4565
37	4748	4932	5115	5298	5481	5664	5846	6029	6212	6394
38	6577	6759	6942	7124	7306	7488	7670	7852	8034	8216
39	8398	8580	8761	8943	9124	9306	9487	9668	9849	*0030
240	38 0211	0392	0573	0754	0934	1115	1296	1476	1656	1837
41	2017	2197	2377	2557	2737	2917	3097	3277	3456	3636
42	3815	3995	4174	4353	4533	4712	4891	5070	5249	5428
43	5606	5785	5964	6142	6321	6499	6677	6856	7034	7212
44	7390	7568	7746	7923	8101	8279	8456	8634	8811	8989
45	9166	9343	9520	9698	9875	*0051	*0228	*0405	*0582	*0759
46	39 0935	1112	1288	1464	1641	1817	1993	2169	2345	2521
47	2697	2873	3048	3224	3400	3575	3751	3926	4101	4277
48	4452	4627	4802	4977	5152	5326	5501	5676	5850	6025
49	6199	6374	6548	6722	6896	7071	7245	7419	7592	7766
250	0	1	2	3	4	5	6	7	8	9

Differences.

	220	218	216	214
1	22	22	22	21
2	44	44	43	43
3	66	65	65	64
4	88	87	86	86
5	110	109	108	107
6	132	131	130	128
7	154	153	151	150
8	176	174	173	171
9	198	196	194	193
	212	210	208	206
1	21	21	21	21
2	42	42	42	41
3	64	63	62	62
4	85	84	83	82
5	106	105	104	103
6	127	126	125	124
7	148	147	146	144
8	170	168	166	165
9	191	189	187	185
	204	202	200	198
1	20	20	20	20
2	41	40	40	40
3	61	61	60	59
4	82	81	80	79
5	102	101	100	99
6	122	121	120	119
7	143	141	140	139
8	163	162	160	158
9	184	182	180	178
	196	194	192	190
1	20	19	19	19
2	39	39	38	38
3	59	58	58	57
4	78	78	77	76
5	98	97	96	95
6	118	116	115	114
7	137	136	134	133
8	157	155	154	152
9	176	175	173	171
	188	186	184	182
1	19	19	18	18
2	38	37	37	36
3	56	56	55	55
4	75	74	74	73
5	94	93	92	91
6	113	112	110	109
7	132	130	129	127
8	150	149	147	146
9	169	167	166	164
	180	178	176	175
1	18	18	18	18
2	36	36	35	35
3	54	53	53	53
4	72	71	70	70
5	90	89	88	88
6	108	107	106	105
7	126	125	123	123
8	144	142	141	140
9	162	160	158	158
	174	173	172	171
1	17	17	17	17
2	35	35	34	34
3	52	52	52	51
4	70	69	69	68
5	87	87	86	86
6	104	104	103	103
7	122	121	120	120
8	139	138	138	137
9	157	156	155	154

Differences.

250	0	1	2	3	4	5	6	7	8	9
250	39 7940	8114	8287	8461	8634	8808	8981	9154	9328	9501
51	9674	9847	*0020	*0192	*0365	*0538	*0711	*0883	*1056	*1228
52	40 1401	1573	1745	1917	2089	2261	2433	2605	2777	2949
53	3121	3292	3464	3635	3807	3978	4149	4320	4492	4663
54	4834	5005	5176	5346	5517	5688	5858	6029	6199	6370
55	6540	6710	6881	7051	7221	7391	7561	7731	7901	8070
56	8240	8410	8579	8749	8918	9087	9257	9426	9595	9764
57	9933	*0102	*0271	*0440	*0609	*0777	*0946	*1114	*1283	*1451
58	41 1620	1788	1956	2124	2293	2461	2629	2796	2964	3132
59	3300	3467	3635	3803	3970	4137	4305	4472	4639	4806
260	41 4973	5140	5307	5474	5641	5808	5974	6141	6308	6474
61	6641	6807	6973	7139	7306	7472	7638	7804	7970	8135
62	8301	8467	8633	8798	8964	9129	9295	9460	9625	9791
63	9956	*0121	*0286	*0451	*0616	*0781	*0945	*1110	*1275	*1439
64	42 1604	1768	1933	2097	2261	2426	2590	2754	2918	3082
65	3246	3410	3574	3737	3901	4065	4228	4392	4555	4718
66	4882	5045	5208	5371	5534	5697	5860	6023	6186	6349
67	6511	6674	6836	6999	7161	7324	7486	7648	7811	7973
68	8135	8297	8459	8621	8783	8944	9106	9268	9429	9591
69	9752	9914	*0075	*0236	*0398	*0559	*0720	*0881	*1042	*1203
270	43 1364	1525	1685	1846	2007	2167	2328	2488	2649	2809
71	2969	3130	3290	3450	3610	3770	3930	4090	4249	4409
72	4569	4729	4888	5048	5207	5367	5526	5685	5844	6004
73	6163	6322	6481	6640	6799	6957	7116	7275	7433	7592
74	7751	7909	8067	8226	8384	8542	8701	8859	9017	9175
75	9333	9491	9648	9806	9964	*0122	*0279	*0437	*0594	*0752
76	44 0909	1066	1224	1381	1538	1695	1852	2009	2166	2323
77	2480	2637	2793	2950	3106	3263	3419	3576	3732	3889
78	4045	4201	4357	4513	4669	4825	4981	5137	5293	5449
79	5604	5760	5915	6071	6226	6382	6537	6692	6848	7003
280	44 7158	7313	7468	7623	7778	7933	8088	8242	8397	8552
81	8706	8861	9015	9170	9324	9478	9633	9787	9941	*0095
82	45 0249	0403	0557	0711	0865	1018	1172	1326	1479	1633
83	1786	1940	2093	2247	2400	2553	2706	2859	3012	3165
84	3318	3471	3624	3777	3930	4082	4235	4387	4540	4692
85	4845	4997	5150	5302	5454	5606	5758	5910	6062	6214
86	6366	6518	6670	6821	6973	7125	7276	7428	7579	7731
87	7882	8033	8184	8336	8487	8638	8789	8940	9091	9242
88	9392	9543	9694	9845	9995	*0146	*0296	*0447	*0597	*0748
89	46 0898	1048	1198	1348	1499	1649	1799	1948	2098	2248
290	46 2398	2548	2697	2847	2997	3146	3296	3445	3594	3744
91	3893	4042	4191	4340	4490	4639	4788	4936	5085	5234
92	5383	5532	5680	5829	5977	6126	6274	6423	6571	6719
93	6868	7016	7164	7312	7460	7608	7756	7904	8052	8200
94	8347	8495	8643	8790	8938	9085	9233	9380	9527	9675
95	9822	9969	*0116	*0263	*0410	*0557	*0704	*0851	*0998	*1145
96	47 1292	1438	1585	1732	1878	2025	2171	2318	2464	2610
97	2756	2903	3049	3195	3341	3487	3633	3779	3925	4071
98	4216	4362	4508	4653	4799	4944	5090	5235	5381	5526
99	5671	5816	5962	6107	6252	6397	6542	6687	6832	6976
300	0	1	2	3	4	5	6	7	8	9

Differences.

	170	169	168	167
1	17	17	17	17
2	34	34	34	33
3	51	51	50	50
4	68	68	67	67
5	85	85	84	84
6	102	101	101	100
7	119	118	118	117
8	136	135	134	134
9	153	152	151	150
	166	165	164	163
1	17	17	16	16
2	33	33	33	33
3	50	50	49	49
4	66	66	66	65
5	83	83	82	82
6	100	99	98	98
7	116	116	115	114
8	133	132	131	130
9	149	149	148	147
	162	161	160	159
1	16	16	16	16
2	32	32	32	32
3	49	48	48	48
4	65	64	64	64
5	81	81	80	80
6	97	97	96	95
7	113	113	112	111
8	130	129	128	127
9	146	145	144	143
	158	157	156	155
1	16	16	16	16
2	32	31	31	31
3	47	47	47	47
4	63	63	62	62
5	79	79	78	78
6	95	94	94	93
7	111	110	109	109
8	126	126	125	124
9	142	141	140	140
	154	153	152	151
1	15	15	15	15
2	31	31	30	30
3	46	46	46	45
4	62	61	61	60
5	77	77	76	76
6	92	92	91	91
7	108	107	106	106
8	123	122	122	121
9	139	138	137	136
	150	149	148	147
1	15	15	15	15
2	30	30	30	29
3	45	45	44	44
4	60	60	59	59
5	75	75	74	74
6	90	89	89	88
7	105	104	104	103
8	120	119	118	118
9	135	134	133	132
	146	145	144	
1	15	15	14	
2	29	29	29	
3	44	44	43	
4	58	58	58	
5	73	73	72	
6	88	87	86	
7	102	102	101	
8	117	116	115	
9	131	131	130	

III. LOGARITHMS OF NUMBERS.

300	0	1	2	3	4	5	6	7	8	9	Differences.
300	47 7121	7206	7411	7555	7700	7844	7989	8133	8278	8422	
01	8566	8711	8855	8999	9143	9287	9431	9575	9719	9863	145 144 143 142
02	48 0007	0151	0294	0438	0582	0725	0869	1012	1156	1299	1 15 14 14 14
03	1443	1586	1729	1872	2016	2159	2302	2445	2588	2731	2 29 29 29 28
04	2874	3016	3159	3302	3445	3587	3730	3872	4015	4157	3 44 43 43 43
											4 58 58 57 57
05	4300	4442	4585	4727	4869	5011	5153	5295	5437	5579	5 73 72 72 71
06	5721	5863	6005	6147	6289	6430	6572	6714	6855	6997	6 87 86 86 85
07	7138	7280	7421	7563	7704	7845	7986	8127	8269	8410	7 102 101 100 99
08	8551	8692	8833	8974	9114	9255	9396	9537	9677	9818	8 116 115 114 114
09	9958	*0099	*0239	*0380	*0520	*0661	*0801	*0941	*1081	*1222	9 131 130 129 128
											141 140 139 138
310	49 1362	1502	1642	1782	1922	2062	2201	2341	2481	2621	1 14 14 14 14
11	2760	2900	3040	3179	3319	3458	3597	3737	3876	4015	2 28 28 29 28
12	4155	4294	4433	4572	4711	4850	4989	5128	5267	5406	3 42 42 42 41
13	5544	5683	5822	5960	6099	6238	6376	6515	6653	6792	4 56 56 56 55
14	6930	7068	7206	7344	7483	7621	7759	7897	8035	8173	5 71 70 70 69
											6 85 84 83 83
15	8311	8448	8586	8724	8862	8999	9137	9275	9412	9550	7 99 98 97 97
16	9687	9824	9962	*0099	*0236	*0374	*0511	*0648	*0785	*0922	8 113 112 111 110
17	50 1059	1196	1333	1470	1607	1744	1880	2017	2154	2291	9 126 125 124
18	2427	2564	2700	2837	2973	3109	3246	3382	3518	3655	137 136 135 134
19	3791	3927	4063	4199	4335	4471	4607	4743	4878	5014	1 14 14 14 13
											2 27 27 27 27
320	50 5150	5286	5421	5557	5693	5828	5964	6099	6234	6370	3 41 41 41 40
21	6505	6640	6776	6911	7046	7181	7316	7451	7586	7721	4 55 54 54 54
22	7856	7991	8126	8260	8395	8530	8664	8799	8934	9068	5 69 68 68 67
23	9203	9337	9471	9606	9740	9874	*0009	*0143	*0277	*0411	6 82 82 81 80
24	51 0545	0679	0813	0947	1081	1215	1349	1482	1616	1750	7 96 95 95 94
											8 110 109 108 107
25	1883	2017	2151	2284	2418	2551	2684	2818	2951	3084	9 123 122 122 121
26	3218	3351	3484	3617	3750	3883	4016	4149	4282	4415	133 132 131 130
27	4548	4681	4813	4946	5079	5211	5344	5476	5609	5741	1 13 13 13 13
28	5874	6006	6139	6271	6403	6535	6668	6800	6932	7064	2 27 26 26 26
29	7196	7328	7460	7592	7724	7855	7987	8119	8251	8382	3 40 40 39 39
											4 53 53 52 52
330	51 8514	8646	8777	8909	9040	9171	9303	9434	9566	9697	5 67 66 66 65
31	9828	9959	*0090	*0221	*0353	*0484	*0615	*0745	*0876	*1007	6 80 79 79 78
32	52 1138	1269	1400	1530	1661	1792	1922	2053	2183	2314	7 93 92 92 91
33	2444	2575	2705	2835	2966	3096	3226	3356	3486	3616	8 106 106 105 104
34	3746	3876	4006	4136	4266	4396	4526	4656	4785	4915	9 120 119 118 117
											129 128 127
35	5045	5174	5304	5434	5563	5693	5822	5951	6081	6210	1 13 13 13
36	6339	6469	6598	6727	6856	6985	7114	7243	7372	7501	2 26 26 25
37	7630	7759	7888	8016	8145	8274	8402	8531	8660	8788	3 39 38 38
38	8917	9045	9174	9302	9430	9559	9687	9815	9943	*0072	4 52 51 51
39	53 0200	0328	0456	0584	0712	0840	0968	1096	1223	1351	5 65 64 64
											6 77 77 76
340	53 1479	1607	1734	1862	1990	2117	2245	2372	2500	2627	7 90 90 89
41	2754	2882	3009	3136	3264	3391	3518	3645	3772	3899	8 103 102 102
42	4026	4153	4280	4407	4534	4661	4787	4914	5041	5167	9 116 115 114
43	5294	5421	5547	5674	5800	5927	6053	6180	6306	6432	126 125 124
44	6558	6685	6811	6937	7063	7189	7315	7441	7567	7693	1 13 13 12
											2 25 25 25
45	7819	7945	8071	8197	8322	8448	8574	8699	8825	8951	3 38 38 37
46	9076	9202	9327	9452	9578	9703	9829	9954	*0079	*0204	4 50 50 50
47	54 0329	0455	0580	0705	0830	0955	1080	1205	1330	1454	5 63 63 62
48	1579	1704	1829	1953	2078	2203	2327	2452	2576	2701	6 76 75 74
49	2825	2950	3074	3199	3323	3447	3571	3696	3820	3944	7 88 88 87
											8 101 100 99
											9 113 113 112
350	0	1	2	3	4	5	6	7	8	9	Differences.

350	0	1	2	3	4	5	6	7	8	9
350	54 4068	4192	4316	4440	4564	4688	4812	4936	5060	5183
51	5307	5431	5555	5678	5802	5925	6049	6172	6296	6419
52	6543	6666	6789	6913	7036	7159	7282	7405	7529	7652
53	7775	7898	8021	8144	8267	8389	8512	8635	8758	8881
54	9003	9126	9249	9371	9494	9616	9739	9861	9984	*0106
55	55 0228	0351	0473	0595	0717	0840	0962	1084	1206	1328
56	1450	1572	1694	1816	1938	2060	2181	2303	2425	2547
57	2668	2790	2911	3033	3155	3276	3398	3519	3640	3762
58	3883	4004	4126	4247	4368	4489	4610	4731	4852	4973
59	5094	5215	5336	5457	5578	5699	5820	5940	6061	6182
360	55 6303	6423	6544	6664	6785	6905	7026	7146	7267	7387
61	7507	7627	7748	7868	7988	8108	8228	8349	8469	8589
62	8709	8829	8948	9068	9188	9308	9428	9548	9667	9787
63	9907	*0026	*0146	*0265	*0385	*0504	*0624	*0743	*0863	*0982
64	56 1101	1221	1340	1459	1578	1698	1817	1936	2055	2174
65	2293	2412	2531	2650	2769	2887	3006	3125	3244	3362
66	3481	3600	3718	3837	3955	4074	4192	4311	4429	4548
67	4666	4784	4903	5021	5139	5257	5376	5494	5612	5730
68	5848	5966	6084	6202	6320	6437	6555	6673	6791	6909
69	7026	7144	7262	7379	7497	7614	7732	7849	7967	8084
370	56 8202	8319	8436	8554	8671	8788	8905	9023	9140	9257
71	9374	9491	9608	9725	9842	9959	*0076	*0193	*0309	*0426
72	57 0543	0660	0776	0893	1010	1126	1243	1359	1476	1592
73	1709	1825	1942	2058	2174	2291	2407	2523	2639	2755
74	2872	2988	3104	3220	3336	3452	3568	3684	3800	3915
75	4031	4147	4263	4379	4494	4610	4726	4841	4957	5072
76	5188	5303	5419	5534	5650	5765	5880	5996	6111	6226
77	6341	6457	6572	6687	6802	6917	7032	7147	7262	7377
78	7492	7607	7722	7836	7951	8066	8181	8295	8410	8525
79	8639	8754	8868	8983	9097	9212	9326	9441	9555	9669
380	57 9784	9898	*0012	0126	*0241	*0355	*0469	*0583	*0697	*0811
81	58 0925	1039	1153	1267	1381	1495	1608	1722	1836	1950
82	2063	2177	2291	2404	2518	2631	2745	2858	2972	3085
83	3199	3312	3426	3539	3652	3765	3879	3992	4105	4218
84	4331	4444	4557	4670	4783	4896	5009	5122	5235	5348
85	5461	5574	5686	5799	5912	6024	6137	6250	6362	6475
86	6587	6700	6812	6925	7037	7149	7262	7374	7486	7599
87	7711	7823	7935	8047	8160	8272	8384	8496	8608	8720
88	8832	8944	9056	9167	9279	9391	9503	9615	9726	9838
89	9950	*0061	*0173	*0284	*0396	*0507	*0619	*0730	*0842	*0953
390	59 1065	1176	1287	1399	1510	1621	1732	1843	1955	2066
91	2177	2288	2399	2510	2621	2732	2843	2954	3064	3175
92	3286	3397	3508	3618	3729	3840	3950	4061	4171	4282
93	4393	4503	4614	4724	4834	4945	5055	5165	5276	5386
94	5496	5606	5717	5827	5937	6047	6157	6267	6377	6487
95	6597	6707	6817	6927	7037	7146	7256	7366	7476	7586
96	7695	7805	7914	8024	8134	8243	8353	8462	8572	8681
97	8791	8900	9009	9119	9228	9337	9446	9556	9665	9774
98	9883	9992	*0101	*0210	*0319	*0428	*0537	*0646	*0755	*0864
99	60 0973	1082	1191	1299	1408	1517	1625	1734	1843	1951
400	0	1	2	3	4	5	6	7	8	9

Differences.

	124	123	122
1	12	12	12
2	25	25	24
3	37	37	37
4	50	49	49
5	62	62	61
6	74	74	73
7	87	86	85
8	99	98	98
9	112	111	110

	121	120	119
1	12	12	12
2	24	24	24
3	36	36	36
4	48	48	48
5	61	60	60
6	73	72	71
7	85	84	83
8	97	96	95
9	109	108	107

	118	117	116
1	12	12	12
2	24	23	23
3	35	35	35
4	47	47	46
5	59	59	58
6	71	70	70
7	83	82	81
8	94	94	93
9	106	105	104

	115	114	113
1	12	11	11
2	23	23	23
3	35	34	34
4	46	46	45
5	58	57	57
6	69	68	68
7	81	80	79
8	92	91	90
9	104	103	102

	112	111	110
1	11	11	11
2	22	22	22
3	34	33	33
4	45	44	44
5	56	56	55
6	67	67	66
7	78	78	77
8	90	89	88
9	101	100	99

	109	108
1	11	11
2	22	22
3	33	32
4	44	43
5	55	54
6	65	65
7	76	76
8	87	86
9	98	97

Differences.

400	0	1	2	3	4	5	6	7	8	9
400	60 2060	2169	2277	2386	2494	2603	2711	2819	2928	3036
01	3144	3253	3361	3469	3577	3686	3794	3902	4010	4118
02	4226	4334	4442	4550	4658	4766	4874	4982	5089	5197
03	5305	5413	5521	5628	5736	5844	5951	6059	6166	6274
04	6381	6489	6596	6704	6811	6919	7026	7133	7241	7348
05	7455	7562	7669	7777	7884	7991	8098	8205	8312	8419
06	8526	8633	8740	8847	8954	9061	9167	9274	9381	9488
07	9594	9701	9808	9914	*0021	*0128	*0234	*0341	*0447	*0554
08	61 0660	0767	0873	0979	1086	1192	1298	1405	1511	1617
09	1723	1829	1936	2042	2148	2254	2360	2466	2572	2678
410	61 2784	2890	2996	3102	3207	3313	3419	3525	3630	3736
11	3842	3947	4053	4159	4264	4370	4475	4581	4686	4792
12	4897	5003	5108	5213	5319	5424	5529	5634	5740	5845
13	5950	6055	6160	6265	6370	6476	6581	6686	6790	6895
14	7000	7105	7210	7315	7420	7525	7629	7734	7839	7943
15	8048	8153	8257	8362	8466	8571	8676	8780	8884	8989
16	9093	9198	9302	9406	9511	9615	9719	9824	9928	*0032
17	62 0136	0240	0344	0448	0552	0656	0760	0864	0968	1072
18	1176	1280	1384	1488	1592	1695	1799	1903	2007	2110
19	2214	2318	2421	2525	2628	2732	2835	2939	3042	3146
420	62 3249	3353	3456	3559	3663	3766	3869	3973	4076	4179
21	4282	4385	4488	4591	4695	4798	4901	5004	5107	5210
22	5312	5415	5518	5621	5724	5827	5929	6032	6135	6238
23	6340	6443	6546	6648	6751	6853	6956	7058	7161	7263
24	7366	7468	7571	7673	7775	7878	7980	8082	8185	8287
25	8389	8491	8593	8695	8797	8900	9002	9104	9206	9308
26	9410	9512	9613	9715	9817	9919	*0021	*0123	*0224	*0326
27	63 0428	0530	0631	0733	0835	0936	1038	1139	1241	1342
28	1444	1545	1647	1748	1849	1951	2052	2153	2255	2356
29	2457	2559	2660	2761	2862	2963	3064	3165	3266	3367
430	63 3468	3569	3670	3771	3872	3973	4074	4175	4276	4376
31	4477	4578	4679	4779	4880	4981	5081	5182	5283	5383
32	5484	5584	5685	5785	5886	5986	6087	6187	6287	6388
33	6488	6588	6688	6789	6889	6989	7089	7189	7290	7390
34	7490	7590	7690	7790	7890	7990	8090	8190	8290	8389
35	8489	8589	8689	8789	8888	8988	9088	9188	9287	9387
36	9486	9586	9686	9785	9885	9984	*0084	*0183	*0283	*0382
37	64 0481	0581	0680	0779	0879	0978	1077	1177	1276	1375
38	1474	1573	1672	1771	1871	1970	2069	2168	2267	2366
39	2465	2563	2662	2761	2860	2959	3058	3156	3255	3354
440	64 3453	3551	3650	3749	3847	3946	4044	4143	4242	4340
41	4439	4537	4636	4734	4832	4931	5029	5127	5226	5324
42	5422	5521	5619	5717	5815	5913	6011	6110	6208	6306
43	6404	6502	6600	6698	6796	6894	6992	7089	7187	7285
44	7383	7481	7579	7676	7774	7872	7969	8067	8165	8262
45	8360	8458	8555	8653	8750	8848	8945	9043	9140	9237
46	9335	9432	9530	9627	9724	9821	9919	*0016	*0113	*0210
47	65 0308	0405	0502	0599	0696	0793	0890	0987	1084	1181
48	1278	1375	1472	1569	1666	1762	1859	1956	2053	2150
49	2246	2343	2440	2536	2633	2730	2826	2923	3019	3116
450	0	1	2	3	4	5	6	7	8	9

Differences.

	109	108	107
1	11	11	11
2	22	22	21
3	33	32	32
4	44	43	43
5	55	54	54
6	65	65	64
7	76	76	75
8	87	86	86
9	98	97	96

	106	105	104
1	11	11	10
2	21	21	21
3	32	32	31
4	42	42	42
5	53	53	52
6	64	63	62
7	74	74	73
8	85	84	83
9	95	95	94

	103	102
1	10	10
2	21	20
3	31	31
4	41	41
5	52	51
6	62	61
7	72	71
8	82	82
9	93	92

	101	100
1	10	10
2	20	20
3	30	30
4	40	40
5	51	50
6	61	60
7	71	70
8	81	80
9	91	90

	99	98
1	10	10
2	20	20
3	30	29
4	40	39
5	50	49
6	59	59
7	69	69
8	79	78
9	89	88

	97	96
1	10	10
2	19	19
3	29	29
4	39	38
5	49	48
6	58	58
7	68	67
8	78	77
9	87	86

Differences.

III. LOGARITHMS OF NUMBERS.

450	0	1	2	3	4	5	6	7	8	9	Differences.		
450	65 3213	3309	3405	3502	3598	3695	3791	3888	3984	4080			
51	4177	4273	4369	4465	4562	4658	4754	4850	4946	5042		97	96
52	5138	5235	5331	5427	5523	5619	5715	5810	5906	6002	1	10	10
53	6098	6194	6290	6386	6482	6577	6673	6769	6864	6960	2	19	19
54	7056	7152	7247	7343	7438	7534	7629	7725	7820	7916	3	29	29
											4	39	38
55	8011	8107	8202	8298	8393	8488	8584	8679	8774	8870	5	49	48
56	8965	9060	9155	9250	9346	9441	9536	9631	9726	9821	6	58	58
57	9916	*0011	*0106	*0201	*0296	*0391	*0486	*0581	*0676	*0771	7	68	67
58	66 0865	0960	1055	1150	1245	1339	1434	1529	1623	1718	8	78	77
59	1813	1907	2002	2096	2191	2286	2380	2475	2569	2663	9	87	86
												95	94
460	66 2758	2852	2947	3041	3135	3230	3324	3418	3512	3607	1	10	9
61	3701	3795	3889	3983	4078	4172	4266	4360	4454	4548	2	19	19
62	4642	4736	4830	4924	5018	5112	5206	5299	5393	5487	3	29	28
63	5581	5675	5769	5862	5956	6050	6143	6237	6331	6424	4	38	38
64	6518	6612	6705	6799	6892	6986	7079	7173	7266	7360	5	48	47
											6	57	56
65	7453	7546	7640	7733	7826	7920	8013	8106	8199	8293	7	67	66
66	8386	8479	8572	8665	8759	8852	8945	9038	9131	9224	8	76	75
67	9317	9410	9503	9596	9689	9782	9875	9967	*0060	*0153	9	86	85
68	67 0246	0339	0431	0524	0617	0710	0802	0895	0988	1080		93	92
69	1173	1265	1358	1451	1543	1636	1728	1821	1913	2005	1	9	9
											2	19	18
470	67 2098	2190	2283	2375	2467	2559	2652	2744	2836	2929	3	28	28
71	3021	3113	3205	3297	3390	3482	3574	3666	3758	3850	4	37	37
72	3942	4034	4126	4218	4310	4402	4494	4586	4677	4769	5	47	46
73	4861	4953	5045	5137	5228	5320	5412	5503	5595	5687	6	56	55
74	5778	5870	5962	6053	6145	6236	6328	6419	6511	6602	7	65	64
											8	74	74
75	6694	6785	6876	6968	7059	7151	7242	7333	7424	7516	9	84	83
76	7607	7698	7789	7881	7972	8063	8154	8245	8336	8427		91	90
77	8518	8609	8700	8791	8882	8973	9064	9155	9246	9337	1	9	9
78	9428	9519	9610	9700	9791	9882	9973	*0063	*0154	*0245	2	18	18
79	68 0336	0426	0517	0607	0698	0789	0879	0970	1060	1151	3	27	27
											4	36	36
480	68 1241	1332	1422	1513	1603	1693	1784	1874	1964	2055	5	46	45
81	2145	2235	2326	2416	2506	2596	2686	2777	2867	2957	6	55	54
82	3047	3137	3227	3317	3407	3497	3587	3677	3767	3857	7	64	63
83	3947	4037	4127	4217	4307	4396	4486	4576	4666	4756	8	73	72
84	4845	4935	5025	5114	5204	5294	5383	5473	5563	5652	9	82	81
												89	88
85	5742	5831	5921	6010	6100	6189	6279	6368	6458	6547	1	9	9
86	6636	6726	6815	6904	6994	7083	7172	7261	7351	7440	2	18	18
87	7529	7618	7707	7796	7886	7975	8064	8153	8242	8331	3	27	26
88	8420	8509	8598	8687	8776	8865	8953	9042	9131	9220	4	36	35
89	9309	9398	9486	9575	9664	9753	9841	9930	*0019	*0107	5	45	44
											6	53	53
490	69 0196	0285	0373	0462	0550	0639	0728	0816	0905	0993	7	62	62
91	1081	1170	1258	1347	1435	1524	1612	1700	1789	1877	8	71	70
92	1965	2053	2142	2230	2318	2406	2494	2583	2671	2759	9	80	79
93	2847	2935	3023	3111	3199	3287	3375	3463	3551	3639		67	56
94	3727	3815	3903	3991	4078	4166	4254	4342	4430	4517	1	9	9
											2	17	17
95	4605	4693	4781	4868	4956	5044	5131	5219	5307	5394	3	26	26
96	5482	5569	5657	5744	5832	5919	6007	6094	6182	6269	4	35	34
97	6356	6444	6531	6618	6706	6793	6880	6968	7055	7142	5	44	43
98	7229	7317	7404	7491	7578	7665	7752	7839	7926	8014	6	52	52
99	8101	8188	8275	8362	8449	8535	8622	8709	8796	8883	7	61	60
											8	70	69
											9	78	77
500	0	1	2	3	4	5	6	7	8	9	Differences.		

III. LOGARITHMS OF NUMBERS.

500	0	1	2	3	4	5	6	7	8	9	Differences.
500	69 8970	9057	9144	9231	9317	9404	9491	9578	9664	9751	
01	9838	9924	*0011	*0098	*0184	*0271	*0358	*0444	*0531	*0617	
02	70 0704	0790	0877	0963	1050	1136	1222	1309	1395	1482	87 86
03	1568	1654	1741	1827	1913	1999	2086	2172	2258	2344	1 9 9
04	2431	2517	2603	2689	2775	2861	2947	3033	3119	3205	2 17 17 3 26 26
05	3291	3377	3463	3549	3635	3721	3807	3893	3979	4065	4 35 34
06	4151	4236	4322	4408	4494	4579	4665	4751	4837	4922	5 44 43 6 52 52
07	5008	5094	5179	5265	5350	5436	5522	5607	5693	5778	7 61 60
08	5864	5949	6035	6120	6206	6291	6376	6462	6547	6632	8 70 69
09	6718	6803	6888	6974	7059	7144	7229	7315	7400	7485	9 78 77
510	70 7570	7655	7740	7826	7911	7996	8081	8166	8251	8336	
11	8421	8506	8591	8676	8761	8846	8931	9015	9100	9185	
12	9270	9355	9440	9524	9609	9694	9779	9863	9948	*0033	85 84
13	71 0117	0202	0287	0371	0456	0540	0625	0710	0794	0879	1 9 8 2 17 17
14	0963	1048	1132	1217	1301	1386	1470	1554	1639	1723	3 26 25 4 34 34
15	1807	1892	1976	2060	2144	2229	2313	2397	2481	2566	5 43 42
16	2650	2734	2818	2902	2986	3070	3154	3238	3323	3407	6 51 50 7 60 59
17	3491	3575	3659	3742	3826	3910	3994	4078	4162	4246	8 68 67
18	4330	4414	4497	4581	4665	4749	4833	4916	5000	5084	9 77 76
19	5167	5251	5335	5418	5502	5586	5669	5753	5836	5920	
520	71 6003	6087	6170	6254	6337	6421	6504	6588	6671	6754	
21	6838	6921	7004	7088	7171	7254	7338	7421	7504	7587	83 82
22	7671	7754	7837	7920	8003	8086	8169	8253	8336	8419	1 8 8 2 17 16
23	8502	8585	8668	8751	8834	8917	9000	9083	9165	9248	3 25 25
24	9331	9414	9497	9580	9663	9745	9828	9911	9994	*0077	4 33 33
25	72 0159	0242	0325	0407	0490	0573	0655	0738	0821	0903	5 42 41 6 50 49
26	0986	1068	1151	1233	1316	1398	1481	1563	1646	1728	7 58 57
27	1811	1893	1975	2058	2140	2222	2305	2387	2469	2552	8 66 66
28	2634	2716	2798	2881	2963	3045	3127	3209	3291	3374	9 75 74
29	3456	3538	3620	3702	3784	3866	3948	4030	4112	4194	
530	72 4276	4358	4440	4522	4604	4685	4767	4849	4931	5013	
31	5095	5176	5258	5340	5422	5503	5585	5667	5748	5830	81 80
32	5912	5993	6075	6156	6238	6320	6401	6483	6564	6646	1 8 8 2 16 16
33	6727	6809	6890	6972	7053	7134	7216	7297	7379	7460	3 24 24
34	7541	7623	7704	7785	7866	7948	8029	8110	8191	8273	4 32 32
35	8354	8435	8516	8597	8678	8759	8841	8922	9003	9084	5 41 40 6 49 48
36	9165	9246	9327	9408	9489	9570	9651	9732	9813	9893	7 57 56
37	9974	*0055	*0136	*0217	*0298	*0378	*0459	*0540	*0621	*0702	8 65 64
38	73 0782	0863	0944	1024	1105	1186	1266	1347	1428	1508	9 73 72
39	1589	1669	1750	1830	1911	1991	2072	2152	2233	2313	
540	73 2394	2474	2555	2635	2715	2796	2876	2956	3037	3117	
41	3197	3278	3358	3438	3518	3598	3679	3759	3839	3919	79
42	3999	4079	4160	4240	4320	4400	4480	4560	4640	4720	1 8 2 16
43	4800	4880	4960	5040	5120	5200	5279	5359	5439	5519	3 24
44	5599	5679	5759	5838	5918	5998	6078	6157	6237	6317	4 32
45	6397	6476	6556	6635	6715	6795	6874	6954	7034	7113	5 40 6 47
46	7193	7272	7352	7431	7511	7590	7670	7749	7829	7908	7 55
47	7987	8067	8146	8225	8305	8384	8463	8543	8622	8701	8 63
48	8781	8860	8939	9018	9097	9177	9256	9335	9414	9493	9 71
49	9572	9651	9731	9810	9889	9968	*0047	*0126	*0205	*0284	
550	0	1	2	3	4	5	6	7	8	9	Differences.

III. LOGARITHMS OF NUMBERS.

550	0	1	2	3	4	5	6	7	8	9	Differences.	
550	74 0363	0442	0521	0600	0678	0757	0836	0915	0994	1073		
51	1152	1230	1309	1388	1467	1546	1624	1703	1782	1860		
52	1939	2018	2096	2175	2254	2332	2411	2489	2568	2647		79 78
53	2725	2804	2882	2961	3039	3118	3196	3275	3353	3431	1	8 8
54	3510	3588	3667	3745	3823	3902	3980	4058	4136	4215	2	16 16
											3	24 23
55	4293	4371	4449	4528	4606	4684	4762	4840	4919	4997	4	82 81
56	5075	5153	5231	5309	5387	5465	5543	5621	5699	5777	5	40 89
57	5855	5933	6011	6089	6167	6245	6323	6401	6479	6556	6	47 47
58	6634	6712	6790	6868	6945	7023	7101	7179	7256	7334	7	55 55
59	7412	7489	7567	7645	7722	7800	7878	7955	8033	8110	8	68 62
											9	71 70
560	74 8188	8266	8343	8421	8498	8576	8653	8731	8808	8885		
61	8963	9040	9118	9195	9272	9350	9427	9504	9582	9659		77 76
62	9736	9814	9891	9968	*0045	*0123	*0200	*0277	*0354	*0431	1	8 8
63	75 0508	0586	0663	0740	0817	0894	0971	1048	1125	1202	2	15 15
64	1279	1356	1433	1510	1587	1664	1741	1818	1895	1972	3	23 23
											4	31 30
65	2048	2125	2202	2279	2356	2433	2509	2586	2663	2740	5	39 38
66	2816	2893	2970	3047	3123	3200	3277	3353	3430	3506	6	46 46
67	3583	3660	3736	3813	3889	3966	4042	4119	4195	4272	7	54 53
68	4348	4425	4501	4578	4654	4730	4807	4883	4960	5036	8	62 61
69	5112	5189	5265	5341	5417	5494	5570	5646	5722	5799	9	69 68
570	75 5875	5951	6027	6103	6180	6256	6332	6408	6484	6560		
71	6636	6712	6788	6864	6940	7016	7092	7168	7244	7320		75 74
72	7396	7472	7548	7624	7700	7775	7851	7927	8003	8079	1	8 7
73	8155	8230	8306	8382	8458	8533	8609	8685	8761	8836	2	15 15
74	8912	8988	9063	9139	9214	9290	9366	9441	9517	9592	3	23 22
											4	30 30
75	9668	9743	9819	9894	9970	*0045	*0121	*0196	*0272	*0347	5	38 37
76	76 0422	0498	0573	0649	0724	0799	0875	0950	1025	1101	6	45 44
77	1176	1251	1326	1402	1477	1552	1627	1702	1778	1853	7	53 52
78	1928	2003	2078	2153	2228	2303	2378	2453	2529	2604	8	60 59
79	2679	2754	2829	2904	2978	3053	3128	3203	3278	3353	9	68 67
580	76 3428	3503	3578	3653	3727	3802	3877	3952	4027	4101		
81	4176	4251	4326	4400	4475	4550	4624	4699	4774	4848		73
82	4923	4998	5072	5147	5221	5296	5370	5445	5520	5594	1	7
83	5669	5743	5818	5892	5966	6041	6115	6190	6264	6338	2	15
84	6413	6487	6562	6636	6710	6785	6859	6933	7007	7082	3	22
											4	29
85	7156	7230	7304	7379	7453	7527	7601	7675	7749	7823	5	37
86	7898	7972	8046	8120	8194	8268	8342	8416	8490	8564	6	44
87	8638	8712	8786	8860	8934	9008	9082	9156	9230	9303	7	51
88	9377	9451	9525	9599	9673	9746	9820	9894	9968	*0042	8	58
89	77 0115	0189	0263	0336	0410	0484	0557	0631	0705	0778	9	66
590	77 0852	0926	0999	1073	1146	1220	1293	1367	1440	1514		72
91	1587	1661	1734	1808	1881	1955	2028	2102	2175	2248	1	7
92	2322	2395	2468	2542	2615	2688	2762	2835	2908	2981	2	14
93	3055	3128	3201	3274	3348	3421	3494	3567	3640	3713	3	22
94	3786	3860	3933	4006	4079	4152	4225	4298	4371	4444	4	29
											5	36
											6	43
95	4517	4590	4663	4736	4809	4882	4955	5028	5100	5173	7	50
96	5246	5319	5392	5465	5538	5610	5683	5756	5829	5902	8	58
97	5974	6047	6120	6193	6265	6338	6411	6483	6556	6629	9	65
98	6701	6774	6846	6919	6992	7064	7137	7209	7282	7354		
99	7427	7499	7572	7644	7717	7789	7862	7934	8006	8079		
600	0	1	2	3	4	5	6	7	8	9	Differences.	

III. LOGARITHMS OF NUMBERS.

600	0	1	2	3	4	5	6	7	8	9	Differences.
600	77 8151	8224	8296	8368	8441	8513	8585	8658	8730	8802	
01	8874	8947	9019	9091	9163	9236	9308	9380	9452	9524	
02	9596	9669	9741	9813	9885	9957	*0029	*0101	*0173	*0245	73 72
03	78 0317	0389	0461	0533	0605	0677	0749	0821	0893	0965	1 7 7
04	1037	1109	1181	1253	1324	1396	1468	1540	1612	1684	2 15 14
											3 22 22
05	1755	1827	1899	1971	2042	2114	2186	2258	2329	2401	4 29 29
06	2473	2544	2616	2688	2759	2831	2902	2974	3046	3117	5 37 36
07	3189	3260	3332	3403	3475	3546	3618	3689	3761	3832	6 44 43
08	3904	3975	4046	4118	4189	4261	4332	4403	4475	4546	7 51 50
09	4617	4689	4760	4831	4902	4974	5045	5116	5187	5259	8 58 58
											9 66 65
610	78 5330	5401	5472	5543	5615	5686	5757	5828	5899	5970	
11	6041	6112	6183	6254	6325	6396	6467	6538	6609	6680	
12	6751	6822	6893	6964	7035	7106	7177	7248	7319	7390	71 70
13	7460	7531	7602	7673	7744	7815	7885	7956	8027	8098	1 7 7
14	8168	8239	8310	8381	8451	8522	8593	8663	8734	8804	2 14 14
											3 21 21
15	8875	8946	9016	9087	9157	9228	9299	9369	9440	9510	4 28 28
16	9581	9651	9722	9792	9863	9933	*0004	*0074	*0144	*0215	5 36 35
17	79 0285	0356	0426	0496	0567	0637	0707	0778	0848	0918	6 43 42
18	0988	1059	1129	1199	1269	1340	1410	1480	1550	1620	7 50 49
19	1691	1761	1831	1901	1971	2041	2111	2181	2252	2322	8 57 56
											9 64 63
620	79 2392	2462	2532	2602	2672	2742	2812	2882	2952	3022	
21	3092	3162	3231	3301	3371	3441	3511	3581	3651	3721	69 68
22	3791	3860	3930	4000	4070	4139	4209	4279	4349	4418	1 7 7
23	4488	4558	4627	4697	4767	4836	4906	4976	5045	5115	2 14 14
24	5185	5254	5324	5393	5463	5532	5602	5672	5741	5811	3 21 20
											4 28 27
25	5880	5949	6019	6088	6158	6227	6297	6366	6436	6505	5 35 34
26	6574	6644	6713	6782	6852	6921	6990	7060	7129	7198	6 41 41
27	7268	7337	7406	7475	7545	7614	7683	7752	7821	7890	7 48 48
28	7960	8029	8098	8167	8236	8305	8374	8443	8513	8582	8 55 54
29	8651	8720	8789	8858	8927	8996	9065	9134	9203	9272	9 62 61
630	79 9341	9409	9478	9547	9616	9685	9754	9823	9892	9961	
31	80 0029	0098	0167	0236	0305	0373	0442	0511	0580	0648	67
32	0717	0786	0854	0923	0992	1061	1129	1198	1266	1335	1 7
33	1404	1472	1541	1609	1678	1747	1815	1884	1952	2021	2 13
34	2089	2158	2226	2295	2363	2432	2500	2568	2637	2705	3 20
											4 27
35	2774	2842	2910	2979	3047	3116	3184	3252	3321	3389	5 34
36	3457	3525	3594	3662	3730	3798	3867	3935	4003	4071	6 40
37	4139	4208	4276	4344	4412	4480	4548	4616	4685	4753	7 47
38	4821	4889	4957	5025	5093	5161	5229	5297	5365	5433	8 54
39	5501	5569	5637	5705	5773	5841	5908	5976	6044	6112	9 60
640	80 6180	6248	6316	6384	6451	6519	6587	6655	6723	6790	
41	6858	6926	6994	7061	7129	7197	7264	7332	7400	7467	66
42	7535	7603	7670	7738	7806	7873	7941	8008	8076	8143	1 7
43	8211	8279	8346	8414	8481	8549	8616	8684	8751	8818	2 13
44	8886	8953	9021	9088	9156	9223	9290	9358	9425	9492	3 20
											4 26
45	9560	9627	9694	9762	9829	9896	9964	*0031	*0098	*0165	5 33
46	81 0233	0300	0367	0434	0501	0569	0636	0703	0770	0837	6 40
47	0904	0971	1039	1106	1173	1240	1307	1374	1441	1508	7 46
48	1575	1642	1709	1776	1843	1910	1977	2044	2111	2178	8 53
49	2245	2312	2379	2445	2512	2579	2646	2713	2780	2847	9 59
650	0	1	2	3	4	5	6	7	8	9	Differences.

III. LOGARITHMS OF NUMBERS.

650	0	1	2	3	4	5	6	7	8	9	Differences.
650	81 2913	2980	3047	3114	3181	3247	3314	3381	3448	3514	
51	3581	3648	3714	3781	3848	3914	3981	4048	4114	4181	67
52	4248	4314	4381	4447	4514	4581	4647	4714	4780	4847	1 7
53	4913	4980	5046	5113	5179	5246	5312	5378	5445	5511	2 13
54	5578	5644	5711	5777	5843	5910	5976	6042	6109	6175	3 20
55	6241	6308	6374	6440	6506	6573	6639	6705	6771	6838	4 27
56	6904	6970	7036	7102	7169	7235	7301	7367	7433	7499	5 34
57	7565	7631	7698	7764	7830	7896	7962	8028	8094	8160	6 40
58	8226	8292	8358	8424	8490	8556	8622	8688	8754	8820	7 47
59	8885	8951	9017	9083	9149	9215	9281	9346	9412	9478	8 54
											9 60
660	81 9544	9610	9676	9741	9807	9873	9939	*0004	*0070	*0136	66
61	82 0201	0267	0333	0399	0464	0530	0595	0661	0727	0792	1 7
62	0858	0924	0989	1055	1120	1186	1251	1317	1382	1448	2 13
63	1514	1579	1645	1710	1775	1841	1906	1972	2037	2103	3 20
64	2168	2233	2299	2364	2430	2495	2560	2626	2691	2756	4 26
65	2822	2887	2952	3018	3083	3148	3213	3279	3344	3409	5 33
66	3474	3539	3605	3670	3735	3800	3865	3930	3996	4061	6 40
67	4126	4191	4256	4321	4386	4451	4516	4581	4646	4711	7 46
68	4776	4841	4906	4971	5036	5101	5166	5231	5296	5361	8 53
69	5426	5491	5556	5621	5686	5751	5815	5880	5945	6010	9 59
											65
670	82 6075	6140	6204	6269	6334	6399	6464	6528	6593	6658	1 7
71	6723	6787	6852	6917	6981	7046	7111	7175	7240	7305	2 13
72	7369	7434	7499	7563	7628	7692	7757	7821	7886	7951	3 20
73	8015	8080	8144	8209	8273	8338	8402	8467	8531	8595	4 26
74	8660	8724	8789	8853	8918	8982	9046	9111	9175	9239	5 33
75	9304	9368	9432	9497	9561	9625	9690	9754	9818	9882	6 39
76	9947	*0011	*0075	*0139	*0204	*0268	*0332	*0396	*0460	*0525	7 46
77	83 0589	0653	0717	0781	0845	0909	0973	1037	1102	1166	8 52
78	1230	1294	1358	1422	1486	1550	1614	1678	1742	1806	9 59
79	1870	1934	1998	2062	2126	2189	2253	2317	2381	2445	64
680	83 2509	2573	2637	2700	2764	2828	2892	2956	3020	3083	1 6
81	3147	3211	3275	3338	3402	3466	3530	3593	3657	3721	2 13
82	3784	3848	3912	3975	4039	4103	4166	4230	4294	4357	3 19
83	4421	4484	4548	4611	4675	4739	4802	4866	4929	4993	4 26
84	5056	5120	5183	5247	5310	5373	5437	5500	5564	5627	5 32
85	5691	5754	5817	5881	5944	6007	6071	6134	6197	6261	6 38
86	6324	6387	6451	6514	6577	6641	6704	6767	6830	6894	7 45
87	6957	7020	7083	7146	7210	7273	7336	7399	7462	7525	8 51
88	7588	7652	7715	7778	7841	7904	7967	8030	8093	8156	9 58
89	8219	8282	8345	8408	8471	8534	8597	8660	8723	8786	63
690	83 8849	8912	8975	9038	9101	9164	9227	9289	9352	9415	1 6
91	9478	9541	9604	9667	9729	9792	9855	9918	9981	*0043	2 13
92	84 0106	0169	0232	0294	0357	0420	0482	0545	0608	0671	3 19
93	0733	0796	0859	0921	0984	1046	1109	1172	1234	1297	4 25
94	1359	1422	1485	1547	1610	1672	1735	1797	1860	1922	5 32
95	1985	2047	2110	2172	2235	2297	2360	2422	2484	2547	6 38
96	2609	2672	2734	2796	2859	2921	2983	3046	3108	3170	7 44
97	3233	3295	3357	3420	3482	3544	3606	3669	3731	3793	8 50
98	3855	3918	3980	4042	4104	4166	4229	4291	4353	4415	9 57
99	4477	4539	4601	4664	4726	4788	4850	4912	4974	5036	
											62
											1 6
											2 12
											3 19
											4 25
											5 31
											6 37
											7 43
											8 50
											9 56
700	0	1	2	3	4	5	6	7	8	9	Differences.

III. LOGARITHMS OF NUMBERS.

700	0	1	2	3	4	5	6	7	8	9	Differences.
700	84 5098	5160	5222	5284	5346	5408	5470	5532	5594	5656	
01	5718	5780	5842	5904	5966	6028	6090	6151	6213	6275	
02	6337	6399	6461	6523	6585	6646	6708	6770	6832	6894	
03	6955	7017	7079	7141	7202	7264	7326	7388	7449	7511	62 61
04	7573	7634	7696	7758	7819	7881	7943	8004	8066	8128	1 6 6
05	8189	8251	8312	8374	8435	8497	8559	8620	8682	8743	2 12 12
06	8805	8866	8928	8989	9051	9112	9174	9235	9297	9358	3 19 18
07	9419	9481	9542	9604	9665	9726	9788	9849	9911	9972	4 25 24
08	85 0033	0095	0156	0217	0279	0340	0401	0462	0524	0585	5 31 31
09	0646	0707	0769	0830	0891	0952	1014	1075	1136	1197	6 37 37
											7 43 43
											8 50 49
											9 56 55
710	85 1258	1320	1381	1442	1503	1564	1625	1686	1747	1808	
11	1870	1931	1992	2053	2114	2175	2236	2297	2358	2419	
12	2480	2541	2602	2663	2724	2785	2846	2907	2968	3029	60
13	3090	3150	3211	3272	3333	3394	3455	3516	3577	3637	1 6
14	3698	3759	3820	3881	3941	4002	4063	4124	4185	4245	2 12
15	4306	4367	4428	4488	4549	4610	4670	4731	4792	4852	3 18
16	4913	4974	5034	5095	5156	5216	5277	5337	5398	5459	4 24
17	5519	5580	5640	5701	5761	5822	5882	5943	6003	6064	5 30
18	6124	6185	6245	6306	6366	6427	6487	6548	6608	6668	6 36
19	6729	6789	6850	6910	6970	7031	7091	7152	7212	7272	7 42
											8 48
											9 54
720	85 7332	7393	7453	7513	7574	7634	7694	7755	7815	7875	
21	7935	7995	8056	8116	8176	8236	8297	8357	8417	8477	59
22	8537	8597	8657	8718	8778	8838	8898	8958	9018	9078	1 6
23	9138	9198	9258	9318	9379	9439	9499	9559	9619	9679	2 12
24	9739	9799	9859	9918	9978	*0038	*0098	*0158	*0218	*0278	3 18
25	86 0338	0398	0458	0518	0578	0637	0697	0757	0817	0877	4 24
26	0937	0996	1056	1116	1176	1236	1295	1355	1415	1475	5 30
27	1534	1594	1654	1714	1773	1833	1893	1952	2012	2072	6 35
28	2131	2191	2251	2310	2370	2430	2489	2549	2608	2668	7 41
29	2728	2787	2847	2906	2966	3025	3085	3144	3204	3263	8 47
											9 53
730	86 3323	3382	3442	3501	3561	3620	3680	3739	3799	3858	
31	3917	3977	4036	4096	4155	4214	4274	4333	4392	4452	58
32	4511	4570	4630	4689	4748	4808	4867	4926	4985	5045	1 6
33	5104	5163	5222	5282	5341	5400	5459	5519	5578	5637	2 12
34	5696	5755	5814	5874	5933	5992	6051	6110	6169	6228	3 17
35	6287	6346	6405	6465	6524	6583	6642	6701	6760	6819	4 23
36	6878	6937	6996	7055	7114	7173	7232	7291	7350	7409	5 29
37	7467	7526	7585	7644	7703	7762	7821	7880	7939	7998	6 35
38	8056	8115	8174	8233	8292	8350	8409	8468	8527	8586	7 41
39	8644	8703	8762	8821	8879	8938	8997	9056	9114	9173	8 46
											9 52
740	86 9232	9290	9349	9408	9466	9525	9584	9642	9701	9760	
41	9818	9877	9935	9994	*0053	*0111	*0170	*0228	*0287	*0345	57
42	87 0404	0462	0521	0579	0638	0696	0755	0813	0872	0930	1 6
43	0989	1047	1106	1164	1223	1281	1339	1398	1456	1515	2 11
44	1573	1631	1690	1748	1806	1865	1923	1981	2040	2098	3 17
45	2156	2215	2273	2331	2389	2448	2506	2564	2622	2681	4 23
46	2739	2797	2855	2913	2972	3030	3088	3146	3204	3262	5 29
47	3321	3379	3437	3495	3553	3611	3669	3727	3785	3844	6 34
48	3902	3960	4018	4076	4134	4192	4250	4308	4366	4424	7 40
49	4482	4540	4598	4656	4714	4772	4830	4888	4945	5003	8 46
											9 51
750	0	1	2	3	4	5	6	7	8	9	Differences.

III. LOGARITHMS OF NUMBERS.

750	0	1	2	3	4	5	6	7	8	9	Differences.
750	87 5061	5119	5177	5235	5293	5351	5409	5466	5524	5582	
51	5640	5698	5756	5813	5871	5929	5987	6045	6102	6160	
52	6218	6276	6333	6391	6449	6507	6564	6622	6680	6737	58
53	6795	6853	6910	6968	7026	7083	7141	7199	7256	7314	1 6
54	7371	7429	7487	7544	7602	7659	7717	7774	7832	7889	2 12
55	7947	8004	8062	8119	8177	8234	8292	8349	8407	8464	3 17 4 23
56	8522	8579	8637	8694	8752	8809	8866	8924	8981	9039	5 29
57	9096	9153	9211	9268	9325	9383	9440	9497	9555	9612	6 35 7 41
58	9669	9726	9784	9841	9898	9956	*0013	*0070	*0127	*0185	8 46
59	88 0242	0299	0356	0413	0471	0528	0585	0642	0699	0756	9 52
760	88 0814	0871	0928	0985	1042	1099	1156	1213	1271	1328	
61	1385	1442	1499	1556	1613	1670	1727	1784	1841	1898	
62	1955	2012	2069	2126	2183	2240	2297	2354	2411	2468	57
63	2525	2581	2638	2695	2752	2809	2866	2923	2980	3037	1 6 2 11
64	3093	3150	3207	3264	3321	3377	3434	3491	3548	3605	3 17
65	3661	3718	3775	3832	3888	3945	4002	4059	4115	4172	4 23 5 29
66	4229	4285	4342	4399	4455	4512	4569	4625	4682	4739	6 34
67	4795	4852	4909	4965	5022	5078	5135	5192	5248	5305	7 40 8 46
68	5361	5418	5474	5531	5587	5644	5700	5757	5813	5870	9 51
69	5926	5983	6039	6096	6152	6209	6265	6321	6378	6434	
770	88 6491	6547	6604	6660	6716	6773	6829	6885			
71	7054	7111	7167	7223	7280	7336	7392	7448		7661	56
72	7617	7674	7730	7786	7842	7898	7955	8011		8123	1 6 2 11
73	8179	8236	8292	8348	8404	8460	8516	8573	8629	8685	3 17
74	8741	8797	8853	8909	8965	9021	9077	9134	9190	9246	4 22 5 28
75	9302	9358	9414	9470	9526	9582	9638	9694	9750	9806	6 34
76	9862	9918	9974	*0030	*0086	*0141	*0197	*0253	*0309	*0365	7 39 8 45
77	89 0421	0477	0533	0589	0645	0700	0756	0812	0868	0924	9 50
78	0980	1035	1091	1147	1203	1259	1314	1370	1426	1482	
79	1537	1593	1649	1705	1760	1816	1872	1928	1983	2039	
780	89 2095	2150	2206	2262	2317	2373	2429	2484	2540	2595	
81	2651	2707	2762	2818	2873	2929	2985	3040	3096	3151	55
82	3207	3262	3318	3373	3429	3484	3540	3595	3651	3706	1 6 2 11
83	3762	3817	3873	3928	3984	4039	4094	4150	4205	4261	3 17
84	4316	4371	4427	4482	4538	4593	4648	4704	4759	4814	4 22 5 28
85	4870	4925	4980	5036	5091	5146	5201	5257	5312	5367	6 33
86	5423	5478	5533	5588	5644	5699	5754	5809	5864	5920	7 39 8 44
87	5975	6030	6085	6140	6195	6251	6306	6361	6416	6471	9 50
88	6526	6581	6636	6692	6747	6802	6857	6912	6967	7022	
89	7077	7132	7187	7242	7297	7352	7407	7462	7517	7572	
790	89 7627	7682	7737	7792	7847	7902	7957	8012	8067	8122	
91	8176	8231	8286	8341	8396	8451	8506	8561	8615	8670	54
92	8725	8780	8835	8890	8944	8999	9054	9109	9164	9218	1 5 2 11
93	9273	9328	9383	9437	9492	9547	9602	9656	9711	9766	3 16
94	9821	9875	9930	9985	*0039	*0094	*0149	*0203	*0258	*0312	4 22 5 27
95	90 0367	0422	0476	0531	0586	0640	0695	0749	0804	0859	6 32
96	0913	0968	1022	1077	1131	1186	1240	1295	1349	1404	7 38 8 43
97	1458	1513	1567	1622	1676	1731	1785	1840	1894	1948	9 49
98	2003	2057	2112	2166	2221	2275	2329	2384	2438	2492	
99	2547	2601	2655	2710	2764	2818	2873	2927	2981	3036	
800	0	1	2	3	4	5	6	7	8	9	Differences.

III. LOGARITHMS OF NUMBERS.

800	0	1	2	3	4	5	6	7	8	9	Differences.
800	90 3090	3144	3199	3253	3307	3361	3416	3470	3524	3578	
01	3633	3687	3741	3795	3849	3904	3958	4012	4066	4120	
02	4174	4229	4283	4337	4391	4445	4499	4553	4607	4661	55
03	4716	4770	4824	4878	4932	4986	5040	5094	5148	5202	1 6
04	5256	5310	5364	5418	5472	5526	5580	5634	5688	5742	2 11 3 17
05	5796	5850	5904	5958	6012	6066	6119	6173	6227	6281	4 22
06	6335	6389	6443	6497	6551	6604	6658	6712	6766	6820	5 28 6 33
07	6874	6927	6981	7035	7089	7143	7196	7250	7304	7358	7 39
08	7411	7465	7519	7573	7626	7680	7734	7787	7841	7895	8 44 9 50
09	7949	8002	8056	8110	8163	8217	8270	8324	8378	8431	
810	90 8485	8539	8592	8646	8699	8753	8807	8860	8914	8967	
11	9021	9074	9128	9181	9235	9289	9342	9396	9449	9503	
12	9556	9610	9663	9716	9770	9823	9877	9930	9984	*0037	54
13	91 0091	0144	0197	0251	0304	0358	0411	0464	0518	0571	1 5 2 11
14	0624	0678	0731	0784	0838	0891	0944	0998	1051	1104	3 16
15	1158	1211	1264	1317	1371	1424	1477	1530	1584	1637	4 22 5 27
16	1690	1743	1797	1850	1903	1956	2009	2063	2116	2169	6 32
17	2222	2275	2328	2381	2435	2488	2541	2594	2647	2700	7 38 8 43
18	2753	2806	2859	2913	2966	3019	3072	3125	3178	3231	9 49
19	3284	3337	3390	3443	3496	3549	3602	3655	3708	3761	
820	91 3814	3867	3920	3973	4026	4079	4132	4184	4237	4290	
21	4343	4396	4449	4502	4555	4608	4660	4713	4766	4819	53
22	4872	4925	4977	5030	5083	5136	5189	5241	5294	5347	1 5 2 11
23	5400	5453	5505	5558	5611	5664	5716	5769	5822	5875	3 16
24	5927	5980	6033	6085	6138	6191	6243	6296	6349	6401	4 21 5 27
25	6454	6507	6559	6612	6664	6717	6770	6822	6875	6927	6 32
26	6980	7033	7085	7138	7190	7243	7295	7348	7400	7453	7 37 8 42
27	7506	7558	7611	7663	7716	7768	7820	7873	7925	7978	9 48
28	8030	8083	8135	8188	8240	8293	8345	8397	8450	8502	
29	8555	8607	8659	8712	8764	8816	8869	8921	8973	9026	
830	91 9078	9130	9183	9235	9287	9340	9392	9444	9496	9549	
31	9601	9653	9706	9758	9810	9862	9914	9967	*0019	*0071	52
32	92 0123	0176	0228	0280	0332	0384	0436	0489	0541	0593	1 5 2 10
33	0645	0697	0749	0801	0853	0906	0958	1010	1062	1114	3 16
34	1166	1218	1270	1322	1374	1426	1478	1530	1582	1634	4 21 5 26
35	1686	1738	1790	1842	1894	1946	1998	2050	2102	2154	6 31
36	2206	2258	2310	2362	2414	2466	2518	2570	2622	2674	7 36 8 42
37	2725	2777	2829	2881	2933	2985	3037	3089	3140	3192	9 47
38	3244	3296	3348	3399	3451	3503	3555	3607	3658	3710	
39	3762	3814	3865	3917	3969	4021	4072	4124	4176	4228	
840	92 4279	4331	4383	4434	4486	4538	4589	4641	4693	4744	
41	4796	4848	4899	4951	5003	5054	5106	5157	5209	5261	51
42	5312	5364	5415	5467	5518	5570	5621	5673	5725	5776	1 5 2 10
43	5828	5879	5931	5982	6034	6085	6137	6188	6240	6291	3 15
44	6342	6394	6445	6497	6548	6600	6651	6702	6754	6805	4 20 5 26
45	6857	6908	6959	7011	7062	7114	7165	7216	7268	7319	6 31
46	7370	7422	7473	7524	7576	7627	7678	7730	7781	7832	7 36 8 41
47	7883	7935	7986	8037	8088	8140	8191	8242	8293	8345	9 46
48	8396	8447	8498	8549	8601	8652	8703	8754	8805	8857	
49	8908	8959	9010	9061	9112	9163	9215	9266	9317	9368	
850	0	1	2	3	4	5	6	7	8	9	Differences.

850	0	1	2	3	4	5	6	7	8	9	Differences.
850	92 9419	9470	9521	9572	9623	9674	9725	9776	9827	9879	
51	9930	9981	*0032	*0083	*0134	*0185	*0236	*0287	*0338	*0389	
52	93 0440	0491	0542	0592	0643	0694	0745	0796	0847	0898	52
53	0949	1000	1051	1102	1153	1204	1254	1305	1356	1407	1 5
54	1458	1509	1560	1610	1661	1712	1763	1814	1865	1915	2 10 3 16
55	1966	2017	2068	2118	2169	2220	2271	2322	2372	2423	4 21
56	2474	2524	2575	2626	2677	2727	2778	2829	2879	2930	5 26 6 31
57	2981	3031	3082	3133	3183	3234	3285	3335	3386	3437	7 36
58	3487	3538	3589	3639	3690	3740	3791	3841	3892	3943	8 42
59	3993	4044	4094	4145	4195	4246	4296	4347	4397	4448	9 47
860	93 4498	4549	4599	4650	4700	4751	4801	4852	4902	4953	
61	5003	5054	5104	5154	5205	5255	5306	5356	5406	5457	
62	5507	5558	5608	5658	5709	5759	5809	5860	5910	5960	51
63	6011	6061	6111	6162	6212	6262	6313	6363	6413	6463	1 5 2 10
64	6514	6564	6614	6665	6715	6765	6815	6865	6916	6966	3 15 4 20
65	7016	7066	7117	7167	7217	7267	7317	7367	7418	7468	5 26
66	7518	7568	7618	7668	7718	7769	7819	7869	7919	7969	6 31
67	8019	8069	8119	8169	8219	8269	8320	8370	8420	8470	7 36 8 41
68	8520	8570	8620	8670	8720	8770	8820	8870	8920	8970	9 46
69	9020	9070	9120	9170	9220	9270	9320	9369	9419	9469	
870	93 9519	9569	9619	9669	9719	9769	9819	9869	9918	9968	
71	94 0018	0068	0118	0168	0218	0267	0317	0367	0417	0467	50
72	0516	0566	0616	0666	0716	0765	0815	0865	0915	0964	1 5
73	1014	1064	1114	1163	1213	1263	1313	1362	1412	1462	2 10 3 15
74	1511	1561	1611	1660	1710	1760	1809	1859	1909	1958	4 20
75	2008	2058	2107	2157	2207	2256	2306	2355	2405	2455	5 25 6 30
76	2504	2554	2603	2653	2702	2752	2801	2851	2901	2950	7 35
77	3000	3049	3099	3148	3198	3247	3297	3346	3396	3445	8 40 9 45
78	3495	3544	3593	3643	3692	3742	3791	3841	3890	3939	
79	3989	4038	4088	4137	4186	4236	4285	4335	4384	4433	
880	94 4483	4532	4581	4631	4680	4729	4779	4828	4877	4927	
81	4976	5025	5074	5124	5173	5222	5272	5321	5370	5419	49 1 5
82	5469	5518	5567	5616	5665	5715	5764	5813	5862	5912	2 10
83	5961	6010	6059	6108	6157	6207	6256	6305	6354	6403	3 15
84	6452	6501	6551	6600	6649	6698	6747	6796	6845	6894	4 20 5 25
85	6943	6992	7041	7090	7140	7189	7238	7287	7336	7385	6 29 7 34
86	7434	7483	7532	7581	7630	7679	7728	7777	7826	7875	8 39
87	7924	7973	8022	8070	8119	8168	8217	8266	8315	8364	9 44
88	8413	8462	8511	8560	8609	8657	8706	8755	8804	8853	
89	8902	8951	8999	9048	9097	9146	9195	9244	9292	9341	
890	94 9390	9439	9488	9536	9585	9634	9683	9731	9780	9829	48
91	9878	9926	9975	*0024	*0073	*0121	*0170	*0219	*0267	*0316	1 5
92	95 0365	0414	0462	0511	0560	0608	0657	0706	0754	0803	2 10 3 14
93	0851	0900	0949	0997	1046	1095	1143	1192	1240	1289	4 19
94	1338	1386	1435	1483	1532	1580	1629	1677	1726	1775	5 24 6 29
95	1823	1872	1920	1969	2017	2066	2114	2163	2211	2260	7 34
96	2308	2356	2405	2453	2502	2550	2599	2647	2696	2744	8 38 9 43
97	2792	2841	2889	2938	2986	3034	3083	3131	3180	3228	
98	3276	3325	3373	3421	3470	3518	3566	3615	3663	3711	
99	3760	3808	3856	3905	3953	4001	4049	4098	4146	4194	
900	0	1	2	3	4	5	6	7	8	9	Differences.

900	0	1	2	3	4	5	6	7	8	9	Differences.
900	95 4243	4291	4339	4387	4435	4484	4532	4580	4628	4677	
01	4725	4773	4821	4869	4918	4966	5014	5062	5110	5158	
02	5207	5255	5303	5351	5399	5447	5495	5543	5592	5640	
03	5688	5736	5784	5832	5880	5928	5976	6024	6072	6120	
04	6168	6216	6265	6313	6361	6409	6457	6505	6553	6601	
05	6649	6697	6745	6793	6840	6888	6936	6984	7032	7080	49 1 5 2 10 3 15 4 20 5 25 6 29 7 34 8 39 9 44
06	7128	7176	7224	7272	7320	7368	7416	7464	7512	7559	
07	7607	7655	7703	7751	7799	7847	7894	7942	7990	8038	
08	8086	8134	8181	8229	8277	8325	8373	8421	8468	8516	
09	8564	8612	8659	8707	8755	8803	8850	8898	8946	8994	
910	95 9041	9089	9137	9185	9232	9280	9328	9375	9423	9471	
11	9518	9566	9614	9661	9709	9757	9804	9852	9900	9947	
12	9995	*0042	*0090	*0138	*0185	*0233	*0280	*0328	*0376	*0423	
13	96 0471	0518	0566	0613	0661	0709	0756	0804	0851	0899	
14	0946	0994	1041	1089	1136	1184	1231	1279	1326	1374	
15	1421	1469	1516	1563	1611	1658	1706	1753	1801	1848	48 1 5 2 10 3 14 4 19 5 24 6 29 7 34 8 38 9 43
16	1895	1943	1990	2038	2085	2132	2180	2227	2275	2322	
17	2369	2417	2464	2511	2559	2606	2653	2701	2748	2795	
18	2843	2890	2937	2985	3032	3079	3126	3174	3221	3268	
10	3316	3363	3410	3457	3504	3552	3599	3646	3693	3741	
920	96 3788	3835	3882	3929	3977	4024	4071	4118	4165	4212	
21	4260	4307	4354	4401	4448	4495	4542	4590	4637	4684	
22	4731	4778	4825	4872	4919	4966	5013	5061	5108	5155	
23	5202	5249	5296	5343	5390	5437	5484	5531	5578	5625	
24	5672	5719	5766	5813	5860	5907	5954	6001	6048	6095	
25	6142	6189	6236	6283	6329	6376	6423	6470	6517	6564	47 1 5 2 9 3 14 4 19 5 24 6 28 7 33 8 38 9 42
26	6611	6658	6705	6752	6799	6845	6892	6939	6986	7033	
27	7080	7127	7173	7220	7267	7314	7361	7408	7454	7501	
28	7548	7595	7642	7688	7735	7782	7829	7875	7922	7969	
29	8016	8062	8109	8156	8203	8249	8296	8343	8390	8436	
930	96 8483	8530	8576	8623	8670	8716	8763	8810	8856	8903	
31	8950	8996	9043	9090	9136	9183	9229	9276	9323	9369	
32	9416	9463	9509	9556	9602	9649	9695	9742	9789	9835	
33	9882	9928	9975	*0021	*0068	*0114	*0161	*0207	*0254	*0300	
34	97 0347	0393	0440	0486	0533	0579	0626	0672	0719	0765	
35	0812	0858	0904	0951	0997	1044	1090	1137	1183	1229	46 1 5 2 9 3 14 4 18 5 23 6 28 7 32 8 37 9 41
36	1276	1322	1369	1415	1461	1508	1554	1601	1647	1693	
37	1740	1786	1832	1879	1925	1971	2018	2064	2110	2157	
38	2203	2249	2295	2342	2388	2434	2481	2527	2573	2619	
39	2666	2712	2758	2804	2851	2897	2943	2989	3035	3082	
940	97 3128	3174	3220	3266	3313	3359	3405	3451	3497	3543	
41	3590	3636	3682	3728	3774	3820	3866	3913	3959	4005	
42	4051	4097	4143	4189	4235	4281	4327	4374	4420	4466	
43	4512	4558	4604	4650	4696	4742	4788	4834	4880	4926	
44	4972	5018	5064	5110	5156	5202	5248	5294	5340	5386	45 1 5 2 9 3 14 4 18 5 23 6 27 7 32 8 36 9 41
45	5432	5478	5524	5570	5616	5662	5707	5753	5799	5845	
46	5891	5937	5983	6029	6075	6121	6167	6212	6258	6304	
47	6350	6396	6442	6488	6533	6579	6625	6671	6717	6763	
48	6808	6854	6900	6946	6992	7037	7083	7129	7175	7220	
49	7266	7312	7358	7403	7449	7495	7541	7586	7632	7678	
950	0	1	2	3	4	5	6	7	8	9	Differences.

III. LOGARITHMS OF NUMBERS.

950	0	1	2	3	4	5	6	7	8	9	Differences.	
950	97 7724	7769	7815	7861	7906	7952	7998	8043	8089	8135		
51	8181	8226	8272	8317	8363	8409	8454	8500	8546	8591		
52	8637	8683	8728	8774	8819	8865	8911	8956	9002	9047		
53	9093	9138	9184	9230	9275	9321	9366	9412	9457	9503		
54	9548	9594	9639	9685	9730	9776	9821	9867	9912	9958		46
55	98 0003	0049	0094	0140	0185	0231	0276	0322	0367	0412	1	5
56	0458	0503	0549	0594	0640	0685	0730	0776	0821	0867	2	9
57	0912	0957	1003	1048	1093	1139	1184	1229	1275	1320	3	14
58	1366	1411	1456	1501	1547	1592	1637	1683	1728	1773	4	18
59	1819	1864	1909	1954	2000	2045	2090	2135	2181	2226	5	23
											6	28
											7	32
											8	37
960	98 2271	2316	2362	2407	2452	2497	2543	2588	2633	2678	9	41
61	2723	2769	2814	2859	2904	2949	2994	3040	3085	3130		
62	3175	3220	3265	3310	3356	3401	3446	3491	3536	3581		
63	3626	3671	3716	3762	3807	3852	3897	3942	3987	4032		
64	4077	4122	4167	4212	4257	4302	4347	4392	4437	4482		
65	4527	4572	4617	4662	4707	4752	4797	4842	4887	4932		45
66	4977	5022	5067	5112	5157	5202	5247	5292	5337	5382	1	5
67	5426	5471	5516	5561	5606	5651	5696	5741	5786	5830	2	9
68	5875	5920	5965	6010	6055	6100	6144	6189	6234	6279	3	14
69	6324	6369	6413	6458	6503	6548	6593	6637	6682	6727	4	18
											5	23
											6	27
970	98 6772	6817	6861	6906	6951	6996	7040	7085	7130	7175	7	32
71	7219	7264	7309	7353	7398	7443	7488	7532	7577	7622	8	36
72	7666	7711	7756	7800	7845	7890	7934	7979	8024	8068	9	41
73	8113	8157	8202	8247	8291	8336	8381	8425	8470	8514		
74	8559	8604	8648	8693	8737	8782	8826	8871	8916	8960		
75	9005	9049	9094	9138	9183	9227	9272	9316	9361	9405		
76	9450	9494	9539	9583	9628	9672	9717	9761	9806	9850		
77	9895	9939	9983	*0028	*0072	*0117	*0161	*0206	*0250	*0294		44
78	99 0339	0383	0428	0472	0516	0561	0605	0650	0694	0738	1	4
79	0783	0827	0871	0916	0960	1004	1049	1093	1137	1182	2	9
											3	13
980	99 1226	1270	1315	1359	1403	1448	1492	1536	1580	1625	4	18
81	1669	1713	1758	1802	1846	1890	1935	1979	2023	2067	5	22
82	2111	2156	2200	2244	2288	2333	2377	2421	2465	2509	6	26
83	2554	2598	2642	2686	2730	2774	2819	2863	2907	2951	7	31
84	2995	3039	3083	3127	3172	3216	3260	3304	3348	3392	8	35
											9	40
85	3436	3480	3524	3568	3613	3657	3701	3745	3789	3833		
86	3877	3921	3965	4009	4053	4097	4141	4185	4229	4273		
87	4317	4361	4405	4449	4493	4537	4581	4625	4669	4713		
88	4757	4801	4845	4889	4933	4977	5021	5065	5108	5152		
89	5196	5240	5284	5328	5372	5416	5460	5504	5547	5591		43
											1	4
990	99 5635	5679	5723	5767	5811	5854	5898	5942	5986	6030	2	9
91	6074	6117	6161	6205	6249	6293	6337	6380	6424	6468	3	13
92	6512	6555	6599	6643	6687	6731	6774	6818	6862	6906	4	17
93	6949	6993	7037	7080	7124	7168	7212	7255	7299	7343	5	22
94	7386	7430	7474	7517	7561	7605	7648	7692	7736	7779	6	26
											7	30
95	7823	7867	7910	7954	7998	8041	8085	8129	8172	8216	8	34
96	8259	8303	8347	8390	8434	8477	8521	8564	8608	8652	9	39
97	8695	8739	8782	8826	8869	8913	8956	9000	9043	9087		
98	9131	9174	9218	9261	9305	9348	9392	9435	9479	9522		
99	9565	9609	9652	9696	9739	9783	9826	9870	9913	9957		
999	0	1	2	3	4	5	6	7	8	9	Differences.	

BERNOULLI'S NUMBERS.

These numbers are defined by the equation

$x/(e^x-1)=x/[x+x^2/2!+x^3/3!+\cdots]$

$=1-\frac{1}{2}x+B_2x^2/2!-B_4x^4/4!+B_6x^6/6!-\cdots$

and found, in succession, by the formula

$B_{2n}=B_{2n-2}C_{2n,2}/3-B_{2n-4}C_{2n,4}/5+\cdots\pm B_2n\mp\frac{1}{2}\pm1/(2n+1)$

B		Num.	Log.
2	1/6	.16666 6667	9.22184 87496
4	1/30	.03333 3333	8.52287 87453
6	1/42	.02380 9524	8.37675 07096
8	1/30	.03333 3333	8.52287 87453
10	5/66	.07575 7576	8.87942 60668
12	691/2730	.25311 3553	9.40331 54003
14	7/6	1.16666 6667	0.06694 67896
16	3617/510	7.09215 686	0.85077 83327
18	43867/798	54.971 1779	1.74013 50433
20	174611/330	529.12 4242	2.72355 76597
22	854513/138	6192.1 2319	3.79183 95878
24	236364091/2730	86580. 2531	4.93741 88511
26	8553103/6	14255 17.17	6.15397 24516
28		27298 231.1	7.43613 45050
30		60158 0874.	8.77929 40203

EULER'S NUMBERS.

These numbers are defined by the equation

$1/(1-x^2/2!+x^4/4!-x^6/6!+)=1+E_2x^2/2!+E_4x^4/4!+\cdots$

and found, in succession, by the formula

$E_{2n}=C_{2n,2}E_{2n-2}-C_{2n,4}E_{2n-4}+\ldots+C_{2n,4}E_4\mp C_{2n,2}E_2\pm1$;

then $E_2=1$, $E_4=5$, $E_6=61$, $E_8=1385$, $E_{10}=50521$,

$E_{12}=27\,02765$, $E_{14}=1993\,60981$, $E_{16}=1\,93915\,12145$.

Γ-FUNCTIONS—LOG Γ p.

Euler's constant, γ, 0.57721 56649 01532 86061.

p	0	1	2	3	4	5	6	7	8	9
1.0		9.99753	513	280	053	9.98834	621	415	215	021
1.1	9.97834	658	478	310	147	9.96990	839	694	554	421
1.2	9.96292	169	052	*940	*833	9.95732	636	545	459	378
1.3	9.95302	231	165	104	047	9.94995	948	905	868	834
1.4	9.94805	781	761	745	734	727	724	725	731	741
1.5	754	772	794	820	850	884	921	963	*008	*057
1.6	9.95110	167	227	291	359	9.95430	505	583	665	750
1.7	839	931	*027	*126	*229	9.96335	444	556	672	791
1.8	9.96913	*038	*167	*298	*433	9.97571	712	856	*004	*154
1.9	9.98307	463	622	784	949	9.99117	288	462	638	818

HYPERBOLIC FUNCTIONS.

$e^x=1+x+x^2/2!+x^3/3!+x^4/4!+x^5/5!\cdots$

$e^{-x}=1-x+x^2/2!-x^3/3!+x^4/4!-x^5/5!+\cdots$

$\sinh x=\frac{1}{2}(e^x-e^{-x})=x+x^3/3!+x^5/5!+x^7/7!+\cdots$

$\cosh x=\frac{1}{2}(e^x+e^{-x})=1+x^2/2!+x^4/4!+x^6/6!+\cdots$

$\tanh x=2^2(2^2-1)B_2x/2!-2^4(2^4-1)B_4x^3/4!+\cdots$

$\coth x=1/x+2^2B_2x/2!-2^4B_4x^3/4!+2^6B_6x^5/6!-\cdots$

$\mathrm{sech}\,x=1-E_2x^2/2!+E_4x^4/4!-E_6x^6/6!+\cdots$

$\mathrm{csch}\,x=1/x+2(2-1)B_2x/2!-2(2^3-1)B_4x^3/4!+\cdots$

$\tanh^{-1}x=x+x^3/3+x^5/5+x^7/7+\cdots$

LOGARITHMS OF HYPERBOLIC FUNCTIONS.

x.	gd x.	x.	snh x.	csh x.	tnh x.	x.	snh x.	csh x.	tnh x.
0.1	5.720°	1.0	0.0701	0.1884	9.8817	2	0.5595	0.5754	9.9841
0.2	11.384	1.1	1257	2223	9034	2.5	7818	7876	9941
0.3	16.937	1.2	1788	2578	9210	3	1.0008	1.0029	9978
0.4	22.331	1.3	2300	2947	9354	4	4360	4363	9997
0.5	27.524	1.4	2797	3326	9471	5	8704	8705	0.0000
0.6	32.483	1.5	3282	3715	9567	6	2.3047	2.3047	0000
0.7	37.183	1.6	3758	4112	9646	7	7390	7390	0000
0.8	41.608	1.7	4225	4515	9710	8	3.1733	3.1733	0000
0.9	45.750	1.8	4687	4924	9763	9	6076	6076	0000
1.0	49.605	1.9	5143	5337	9806	10	4.0419	4.0419	0000

LEGENDRE'S VALUES.

$S_n=1/1^n+1/2^n+1/3^n+1/4^n+1/5^n+\cdots$

$s_n=1/1^n-1/2^n+1/3^n-1/4^n+1/5^n-\cdots=S_n-S_n/2^{n-1}$

$\sigma_n=1/1^n\quad+1/3^n\quad+1/5^n+\cdots=S_n-S_n/2^n$

$S_2=\pi^2/6=$ 1.64493 40668 48226 43647

$S_4=\pi^4/90=$ 1.08232 32337 11138 19152

$S_6=\pi^6/945=$ 1.01734 30619 84449 13971

$S_8=\pi^8/9450=$ 1.00407 73561 97944 33938

$S_{10}=\pi^{10}/93555=$ 1.00099 45751 27818 08584

$S_{12}=691\pi^{12}/6385\,12875=$ 1.00024 60865 53308 04830

LOGARITHMS.

$\log_{10}M=\log_{10}\log_{10}e=$ 9.63778 43113 00536 78912

$\log_{10}M\pi=$ 0.13498 41830 94670 64347

$\log_{10}(a+b)=\log_{10}a+2M\cdot[b/(2a+b)+b^3/3(2a+b)^3+\cdots]$

$\log_{10}a/b=2M\cdot[(a-b)/(a+b)+(a-b)^3/3(a+b)^3+\cdots]$

$M=\log_{10}e=$ 43429 44819 03251 82765 11289 18917

$1/M=\log_e10=$ 2.30258 50929 94045 68401 79914 54684

$e=$ . . . . $1+1+1/2!+1/3!+1/4!+\cdots$

$=$ 2.71828 18284 59045 23536 02874 71353

Π.

$\pi=$ 3.14159 26535 89793 23846 26433 83280

nat log $\pi=$ 1.14472 98858 49400 17414 34273 51353

$\log_{10}\pi=$ 0.49714 98726 94133 85435 12682 88291

log arc 1° $=$ 8.24187 73675 90627 78455

log arc 1′ $=$ 6.46372 61172 07184 15204

log arc 1″ $=$ 4.68557 48668 28540 51953

R° $=180°/\pi=$ . . . . 57°.29577 95131

R′ $=180\cdot60'/\pi=$ . . . . 3437′.74677 07849

R″ $=180\cdot60\cdot60''/\pi=$ . . . . 206264″.80624 70964

log R° $=$ 1.75812 26324 09172 21545

log R′ $=$ 3.53627 38827 92815 84796

log R″ $=$ 5.31442 51331 76459 48047

	π	$\frac{1}{2}\pi$	$\frac{1}{4}\pi$	$\frac{1}{6}\pi$	$\frac{4}{3}\pi$	$1/\pi$	π^2	$1/\pi^2$	$\sqrt{\pi}$	$\sqrt{1/\pi}$
1	3.142	1.571	.7854	.5236	4.189	.3183	9.870	.1013	1.772	.5642
2	6.283	3.142	1.571	1.047	8.378	.6366	19.74	.2026	3.545	1.128
3	9.425	4.712	2.356	1.571	12.57	.9549	29.61	.3040	5.317	1.693
4	12.57	6.283	3.142	2.094	16.76	1.273	39.48	.4053	7.090	2.257
5	15.71	7.854	3.927	2.618	20.94	1.592	49.35	.5066	8.862	2.821
6	18.85	9.425	4.712	3.142	25.13	1.910	59.22	.6079	10.63	3.385
7	21.99	11.00	5.498	3.665	29.32	2.228	69.09	.7092	12.41	3.949
8	25.13	12.57	6.283	4.189	33.51	2.546	78.96	.8106	14.18	4.514
9	28.27	14.14	7.069	4.712	37.70	2.865	88.83	.9119	15.95	5.078

n.	π^n.	$1/\pi^n$.
$\frac{1}{2}$	1.77245 38509 05516 02730	0.56418 95835 47756 28695
1	3.14159 26535 89793 23846	0.31830 98861 83790 67154
2	9.86960 44010 89358 61883	0.10132 11836 42337 77144
3	31.00627 66802 99820 17548	0.03225 15344 33199 45918
4	97.40909 10340 02437 23644	0.01026 59822 54684 33519
5	306.01968 47852 81453 2627	0.00326 77636 43053 38547
6	961.38919 35753 04437 0302	0.00104 01614 73295 85230
7	3020.29322 77767 92067 514	0.0^3331 09368 01775 66764
8	9488.53101 60705 74007 129	0.0^3105 39089 16534 93666
9	29809.09933 34462 11666 51	0.0^4335 46808 57208 86013
10	93648.04747 60830 20973 72	0.0^4106 78279 22686 15337
11	294204.01797 38905 97105 7	0.0^5339 90018 45341 03103
12	924269.18152 33741 86222 6	0.0^5108 19358 90528 99805

TRIGONOMETRIC FUNCTIONS.

$\sin\theta=\theta-\theta^3/3!+\theta^5/5!-\theta^7/7!+\theta^9/9!-\cdots$

$\cos\theta=1-\theta^2/2!+\theta^4/4!-\theta^6/6!+\theta^8/8!-\cdots$

$\tan\theta=2^2(2^2-1)B_2\theta/2!+2^4(2^4-1)B_4\theta^3/4!+\cdots$

$\cot\theta=1/\theta-2^2B_2\theta/2!-2^4B_4\theta^3/4!-2^6B_6\theta^5/6!+\cdots$

$\sec\theta=1+E_2\theta^2/2!+E_4\theta^4/4!+E_6\theta^6/6!+\cdots$

$\csc\theta=1/\theta+2(2-1)B_2\theta/2!+2(2^3-1)B_4\theta^3/4!+\cdots$

$\tan^{-1}x=x-x^3/3+x^5/5-x^7/7+\cdots$

$\log_{10}\sin\theta=\log_{10}\theta-M\cdot[2B_2\theta^2/2!+2^3B_4\theta^4/2\cdot4!+\cdots]$

$\log_{10}\cos\theta=-M\cdot[2(2^2-1)B_2\theta^2/2!+2^3(2^4-1)B_4\theta^4/2\cdot4!+\cdots]$

POWERS OF 1″, 1′, AND 1°, EXPRESSED IN RADIANS.

1″ =	$.0^5$48481 36811 09536	(1°)²/2! [?]	$.0^3$15 23087 09803 35430 [?]
(1″)² =	$.0^{10}$23504 48054	(1°)³ =	$.0^5$53165 70934 20779
(1″)²/2! =	$.0^{10}$11752 21527	(1°)³/3! =	$.0^6$8860 96155 70130
(1″)³ =	$.0^{15}$11395	(1°)⁴ =	$.0^7$927 91772 43751 18477
(1″)³/3! =	$.0^{16}$1899	(1°)⁴/4! =	$.0^8$38 66323 85156 29037
1′ =	$.0^3$29 08882 08665 72160	(1°)⁵ =	$.0^8$16 19521 94779 59960
(1′)² =	$.0^7$846 15049 94075	(1°)⁵/5! =	$.0^{10}$13496 01628 16326
(1′)²/2! =	$.0^7$423 07574 97038	(1°)⁶ =	$.0^{10}$28265 99029 78508
(1′)³ =	$.0^{10}$24613 78210	(1°)⁶/6! =	$.0^{13}$39 25831 98574
(1′)³/3! =	$.0^{11}$4102 29702	(1°)⁷ =	$.0^{12}$493 38459 70255
(1′)⁴ =	$.0^{14}$7 15956	(1°)⁷/7! =	$.0^{16}$9788 38486
(1′)⁴/4! =	$.0^{15}$29833	(1°)⁸ =	$.0^{14}$8 61091 30320 94953
(1′)⁵ =	$.0^{17}$208	(1°)⁸/8! =	$.0^{18}$21 35494 30850
(1′)⁵/5! =	$.0^{19}$2	(1°)⁹ =	$.0^{15}$15027 88120 87434
1° =	.01745 32925 19943 29577	(1°)¹⁰ =	$.0^{17}$262 28518 39098
(1°)² =	$.0^3$30 46174 19780 70860	(1°)¹¹ =	$.0^{19}$4 57773 91668
sin 1° =	.01745 24064 37284	log sin 1° =	8.24185 53184
sin 1′ =	.00029 08882 04563	log sin 1′ =	6.46372 61111
sin 1″ =	.00000 48481 36811	log sin 1″ =	4.68557 48668

IV. CHEMISTRY, ENGINEERING, AND PHYSICS. 39

CHEMISTRY.

Weight of 1 liter of hydrogen in grams,	.0896
of 1 liter of air, at sea level, under pressure of 760 mm., lat. 45°,	1.293052
Ratio of atomic weight of gases to specific heat,	6.25
Expansion of gases for 1 degree centigrade,	.00367

ATOMIC WEIGHTS.

Aluminium,	Al.,	27	Manganese,	Mn.,	55
Antimony,	Sb.,	120	Mercury,	Hg.,	200
Arsenic,	As.,	75	Molybdenum,	Mo.,	96
Barium,	Ba.,	137	Nickel,	Ni.,	58.7
Bismuth,	Bi.,	208.9	Nitrogen,	N.,	14.03
Boron,	B.,	11	Oxygen,	O.,	16
Bromine,	Br.,	79.95	Phosphorus,	P.,	31
Cadmium,	Cd.,	112	Platinum,	Pt.,	195
Calcium,	Ca.,	40	Potassium,	K.,	39.11
Carbon,	C.,	12	Selenium,	Se.,	79
Chlorine,	Cl.,	35.45	Silicon	Si.,	28.4
Chromium,	Cr.,	52.1	Silver,	Ag.,	107.92
Cobalt,	Co.,	59	Sodium,	Na.,	23.05
Copper,	Cu.,	63.4	Strontium,	Sr.,	87.6
Fluorine,	F.,	19	Sulphur,	S.,	32.06
Gold,	Au.,	197.3	Tellurium,	Te.,	125
Hydrogen,	H.,	1.007	Tin,	Sn.,	119
Iodine,	I.,	126.85	Titanium,	Ti.,	48
Iron,	Fe.,	56	Tungsten,	W.,	184
Lead,	Pb.,	206.95	Uranium,	U.,	239.6
Lithium,	Li.,	7.02	Zinc,	Zn.,	65.3
Magnesium,	Mg.,	24.3	Zirconium.	Zr.,	90.6

ENGINEERING.

FRICTION.

Let F. R. be the coefficient of friction if the body be at rest, F. M. if in motion, and A the angle of repose.

	F. R.	F. M.	A.
Clay, dry,	.33–.65		21–33°
wet,	.25–.31		14–17
Gravel,	.70–1.00		35–45
Iron on iron, or brass,	.16–.25	.15–.20 [oiled, .05–.08]	9–14
on wood,	.40–.60	.25–.40 [oiled, .06–.08]	22–31
Masonry, dry,	.60–.70		31–35
on clay,	.30–.50		17–27
Sand,	.53–.84		30–40
Wood on stone,	.18–.58		10–30
on wood,	.25–.50	.25–.50 [oiled, .06–.08]	14–27

MODULUS OF ELASTICITY.

Let λ be the elongation, p the force in tons, l the original length, f the cross section in square inches, e the modulus of elasticity; then $\lambda = p\,l/fe$.

	e.		e.
Brass,	5500	Iron, steel,	12000–13000
wire,	6400	wrought,	12000–13000
Copper, cast,	7000	Lead,	1000
wire, hard drawn,	8000	Phosphor-bronze,	6000
Gun metal,	4500–6000	Timber,	600–950
Iron, cast,	5000–6000	Zinc, rolled,	5500

STRENGTH OF MATERIALS.

Let T be the ultimate tenacity in pounds per square inch and L the crushing load, per square inch, for short blocks.

	T.	L.
Brick, ordinary,		1500–6000
pressed,		8000–15000
Copper, cast,	18000–25000	9000–12000
rolled,	30000–50000	
wire,	45000–60000	
Iron, cast,	18000–28000	65000–110000
steel,	55000–175000	60000–175000
wrought,	45000–60000	40000–55000
Rope, hemp,	11000–13000	
manilla,	7000–10000	
Timber, oak and pine,	5000–15000	4000–12000

WEIGHT OF MATERIALS IN POUNDS PER CUBIC FOOT.

Aluminium,	160–170	Iron, cast,	435–455
Brass,	475–525	steel,	485–495
Brick, common,	110–130	wrought,	475–490
Clay, compact,	120–135	Platinum,	1300–1375
Copper,	535–560	Stone,	130–170
Earth, loose,	75–90	Timber,	30–65
Glass,	150–180	Water, pure, at 32° F.,	62.42
Gravel and sand,	90–120	Zinc,	425–450

PHYSICS.

DENSITY OF AIR.

Let t stand for the temperature centigrade, h for the height of the barometer column expressed in millimeters, M for the mass in grams of one cubic centimeter of air; then

$$M = .001293/(1 + .00367\,t) \cdot h/760.$$

DENSITY AND VOLUME OF WATER.

Let C be the temperature in centigrade degrees; D, the density; V, the volume of 1 gram in cubic centimeters; then:

C.	D.	V.	C.	D.	V.	C.	D.	V.
0°	0.9 9987	1.0 0013	13°	0.9 9943	1.0 0057	25°	0.9 9712	1.0 0289
1	9993	0007	14	9930	0070	26	9687	0314
2	9997	0003	15	9916	0084	27	9660	0341
3	9999	0001	16	9900	0100	28	9633	0368
4	1.0 0000	0000	17	9884	0116	29	9605	0396
5	0.9 9999	0001	18	9865	0135	30	9577	0425
6	9997	0003	19	9846	0154	40	9235	0770
7	9993	0007	20	9826	0174	50	8819	1195
8	9989	0011	21	9805	0196	60	8338	1691
9	9982	0018	22	9783	0218	70	7794	2256
10	9975	0025	23	9760	0240	80	7194	2887
11	9965	0034	24	9737	0264	90	6556	3567
12	9955	0045				100	5866	4312

ELECTRICITY.

Resistance of 1 mil-ft. of soft copper at 0° C., 9.612 legal ohms.
at 15.5° 10.20 legal ohms.

Electro-motive force of a Clark cell at 15.5° C., 1.435 volts.

Loss by hysteresis for wrought iron, $.002B^{1.6}$ ergs per cycle per cubic centimeter.

PRACTICAL UNITS EXPRESSED IN C. G. S. UNITS.

Let V be the velocity of light, about $3 \cdot 10^{10}$ cm. per sec.

	Electromagnetic. Practical.	Electromagnetic. C.G.S.	Electrostatic. C.G.S.	
Quantity,	1 coulomb.	1/10,	V/10 i.e.,	$3 \cdot 10^9$
Current,	1 ampere,	1/10,	V/10	$3 \cdot 10^9$
Potential,	1 volt,	10^8,	$10^8/V$	$1/(3 \cdot 10^2)$
Resistance,	1 ohm,	10^9,	$10^9/V^2$	$1/(9 \cdot 10^{11})$
Capacity,	1 farad,	$1/10^9$,	$V^2/10^9$	$9 \cdot 10^{11}$.
Self induction,	1 henry,	10^9.		

UNITS OF RESISTANCE.

Let L be the length of a mercury column, 1 millimeter square, at 0° C., and R the resistance in true ohms.

	L.	R.		L.	R.,
True ohm,	106.3 cm.	1.0000	B. A. Unit,	104.9 cm.	.9867
Legal ohm,	106.0	.9972	Siemen's unit,	100.0	.9407

ELECTRO-CHEMICAL EQUIVALENTS.

Hydrogen,	$.0^4 1038$ gram per coulomb.
Copper, (cupric),	1.177 grams per ampere per hour.
Silver,	4.025 grams per ampere per hour.

ELECTRICAL RESISTANCES OF METALS.

The values given in this table are made to conform to the value of the specific resistance of copper adopted as the standard by the American Institute of Electrical Engineers at their meeting, September, 1890. [Trans. A. I. E. E., vol. 7, p. 346.

Let the specific resistance at 0° C. in C. G. S. units be R; the resistance at 0° C. in legal ohms of a wire 1 mm. in diameter and 1 m. long, R′. If R_0 be the resistance of a wire at 0° C., and a the temperature coefficient; then the resistance at t° C. is found by the formula $R_t = R_0(1 + a\,t)$.

	R.	R′.	a.
Aluminium, annealed,	2913	.0371	
Antimony, pressed,	35500	.4514	.00389
Bismuth, pressed,	13114	1.6680	.00354
Copper, annealed,	1598	.0203	.00388
hard drawn,	1634	.0208	
German Silver,	20940	.2662	.00044
Gold, annealed,	2050	.0262	.00365
hard drawn,	2095	.0267	
Iron, annealed,	9718	.1235	.004–.005
Lead, pressed,	19636	.2494	.00387
Mercury,	95114	1.2093	00072
Nickel, annealed,	12457	.1584	
Platinum, annealed,	9056	.1151	.0014–.0036
Silver, annealed,	1505	.0191	.00377
hard drawn,	1634	.0208	
Tin, pressed,	13215	.1680	.00365
Zinc, pressed,	5028	.0716	.00365

GRAVITY.

Length of the seconds pendulum at height h above sea level:

in inches,	$39.012540 + .208268 \sin^2 \text{lat.} - 3\,h/10^7$
in feet,	$3.251045 + .017356 \sin^2 \text{lat.} - 3\,h/10^7$
in meters,	$0.990910 + .005290 \sin^2 \text{lat.} - 3\,h/10^7$

Acceleration by gravity, per second of mean solar time:

in feet,	$32.086528 + .171293 \sin^2 \text{lat.} - 3\,h/10^6$
in meters,	$9.779886 + .052210 \sin^2 \text{lat.} - 3\,h/10^6$

HEAT.

Energy required to heat 1 gram of water from 20° to 21° C., - - - - - - - - - - $4.19 \cdot 10^7$ ergs.
to heat 1 kg. of water from 20° to 21° - - 426.4 kg-m.
to heat 1 lb. of water from 68° to 69° F., - 778 ft-lbs.
1 British thermal unit, B. T. U., - - - - - - 0.2521 calories.
1 watt=1 joule per second =.239 minor calories per second.
Heat of vaporization of water at 100° C., 537 calories per kg.
966.6 B. T. U. per lb.

COEFFICIENTS OF EXPANSION.

If temperatures be measured in centigrade degrees, lengths at temperature $t°$ are expressed in terms of the lengths at 0° by the formula $l_t = l_0(1 + a\,t)$, and volumes by the formula $V_t = V_0(1 + 3\,a\,t)$.

If the Fahrenheit scale be used, these formulæ become
$l_t = l_{32}[1 + a'(t-32)]$, $V_t = V_{32}[1 + 3\,a'(t-32)]$.

	a.		a'.	
Aluminium,	$.0^4231$–	$.0^4235$	$.0^4128$–	$.0^4130$
Bismuth,	132	133	073	074
Brass,	184	191	102	106
Brick,	054	090	030	050
Cadmium,	307	316	170	175
Carbon, gas coke,	054	055	030	031
graphite,	079		044	
Copper,	167	172	093	096
Glass,	070	092	039	051
Gold,	144	147	080	081
Iron, cast,	117	144	065	080
steel,	110	122	061	068
wrought,	108	117	060	065
Lead,	280	312	155	160
Magnesium,	269	276	149	153
Nickel,	128		071	
Platinum,	088	091	049	051
Silver,	192	194	107	108
Stone,	045	117	025	065
Tin,	223	233	125	130
Wood,	036	063	020	035
Zinc,	290	298	160	165

CONDUCTIVITIES FOR HEAT.

Let the thickness of a plate of any substance be p centimeters, the area of one face A square centimeters, the temperatures of the two faces $\theta_1°$, $\theta_2°$ C., and Q the quantity of heat in minor calories that flows through the plate in t seconds; then: $Q = K \cdot A \cdot t \cdot (\theta_1 - \theta_2)/p$.

	K.		K.
Brass,	.302	Ice,	.0057
Copper,	1.108	Iron,	.164
Fire-brick,	.00174	Paraffine,	.00014
German silver,	.109	Water,	.0014
Glass,	.0005-.002	Zinc,	.307

HEATS OF FUSION.

	Cal. per kg.	B.T.U. per lb.		Cal. per kg.	B.T.U. per lb.
Bismuth,	12.6	22.7	Nickel,	4.6	8.3
Cadmium,	13.6	24.5	Platinum,	27.2	49
Ice,	80	144	Silver,	24.7	44.5
Lead,	5.4	9.7	Tin,	14.6	26.3
Mercury,	2.82	5.08	Zinc,	28.1	50.6

MELTING POINTS.

	C.	F.		C.	F.
Aluminium, about	600°	1100°	Iron, cast steel,	1370°	2500°
Bismuth,	260	500	Lead,	326	620
Cadmium,	315	600	Mercury,	−40	−40
Copper,	1054	1930	Nickel,	1450	2640
Gold,	1045	1910	Paraffine,	54	129
Ice,	0	32	Platinum,	1775	3230
Iridium,	1950	3540	Silver,	954	1750
Iron, pig, about	1075	1970	Tin,	230	446
pure, about	1600	2900	Zinc,	412	774

SPECIFIC HEATS.

Aluminium,	15-97° C.,	.212	Iron, steel, ord. tem.,		.116-.119
Bismuth,	20-46	.0305	wrought, ord. temp.,		.108
Brass,	14-98	.086	Lead,	10-48° C.,	.0315
Cadmium,	0-100	.055	Magnesium,	20-50	.245
Carbon, charcoal,	20	.164	Mercury,	5-36	.033
diamond,	20	.121	Nickel,	14-97	.109
graphite,	20	.167	Platinum,	0-100	.032
Copper,	15-100	.093	Silver,	0-100	.056
Gold,	0-100	.032	Steam, at constant press.,		.478
Ice,	−20-0	.504	Tin,	0-100° C.,	.056
Iron, pure,	0-100	.113	Zinc,	0-100	.0935

LIGHT.

UNITS OF LIGHT: one candle power, British, is the light from a spermaceti candle burning 120 grains an hour; 1 carcel is 9½ candles, nearly, and the unit of light of 1890 (bougie decimale) is a twentieth of 2.08 carcels, and nearly 1 candle power.

VELOCITY OF LIGHT: in miles per second, - - 186337±50
in kilometers per second., - - - - - - - - 299578±80

INDEX OF REFRACTION FOR THE D LINE.

Alcohol	at 15° C.	1.3638	Diamond,	2.4698
Benzine,	15	1.5002	Fluorite,	1.4339
Carbon, disul.,	15	1.6303	Glass,	1.5-1.8
Chloroform,	10	1.4490	Rock salt,	1.5442
Ether,	15	1.3566	Sylvine,	1.4903
Water,	15	1.3333	Canada Balsam,	1.528

ROWLAND'S VALUES FOR WAVE LENGTHS OF FRAUNHOFER'S LINES.

B, 6827.46; C, 6563.06; D_1, 5896.16; D_2, 5890.19;
E_1, 5270.56; E_2, 5269.72; b_1, 5183.79; b_2, 5172.86;
b_3, 5169.16; b_4, 5167.58; F, 4861.53; G, 4308.25.

SOUND.

Velocity of sound in feet, and in meters, per second:

	Feet.	Meters.		Feet.	Meters.
In air at 0° C.	1084.84	330.7	In lead,	3937	1200
copper,	12303	3750	water, at 8°	4708	1435
glass,	17060	5200	steel wire,	15700	4800

For temperatures other than 0° C., the velocity of sound in air is expressed by the formula $V = 330.7\sqrt{(1 + .0037\,t)}$.

SPECIFIC GRAVITIES.

Aluminium, pure,	2.583	Iron, steel,	7.60-7.80
commercial,	2.7-2.8	wrought,	7.79-7.85
Bismuth,	9.76-9.93	Lead,	11.21-11.45
Cadmium,	8.54-8.69	Magnesium,	1.69-1.75
Carbon, charcoal,	1.45-1.70	Mercury at 0° C.,	13.596
diamond,	3.49-3.53	Nickel,	8.57-8.93
gas coke,	1.88	Platinum, cast,	21.48-21.50
graphite,	2.17-2.32	wire and foil,	21.2-21.7
Copper, cast,	8.83-8.92	Silver,	10.42-10.57
electrolytic,	8.88-8.95	Sulphur, amorphous,	1.92
wire,	8.93-8.95	monoclinic,	1.96
Gold,	19.30-19.34	rhombic,	2.07
Iron, cast,	7.03-7.73	Tin,	6.97-7.37
pure,	7.85-7.88	Zinc,	6.86-7.24

THERMOMETER SCALES.

Let C be the temperature in centigrade degrees and F in Fahrenheit degrees, then $C = 5(F-32)/9$, $F = 32 + 9C/5$; and for interpolation 1° C = 1.8° F, 1° F = 0.56° C.

C.	F.	C.	F.	C.	F.	C.	F.	C.	F.
200	392	150	302	100	212	50	122	0	32
195	383	145	293	95	203	45	113	−5	23
190	374	140	284	90	194	40	104	−10	14
185	365	135	275	85	185	35	95	−15	5
180	356	130	266	80	176	30	86	−20	−4
175	347	125	257	75	167	25	77	−25	−13
170	338	120	248	70	158	20	68	−30	−22
165	329	115	239	65	149	15	59	−35	−31
160	320	110	230	60	140	10	50	−40	−40
155	311	105	221	55	131	5	41	−45	−49

UNITS OF FORCE, POWER, PRESSURE, AND WEIGHT.

Dynes in the weight of 1 gram, lat. 45°,	980.6
in the weight of 1 pound avoirdupois,	444793
Foot-pounds per minute in 1 horse-power,	33000
in 1 kilogram-meter per minute,	7.2330
Grains per cubic inch in 1 gram per cubic centimeter,	252.89
Grams per square centimeter in 1 pound per square inch,	70.307
Pounds per cubic foot in 1 kilogram per cubic meter,	.062428
Watts in 1 horse-power,	746

IV. WEIGHTS AND MEASURES.

MEASURES OF LENGTH.

	Num.	Log.
Centimeters in 1 inch,	2.54001	.4048 85
Chains in 1 meter, — 1/20,	.049710	8.6964 40
in 1 mile,	80	1.9080 90
Feet in 1 chain,	66	1.8195 44
in 1 meter, — 18/4,	3.28083	.5159 84
in 1 mile,	5280	3.7226 34
in 1 nautical mile,	6080.26	3.7830 22
Inches in 1 link,	7.92	.8987 25
in 1 meter,	39.37	1.5951 65
Kilometers in 1 mile, — 8/5,	1.60935	.2066 50
in 1 nautical mile,	1.85327	.2679 89
Meters in 1 chain,	20.1168	1.3035 60
in 1 foot, — 4/13,	.304801	9.4840 16
in 1 yard, — 12/13,	.914402	9.9611 87
Miles in 1 kilometer, — 5/8,	.621370	9.7933 50
Yards in 1 meter, — 18/12,	1.09361	.0886 63
in 1 mile,	1760	3.2455 18

MEASURES OF AREA.

Acres in 1 hectar, — 5/2,	2.47104	.3926 60
in 1 square mile,	640	2.8061 80
Ars in 1 acre,	40.4687	1.6071 20
Square centimeters in 1 square inch,	.45163	.6506 09
Square feet in 1 square chain,	4356	3.6390 68
in 1 square meter,	10.7639	1.0819 68
Hectars in 1 square mile,	259.000	2.4133 00
Square inches in 1 square meter,	1550.00	8.1903 81
Square meters in 1 square foot, — 1/11,	.092903	8.9683 82
in 1 square yard, — 5/6,	.836181	9.9222 74
Square yards in 1 acre,	4840	8.6848 45
in 1 square meter, — 6/5,	1.19599	.0777 26

MEASURES OF VOLUME.

Cubic centimeters in 1 cubic inch,	16.3872	1.2145 04
Cubic feet in 1 cubic meter,	35.3145	1.5479 53
Cubic meters in 1 cubic yard, — 3/4,	.764550	9.8834 11
Cubic yards in 1 cubic meter, — 4/3,	1.30794	.1165 80

MEASURES OF CAPACITY.

Bushels imperial in 1 liter,	.027510	8.4391 97
United States in 1 liter,	.028377	8.4529 73
Gallons imperial in 1 liter,	.220083	9.3425 87
United States in 1 liter,	.264170	9.4218 84
Cubic inches in 1 bushel imperial,	2218.19	3.3459 99
in 1 bushel United States,	2150.42	3.3325 23
in 1 gallon imperial,	277.274	2.4429 00
in 1 gallon United States,	231	2.3636 12
in 1 liter,	61.0234	1.7854 96
Liters in 1 bushel imperial,	36.3499	1.5605 08
in 1 bushel United States,	35.2893	1.5470 27
in 1 gallon imperial,	4.54373	.6574 18
in 1 gallon United States,	3.78543	.5781 16
in 1 cubic inch,	.016387	8.2145 04

WEIGHTS.

Grains in 1 gram,	15.4324	1.1864 82
Grams in 1 grain,	.064799	8.8115 68
in 1 ounce avoirdupois,	28.3495	1.4525 46
in 1 ounce Troy,	31.1035	1.4928 00
Kilograms in 1 pound avoirdupois, 5/11,	.453592	9.6566 66
in 1 pound Troy, — 3/8,	.373242	9.5719 90
Ounces avoirdupois in 1 gram,	.03527	8.5474 54
in 1 ounce Troy, — 11/10,	1.09714	.0402 63
Troy in 1 ounce avoirdupois, 10/11,	.911458	9.9597 37
Pounds avoirdupois in 1 kilogram, 11/5,	2.20462	.3483 34
in 1 pound Troy, — 6/5,	.822857	9.9153 24
Pounds Troy in 1 kilogram, — 8/3,	2.67923	.4280 10
in 1 pound avoirdupois, — 6/5,	1.21528	.0840 76

COMPOUND UNITS.

Centimeter-seconds in 1 foot-second,	30.4801	1.4840 16
in 1 kilometer-hour,	27.7778	1.4436 97
in 1 mile-hour,	44.7041	1.6503 47
Foot-pounds in 1 kilogram-meter,	7.23300	.8592 18
Foot-seconds in 1 centimeter-second,	.032808	8.5159 84
Kilogram-meters in 1 foot-pound,	.138255	9.1406 82
Kilometer-hours in 1 centimeter-second,	.036000	8.5563 03
in 1 mile-hour,	1.60935	.2066 50
Mile-hours in 1 centimeter-second,	.022369	8.3496 53
in 1 kilometer-hour,	.621370	9.7983 50

MEASURES OF LENGTH.

	Inches in 1 cm.	Cm. in 1 inch.	Feet in 1 meter.	Meters in 1 foot.	Yards in 1 meter.	Meters in 1 yard.	Miles in 1 kilom.	Kilom in 1 mile.
1	.39370	2.5400	3.2808	.30480	1.0936	.91440	.62137	1.6093
2	.78740	5.0800	6.5617	.60960	2.1872	1.8288	1.2427	3.2187
3	1.1811	7.6200	9.8425	.91440	3.2808	2.7432	1.8641	4.8280
4	1.5748	10.160	13.123	1.2192	4.3744	3.6576	2.4855	6.4374
5	1.9685	12.700	16.404	1.5240	5.4681	4.5720	3.1068	8.0467
6	2.3622	15.240	19.685	1.8288	6.5617	5.4864	3.7282	9.6561
7	2.7559	17.780	22.966	2.1336	7.6553	6.4008	4.3496	11.265
8	3.1496	20.320	26.247	2.4384	8.7489	7.3152	4.9710	12.875
9	3.5433	22.860	29.529	2.7432	9.8425	8.2296	5.5923	14.484

MEASURES OF AREA.

	Sq. in. in 1 sq. cm.	Sq.cm. in 1 sq. in.	Sq. ft. in 1 sq. m.	Sq. m. in 1 sq. ft.	Sq.yds. in 1 sq. m.	Sq. m. in 1 sq. yd.	Acres in 1 hectar.	Hectar in 1 acre.
1	.15500	6.4516	10.764	.09290	1.1960	.83613	2.4710	.40469
2	.31000	12.903	21.528	.18581	2.3920	1.6723	4.9421	.50987
3	.46500	19.355	32.292	.27871	3.5880	2.5084	7.4131	1.2141
4	.62000	25.807	43.055	.37161	4.7839	3.3445	9.8842	1.6187
5	.77500	32.258	53.819	.46452	5.0799	4.1907	12.355	2.0234
6	.93000	38.710	64.583	.55742	7.1759	5.0168	14.826	2.4281
7	1.0850	45.161	75.347	.65032	8.8719	5.8529	17.297	2.8328
8	1.2400	51.613	86.111	.74323	9.5679	6.6890	19.768	3.2875
9	1.3950	58.065	96.875	.83613	10.764	7.5252	22.239	3.6422

MEASURES OF VOLUME.

	Cu. in. in 1 cu.cm.	Cu. cm. in 1 cu. in.	Cu. ft. in 1 cu. m.	Cu. m. in 1 cu. ft.	Cu.yds. in 1 cu. m.	Cu. m. in 1 cu. yd.
1	.06102	16.387	35.314	.02892	1.3079	.76456
2	.12205	32.774	70.629	.05663	2.6159	1.5291
3	.18307	49.161	105.94	.08495	3.9238	2.2937
4	.24409	65.549	141.26	.11327	5.2315	3.0584
5	.30512	81.936	176.57	.14159	6.5397	3.8228
6	.36614	98.328	211.89	.16990	7.8477	4.5874
7	.42716	114.71	247.20	.19822	9.1556	5.3519
8	.48819	131.10	282.52	.22654	10.464	6.1165
9	.54921	147.48	317.83	.25485	11.771	6.8810

MEASURES OF CAPACITY.

	Flu. oz. in 1 cu.cm.	Cu.cm. in 1 flu. oz.	U. S. gals. 1 lit.	Liters in 1 U.S.gal.	Imp. gals. 1 lit.	Liters in 1 Imp.gal.	U. S. bu. 1 h.lit.	H. lits. in 1 U.S.bu.
1	.03381	29.574	.26417	3.7854	.22008	4.5437	2.8377	.35239
2	.06763	59.147	.52834	7.5709	.44017	9.0875	5.6755	.70479
3	.10144	88.721	.79251	11.356	.66025	13.631	8.5132	1.0572
4	.13526	118.29	1.0567	15.142	.88083	18.175	11.351	1.4096
5	.16907	147.87	1.3209	18.927	1.1004	22.719	14.189	1.7620
6	.20288	177.44	1.5850	22.713	1.3205	27.262	17.026	2.1144
7	.23670	207.02	1.8492	26.498	1.5406	31.806	19.864	2.4667
8	.27051	236.59	2.1134	30.283	1.7607	36.350	22.702	2.5191
9	.30432	266.16	2.3775	34.069	1.9807	40.894	25.540	3.1715

WEIGHTS.

	Grains in 1 gram.	Grams in 1 grain.	Oz. Troy in 1 gm.	Grams in 1 oz. tr.	Oz. av. in 1 gram.	Grams in 1 oz. av.	Lb.av. in 1 kilog.	Kilog. in 1 lb. av.
1	15.432	.06480	.03215	31.103	.03527	28.350	2.2046	.45359
2	30.865	.12960	.06430	62.207	.07055	56.699	4.4092	.90718
3	46.297	.19440	.09645	93.310	.10582	85.049	6.6139	1.3608
4	61.729	.25920	.12860	124.41	.14110	113.40	8.8185	1.8144
5	77.162	.32399	.16075	155.52	.17637	141.75	11.023	2.2680
6	92.594	.38879	.19290	186.62	.21164	170.10	13.228	2.7216
7	108.08	.45359	.22506	217.72	.24692	198.45	15.432	3.1751
8	123.46	.51839	.25721	248.83	.28219	226.80	17.637	3.6287
9	138.89	.58319	.28936	279.93	.31747	255.15	19.842	4.0823

COMPOUND UNITS.

	Ft.-lbs. in 1 kg.-m.	Kg.-m. in 1 ft.-lb.	Cm.- secs.in 1 ft-sec.	Ft.-secs. in 1 cm.-sec.	Cm.- secs.in 1 mi-hr.	Mi.-hrs in 1 cm.-sec.	Mi-hrs in 1 km.-hr.	Km-hrs in 1 mi.-hr.
1	7.2330	.13826	30.480	.03281	44.704	.02237	.62137	1.6093
2	14.466	.27651	60.960	.06562	89.408	.04474	1.2427	3.2187
3	21.699	.41477	91.440	.09842	134.11	.06711	1.8641	4.8280
4	28.932	.55302	121.92	.13123	178.82	.08948	2.4855	6.4374
5	36.165	.69128	152.40	.16404	223.52	.11185	3.1068	8.0467
6	43.398	.82953	182.88	.19685	268.22	.13422	3.7282	9.6561
7	50.631	.96779	213.36	.22966	312.93	.15659	4.3496	11.265
8	57.864	1.1060	243.84	.26247	357.63	.17895	4.9710	12.875
9	65.097	1.2443	274.32	.29528	402.34	.20132	5.5923	14.484

42 V. ADDITION-SUBTRACTION LOGARITHMS.

A	B	0	1	2	3	4	5	6	7	8	9	Differences.
4.	0.00	0000	0001	0001	0001	0001	0001	0002	0002	0003	0003	
5.0	0.00	0004	0004	0005	0005	0005	0005	0005	0005	0005	0005	
5.1		0005	0006	0006	0006	0006	0006	0006	0006	0007	0007	
5.2		0007	0007	0007	0007	0008	0008	0008	0008	0008	0008	
5.3		0009	0009	0009	0009	0010	0010	0010	0010	0010	0011	
5.4		0011	0011	0011	0012	0012	0012	0013	0013	0013	0013	
5.5		0014	0014	0014	0015	0015	0015	0016	0016	0017	0017	
5.6		0017	0018	0018	0019	0019	0019	0020	0020	0021	0021	1
5.7		0022	0022	0023	0023	0024	0024	0025	0026	0026	0027	1 0
5.8		0027	0028	0029	0029	0030	0031	0031	0032	0033	0034	2 0
5.9		0034	0035	0036	0037	0038	0039	0040	0041	0041	0042	3 0 4 0
6.0	0.00	0043	0044	0045	0047	0048	0049	0050	0051	0052	0053	5 1
6.1		0055	0056	0057	0059	0060	0061	0063	0064	0066	0067	6 1
6.2		0069	0070	0072	0074	0075	0077	0079	0081	0083	0085	7 1 8 1
6.3		0087	0089	0091	0093	0095	0097	0099	0102	0104	0107	9 1
6.4		0109	0112	0114	0117	0120	0122	0125	0128	0131	0134	
6.5		0137	0141	0144	0147	0151	0154	0158	0161	0165	0169	
6.6		0173	0177	0181	0185	0190	0194	0198	0203	0208	0213	
6.7		0218	0223	0228	0233	0239	0244	0250	0256	0262	0268	
6.8		0274	0280	0287	0294	0300	0307	0315	0322	0329	0337	
6.9		0345	0353	0361	0369	0378	0387	0396	0405	0415	0424	
7.0	0.00	0434	0444	0455	0465	0476	0487	0498	0510	0522	0534	
7.1		0546	0559	0572	0585	0599	0613	0627	0642	0657	0672	
7.20	0.00	0688	0689	0691	0693	0694	0696	0697	0699	0701	0702	2 1 0
21		0704	0705	0707	0709	0710	0712	0714	0715	0717	0718	2 0
22		0720	0722	0723	0725	0727	0728	0730	0732	0734	0735	3 1
23		0737	0739	0740	0742	0744	0745	0747	0749	0751	0753	4 1
24		0754	0756	0758	0759	0761	0763	0765	0766	0768	0770	5 1 6 1
25		0772	0773	0775	0777	0779	0781	0782	0784	0786	0788	7 1
26		0790	0791	0793	0795	0797	0799	0801	0802	0804	0806	8 2 9 2
27		0808	0810	0812	0814	0815	0817	0819	0821	0823	0825	
28		0827	0829	0831	0832	0834	0836	0838	0840	0842	0844	
29		0846	0848	0850	0852	0854	0856	0858	0860	0862	0864	
7.30	0.00	0866	0868	0870	0872	0874	0876	0878	0880	0882	0884	
31		0886	0888	0890	0892	0894	0896	0898	0900	0902	0904	
32		0906	0909	0911	0913	0915	0917	0919	0921	0923	0925	
33		0928	0930	0932	0934	0936	0938	0940	0943	0945	0947	
34		0949	0951	0953	0956	0958	0960	0962	0964	0967	0969	
35		0971	0973	0976	0978	0980	0982	0985	0987	0989	0991	3
36		0994	0996	0998	1001	1003	1005	1008	1010	1012	1015	1 0
37		1017	1019	1022	1024	1026	1029	1031	1033	1036	1038	2 1
38		1041	1043	1045	1048	1050	1053	1055	1057	1060	1062	3 1 4 1
39		1065	1067	1070	1072	1075	1077	1080	1082	1085	1087	5 2
7.40	0.00	1090	1092	1095	1097	1100	1102	1105	1107	1110	1112	6 2 7 2
41		1115	1117	1120	1123	1125	1128	1130	1133	1136	1138	8 2
42		1141	1143	1146	1149	1151	1154	1157	1159	1162	1165	9 3
43		1167	1170	1173	1175	1178	1181	1184	1186	1189	1192	
44		1195	1197	1200	1203	1206	1208	1211	1214	1217	1219	
45		1222	1225	1228	1231	1234	1236	1239	1242	1245	1248	
46		1251	1254	1256	1259	1262	1265	1268	1271	1274	1277	
47		1280	1283	1286	1289	1292	1295	1298	1301	1304	1307	
48		1310	1313	1316	1319	1322	1325	1328	1331	1334	1337	
49		1340	1343	1346	1349	1352	1356	1359	1362	1365	1368	

$A = \log b - \log a$, $\log a + B = \log (a+b)$. $B = \log a - \log b$, $\log b + A = \log (a-b)$.

V. ADDITION-SUBTRACTION LOGARITHMS.

A	B 0	1	2	3	4	5	6	7	8	9	Differences.
7.50	0.00 1371	1374	1378	1381	1384	1387	1390	1393	1397	1400	
51	1403	1406	1410	1413	1416	1419	1423	1426	1429	1432	
52	1436	1439	1442	1446	1449	1452	1456	1459	1462	1466	3 4
53	1469	1472	1476	1479	1483	1486	1489	1493	1496	1500	1 0 0
54	1503	1507	1510	1514	1517	1521	1524	1528	1531	1535	2 1 1
											3 1 1
55	1538	1542	1545	1549	1552	1556	1560	1563	1567	1570	4 1 2
56	1574	1578	1581	1585	1589	1592	1596	1600	1603	1607	5 2 2
57	1611	1614	1618	1622	1625	1629	1633	1637	1640	1644	6 2 2
58	1648	1652	1656	1659	1663	1667	1671	1675	1679	1682	7 2 3
59	1686	1690	1694	1698	1702	1706	1710	1714	1718	1722	8 2 3
											9 3 4
7.60	0.00 1726	1729	1733	1737	1741	1745	1749	1754	1758	1762	
61	1766	1770	1774	1778	1782	1786	1790	1794	1798	1803	
62	1807	1811	1815	1819	1823	1828	1832	1836	1840	1844	5 6
63	1849	1853	1857	1861	1866	1870	1874	1879	1883	1887	1 1 1
64	1892	1896	1900	1905	1909	1913	1918	1922	1927	1931	2 1 1
											3 2 2
											4 2 2
65	1936	1940	1945	1949	1953	1958	1962	1967	1972	1976	5 3 3
66	1981	1985	1990	1994	1999	2003	2008	2013	2017	2022	6 3 4
67	2027	2031	2036	2041	2045	2050	2055	2059	2064	2069	7 4 4
68	2074	2078	2083	2088	2093	2098	2102	2107	2112	2117	8 4 5
69	2122	2127	2132	2137	2141	2146	2151	2156	2161	2166	9 5 5
7.70	0.00 2171	2176	2181	2186	2191	2196	2201	2206	2211	2217	
71	2222	2227	2232	2237	2242	2247	2252	2258	2263	2268	7 8
72	2273	2278	2284	2289	2294	2300	2305	2310	2315	2321	1 1 1
73	2326	2331	2337	2342	2348	2353	2358	2364	2369	2375	2 1 2
74	2380	2386	2391	2397	2402	2408	2413	2419	2424	2430	3 2 2
											4 3 3
75	2435	2441	2447	2452	2458	2463	2469	2475	2481	2486	5 4 4
76	2492	2498	2503	2509	2515	2521	2527	2532	2538	2544	6 4 5
77	2550	2556	2562	2567	2573	2579	2585	2591	2597	2603	7 5 6
78	2609	2615	2621	2627	2633	2639	2645	2651	2657	2663	8 6 6
79	2670	2676	2682	2688	2694	2700	2707	2713	2719	2725	9 6 7
7.80	0.00 2732	2738	2744	2750	2757	2763	2769	2776	2782	2789	
81	2795	2801	2808	2814	2821	2827	2834	2840	2847	2853	9
82	2860	2866	2873	2880	2886	2893	2900	2906	2913	2920	1 1
83	2926	2933	2940	2947	2953	2960	2967	2974	2981	2987	2 2
84	2994	3001	3008	3015	3022	3029	3036	3043	3050	3057	3 3
											4 4
85	3064	3071	3078	3085	3092	3099	3106	3113	3120	3128	5 5
86	3135	3142	3149	3156	3164	3171	3178	3186	3193	3200	6 5
87	3208	3215	3222	3230	3237	3245	3252	3260	3267	3275	7 6
88	3282	3290	3297	3305	3312	3320	3328	3335	3343	3350	8 7
89	3358	3366	3374	3381	3389	3397	3405	3413	3420	3428	9 8
7.90	0.00 3436	3444	3452	3460	3468	3476	3484	3492	3500	3508	
91	3516	3524	3532	3540	3548	3556	3565	3573	3581	3589	10
92	3597	3606	3614	3622	3631	3639	3647	3656	3664	3672	1 1
93	3681	3689	3698	3706	3715	3723	3732	3740	3749	3758	2 2
94	3766	3775	3783	3792	3801	3810	3818	3827	3836	3845	3 3
											4 4
95	3854	3862	3871	3880	3889	3898	3907	3916	3925	3934	5 5
96	3943	3952	3961	3970	3979	3988	3997	4007	4016	4025	6 6
97	4034	4044	4053	4062	4071	4081	4090	4100	4109	4118	7 7
98	4128	4137	4147	4156	4166	4175	4185	4195	4204	4214	8 8
99	4223	4233	4243	4253	4262	4272	4282	4292	4302	4311	9 9

$A = \log b - \log a$, $\log a + B = \log (a+b)$. $B = \log a - \log b$, $\log b + A = \log (a-b)$.

A	B	0	1	2	3	4	5	6	7	8	9
8.00	0.00	4321	4331	4341	4351	4361	4371	4381	4391	4401	4411
01		4422	4432	4442	4452	4462	4472	4483	4493	4503	4514
02		4524	4534	4545	4555	4566	4576	4587	4597	4608	4618
03		4629	4639	4650	4661	4671	4682	4693	4704	4714	4725
04		4736	4747	4758	4769	4780	4791	4802	4813	4824	4835
05		4846	4857	4868	4879	4890	4902	4913	4924	4935	4947
06		4958	4969	4981	4992	5004	5015	5027	5038	5050	5061
07		5073	5084	5096	5108	5119	5131	5143	5155	5167	5178
08		5190	5202	5214	5226	5238	5250	5262	5274	5286	5298
09		5310	5323	5335	5347	5359	5372	5384	5396	5409	5421
8.10	0.00	5433	5446	5458	5471	5483	5496	5508	5521	5534	5546
11		5559	5572	5585	5597	5610	5623	5636	5649	5662	5675
12		5688	5701	5714	5727	5740	5753	5766	5780	5793	5806
13		5819	5833	5846	5859	5873	5886	5900	5913	5927	5940
14		5954	5968	5981	5995	6009	6022	6036	6050	6064	6078
15		6092	6106	6120	6134	6148	6162	6176	6190	6204	6218
16		6233	6247	6261	6275	6290	6304	6319	6333	6348	6362
17		6377	6391	6406	6421	6435	6450	6465	6479	6494	6509
18		6524	6539	6554	6569	6584	6599	6614	6629	6644	6660
19		6675	6690	6705	6721	6736	6752	6767	6782	6798	6814
8.20	0.00	6829	6845	6860	6876	6892	6908	6923	6939	6955	6971
21		6987	7003	7019	7035	7051	7067	7083	7100	7116	7132
22		7148	7165	7181	7197	7214	7230	7247	7264	7280	7297
23		7313	7330	7347	7364	7381	7397	7414	7431	7448	7465
24		7482	7499	7517	7534	7551	7568	7586	7603	7620	7638
25		7655	7673	7690	7708	7725	7743	7761	7778	7796	7814
26		7832	7850	7868	7886	7904	7922	7940	7958	7976	7994
27		8013	8031	8049	8068	8086	8104	8123	8142	8160	8179
28		8197	8216	8235	8254	8273	8291	8310	8329	8348	8367
29		8387	8406	8425	8444	8463	8483	8502	8522	8541	8560
8.30	0.00	8580	8600	8619	8639	8659	8678	8698	8718	8738	8758
31		8778	8798	8818	8838	8858	8878	8899	8919	8939	8960
32		8980	9001	9021	9042	9062	9083	9104	9125	9145	9166
33		9187	9208	9229	9250	9271	9292	9314	9335	9356	9378
34		9399	9420	9442	9463	9485	9507	9528	9550	9572	9594
35		9615	9637	9659	9681	9703	9726	9748	9770	9792	9814
36		9837	9859	9882	9904	9927	9949	9972	9995	*0018	*0040
37	0.01	0063	0086	0109	0132	0155	0179	0202	0225	0248	0272
38		0295	0318	0342	0366	0389	0413	0437	0460	0484	0508
39		0532	0556	0580	0604	0628	0652	0677	0701	0725	0750
8.40	0.01	0774	0799	0823	0848	0873	0897	0922	0947	0972	0997
41		1022	1047	1072	1097	1123	1148	1173	1199	1224	1250
42		1275	1301	1327	1353	1378	1404	1430	1456	1482	1508
43		1535	1561	1587	1614	1640	1666	1693	1720	1746	1773
44		1800	1827	1853	1880	1907	1934	1962	1989	2016	2043
45		2071	2098	2126	2153	2181	2209	2236	2264	2292	2320
46		2348	2376	2404	2432	2461	2489	2517	2546	2574	2603
47		2631	2660	2689	2718	2747	2776	2805	2834	2863	2892
48		2921	2951	2980	3010	3039	3069	3098	3128	3158	3188
49		3218	3248	3278	3308	3338	3369	3399	3429	3460	3490

Differences.

	10	11	12	13	14
1	1	1	1	1	1
2	2	2	2	3	3
3	3	3	4	4	4
4	4	4	5	5	6
5	5	6	6	7	7
6	6	7	7	8	8
7	7	8	8	9	10
8	8	9	10	10	11
9	9	10	11	12	13
	15	16	17	18	19
1	2	2	2	2	2
2	3	3	3	4	4
3	5	5	5	5	6
4	6	6	7	7	8
5	8	8	9	9	10
6	9	10	10	11	11
7	11	11	12	13	13
8	12	13	14	14	15
9	14	14	15	16	17
	20	21	22	23	24
1	2	2	2	2	2
2	4	4	4	5	5
3	6	6	7	7	7
4	8	8	9	9	10
5	10	11	11	12	12
6	12	13	13	14	14
7	14	15	15	16	17
8	16	17	18	18	19
9	18	19	20	21	22
	25	26	27	28	29
1	3	3	3	3	3
2	5	5	5	6	6
3	8	8	8	8	9
4	10	10	11	11	12
5	13	13	14	14	15
6	15	16	16	17	17
7	18	18	19	20	20
8	20	21	22	22	23
9	23	23	24	25	26
	30	31	32	33	34
1	3	3	3	3	3
2	6	6	6	7	7
3	9	9	10	10	10
4	12	12	13	13	14
5	15	16	16	17	17
6	18	19	19	20	20
7	21	22	22	23	24
8	24	25	26	26	27
9	27	28	29	30	31
	35	36	37	38	39
1	4	4	4	4	4
2	7	7	7	8	8
3	11	11	11	11	12
4	14	14	15	15	16
5	18	18	19	19	20
6	21	22	22	23	23
7	25	25	26	27	27
8	28	29	30	30	31
9	32	32	33	34	35
	40	41	42	43	44
1	4	4	4	4	4
2	8	8	8	9	9
3	12	12	13	13	13
4	16	16	17	17	18
5	20	21	21	22	22
6	24	25	25	26	26
7	28	29	29	30	31
8	32	33	34	34	35
9	36	37	38	39	40

$A = \log b - \log a$, $\log a + B = \log (a+b)$. $B = \log a - \log b$, $\log b + A = \log (a-b)$.

A	B 0	1	2	3	4	5	6	7	8	9
8.50	0.01 3521	3552	3582	3613	3644	3675	3706	3737	3768	3800
51	3831	3862	3894	3925	3957	3989	4020	4052	4084	4116
52	4148	4180	4212	4244	4277	4309	4341	4374	4407	4439
53	4472	4505	4538	4571	4604	4637	4670	4703	4737	4770
54	4803	4837	4871	4904	4938	4972	5006	5040	5074	5108
55	5142	5177	5211	5245	5280	5315	5349	5384	5419	5454
56	5489	5524	5559	5594	5630	5665	5700	5736	5772	5807
57	5843	5879	5915	5951	5987	6023	6059	6096	6132	6169
58	6205	6242	6279	6316	6352	6389	6427	6464	6501	6538
59	6576	6613	6651	6688	6726	6764	6802	6840	6878	6916
8.60	0.01 6954	6993	7031	7070	7108	7147	7186	7224	7263	7302
61	7341	7381	7420	7459	7499	7538	7578	7618	7657	7697
62	7737	7777	7817	7858	7898	7938	7979	8020	8060	8101
63	8142	8183	8224	8265	8306	8348	8389	8430	8472	8514
64	8556	8597	8639	8681	8724	8766	8808	8851	8893	8936
65	8978	9021	9064	9107	9150	9193	9237	9280	9324	9367
66	9411	9455	9498	9542	9586	9631	9675	9719	9764	9808
67	9853	9897	9942	9987	*0032	*0077	*0123	*0168	*0213	*0259
68	0.02 0305	0350	0396	0442	0488	0534	0580	0627	0673	0720
69	0766	0813	0860	0907	0954	1001	1048	1096	1143	1191
8.70	0.02 1238	1286	1334	1382	1430	1478	1527	1575	1624	1672
71	1721	1770	1819	1868	1917	1966	2016	2065	2115	2164
72	2214	2264	2314	2364	2414	2465	2515	2566	2617	2667
73	2718	2769	2820	2872	2923	2975	3026	3078	3130	3182
74	3234	3286	3338	3390	3443	3495	3548	3601	3654	3707
75	3760	3813	3867	3920	3974	4028	4082	4136	4190	4244
76	4298	4353	4408	4462	4517	4572	4627	4682	4738	4793
77	4849	4904	4960	5016	5072	5128	5184	5241	5297	5354
78	5411	5468	5525	5582	5639	5696	5754	5812	5869	5927
79	5985	6043	6102	6160	6219	6277	6336	6395	6454	6513
8.80	0.02 6572	6632	6691	6751	6811	6871	6931	6991	7051	7112
81	7172	7233	7294	7355	7416	7477	7539	7600	7662	7724
82	7785	7847	7910	7972	8034	8097	8160	8223	8286	8349
83	8412	8475	8539	8603	8666	8730	8794	8859	8923	8987
84	9052	9117	9182	9247	9312	9377	9443	9508	9574	9640
85	9706	9772	9839	9905	9972	*0039	*0105	*0172	*0240	*0307
86	0.03 0374	0442	0510	0578	0646	0714	0782	0851	0920	0988
87	1057	1126	1196	1265	1335	1404	1474	1544	1614	1684
88	1755	1825	1896	1967	2038	2109	2181	2252	2324	2396
89	2468	2540	2612	2684	2757	2830	2903	2976	3049	3122
8.90	0.03 3196	3269	3343	3417	3491	3566	3640	3715	3789	3864
91	3939	4015	4090	4166	4241	4317	4393	4470	4546	4622
92	4699	4776	4853	4930	5008	5085	5163	5241	5319	5397
93	5475	5554	5632	5711	5790	5870	5949	6028	6108	6188
94	6268	6348	6429	6509	6590	6671	6752	6833	6914	6996
95	7078	7160	7242	7324	7406	7489	7572	7655	7738	7821
96	7905	7988	8072	8156	8241	8325	8409	8494	8579	8664
97	8749	8835	8921	9006	9092	9179	9265	9351	9438	9525
98	9612	9699	9787	9874	9962	*0050	*0138	*0227	*0315	*0404
99	0.04 0493	0582	0671	0761	0851	0941	1031	1121	1211	1302

Differences.

	45	46	47	48	49
1	5	5	5	5	5
2	9	9	9	10	10
3	14	14	14	14	15
4	18	18	19	19	20
5	23	23	24	24	25
6	27	28	28	29	29
7	32	32	33	34	34
8	36	37	38	38	39
9	41	41	42	43	44
	50	51	52	53	54
1	5	5	5	5	5
2	10	10	10	11	11
3	15	15	16	16	16
4	20	20	21	21	22
5	25	26	26	27	27
6	30	31	31	32	32
7	35	36	36	37	38
8	40	41	42	42	43
9	45	46	47	48	49
	55	56	57	58	59
1	6	6	6	6	6
2	11	11	11	12	12
3	17	17	17	17	18
4	22	22	23	23	24
5	28	28	29	29	30
6	33	34	34	35	35
7	39	39	40	41	41
8	44	45	46	46	47
9	50	50	51	52	53
	60	61	62	63	64
1	6	6	6	6	6
2	12	12	12	13	13
3	18	18	19	19	19
4	24	24	25	25	26
5	30	31	31	32	32
6	36	37	37	38	38
7	42	43	43	44	45
8	48	49	50	50	51
9	54	55	56	57	58
	65	66	67	68	70
1	7	7	7	7	7
2	13	13	13	14	14
3	20	20	20	20	21
4	26	26	27	27	28
5	33	33	34	34	35
6	39	40	40	41	42
7	46	46	47	48	49
8	52	53	54	54	56
9	59	59	60	61	63
	72	74	76	78	80
1	7	7	8	8	8
2	14	15	15	16	16
3	22	22	23	23	24
4	29	30	30	31	32
5	36	37	38	39	40
6	43	44	46	47	48
7	50	52	53	55	56
8	58	59	61	62	64
9	65	67	68	70	72
	82	84	86	88	90
1	8	8	9	9	9
2	16	17	17	18	18
3	25	25	26	26	27
4	33	34	34	35	36
5	41	42	43	44	45
6	49	50	52	53	54
7	57	59	60	62	63
8	66	67	69	70	72
9	74	76	77	79	81

$A = \log b - \log a$, $\log a + B = \log (a+b)$. $B = \log a - \log b$, $\log b + A = \log (a-b)$.

A	B 0	1	2	3	4	5	6	7	8	9
9.00	0.04 1393	1484	1575	1666	1758	1850	1942	2034	2126	2219
01	2311	2404	2497	2591	2684	2778	2872	2966	3060	3155
02	3249	3344	3439	3535	3630	3726	3822	3918	4014	4111
03	4207	4304	4401	4498	4596	4694	4792	4890	4988	5086
04	5185	5284	5383	5483	5582	5682	5782	5882	5982	6083
05	6184	6285	6386	6487	6589	6691	6793	6895	6997	7100
06	7203	7306	7409	7513	7617	7721	7825	7929	8034	8139
07	8244	8349	8454	8560	8666	8772	8878	8985	9092	9199
08	9306	9413	9521	9629	9737	9845	9954	*0063	*0172	*0281
09	0.05 0390	0500	0610	0720	0830	0941	1052	1163	1274	1385
9.10	0.05 1497	1609	1721	1833	1946	2059	2172	2285	2399	2513
11	2627	2741	2855	2970	3085	3200	3316	3431	3547	3663
12	3780	3896	4013	4130	4247	4365	4483	4601	4719	4837
13	4956	5075	5194	5314	5434	5554	5674	5794	5915	6036
14	6157	6278	6400	6522	6644	6766	6889	7012	7135	7259
15	7382	7506	7630	7755	7879	8004	8129	8255	8380	8506
16	8632	8759	8886	9012	9140	9267	9395	9523	9651	9779
17	9908	*0037	*0166	*0296	*0426	*0556	*0686	*0816	*0947	*1078
18	0.06 1210	1341	1473	1605	1738	1870	2003	2136	2270	2404
19	2537	2672	2806	2941	3076	3211	3347	3483	3619	3755
9.20	0.06 3892	4029	4166	4304	4441	4579	4718	4856	4995	5134
21	5274	5413	5553	5694	5834	5975	6116	6257	6399	6541
22	6683	6826	6968	7111	7255	7398	7542	7686	7831	7976
23	8121	8266	8412	8557	8704	8850	8997	9144	9291	9439
24	9587	9735	9883	*0032	*0181	*0331	*0480	*0630	*0780	*0931
25	0.07 1082	1233	1384	1536	1688	1840	1993	2146	2299	2453
26	2606	2761	2915	3070	3225	3380	3536	3692	3848	4004
27	4161	4318	4476	4633	4791	4950	5108	5267	5427	5586
28	5746	5906	6067	6228	6389	6550	6712	6874	7037	7199
29	7362	7526	7689	7853	8017	8182	8347	8512	8678	8844
9.30	0.07 9010	9176	9343	9510	9678	9845	*0014	*0182	*0351	*0520
31	0.08 0689	0859	1029	1199	1370	1541	1712	1884	2056	2228
32	2401	2574	2747	2921	3095	3269	3444	3619	3794	3970
33	4146	4322	4499	4676	4853	5031	5209	5387	5566	5745
34	5924	6104	6284	6464	6645	6826	7007	7189	7371	7553
35	7736	7919	8103	8286	8470	8655	8840	9025	9210	9396
36	9583	9769	9956	*0143	*0331	*0519	*0707	*0896	*1085	*1274
37	0.09 1464	1654	1844	2035	2226	2418	2610	2802	2995	3188
38	3381	3574	3768	3963	4158	4353	4548	4744	4940	5137
39	5334	5531	5728	5926	6125	6324	6523	6722	6922	7122
9.40	0.09 7323	7524	7725	7927	8129	8331	8534	8737	8941	9145
41	9349	9554	9759	9964	*0170	*0376	*0583	*0790	*0997	*1205
42	0.10 1413	1621	1830	2039	2249	2459	2669	2880	3091	3302
43	3514	3726	3939	4152	4366	4579	4794	5008	5223	5438
44	5654	5870	6087	6304	6521	6739	6957	7175	7394	7614
45	7333	8053	8274	[illegible]	8716	8938	9160	9382	9605	9828
46	0.11 0052	0276	0500	0726	0950	1176	1402	1629	1855	2083
47	2310	2538	2767	2996	3225	3455	3685	3915	4146	4378
48	4609	4842	5074	5307	5540	5774	6008	6243	6478	6714
49	6949	7186	7422	7660	7897	8135	8373	8612	8851	9091

Differences.

	95	100	105	110
1	10	10	11	11
2	19	20	21	22
3	29	30	32	33
4	38	40	42	44
5	48	50	53	55
6	57	60	63	66
7	67	70	74	77
8	76	80	84	88
9	86	90	95	99
	115	120	125	130
1	12	12	13	13
2	23	24	25	26
3	35	36	38	39
4	46	48	50	52
5	58	60	63	65
6	69	72	75	78
7	81	84	88	91
8	92	96	100	104
9	104	108	113	117
	135	140	145	150
1	14	14	15	15
2	27	28	29	30
3	41	42	44	45
4	54	56	58	60
5	68	70	73	75
6	81	84	87	90
7	95	98	102	105
8	108	112	116	120
9	122	126	131	135
	155	160	165	170
1	16	16	17	17
2	31	32	33	34
3	47	48	50	51
4	62	64	66	68
5	78	80	83	85
6	93	96	99	102
7	109	112	116	119
8	124	128	132	136
9	140	144	149	153
	175	180	185	190
1	18	18	19	19
2	35	36	37	38
3	53	54	56	57
4	70	72	74	76
5	88	90	93	95
6	105	108	111	114
7	123	126	130	133
8	140	144	148	152
9	158	162	167	171
	195	200	205	210
1	20	20	21	21
2	39	40	41	42
3	59	60	62	63
4	78	80	82	84
5	98	100	103	105
6	117	120	123	126
7	137	140	144	147
8	156	160	164	168
9	176	180	185	189
	215	220	230	240
1	22	22	23	24
2	43	44	46	48
3	65	66	69	72
4	86	88	92	96
5	108	110	115	120
6	129	132	138	144
7	151	154	161	168
8	172	176	184	192
9	194	198	207	216

$A = \log b - \log a$, $\log a + B = \log (a+b)$. $B = \log a - \log b$, $\log b + A = \log (a-b)$.

A	B	0	1	2	3	4	5	6	7	8	9
9.50	0.11	9331	9572	9812	*0054	*0295	*0538	*0780	*1023	*1267	*1510
51	0.12	1755	1999	2244	2490	2736	2982	3229	3476	3724	3972
52		4221	4470	4719	4969	5219	5470	5721	5973	6225	6477
53		6730	6983	7237	7491	7746	8001	8256	8512	8769	9025
54		9283	9540	9799	*0057	*0316	*0576	*0835	*1096	*1357	*1618
55	0.13	1879	2142	2404	2667	2931	3195	3459	3724	3989	4255
56		4521	4787	5054	5322	5590	5858	6127	6396	6666	6936
57		7207	7478	7750	8022	8294	8567	8841	9114	9389	9663
58		9939	*0214	*0491	*0767	*1044	*1322	*1600	*1878	*2157	*2437
59	0.14	2716	2997	3277	3559	3840	4123	4405	4688	4972	5256
9.60	0.14	5540	5825	6111	6397	6683	6970	7257	7545	7833	8122
61		8411	8701	8991	9282	9573	9865	*0157	*0449	*0742	*1036
62	0.15	1330	1624	1919	2215	2511	2807	3104	3401	3699	3997
63		4296	4595	4895	5195	5496	5797	6099	6401	6704	7007
64		7310	7615	7919	8224	8530	8836	9142	9449	9757	*0065
65	0.16	0374	0683	0992	1302	1613	1924	2235	2547	2859	3172
66		3486	3800	4114	4429	4745	5061	5377	5694	6011	6329
67		6648	6967	7286	7606	7926	8247	8569	8891	9213	9536
68		9860	*0183	*0508	*0833	*1158	*1484	*1811	*2138	*2465	*2793
69	0.17	3122	3451	3780	4110	4441	4772	5104	5436	5768	6101
9.70	0.17	6435	6769	7104	7439	7774	8111	8447	8784	9122	9460
71		9799	*0138	*0478	*0818	*1159	*1501	*1842	*2185	*2528	*2871
72	0.18	3215	3559	3904	4250	4596	4942	5289	5637	5985	6334
73		6683	7033	7383	7733	8085	8436	8789	9141	9495	9849
74	0.19	0203	0558	0913	1269	1626	1983	2340	2699	3057	3416
75		3776	4136	4497	4858	5220	5582	5945	6308	6672	7037
76		7402	7767	8133	8500	8867	9235	9603	9972	*0341	*0711
77	0.20	1081	1452	1823	2195	2568	2941	3315	3689	4063	4438
78		4814	5190	5567	5945	6323	6701	7080	7459	7839	8220
79		8601	8983	9365	9748	*0131	*0515	*0900	*1284	*1670	*2056
9.80	0.21	2443	2830	3217	3606	3994	4384	4774	5164	5555	5947
81		6339	6731	7124	7518	7912	8307	8703	9098	9495	9892
82	0.22	0289	0688	1086	1485	1885	2286	2686	3088	3490	3892
83		4296	4699	5103	5508	5913	6310	6726	7133	7540	7948
84		8357	8766	9176	9586	9997	*0409	*0821	*1233	*1646	*2060
85	0.23	2474	2889	3304	3720	4137	4554	4971	5389	5808	6227
86		6647	7067	7488	7910	8332	8755	9178	9602	*0026	*0451
87	0.24	0876	1302	1729	2156	2584	3012	3441	3870	4300	4730
88		5162	5593	6025	6458	6891	7325	7760	8195	8630	9067
89		9503	9941	*0379	*0817	*1256	*1696	*2136	*2576	*3018	*3459
9.90	0.25	3902	4345	4788	5233	5677	6122	6568	7015	7462	7909
91		8357	8806	9255	9705	*0155	*0606	*1058	*1510	*1962	*2416
92	0.26	2869	3324	3779	4234	4690	5147	5604	6062	6520	6979
93		7439	7899	8360	8821	9283	9745	*0208	*0671	*1135	*1600
94	0.27	2065	2531	2998	3464	3932	4400	4869	5338	5808	6278
95		6749	7221	7693	8165	8639	9113	9587	*0062	*0538	*1014
96	0.28	1490	1968	2445	2924	3403	3882	4363	4843	5325	5807
97		6289	6772	7256	7740	8225	8710	9196	9682	*0169	*0657
98	0.29	1145	1634	2123	2613	3104	3595	4086	4579	5071	5565
99		6059	6553	7048	7544	8040	8537	9035	9533	*0031	*0530

Differences.

	245	250	255	260
1	25	25	26	26
2	49	50	51	52
3	74	75	77	78
4	98	100	102	104
5	123	125	128	130
6	147	150	153	156
7	172	175	179	182
8	196	200	204	208
9	221	225	230	234
	270	280	290	300
1	27	28	29	30
2	54	56	58	60
3	81	84	87	90
4	108	112	116	120
5	135	140	145	150
6	162	168	174	180
7	189	196	203	210
8	216	224	232	240
9	243	252	261	270
	310	320	330	340
1	31	32	33	34
2	62	64	66	68
3	93	96	99	102
4	124	128	132	136
5	155	160	165	170
6	186	192	198	204
7	217	224	231	238
8	248	256	264	272
9	279	288	297	306
	350	360	370	380
1	35	36	37	38
2	70	72	74	76
3	105	108	111	114
4	140	144	148	152
5	175	180	185	190
6	210	216	222	228
7	245	252	259	266
8	280	288	296	304
9	315	324	333	342
	390	400	410	420
1	39	40	41	42
2	78	80	82	84
3	117	120	123	126
4	156	160	164	168
5	195	200	205	210
6	234	240	246	252
7	273	280	287	294
8	312	320	328	336
9	351	360	369	378
	430	440	450	460
1	43	44	45	46
2	86	88	90	92
3	129	132	135	138
4	172	176	180	184
5	215	220	225	230
6	258	264	270	276
7	301	308	315	322
8	344	352	360	368
9	387	396	405	414
	470	480	490	500
1	47	48	49	50
2	94	96	98	100
3	141	144	147	150
4	188	192	196	200
5	235	240	245	250
6	282	288	294	300
7	329	336	343	350
8	376	384	392	400
9	423	432	441	450

$A = \log b - \log a$, $\log a + B = \log (a+b)$. $B = \log a - \log b$, $\log b + A = \log (a-b)$.

A	B 0	1	2	3	4	5	6	7	8	9
0.000	0.30 1030	1080	1130	1180	1230	1280	1330	1380	1430	1480
001	1530	1580	1630	1680	1731	1781	1831	1881	1931	1981
002	2031	2081	2131	2182	2232	2282	2332	2382	2432	2482
003	2533	2583	2633	2683	2733	2784	2834	2884	2934	2984
004	3035	3085	3135	3185	3236	3286	3336	3386	3437	3487
005	3537	3587	3638	3688	3738	3789	3839	3889	3940	3990
006	4040	4091	4141	4191	4242	4292	4343	4393	4443	4494
007	4544	4595	4645	4695	4746	4796	4847	4897	4948	4998
008	5048	5099	5149	5200	5250	5301	5351	5402	5452	5503
009	5553	5604	5654	5705	5755	5806	5857	5907	5958	6008
0.010	0.30 6059	6109	6160	6211	6261	6312	6362	6413	6464	6514
011	6565	6615	6666	6717	6767	6818	6869	6919	6970	7021
012	7071	7122	7173	7224	7274	7325	7376	7426	7477	7528
013	7579	7629	7680	7731	7782	7832	7883	7934	7985	8036
014	8086	8137	8188	8239	8290	8341	8391	8442	8493	8544
015	8595	8646	8696	8747	8798	8849	8900	8951	9002	9053
016	9104	9155	9206	9256	9307	9358	9409	9460	9511	9562
017	9613	9664	9715	9766	9817	9868	9919	9970	*0021	*0072
018	0.31 0123	0174	0225	0276	0327	0378	0430	0481	0532	0583
019	0634	0685	0736	0787	0838	0889	0941	0992	1043	1094
0.020	0.31 1145	1196	1247	1299	1350	1401	1452	1503	1555	1606
021	1657	1708	1759	1811	1862	1913	1964	2016	2067	2118
022	2169	2221	2272	2323	2374	2426	2477	2528	2580	2631
023	2682	2734	2785	2836	2888	2939	2990	3042	3093	3144
024	3196	3247	3299	3350	3401	3453	3504	3556	3607	3658
025	3710	3761	3813	3864	3916	3967	4019	4070	4122	4173
026	4225	4276	4328	4379	4431	4482	4534	4585	4637	4688
027	4740	4791	4843	4894	4946	4998	5049	5101	5152	5204
028	5256	5307	5359	5410	5462	5514	5565	5617	5669	5720
029	5772	5824	5875	5927	5979	6030	6082	6134	6186	6237
0.030	0.31 6289	6341	6392	6444	6496	6548	6599	6651	6703	6755
031	6807	6858	6910	6962	7014	7066	7117	7169	7221	7273
032	7325	7377	7428	7480	7532	7584	7636	7688	7740	7791
033	7843	7895	7947	7999	8051	8103	8155	8207	8259	8311
034	8363	8415	8467	8519	8571	8622	8674	8726	8778	8830
035	8882	8935	8987	9039	9091	9143	9195	9247	9299	9351
036	9403	9455	9507	9559	9611	9663	9715	9768	9820	9872
037	9924	9976	*0028	*0080	*0132	*0185	*0237	*0289	*0341	*0393
038	0.32 0445	0498	0550	0602	0654	0706	0759	0811	0863	0915
039	0968	1020	1072	1124	1177	1229	1281	1333	1386	1438
0.040	0.32 1490	1543	1595	1647	1700	1752	1804	1857	1909	1961
041	2014	2066	2118	2171	2223	2276	2328	2380	2433	2485
042	2538	2590	2642	2695	2747	2800	2852	2905	2957	3009
043	3062	3114	3167	3219	3272	3324	3377	3429	3482	3534
044	3587	3640	3692	3745	3797	3850	3902	3955	4007	4060
045	4113	4165	4218	4270	4323	4376	4428	4481	4533	4586
046	4639	4691	4744	4797	4849	4902	4955	5007	5060	5113
047	5165	5218	5271	5324	5376	5429	5482	5535	5587	5640
048	5693	5746	5798	5851	5904	5957	6009	6062	6115	6168
049	6221	6274	6326	6379	6432	6485	6538	6591	6643	6696

Differences.

	50	51	52	53	54
1	5	5	5	5	5
2	10	10	10	11	11
3	15	15	16	16	16
4	20	20	21	21	22
5	25	26	26	27	27
6	30	31	31	32	32
7	35	36	36	37	38
8	40	41	42	42	43
9	45	46	47	48	49

$A = \log a - \log b$, $\log b + B = \log (a+b)$. $B = \log a - \log b$, $\log b + A = \log (a-b)$.

A	B 0	1	2	3	4	5	6	7	8	9	Differences.
0.050	0.32 6749	6802	6855	6908	6961	7014	7067	7119	7172	7225	
051	7278	7331	7384	7437	7490	7543	7596	7649	7702	7755	
052	7808	7861	7914	7967	8020	8073	8126	8179	8232	8285	
053	8338	8391	8444	8497	8550	8603	8656	8709	8763	8816	
054	8869	8922	8975	9028	9081	9134	9187	9241	9294	9347	
055	9400	9453	9506	9560	9613	9666	9719	9772	9826	9879	53 1 5 2 11 3 16 4 21 5 27 6 32 7 37 8 42 9 48
056	9932	9985	*0038	*0092	*0145	*0198	*0251	*0305	*0358	*0411	
057	0.33 0464	0518	0571	0624	0678	0731	0784	0838	0891	0944	
058	0998	1051	1104	1158	1211	1264	1318	1371	1424	1478	
059	1531	1585	1638	1691	1745	1798	1852	1905	1958	2012	
0.060	0.33 2065	2119	2172	2226	2279	2333	2386	2440	2493	2547	
061	2600	2654	2707	2761	2814	2868	2921	2975	3028	3082	
062	3135	3189	3243	3296	3350	3403	3457	3511	3564	3618	
063	3671	3725	3779	3832	3886	3940	3993	4047	4101	4154	
064	4208	4262	4315	4369	4423	4476	4530	4584	4637	4691	
065	4745	4799	4852	4906	4960	5014	5067	5121	5175	5229	
066	5283	5336	5390	5444	5498	5552	5605	5659	5713	5767	
067	5821	5875	5928	5982	6036	6090	6144	6198	6252	6306	54 1 5 2 11 3 16 4 22 5 27 6 32 7 38 8 43 9 49
068	6360	6413	6467	6521	6575	6629	6683	6737	6791	6845	
069	6899	6953	7007	7061	7115	7169	7223	7277	7331	7385	
0.070	0.33 7439	7493	7547	7601	7655	7709	7763	7817	7871	7925	
071	7979	8033	8087	8142	8196	8250	8304	8358	8412	8466	
072	8520	8575	8629	8683	8737	8791	8845	8899	8954	9008	
073	9062	9116	9170	9225	9279	9333	9387	9441	9496	9550	
074	9604	9658	9713	9767	9821	9876	9930	9984	*0038	*0093	
075	0.34 0147	0201	0256	0310	0364	0419	0473	0527	0582	0636	
076	0690	0745	0799	0853	0908	0962	1017	1071	1125	1180	
077	1234	1289	1343	1398	1452	1506	1561	1615	1670	1724	
078	1779	1833	1888	1942	1997	2051	2106	2160	2215	2269	55 1 6 2 11 3 17 4 22 5 28 6 33 7 39 8 44 9 50
079	2324	2378	2433	2487	2542	2597	2651	2706	2760	2815	
0.080	0.34 2869	2924	2979	3033	3088	3142	3197	3252	3306	3361	
081	3416	3470	3525	3580	3634	3689	3744	3798	3853	3908	
082	3962	4017	4072	4127	4181	4236	4291	4346	4400	4455	
083	4510	4565	4619	4674	4729	4784	4838	4893	4948	5003	
084	5058	5113	5167	5222	5277	5332	5387	5442	5496	5551	
085	5606	5661	5716	5771	5826	5881	5936	5990	6045	6100	
086	6155	6210	6265	6320	6375	6430	6485	6540	6595	6650	
087	6705	6760	6815	6870	6925	6980	7035	7090	7145	7200	
088	7255	7310	7365	7420	7475	7530	7585	7641	7696	7751	
089	7806	7861	7916	7971	8026	8081	8137	8192	8247	8302	56 1 6 2 11 3 17 4 22 5 28 6 34 7 39 8 45 9 50
0.090	0.34 8357	8412	8468	8523	8578	8633	8688	8743	8799	8854	
091	8909	8964	9020	9075	9130	9185	9241	9296	9351	9406	
092	9462	9517	9572	9627	9683	9738	9793	9849	9904	9959	
093	0.35 0015	0070	0125	0181	0236	0291	0347	0402	0457	0513	
094	0568	0624	0679	0734	0790	0845	0901	0956	1012	1067	
095	1122	1178	1233	1289	1344	1400	1455	1511	1566	1622	
096	1677	1733	1788	1844	1899	1955	2010	2066	2121	2177	
097	2233	2288	2344	2399	2455	2510	2566	2622	2677	2733	
098	2788	2844	2900	2955	3011	3067	3122	3178	3234	3289	
099	3345	3401	3456	3512	3568	3623	3679	3735	3790	3846	

$A = \log a - \log b$, $\log b + B = \log (a+b)$. $B = \log a - \log b$, $\log b + A = \log (a-b)$.

V. ADDITION-SUBTRACTION LOGARITHMS.

A	B	0	1	2	3	4	5	6	7	8	9	Differences.
0.100	0.35	3902	3958	4013	4069	4125	4181	4236	4292	4348	4404	
101		4459	4515	4571	4627	4683	4738	4794	4850	4906	4962	
102		5018	5073	5129	5185	5241	5297	5353	5409	5465	5520	
103		5576	5632	5688	5744	5800	5856	5912	5968	6024	6080	
104		6136	6192	6248	6304	6360	6416	6472	6528	6584	6640	
												55
105		6696	6752	6808	6864	6920	6976	7032	7088	7144	7200	1 6
106		7256	7312	7368	7424	7480	7536	7593	7649	7705	7761	2 11
107		7817	7873	7929	7985	8042	8098	8154	8210	8266	8322	3 17
108		8379	8435	8491	8547	8603	8660	8716	8772	8828	8884	4 22
109		8941	8997	9053	9109	9166	9222	9278	9335	9391	9447	5 28
												6 33
												7 39
0.110	0.35	9503	9560	9616	9672	9729	9785	9841	9898	9954	*0010	8 44
111	0.36	0067	0123	0179	0236	0292	0349	0405	0461	0518	0574	9 50
112		0630	0687	0743	0800	0856	0913	0969	1026	1082	1138	
113		1195	1251	1308	1364	1421	1477	1534	1590	1647	1703	
114		1760	1816	1873	1929	1986	2043	2099	2156	2212	2269	
115		2325	2382	2439	2495	2552	2608	2665	2722	2778	2835	
												56
116		2891	2948	3005	3061	3118	3175	3231	3288	3345	3401	1 6
117		3458	3515	3572	3628	3685	3742	3798	3855	3912	3969	2 11
118		4025	4082	4139	4196	4252	4309	4366	4423	4480	4536	3 17
119		4593	4650	4707	4764	4820	4877	4934	4991	5048	5105	4 22
												5 28
0.120	0.36	5162	5218	5275	5332	5389	5446	5503	5560	5617	5674	6 34
121		5730	5787	5844	5901	5958	6015	6072	6129	6186	6243	7 39
122		6300	6357	6414	6471	6528	6585	6642	6699	6756	6813	8 45
123		6870	6927	6984	7041	7098	7155	7212	7269	7326	7384	9 50
124		7441	7498	7555	7612	7669	7726	7783	7840	7898	7955	
125		8012	8069	8126	8183	8240	8298	8355	8412	8469	8526	
126		8584	8641	8698	8755	8812	8870	8927	8984	9041	9099	
127		9156	9213	9270	9328	9385	9442	9500	9557	9614	9671	57
128		9729	9786	9843	9901	9958	*0015	*0073	*0130	*0187	*0245	1 6
129	0.37	0302	0360	0417	0474	0532	0589	0646	0704	0761	0819	2 11
												3 17
0.130	0.37	0876	0934	0991	1048	1106	1163	1221	1278	1336	1393	4 23
131		1451	1508	1566	1623	1681	1738	1796	1853	1911	1968	5 29
132		2026	2083	2141	2198	2256	2314	2371	2429	2486	2544	6 34
133		2602	2659	2717	2774	2832	2890	2947	3005	3062	3120	7 40
134		3178	3235	3293	3351	3408	3466	3524	3581	3639	3697	8 46
												9 51
135		3755	3812	3870	3928	3985	4043	4101	4159	4216	4274	
136		4332	4390	4448	4505	4563	4621	4679	4736	4794	4852	
137		4910	4968	5026	5083	5141	5199	5257	5315	5373	5431	
138		5488	5546	5604	5662	5720	5778	5836	5894	5952	6010	
139		6067	6125	6183	6241	6299	6357	6415	6473	6531	6589	58
												1 6
0.140	0.37	6647	6705	6763	6821	6879	6937	6995	7053	7111	7169	2 12
141		7227	7285	7343	7401	7459	7518	7576	7634	7692	7750	3 17
142		7808	7866	7924	7982	8040	8099	8157	8215	8273	8331	4 23
143		8389	8447	8506	8564	8622	8680	8738	8797	8855	8913	5 29
144		8971	9029	9088	9146	9204	9262	9321	9379	9437	9495	6 35
												7 41
145		9554	9612	9670	9728	9787	9845	9903	9962	*0020	*0078	8 46
146	0.38	0137	0195	0253	0312	0370	0428	0487	0545	0603	0662	9 52
147		0720	0778	0837	0895	0954	1012	1070	1129	1187	1246	
148		1304	1363	1421	1480	1538	1596	1655	1713	1772	1830	
149		1889	1947	2006	2064	2123	2181	2240	2298	2357	2416	

$A = \log a - \log b$, $\log b + B = \log (a+b)$. $B = \log a - \log b$, $\log b + A = \log (a-b)$.

V. ADDITION-SUBTRACTION LOGARITHMS.

A	B 0	1	2	3	4	5	6	7	8	9	Differences.
0.150	0.38 2474	2533	2591	2650	2708	2767	2825	2884	2943	3001	
151	3060	3118	3177	3236	3294	3353	3412	3470	3529	3588	
152	3646	3705	3764	3822	3881	3940	3998	4057	4116	4174	
153	4233	4292	4351	4409	4468	4527	4585	4644	4703	4762	
154	4821	4879	4938	4997	5056	5114	5173	5232	5291	5350	
155	5409	5467	5526	5585	5644	5703	5762	5820	5879	5938	59
156	5997	6056	6115	6174	6233	6292	6351	6409	6468	6527	1 6
157	6586	6645	6704	6763	6822	6881	6940	6999	7058	7117	2 12
158	7176	7235	7294	7353	7412	7471	7530	7589	7648	7707	3 18
159	7766	7825	7884	7943	8002	8062	8121	8180	8239	8298	4 24
0.160	0.38 8357	8416	8475	8534	8593	8653	8712	8771	8830	8889	5 30
161	8948	9007	9067	9126	9185	9244	9303	9363	9422	9481	6 35
162	9540	9599	9659	9718	9777	9836	9896	9955	*0014	*0073	7 41
163	0.39 0133	0192	0251	0311	0370	0429	0488	0548	0607	0666	8 47
164	0726	0785	0844	0904	0963	1022	1082	1141	1201	1260	9 53
165	1319	1379	1438	1497	1557	1616	1676	1735	1795	1854	
166	1913	1973	2032	2092	2151	2211	2270	2330	2389	2449	60
167	2508	2568	2627	2687	2746	2806	2865	2925	2984	3044	1 6
168	3103	3163	3222	3282	3342	3401	3461	3520	3580	3640	2 12
169	3699	3759	3818	3878	3938	3997	4057	4117	4176	4236	3 18
0.170	0.39 4296	4355	4415	4475	4534	4594	4654	4713	4773	4833	4 24
171	4892	4952	5012	5072	5131	5191	5251	5311	5370	5430	5 30
172	5490	5550	5609	5669	5729	5789	5849	5908	5968	6028	6 36
173	6088	6148	6208	6267	6327	6387	6447	6507	6567	6627	7 42
174	6686	6746	6806	6866	6926	6986	7046	7106	7166	7226	8 48
175	7286	7346	7405	7465	7525	7585	7645	7705	7765	7825	9 54
176	7885	7945	8005	8065	8125	8185	8245	8305	8365	8425	
177	8485	8546	8606	8666	8726	8786	8846	8906	8966	9026	61
178	9086	9146	9206	9267	9327	9387	9447	9507	9567	9627	1 6
179	9688	9748	9808	9868	9928	9988	*0049	*0109	*0169	*0229	2 12
0.180	0.40 0289	0350	0410	0470	0530	0591	0651	0711	0771	0832	3 18
181	0892	0952	1012	1073	1133	1193	1254	1314	1374	1435	4 24
182	1495	1555	1616	1676	1736	1797	1857	1917	1978	2038	5 31
183	2098	2159	2219	2280	2340	2400	2461	2521	2582	2642	6 37
184	2703	2763	2823	2884	2944	3005	3065	3126	3186	3247	7 43
185	3307	3368	3428	3489	3549	3610	3670	3731	3791	3852	8 49
186	3912	3973	4033	4094	4155	4215	4276	4336	4397	4457	9 55
187	4518	4579	4640	4700	4761	4821	4882	4942	5003	5064	
188	5124	5185	5246	5306	5367	5428	5488	5549	5610	5670	
189	5731	5792	5853	5913	5974	6035	6096	6156	6217	6278	62
0.190	0.40 6339	6399	6460	6521	6582	6642	6703	6764	6825	6886	1 6
191	6947	7007	7068	7129	7190	7251	7312	7372	7433	7494	2 12
192	7555	7616	7677	7738	7799	7859	7920	7981	8042	8103	3 19
193	8164	8225	8286	8347	8408	8469	8530	8591	8652	8713	4 25
194	8774	8835	8896	8957	9018	9079	9140	9201	9262	9323	5 31
195	9384	9445	9506	9567	9628	9689	9750	9811	9872	9933	6 37
196	9994	*0056	*0117	*0178	*0239	*0300	*0361	*0422	*0483	*0545	7 43
197	0.41 0606	0667	0728	0789	0850	0911	0973	1034	1095	1156	8 50
198	1217	1279	1340	1401	1462	1524	1585	1646	1707	1768	9 56
199	1830	1891	1952	2014	2075	2136	2197	2259	2320	2381	

$A = \log a - \log b$, $\log b + B = \log (a+b)$. $B = \log a - \log b$, $\log b + A = \log (a-b)$.

V. ADDITION-SUBTRACTION LOGARITHMS.

B	C 0	1	2	3	4	5	6	7	8	9	Differences.
0.400	9.77 9519	9585	9651	9717	9784	9850	9916	9982	*0048	*0113	
401	9.78 0179	0245	0311	0377	0443	0508	0574	0640	0706	0771	67 66
402	0837	0903	0968	1034	1099	1165	1230	1296	1361	1427	1 7 7
403	1492	1557	1623	1688	1753	1819	1884	1949	2014	2080	2 13 13
404	2145	2210	2275	2340	2405	2470	2535	2600	2665	2730	3 20 20
											4 27 26
405	2795	2860	2925	2990	3054	3119	3184	3249	3313	3378	5 34 33
406	3443	3507	3572	3636	3701	3766	3830	3895	3959	4024	6 40 40
407	4088	4152	4217	4281	4345	4410	4474	4538	4602	4667	7 47 46
408	4731	4795	4859	4923	4987	5051	5115	5179	5243	5307	8 54 53
409	5371	5435	5499	5563	5627	5690	5754	5818	5882	5945	9 60 59
											65 64
0.410	9.78 6009	6073	6136	6200	6264	6327	6391	6454	6518	6581	1 7 6
411	6645	6708	6772	6835	6898	6962	7025	7088	7151	7215	2 13 13
412	7278	7341	7404	7467	7531	7594	7657	7720	7783	7846	3 20 19
413	7909	7972	8035	8098	8160	8223	8286	8349	8412	8474	4 26 26
414	8537	8600	8663	8725	8788	8851	8913	8976	9038	9101	5 33 32
											6 39 39
415	9163	9226	9288	9351	9413	9475	9538	9600	9662	9725	7 46 45
416	9787	9849	9912	9974	*0036	*0098	*0160	*0222	*0284	*0346	8 52 51
417	9.79 0409	0471	0533	0594	0656	0718	0780	0842	0904	0966	9 59 58
418	1028	1089	1151	1213	1275	1336	1398	1460	1521	1583	
419	1644	1706	1768	1829	1891	1952	2013	2075	2136	2198	63 62
											1 6 6
0.420	9.79 2259	2320	2382	2443	2504	2565	2627	2688	2749	2810	2 13 12
421	2871	2932	2993	3054	3116	3177	3238	3298	3359	3420	3 19 19
422	3481	3542	3603	3664	3725	3785	3846	3907	3968	4028	4 25 25
423	4089	4150	4210	4271	4331	4392	4453	4513	4574	4634	5 32 31
424	4694	4755	4815	4876	4936	4996	5057	5117	5177	5238	6 38 37
											7 44 43
425	5298	5358	5418	5478	5538	5599	5659	5719	5779	5839	8 50 50
426	5899	5959	6019	6079	6139	6198	6258	6318	6378	6438	9 57 56
427	6498	6557	6617	6677	6737	6796	6856	6915	6975	7035	
428	7094	7154	7213	7273	7332	7392	7451	7511	7570	7629	61 60
429	7689	7748	7807	7867	7926	7985	8044	8103	8163	8222	1 6 6
											2 12 12
0.430	9.79 8281	8340	8399	8458	8517	8576	8635	8694	8753	8812	3 18 18
431	8871	8930	8989	9048	9106	9165	9224	9283	9342	9400	4 24 24
432	9459	9518	9576	9635	9694	9752	9811	9869	9928	9986	5 31 30
433	9.80 0045	0103	0162	0220	0278	0337	0395	0454	0512	0570	6 37 36
434	0628	0687	0745	0803	0861	0919	0978	1036	1094	1152	7 43 42
											8 49 48
435	1210	1268	1326	1384	1442	1500	1558	1616	1674	1732	9 55 54
436	1789	1847	1905	1963	2021	2078	2136	2194	2251	2309	
437	2367	2424	2482	2540	2597	2655	2712	2770	2827	2885	59 58
438	2942	2999	3057	3114	3171	3229	3286	3343	3401	3458	1 6 6
439	3515	3572	3630	3687	3744	3801	3858	3915	3972	4029	2 12 12
											3 18 17
0.440	9.80 4086	4143	4200	4257	4314	4371	4428	4485	4542	4598	4 24 23
441	4655	4712	4769	4826	4882	4939	4996	5052	5109	5166	5 30 29
442	5222	5279	5335	5392	5448	5505	5561	5618	5674	5731	6 35 35
443	5787	5844	5900	5956	6013	6069	6125	6181	6238	6294	7 41 41
444	6350	6406	6462	6519	6575	6631	6687	6743	6799	6855	8 47 46
											9 53 52
445	6911	6967	7023	7079	7135	7191	7246	7302	7358	7414	
446	7470	7526	7581	7637	7693	7748	7804	7860	7915	7971	57 56
447	8027	8082	8138	8193	8249	8304	8360	8415	8471	8526	1 6 6
448	8582	8637	8692	8748	8803	8858	8914	8969	9024	9079	2 11 11
449	9134	9190	9245	9300	9355	9410	9465	9520	9575	9630	3 17 17
											4 23 22
											5 29 28
											6 34 34
											7 40 39
											8 46 45
											9 51 50

$B = \log a - \log b.$ $\qquad$ $\log a + C = \log (a-b).$

B	C 0	1	2	3	4	5	6	7	8	9
0.450	9.80 9685	9740	9795	9850	9905	9960	*0015	*0070	*0125	*0179
451	9.81 0234	0289	0344	0399	0453	0508	0563	0617	0672	0727
452	0781	0836	0890	0945	1000	1054	1109	1163	1218	1272
453	1326	1381	1435	1490	1544	1598	1652	1707	1761	1815
454	1870	1924	1978	2032	2086	2140	2194	2249	2303	2357
455	2411	2465	2519	2573	2627	2681	2735	2788	2842	2896
456	2950	3004	3058	3111	3165	3219	3273	3326	3380	3434
457	3487	3541	3595	3648	3702	3755	3809	3862	3916	3969
458	4023	4076	4130	4183	4237	4290	4343	4397	4450	4503
459	4556	4610	4663	4716	4769	4823	4876	4929	4982	5035
0.460	9.81 5088	5141	5194	5247	5300	5353	5406	5459	5512	5565
461	5618	5671	5724	5777	5829	5882	5935	5988	6041	6093
462	6146	6199	6251	6304	6357	6409	6462	6514	6567	6620
463	6672	6725	6777	6830	6882	6934	6987	7039	7092	7144
464	7196	7249	7301	7353	7406	7458	7510	7562	7614	7667
465	7719	7771	7823	7875	7927	7979	8031	8083	8135	8187
466	8239	8291	8343	8395	8447	8499	8551	8603	8655	8706
467	8758	8810	8862	8914	8965	9017	9069	9120	9172	9224
468	9275	9327	9378	9430	9482	9533	9585	9636	9688	9739
469	9790	9842	9893	9945	9996	*0047	*0099	*0150	*0201	*0253
0.470	9.82 0304	0355	0406	0458	0509	0560	0611	0662	0713	0764
471	0815	0867	0918	0969	1020	1071	1122	1173	1223	1274
472	1325	1376	1427	1478	1529	1580	1630	1681	1732	1783
473	1833	1884	1935	1985	2036	2087	2137	2188	2239	2289
474	2340	2390	2441	2491	2542	2592	2643	2693	2743	2794
475	2844	2895	2945	2995	3046	3096	3146	3196	3247	3297
476	3347	3397	3447	3498	3548	3598	3648	3698	3748	3798
477	3848	3898	3948	3998	4048	4098	4148	4198	4248	4298
478	4347	4397	4447	4497	4547	4596	4646	4696	4746	4795
479	4845	4895	4944	4994	5044	5093	5143	5192	5242	5291
0.480	9.82 5341	5390	5440	5489	5539	5588	5638	5687	5736	5786
481	5835	5885	5934	5983	6032	6082	6131	6180	6229	6279
482	6328	6377	6426	6475	6524	6573	6622	6671	6721	6770
483	6819	6868	6917	6965	7014	7063	7112	7161	7210	7259
484	7308	7357	7405	7454	7503	7552	7600	7649	7698	7746
485	7795	7844	7892	7941	7990	8038	8087	8135	8184	8232
486	8281	8329	8378	8426	8475	8523	8572	8620	8668	8717
487	8765	8813	8862	8910	8958	9007	9055	9103	9151	9199
488	9248	9296	9344	9392	9440	9488	9536	9584	9632	9680
489	9728	9776	9824	9872	9920	9968	*0016	*0064	*0112	*0160
0.490	9.83 0208	0256	0303	0351	0399	0447	0494	0542	0590	0638
491	0685	0733	0781	0828	0876	0923	0971	1019	1066	1114
492	1161	1209	1256	1304	1351	1399	1446	1493	1541	1588
493	1636	1683	1730	1778	1825	1872	1919	1967	2014	2061
494	2108	2156	2203	2250	2297	2344	2391	2438	2485	2532
495	2579	2626	2674	2721	2767	2814	2861	2908	2955	3002
496	3049	3096	3143	3190	3236	3283	3330	3377	3424	3470
497	3517	3564	3610	3657	3704	3750	3797	3844	3890	3937
498	3983	4030	4076	4123	4170	4216	4262	4309	4355	4402
499	4448	4495	4541	4587	4634	4680	4726	4773	4819	4865

Differences.

	55	54
1	6	5
2	11	11
3	17	16
4	22	22
5	28	27
6	33	32
7	39	38
8	44	43
9	50	49

	53	52
1	5	5
2	11	10
3	16	16
4	21	21
5	27	26
6	32	31
7	37	36
8	42	42
9	48	47

	51	50
1	5	5
2	10	10
3	15	15
4	20	20
5	26	25
6	31	30
7	36	35
8	41	40
9	46	45

	49	48
1	5	5
2	10	10
3	15	14
4	20	19
5	25	24
6	29	29
7	34	34
8	39	38
9	44	43

	47	46
1	5	5
2	9	9
3	14	14
4	19	18
5	24	23
6	28	28
7	33	32
8	38	37
9	42	41

B = log a − log b. log a + C = log $(a-b)$.

B	C	0	1	2	3	4	5	6	7	8	9
0.50	9.83	4911	5373	5833	6292	6749	7205	7659	8111	8562	9011
51		9459	9906	*0351	*0795	*1237	*1677	*2116	*2554	*2990	*3425
52	9.84	3858	4290	4721	5150	5578	6004	6429	6852	7275	7695
53		8115	8533	8949	9365	9778	*0191	0602	*1012	*1421	*1828
54	9.85	2234	2639	3042	3444	3845	4244	4642	5039	5435	5829
55		6222	6614	7005	7394	7782	8169	8554	8939	9322	9704
56	9.86	0085	0464	0842	1220	1595	1970	2344	2716	3087	3457
57		3826	4194	4560	4926	5290	5653	6015	6376	6736	7094
58		7452	7808	8163	8517	8870	9222	9573	9923	*0272	*0619
59	9.87	0966	1311	1655	1999	2341	2682	3022	3361	3699	4036
0.60	9.87	4372	4707	5041	5374	5706	6037	6367	6696	7023	7350
61		7676	8001	8325	8648	8969	9290	9610	9929	*0247	*0564
62	9.88	0880	1195	1510	1823	2135	2446	2757	3066	3375	3682
63		3989	4295	4600	4903	5206	5509	5810	6110	6409	6708
64		7006	7302	7598	7893	8187	8480	8773	9064	9355	9644
65		9933	*0221	*0508	*0795	*1080	*1365	*1649	*1932	*2214	*2495
66	9.89	2775	3055	3334	3612	3889	4165	4441	4716	4990	5263
67		5535	5807	6077	6347	6617	6885	7153	7419	7685	7951
68		8215	8479	8742	9004	9265	9526	9786	*0045	*0304	*0561
69	9.90	0818	1074	1330	1585	1839	2092	2344	2596	2847	3097
0.70	9.90	3347	3596	3844	4092	4338	4584	4830	5074	5318	5562
71		5804	6046	6287	6528	6768	7007	7245	7483	7720	7956
72		8192	8427	8662	8895	9128	9361	9593	9824	*0054	*0284
73	9.91	0513	0742	0969	1197	1423	1649	1874	2099	2323	2546
74		2769	2991	3213	3434	3654	3874	4093	4311	4529	4746
75		4963	5179	5394	5609	5823	6037	6250	6462	6674	6885
76		7096	7306	7515	7724	7932	8140	8347	8554	8760	8965
77		9170	9374	9578	9781	9984	*0186	*0387	*0588	*0788	*0988
78	9.92	1188	1386	1584	1782	1979	2176	2372	2567	2762	2956
79		3150	3344	3536	3729	3920	4111	4302	4492	4682	4871
0.80	9.92	5060	5248	5435	5622	5809	5995	6180	6365	6550	6734
81		6918	7101	7283	7465	7647	7828	8008	8188	8368	8547
82		8725	8904	9081	9258	9435	9611	9787	9962	*0137	*0311
83	9.93	0485	0658	0831	1004	1176	1347	1518	1689	1859	2028
84		2198	2366	2535	2703	2870	3037	3203	3369	3535	3700
85		3865	4029	4193	4356	4519	4682	4844	5006	5167	5328
86		5488	5648	5807	5966	6125	6283	6441	6599	6755	6912
87		7068	7224	7379	7534	7689	7843	7996	8150	8302	8455
88		8607	8759	8910	9061	9211	9361	9511	9660	9809	9957
89	9.94	0105	0253	0400	0547	0694	0840	0986	1131	1276	1421
0.90	9.94	1565	1709	1852	1995	2138	2280	2422	2564	2705	2846
91		2986	3126	3266	3405	3544	3683	3821	3959	4097	4234
92		4371	4507	4644	4779	4915	5050	5184	5319	5453	5586
93		5720	5853	5985	6118	6250	6381	6512	6643	6774	6904
94		7034	7163	7293	7421	7550	7678	7806	7934	8061	8188
95		8314	8440	8566	8692	8817	8942	9067	9191	9315	9439
96		9562	9685	9807	9930	*0052	*0174	*0295	*0416	*0537	*0657
97	9.95	0778	0897	1017	1136	1255	1374	1492	1610	1728	1845
98		1962	2079	2196	2312	2428	2543	2659	2774	2888	3003
99		3117	3231	3344	3458	3571	3683	3796	3908	4020	4131

Differences.

	460	450	440	430
1	46	45	44	43
2	92	90	88	86
3	138	135	132	129
4	184	180	176	172
5	230	225	220	215
6	276	270	264	258
7	322	315	308	301
8	368	360	352	344
9	414	405	396	387
	420	410	400	390
1	42	41	40	39
2	84	82	80	78
3	126	123	120	117
4	168	164	160	156
5	210	205	200	195
6	252	246	240	234
7	294	287	280	273
8	336	328	320	312
9	378	369	360	351
	380	370	360	350
1	38	37	36	35
2	76	74	72	70
3	114	111	108	105
4	152	148	144	140
5	190	185	180	175
6	228	222	216	210
7	266	259	252	245
8	304	296	288	280
9	342	333	324	315
	340	330	320	310
1	34	33	32	31
2	68	66	64	62
3	102	99	96	93
4	136	132	128	124
5	170	165	160	155
6	204	198	192	186
7	238	231	224	217
8	272	264	256	248
9	306	297	288	279
	300	290	280	270
1	30	29	28	27
2	60	58	56	54
3	90	87	84	81
4	120	116	112	108
5	150	145	140	135
6	180	174	168	162
7	210	203	196	189
8	240	232	224	216
9	270	261	252	243
	260	250	240	230
1	26	25	24	23
2	52	50	48	46
3	78	75	72	69
4	104	100	96	92
5	130	125	120	115
6	156	150	144	138
7	182	175	168	161
8	208	200	192	184
9	234	225	216	207
	220	210	200	190
1	22	21	20	19
2	44	42	40	38
3	66	63	60	57
4	88	84	80	76
5	110	105	100	95
6	132	126	120	114
7	154	147	140	133
8	176	168	160	152
9	198	189	180	171

$B = \log a - \log b.$ $\log a + C = \log (a - b).$

B	C	0	1	2	3	4	5	6	7	8	9
1.00	9.95	4243	4353	4464	4575	4685	4795	4904	5013	5122	5231
01		5340	5448	5556	5663	5771	5878	5984	6091	6197	6303
02		6409	6514	6620	6724	6829	6933	7038	7141	7245	7348
03		7451	7554	7657	7759	7861	7963	8064	8166	8267	8367
04		8468	8568	8668	8768	8867	8966	9065	9164	9263	9361
05		9459	9556	9654	9751	9848	9945	*0041	*0138	*0234	*0329
06	9.96	0425	0520	0615	0710	0805	0899	0993	1087	1181	1274
07		1367	1460	1553	1645	1737	1829	1921	2013	2104	2195
08		2286	2376	2467	2557	2647	2737	2826	2915	3004	3093
09		3182	3270	3358	3446	3534	3621	3709	3796	3882	3969
1.10	9.96	4055	4142	4228	4313	4399	4484	4569	4654	4739	4823
11		4908	4992	5076	5159	5243	5326	5409	5492	5574	5657
12		5739	5821	5903	5984	6066	6147	6228	6308	6389	6469
13		6550	6629	6709	6789	6868	6947	7026	7105	7184	7262
14		7340	7418	7496	7574	7651	7728	7805	7882	7959	8035
15		8112	8188	8264	8339	8415	8490	8565	8640	8715	8790
16		8864	8938	9013	9086	9160	9234	9307	9380	9453	9526
17		9598	9671	9743	9815	9887	9959	*0030	*0102	*0173	*0244
18	9.97	0315	0385	0456	0526	0596	0666	0736	0806	0875	0944
19		1013	1082	1151	1220	1288	1356	1425	1492	1560	1628
1.20	9.97	1695	1762	1830	1897	1963	2030	2096	2163	2229	2295
21		2360	2426	2492	2557	2622	2687	2752	2817	2881	2945
22		3010	3074	3138	3201	3265	3328	3391	3455	3518	3580
23		3643	3705	3768	3830	3892	3954	4016	4077	4139	4200
24		4261	4322	4383	4444	4504	4565	4625	4685	4745	4805
25		4864	4924	4983	5042	5101	5160	5219	5278	5336	5395
26		5453	5511	5569	5627	5684	5742	5799	5857	5914	5971
27		6027	6084	6141	6197	6253	6309	6365	6421	6477	6533
28		6588	6643	6699	6754	6809	6863	6918	6972	7027	7081
29		7135	7189	7243	7297	7350	7404	7457	7510	7564	7617
1.30	9.97	7669	7722	7775	7827	7879	7932	7984	8036	8087	8139
31		8191	8242	8293	8345	8396	8447	8497	8548	8599	8649
32		8699	8750	8800	8850	8900	8949	8999	9048	9098	9147
33		9196	9245	9294	9343	9391	9440	9488	9537	9585	9633
34		9681	9729	9776	9824	9872	9919	9966	*0013	*0060	*0107
35	9.98	0154	0201	0247	0294	0340	0387	0433	0479	0525	0570
36		0616	0662	0707	0753	0798	0843	0888	0933	0978	1023
37		1067	1112	1156	1200	1245	1289	1333	1376	1420	1464
38		1507	1551	1594	1637	1681	1724	1767	1809	1852	1895
39		1937	1980	2022	2064	2106	2148	2190	2232	2274	2315
1.40	9.98	2357	2398	2440	2481	2522	2563	2604	2645	2685	2726
41		2767	2807	2847	2888	2928	2968	3008	3048	3087	3127
42		3167	3206	3245	3285	3324	3363	3402	3441	3480	3518
43		3557	3596	3634	3672	3711	3749	3787	3825	3863	3901
44		3938	3976	4014	4051	4088	4126	4163	4200	4237	4274
45		4311	4347	4384	4421	4457	4493	4530	4566	4602	4638
46		4674	4710	4746	4782	4817	4853	4888	4923	4959	4994
47		5029	5064	5099	5134	5169	5203	5238	5273	5307	5341
48		5376	5410	5444	5478	5512	5546	5580	5613	5647	5681
49		5714	5747	5781	5814	5847	5880	5913	5946	5979	6012

Differences.

	180	170	160	150
1	18	17	16	15
2	36	34	32	30
3	54	51	48	45
4	72	68	64	60
5	90	85	80	75
6	108	102	96	90
7	126	119	112	105
8	144	136	128	120
9	162	153	144	135

	140	130	120	110
1	14	13	12	11
2	28	26	24	22
3	42	39	36	33
4	56	52	48	44
5	70	65	60	55
6	84	78	72	66
7	98	91	84	77
8	112	104	96	88
9	126	117	108	99

	100	90	85	80	75
1	10	9	9	8	8
2	20	18	17	16	15
3	30	27	26	24	23
4	40	36	34	32	30
5	50	45	43	40	38
6	60	54	51	48	45
7	70	63	60	56	53
8	80	72	68	64	60
9	90	81	77	72	68

	72	70	68	66	64
1	7	7	7	7	6
2	14	14	14	13	13
3	22	21	20	20	19
4	29	28	27	26	26
5	36	35	34	33	32
6	43	42	41	40	38
7	50	49	48	46	45
8	58	56	54	53	51
9	65	63	61	59	58

	62	60	58	56	54
1	6	6	6	6	5
2	12	12	12	11	11
3	19	18	17	17	16
4	25	24	23	22	22
5	31	30	29	28	27
6	37	36	35	34	32
7	43	42	41	39	38
8	50	48	46	45	43
9	56	54	52	50	49

	52	50	48	46	44
1	5	5	5	5	4
2	10	10	10	9	9
3	16	15	14	14	13
4	21	20	19	18	18
5	26	25	24	23	22
6	31	30	29	28	26
7	36	35	34	32	31
8	42	40	38	37	35
9	47	45	43	41	40

	42	40	38	36	34
1	4	4	4	4	3
2	8	8	8	7	7
3	13	12	11	11	10
4	17	16	15	14	14
5	21	20	19	18	17
6	25	24	23	22	20
7	29	28	27	25	24
8	34	32	30	29	27
9	38	36	34	32	31

B = log a − log b. log a + C = log ($a - b$).

B	C	0	1	2	3	4	5	6	7	8	9
1.50	9.98	6045	6077	6110	6142	6175	6207	6239	6271	6303	6335
51		6367	6399	6431	6463	6494	6526	6557	6589	6620	6651
52		6682	6713	6745	6775	6806	6837	6868	6899	6929	6960
53		6990	7021	7051	7081	7111	7141	7171	7201	7231	7261
54		7291	7320	7350	7379	7409	7438	7468	7497	7526	7555
55		7584	7613	7642	7671	7700	7728	7757	7785	7814	7842
56		7871	7899	7927	7955	7983	8012	8039	8067	8095	8123
57		8151	8178	8206	8233	8261	8288	8315	8343	8370	8397
58		8424	8451	8478	8505	8532	8558	8585	8612	8638	8665
59		8691	8717	8744	8770	8796	8822	8848	8874	8900	8926
1.60	9.98	8952	8977	9003	9029	9054	9080	9105	9131	9156	9181
61		9206	9231	9257	9282	9306	9331	9356	9381	9406	9430
62		9455	9480	9504	9528	9553	9577	9601	9626	9650	9674
63		9698	9722	9746	9770	9793	9817	9841	9865	9888	9912
64		9935	9959	9982	*0005	*0028	*0052	*0075	*0098	*0121	*0144
65	9.99	0167	0190	0213	0235	0258	0281	0303	0326	0348	0371
66		0393	0416	0438	0460	0482	0504	0526	0548	0570	0592
67		0614	0636	0658	0680	0701	0723	0744	0766	0787	0809
68		0830	0851	0873	0894	0915	0936	0957	0978	0999	1020
69		1041	1062	1083	1103	1124	1145	1165	1186	1206	1227
1.70	9.99	1247	1267	1288	1308	1328	1348	1368	1388	1408	1428
71		1448	1468	1488	1508	1527	1547	1567	1586	1606	1625
72		1645	1664	1684	1703	1722	1741	1761	1780	1799	1818
73		1837	1856	1875	1894	1912	1931	1950	1969	1987	2006
74		2024	2043	2061	2080	2098	2116	2135	2153	2171	2189
75		2208	2226	2244	2262	2280	2298	2315	2333	2351	2369
76		2386	2404	2422	2439	2457	2474	2492	2509	2527	2544
77		2561	2579	2596	2613	2630	2647	2664	2681	2698	2715
78		2732	2749	2766	2782	2799	2816	2833	2849	2866	2882
79		2899	2915	2932	2948	2964	2981	2997	3013	3029	3046
1.80	9.99	3062	3078	3094	3110	3126	3142	3158	3174	3189	3205
81		3221	3237	3252	3268	3284	3299	3315	3330	3346	3361
82		3376	3392	3407	3422	3438	3453	3468	3483	3498	3513
83		3528	3543	3558	3573	3588	3603	3618	3633	3647	3662
84		3677	3691	3706	3721	3735	3750	3764	3779	3793	3807
85		3822	3836	3850	3865	3879	3893	3907	3921	3935	3949
86		3963	3977	3991	4005	4019	4033	4047	4060	4074	4088
87		4102	4115	4129	4143	4156	4170	4183	4197	4210	4223
88		4237	4250	4263	4277	4290	4303	4316	4330	4343	4356
89		4369	4382	4395	4408	4421	4434	4447	4459	4472	4485
1.90	9.99	4498	4511	4523	4536	4549	4561	4574	4586	4599	4611
91		4624	4636	4649	4661	4673	4686	4698	4710	4723	4735
92		4747	4759	4771	4783	4795	4807	4819	4831	4843	4855
93		4867	4879	4891	4903	4915	4926	4938	4950	4962	4973
94		4985	4996	5008	5020	5031	5043	5054	5065	5077	5088
95		5100	5111	5122	5134	5145	5156	5167	5178	5190	5201
96		5212	5223	5234	5245	5256	5267	5278	5289	5300	5310
97		5321	5332	5343	5354	5364	5375	5386	5397	5407	5418
98		5428	5439	5450	5460	5471	5481	5491	5502	5512	5523
99		5533	5543	5554	5564	5574	5584	5595	5605	5615	5625

Differences.

	33	32	31	30
1	3	3	3	3
2	7	6	6	6
3	10	10	9	9
4	13	13	12	12
5	17	16	16	15
6	20	19	19	18
7	23	22	22	21
8	26	26	25	24
9	30	29	28	27

	29	28	27	26
1	3	3	3	3
2	6	6	5	5
3	9	8	8	8
4	12	11	11	10
5	15	14	14	13
6	17	17	16	16
7	20	20	19	18
8	23	22	22	21
9	26	25	24	23

	25	24	23	22
1	3	2	2	2
2	5	5	5	4
3	8	7	7	7
4	10	10	9	9
5	13	12	12	11
6	15	14	14	13
7	18	17	16	15
8	20	19	18	18
9	23	22	21	20

	21	20	19	18
1	2	2	2	2
2	4	4	4	4
3	6	6	6	5
4	8	8	8	7
5	11	10	10	9
6	13	12	11	11
7	15	14	13	13
8	17	16	15	14
9	19	18	17	16

	17	16	15	14
1	2	2	2	1
2	3	3	3	3
3	5	5	5	4
4	7	6	6	6
5	9	8	8	7
6	10	10	9	8
7	12	11	11	10
8	14	13	12	11
9	15	14	14	13

	13	12	11	10
1	1	1	1	1
2	3	2	2	2
3	4	4	3	3
4	5	5	4	4
5	7	6	6	5
6	8	7	7	6
7	9	8	8	7
8	10	10	9	8
9	12	11	10	9

$B = \log a - \log b.$ $\log a + C = \log (a - b).$

B	C	0	1	2	3	4	5	6	7	8	9
2.00	9.99	5635	5645	5655	5665	5675	5685	5695	5705	5715	5725
01		5735	5745	5755	5765	5774	5784	5794	5804	5813	5823
02		5833	5842	5852	5861	5871	5881	5890	5900	5909	5918
03		5928	5937	5947	5956	5965	5975	5984	5993	6003	6012
04		6021	6030	6039	6049	6058	6067	6076	6085	6094	6103
05		6112	6121	6130	6139	6148	6157	6166	6174	6183	6192
06		6201	6210	6218	6227	6236	6245	6253	6262	6271	6279
07		6288	6296	6305	6313	6322	6330	6339	6347	6356	6364
08		6373	6381	6389	6398	6406	6414	6423	6431	6439	6447
09		6455	6464	6472	6480	6488	6496	6504	6512	6520	6528
2.10	9.99	6537	6544	6552	6560	6568	6576	6584	6592	6600	6608
11		6616	6623	6631	6639	6647	6655	6662	6670	6678	6685
12		6693	6701	6708	6716	6723	6731	6739	6746	6754	6761
13		6769	6776	6783	6791	6798	6806	6813	6820	6828	6835
14		6842	6850	6857	6864	6871	6879	6886	6893	6900	6907
15		6914	6922	6929	6936	6943	6950	6957	6964	6971	6978
16		6985	6992	6999	7006	7013	7020	7026	7033	7040	7047
17		7054	7061	7067	7074	7081	7088	7094	7101	7108	7114
18		7121	7128	7134	7141	7148	7154	7161	7167	7174	7180
19		7187	7193	7200	7206	7213	7219	7226	7232	7238	7245
2.20	9.99	7251	7257	7264	7270	7276	7283	7289	7295	7301	7308
21		7314	7320	7326	7332	7339	7345	7351	7357	7363	7369
22		7375	7381	7387	7393	7399	7405	7411	7417	7423	7429
23		7435	7441	7447	7453	7459	7465	7470	7476	7482	7488
24		7494	7499	7505	7511	7517	7522	7528	7534	7540	7545
25		7551	7557	7562	7568	7573	7579	7585	7590	7596	7601
26		7607	7612	7618	7623	7629	7634	7640	7645	7651	7656
27		7661	7667	7672	7678	7683	7688	7694	7699	7704	7710
28		7715	7720	7725	7731	7736	7741	7746	7751	7757	7762
29		7767	7772	7777	7782	7787	7793	7798	7803	7808	7813
2.30	9.99	7818	7823	7828	7833	7838	7843	7848	7853	7858	7863
31		7868	7873	7878	7882	7887	7892	7897	7902	7907	7912
32		7916	7921	7926	7931	7935	7940	7945	7950	7954	7959
33		7964	7969	7973	7978	7983	7987	7992	7997	8001	8006
34		8010	8015	8020	8024	8029	8033	8038	8042	8047	8051
35		8056	8060	8065	8069	8074	8078	8082	8087	8091	8096
36		8100	8104	8109	8113	8118	8122	8126	8131	8135	8139
37		8143	8148	8152	8156	8160	8165	8169	8173	8177	8182
38		8186	8190	8194	8198	8202	8207	8211	8215	8219	8223
39		8227	8231	8235	8239	8243	8247	8252	8256	8260	8264
2.40	9.99	8268	8272	8276	8280	8284	8287	8291	8295	8299	8303
41		8307	8311	8315	8319	8323	8327	8330	8334	8338	8342
42		8346	8350	8353	8357	8361	8365	8368	8372	8376	8380
43		8383	8387	8391	8395	8398	8402	8406	8409	8413	8417
44		8420	8424	8428	8431	8435	8438	8442	8446	8449	8453
45		8456	8460	8463	8467	8471	8474	8478	8481	8485	8488
46		8492	8495	8498	8502	8505	8509	8512	8516	8519	8523
47		8526	8529	8533	8536	8539	8543	8546	8550	8553	8556
48		8560	8563	8566	8569	8573	8576	8579	8583	8586	8589
49		8592	8596	8599	8602	8605	8609	8612	8615	8618	8621

Differences.

	10	9
1	1	1
2	2	2
3	3	3
4	4	4
5	5	5
6	6	5
7	7	6
8	8	7
9	9	8

	8	7
1	1	1
2	2	1
3	2	2
4	3	3
5	4	4
6	5	4
7	6	5
8	6	6
9	7	6

	6	5
1	1	1
2	1	1
3	2	2
4	2	2
5	3	3
6	4	3
7	4	4
8	5	4
9	5	5

	4	3
1	0	0
2	1	1
3	1	1
4	2	1
5	2	2
6	2	2
7	3	2
8	3	2
9	4	3

$B = \log a - \log b.$ $\log a + C = \log (a - b).$

B	C 0	1	2	3	4	5	6	7	8	9
2.50	9.99 8624	8628	8631	8634	8637	8640	8643	8646	8650	8653
51	8656	8659	8662	8665	8668	8671	8674	8677	8680	8683
52	8686	8689	8693	8696	8699	8702	8705	8708	8710	8713
53	8716	8719	8722	8725	8728	8731	8734	8737	8740	8743
54	8746	8749	8751	8754	8757	8760	8763	8766	8769	8771
55	8774	8777	8780	8783	8786	8788	8791	8794	8797	8799
56	8802	8805	8808	8810	8813	8816	8819	8821	8824	8827
57	8830	8832	8835	8838	8840	8843	8846	8848	8851	8854
58	8856	8859	8861	8864	8867	8869	8872	8874	8877	8880
59	8882	8885	8887	8890	8893	8895	8898	8900	8903	8905
2.60	9.99 8908	8910	8913	8915	8918	8920	8923	8925	8928	8930
61	8933	8935	8938	8940	8942	8945	8947	8950	8952	8955
62	8957	8959	8962	8964	8967	8969	8971	8974	8976	8978
63	8981	8983	8985	8988	8990	8992	8995	8997	8999	9002
64	9004	9006	9009	9011	9013	9015	9018	9020	9022	9024
65	9027	9029	9031	9033	9036	9038	9040	9042	9044	9047
66	9049	9051	9053	9055	9058	9060	9062	9064	9066	9068
67	9071	9073	9075	9077	9079	9081	9083	9085	9087	9090
68	9092	9094	9096	9098	9100	9102	9104	9106	9108	9110
69	9112	9114	9116	9118	9121	9123	9125	9127	9129	9131
2.70	9.99 9133	9135	9137	9139	9141	9143	9145	9146	9148	9150
71	9152	9154	9156	9158	9160	9162	9164	9166	9168	9170
72	9172	9174	9175	9177	9179	9181	9183	9185	9187	9189
73	9191	9192	9194	9196	9198	9200	9202	9204	9205	9207
74	9209	9211	9213	9214	9216	9218	9220	9222	9223	9225
75	9227	9229	9231	9232	9234	9236	9238	9239	9241	9243
76	9245	9246	9248	9250	9252	9253	9255	9257	9258	9260
77	9262	9264	9265	9267	9269	9270	9272	9274	9275	9277
78	9279	9280	9282	9284	9285	9287	9289	9290	9292	9293
79	9295	9297	9298	9300	9302	9303	9305	9306	9308	9310
2.8	9.99 9311	9327	9342	9357	9372	9386	9400	9414	9427	9440
9	9453	9465	9478	9489	9501	9512	9524	9534	9545	9555
3.0	9.99 9565	9575	9585	9595	9604	9613	9622	9630	9639	9647
1	9655	9663	9670	9678	9685	9692	9699	9706	9713	9720
2	9726	9732	9738	9744	9750	9756	9761	9767	9772	9777
3	9782	9787	9792	9797	9801	9806	9810	9815	9819	9823
4	9827	9831	9835	9839	9842	9846	9849	9853	9856	9859
5	9863	9866	9869	9872	9875	9878	9880	9883	9886	9888
6	9891	9893	9896	9898	9900	9903	9905	9907	9909	9911
7	9913	9915	9917	9919	9921	9923	9925	9926	9928	9930
8	9931	9933	9934	9936	9937	9939	9940	9941	9943	9944
9	9945	9947	9948	9949	9950	9951	9952	9953	9955	9956
4.0	9.99 9957	9958	9959	9959	9960	9961	9962	9963	9964	9965
1	9966	9966	9967	9968	9969	9969	9970	9971	9971	9972
2	9973	9973	9974	9974	9975	9976	9976	9977	9977	9978
3	9978	9979	9979	9980	9980	9981	9981	9981	9982	9982
4	9983	9983	9983	9984	9984	9985	9985	9985	9986	9986
5	9986	9987	9987	9987	9987	9988	9988	9988	9989	9989
6	9989	9989	9990	9990	9990	9990	9990	9991	9991	9991
7	9991	9992	9992	9992	9992	9992	9992	9993	9993	9993
8	9993	9993	9993	9994	9994	9994	9994	9994	9994	9994
9	9995	9995	9995	9995	9995	9995	9995	9995	9995	9996
5.	9.99 9996	9997	9997	9998	9998	9999	9999	9999	9999	9999

Differences.

	16	15	14	13
1	2	2	1	1
2	3	3	3	3
3	5	5	4	4
4	6	6	6	5
5	8	8	7	7
6	10	9	8	8
7	11	11	10	9
8	13	12	11	10
9	14	14	13	12

	12	11	10
1	1	1	1
2	2	2	2
3	4	3	3
4	5	4	4
5	6	6	5
6	7	7	6
7	8	8	7
8	10	9	8
9	11	10	9

	9	8	7
1	1	1	1
2	2	2	1
3	3	2	2
4	4	3	3
5	5	4	4
6	5	5	4
7	6	6	5
8	7	6	6
9	8	7	6

	6	5	4
1	1	1	0
2	1	1	1
3	2	2	1
4	2	2	2
5	3	3	2
6	4	3	2
7	4	4	3
8	5	4	3
9	5	5	4

	3	2	1
1	0	0	0
2	1	0	0
3	1	1	0
4	1	1	0
5	2	1	1
6	2	1	1
7	2	1	1
8	2	2	1
9	3	2	1

$B = \log a - \log b.$ $\log a + C = \log (a - b).$

VI. SINES AND TANGENTS OF SMALL ANGLES.

Min.	10 + log (sin A'' : A)					10 + log (tan A'' : A)					Sec.
	0°	1°	2°	3°	4°	0°	1°	2°	3°	4°	
0'	4.68 5575	5553	5487	5376	5222	4.68 5575	5619	5751	5972	6281	0''
1	5575	5552	5485	5374	5219	5575	5620	5754	5976	6287	60
2	5575	5551	5484	5372	5216	5575	5622	5757	5981	6293	120
3	5575	5551	5482	5370	5213	5575	5623	5760	5985	6299	180
4	5575	5550	5481	5367	5210	5575	5625	5763	5990	6305	240
5	5575	5549	5479	5365	5207	5575	5627	5766	5994	6311	300
6	5575	5548	5478	5363	5204	5575	5628	5769	5999	6317	360
7	5575	5547	5476	5361	5201	5575	5630	5773	6004	6323	420
8	5574	5547	5475	5358	5198	5576	5632	5776	6008	6329	480
9	5574	5546	5473	5356	5195	5576	5633	5779	6013	6335	540
10	4.68 5574	5545	5471	5354	5192	4.68 5576	5635	5782	6017	6341	600
11	5574	5544	5470	5351	5189	5576	5637	5785	6022	6348	660
12	5574	5543	5468	5349	5186	5577	5638	5788	6027	6354	720
13	5574	5542	5467	5347	5183	5577	5640	5792	6031	6360	780
14	5574	5541	5465	5344	5180	5577	5642	5795	6036	6366	840
15	5573	5540	5463	5342	5177	5578	5644	5798	6041	6372	900
16	5573	5539	5462	5340	5173	5578	5646	5802	6046	6379	960
17	5573	5539	5460	5337	5170	5578	5648	5805	6051	6385	1020
18	5573	5538	5458	5335	5167	5579	5649	5808	6055	6391	1080
19	5573	5537	5457	5332	5164	5579	5651	5812	6060	6398	1140
20	4.68 5572	5536	5455	5330	5161	4.68 5580	5653	5815	6065	6404	1200
21	5572	5535	5453	5327	5158	5580	5655	5818	6070	6410	1260
22	5572	5534	5451	5325	5154	5581	5657	5822	6075	6417	1320
23	5572	5533	5450	5322	5151	5581	5659	5825	6080	6423	1380
24	5571	5532	5448	5320	5148	5582	5661	5829	6085	6430	1440
25	5571	5531	5446	5317	5145	5583	5663	5833	6090	6436	1500
26	5571	5530	5444	5315	5141	5583	5665	5836	6095	6443	1560
27	5570	5529	5443	5312	5138	5584	5668	5840	6100	6449	1620
28	5570	5527	5441	5310	5135	5584	5670	5843	6105	6456	1680
29	5570	5526	5439	5307	5132	5585	5672	5847	6110	6462	1740
30	4.68 5569	5525	5437	5305	5128	4.68 5586	5674	5851	6116	6469	1800
31	5569	5524	5435	5302	5125	5587	5676	5854	6121	6476	1860
32	5569	5523	5433	5300	5122	5587	5679	5858	6126	6482	1920
33	5568	5522	5431	5297	5118	5588	5681	5862	6131	6489	1980
34	5568	5521	5430	5294	5115	5589	5683	5866	6136	6496	2040
35	5567	5520	5428	5292	5112	5590	5685	5869	6142	6503	2100
36	5567	5518	5426	5289	5108	5591	5688	5873	6147	6509	2160
37	5566	5517	5424	5286	5105	5592	5690	5877	6152	6516	2220
38	5566	5516	5422	5284	5101	5593	5693	5881	6158	6523	2280
39	5566	5515	5420	5281	5098	5593	5695	5885	6163	6530	2340
40	4.68 5565	5514	5418	5278	5095	4.68 5594	5697	5889	6168	6537	2400
41	5565	5512	5416	5276	5091	5595	5700	5893	6174	6544	2460
42	5564	5511	5414	5273	5088	5596	5702	5897	6179	6551	2520
43	5564	5510	5412	5270	5084	5597	5705	5900	6185	6557	2580
44	5563	5509	5410	5268	5081	5599	5707	5905	6190	6564	2640
45	5562	5507	5408	5265	5077	5600	5710	5909	6196	6571	2700
46	5562	5506	5406	5262	5074	5601	5713	5913	6201	6578	2760
47	5561	5505	5404	5259	5070	5602	5715	5917	6207	6585	2820
48	5561	5503	5402	5256	5067	5603	5718	5921	6212	6593	2880
49	5560	5502	5400	5254	5063	5604	5720	5925	6218	6600	2940
50	4.68 5560	5501	5398	5251	5060	4.68 5605	5723	5929	6224	6607	3000
51	5559	5499	5396	5248	5056	5607	5726	5933	6229	6614	3060
52	5558	5498	5394	5245	5053	5608	5729	5937	6235	6621	3120
53	5558	5497	5392	5242	5049	5609	5731	5942	6241	6628	3180
54	5557	5495	5389	5239	5045	5611	5734	5946	6246	6635	3240
55	5556	5494	5387	5237	5042	5612	5737	5950	6252	6643	3300
56	5556	5492	5385	5234	5038	5613	5740	5955	6258	6650	3360
57	5555	5491	5383	5231	5034	5615	5743	5959	6264	6657	3420
58	5554	5490	5381	5228	5031	5616	5745	5963	6269	6665	3480
59	5554	5488	5379	5225	5027	5618	5748	5968	6275	6672	3540
60	4.68 5553	5487	5376	5222	5024	4.68 5619	5751	5972	6281	6679	3600
Min.	0''	3600''	7200''	10800''	14400''	0''	3600''	7200''	10800''	14400''	Sec.

60 VII. TRIGONOMETRIC FUNCTIONS.

0°	Sines.			Cosines.			Tangents.			Cotangents.		179°
	Nat.	Log.	Dif.	Nat.	Log.	Dif.	Nat.	Log.	Dif.	Log.	Nat.	
0′	.00 000	∞	∞	1.0000	0.00 0000	.00	.00 000	∞	∞	∞	∞	60′
1	029	6.46 3726	5017.	000	0000		029	6.46 3726	5017.	3.53 6274	3437.7	59
2	058	6.76 4756	2935.	000	0000		058	6.76 4756	2935.	3.23 5244	1718.9	58
3	087	6.94 0847	2082.	000	0000		087	6.94 0847	2082.	3.05 9153	1145.9	57
4	116	7.06 5786	1615.	000	0000		116	7.06 5786	1615.	2.93 4214	859.44	56
5	145	7.16 2696	1320.	000	0000	.02	145	7.16 2696	1320.	2.83 7304	687.55	55
6	175	7.24 1877	1116.	000	9.99 9999	.00	175	7.24 1878	1116.	2.75 8122	572.96	54
7	204	7.30 8824	967.	000	9999		204	7.30 8825	967.	2.69 1175	491.11	53
8	233	7.36 6816	853.	000	9999		233	7.36 6817	853.	2.63 3183	429.72	52
9	262	7.41 7968	763.	000	9999	.02	262	7.41 7970	763.	2.58 2030	381.97	51
10	.00 291	7.46 3726	690.	1.0000	9.99 9998	.00	.00 291	7.46 3727	690.	2.53 6273	343.77	50
11	320	7.50 5118	630.	.99 999	9998	.02	320	7.50 5120	630.	2.49 4880	312.52	49
12	349	7.54 2906	579.	999	9997	.00	349	7.54 2909	579.	2.45 7091	286.48	48
13	378	7.57 7668	536.	999	9997	.02	378	7.57 7672	536.	2.42 2328	264.44	47
14	407	7.60 9853	499.	999	9996	.00	407	7.60 9857	499.	2.39 0143	245.55	46
15	436	7.63 9816	467.	999	9996	.02	436	7.63 9820	467.	2.36 0180	229.18	45
16	465	7.66 7845	439.	999	9995	.00	465	7.66 7849	439.	2.33 2151	214.86	44
17	495	7.69 4173	414.	999	9995	.02	495	7.69 4179	414.	2.30 5821	202.22	43
18	524	7.71 8997	391.	999	9994		524	7.71 9003	391.	2.28 0997	190.98	42
19	553	7.74 2478	371.	998	9993	.00	553	7.74 2484	371.	2.25 7516	180.93	41
20	.00 582	7.76 4754	353.	.99 998	9.99 9993	.02	.00 582	7.76 4761	353.	2.23 5239	171.89	40
21	611	7.78 5943	337.	998	9992		611	7.78 5951	337.	2.21 4049	163.70	39
22	640	7.80 6146	322.	998	9991		640	7.80 6155	322.	2.19 3845	156.26	38
23	669	7.82 5451	308.	998	9990		669	7.82 5460	308.	2.17 4540	149.47	37
24	698	7.84 3934	295.	998	9989	.00	698	7.84 3944	296.	2.15 6056	143.24	36
25	727	7.86 1662	284.	997	9989	.02	727	7.86 1674	284.	2.13 8326	137.51	35
26	756	7.87 8695	273.	997	9988		756	7.87 8708	273.	2.12 1292	132.22	34
27	785	7.89 5085	263.	997	9987		785	7.89 5099	263.	2.10 4901	127.32	33
28	814	7.91 0879	254.	997	9986		815	7.91 0894	254.	2.08 9106	122.77	32
29	844	7.92 6119	245.	996	9985	.03	844	7.92 6134	245.	2.07 3866	118.54	31
30	.00 873	7.94 0842	237.	.99 996	9.99 9983	.02	.00 873	7.94 0858	237.	2.05 9142	114.59	30
31	902	7.95 5082	230.	996	9982		902	7.95 5100	230.	2.04 4900	110.89	29
32	931	7.96 8870	223.	996	9981		931	7.96 8889	223.	2.03 1111	107.43	28
33	960	7.98 2233	216.	995	9980		960	7.98 2253	216.	2.01 7747	104.17	27
34	989	7.99 5198	210.	995	9979	.03	989	7.99 5219	210.	2.00 4781	101.11	26
35	.01 018	8.00 7787	204.	995	9977	.02	.01 018	8.00 7809	204.	1.99 2191	98.218	25
36	047	8.02 0021	198.	995	9976		047	8.02 0044	198.	1.97 9956	95.489	24
37	076	8.03 1919	193.	994	9975	.03	076	8.03 1945	193.	1.96 8055	92.908	23
38	105	8.04 3501	188.	994	9973	.02	105	8.04 3527	188.	1.95 6473	90.463	22
39	134	8.05 4781	183.	994	9972		135	8.05 4809	183.	1.94 5191	88.144	21
40	.01 164	8.06 5776	179.	.99 993	9.99 9971	.03	.01 164	8.06 5806	179.	1.93 4194	85.940	20
41	193	8.07 6500	174.	993	9969	.02	193	8.07 6531	174.	1.92 3469	83.844	19
42	222	8.08 6965	170.	993	9968	.03	222	8.08 6997	170.	1.91 3003	81.847	18
43	251	8.09 7183	166.	992	9966		251	8.09 7217	166.	1.90 2783	79.943	17
44	280	8.10 7167	163.	992	9964	.02	280	8.10 7203	163.	1.89 2797	78.126	16
45	309	8.11 6926	159.	991	9963	.03	309	8.11 6963	159.	1.88 3037	76.390	15
46	338	8.12 6471	156.	991	9961		338	8.12 6510	156.	1.87 3490	74.729	14
47	367	8.13 5810	152.	991	9959	.02	367	8.13 5851	152.	1.86 4149	73.139	13
48	396	8.14 4953	149.	990	9958	.03	396	8.14 4996	149.	1.85 5004	71.615	12
49	425	8.15 3907	146.	990	9956		425	8.15 3952	146.	1.84 6048	70.153	11
50	.01 454	8.16 2681	143.	.99 989	9.99 9954	.03	.01 455	8.16 2727	143.	1.83 7273	68.750	10
51	483	8.17 1280	141.	989	9952		484	8.17 1328	141.	1.82 8672	67.402	9
52	513	9713	138.	989	9950		513	9763	138.	0237	66.105	8
53	542	8.18 7985	135.	988	9948		542	8.18 8036	135.	1.81 1964	64.858	7
54	571	8.19 6102	133.	988	9946		571	8.19 6156	133.	1.80 3844	63.657	6
55	600	8.20 4070	130.	987	9944		600	8.20 4126	130.	1.79 5874	62.499	5
56	629	8.21 1895	128.	987	9942		629	8.21 1953	128.	1.78 8047	61.383	4
57	658	9581	126.	986	9940		658	9641	126.	0359	60.306	3
58	687	8.22 7134	124.	986	9938		687	8.22 7195	124.	1.77 2805	59.266	2
59	716	8.23 4557	122.	985	9936		716	8.23 4621	122.	1.76 5379	58.261	1
60	.01 745	8.24 1855		.99 985	9.99 9934		.01 746	8.24 1921		1.75 8079	57.290	0
90°	Nat.	Log.	Dif.	Nat.	Log.	Dif.	Nat.	Log.	Dif.	Log.	Nat.	89°
	Cosines.			Sines.			Cotangents.			Tangents.		

1°	Sines.			Cosines.			Tangents.			Cotangents.		178°
	Nat.	Log.	Dif.	Nat.	Log.	Dif.	Nat.	Log.	Dif.	Log.	Nat.	
0′	.01 745	8.24 1855	120.	.99 985	9.99 9934	.03	.01 746	8.24 1921	120.	1.75 8079	57.290	60′
1	774	9033	118.	984	9932	.05	775	9102	113.	0898	56.851	59
2	803	8.25 6094	116.	984	9929	.03	804	8.25 6165	116.	1.74 3835	55.442	58
3	832	8.26 3042	114.	983	9927		833	8.26 3115	114.	1.73 6885	54.561	57
4	862	9881	112.	983	9925	.05	862	9956	112.	0044	53.709	56
5	891	8.27 6614	110.	982	9922	.03	891	8.27 6691	111.	1.72 3309	52.882	55
6	920	8.28 3243	109.	982	9920		920	8.28 3323	109.	1.71 6677	.081	54
7	949	9773	107.	981	9918	.05	949	9856	107.	0144	51.303	53
8	978	8.29 6207	106.	980	9915	.03	978	8.29 6292	106.	1.70 3708	50.549	52
9	.02 007	8.30 2546	104.	980	9913	.05	.02 007	8.30 2634	104.	1.69 7366	49.816	51
10	.02 036	8.30 8794	103.	.99 979	9.99 9910	.05	.02 036	8.30 8884	103.	1.69 1116	49.104	50
11	065	8.31 4954	101.	979	9907	.03	066	8.31 5046	101.	1.68 4954	48.412	49
12	094	8.32 1027	99.8	978	9905	.05	095	8.32 1122	99.9	1.67 8878	47.740	48
13	123	7016	98.5	977	9902		124	7114	98.5	2886	.085	47
14	152	8.33 2924	97.2	977	9899	.03	153	8.33 3025	97.2	1.66 6975	46.449	46
15	181	8753	95.9	976	9897	.05	182	8856	95.9	1144	45.829	45
16	211	8.34 4504	94.6	976	9894		211	8.34 4610	94.7	1.65 5390	.226	44
17	240	8.35 0181	93.4	975	9891		240	8.35 0289	93.4	1.64 9711	44.639	43
18	269	5783	92.2	974	9888		269	5895	92.3	4105	.066	42
19	298	8.36 1315	91.0	974	9885		298	8.36 1430	91.1	1.63 8570	43.508	41
20	.02 327	8.36 6777	89.9	.99 973	9.99 9882	.05	.02 328	8.36 6895	90.0	1.63 3105	42.964	40
21	356	8.37 2171	88.8	972	9879		357	8.37 2292	88.8	1.62 7708	.433	39
22	385	7499	87.7	972	9876		386	7622	87.8	2378	41.916	38
23	414	8.38 2762	86.7	971	9873		415	8.38 2889	86.7	1.61 7111	.411	37
24	443	7962	85.7	970	9870		444	8092	85.7	1908	40.917	36
25	472	8.39 3101	84.6	969	9867		473	8.39 3234	84.7	1.60 6766	.436	35
26	501	8179	83.7	969	9864		502	8315	83.7	1685	39.965	34
27	530	8.40 3199	82.7	968	9861		531	8.40 3338	82.8	1.59 6662	.506	33
28	560	8161	81.8	967	9858	.07	560	8304	81.8	1696	.057	32
29	589	8.41 3068	80.9	966	9854	.05	589	8.41 3213	80.9	1.58 6787	38.618	31
30	.02 618	8.41 7919	80.0	.99 966	9.99 9851	.05	.02 619	8.41 8068	80.0	1.58 1932	38.188	30
31	647	8.42 2717	79.1	965	9848	.07	648	8.42 2869	79.2	1.57 7131	37.769	29
32	676	7462	78.2	964	9844	.05	677	7618	78.3	2382	.358	28
33	705	8.43 2156	77.4	963	9841		706	8.43 2315	77.5	1.56 7685	36.956	27
34	734	6800	76.6	963	9838	.07	735	6962	76.6	3038	.563	26
35	763	8.44 1394	75.8	962	9834	.05	764	8.44 1560	75.8	1.55 8440	.178	25
36	792	5941	75.0	961	9831	.07	793	6110	75.1	3890	35.801	24
37	821	8.45 0440	74.2	960	9827	.05	822	8.45 0613	74.3	1.54 9387	.431	23
38	850	4893	73.5	959	9824	.07	851	5070	73.5	4930	.070	22
39	879	9301	72.7	959	9820		881	9481	72.8	0519	34.715	21
40	.02 908	8.46 3665	72.0	.99 958	9.99 9816	.05	.02 910	8.46 3849	72.1	1.53 6151	34.368	20
41	938	7985	71.3	957	9813	.07	939	8172	71.4	1828	.027	19
42	967	8.47 2263	70.6	956	9809		968	8.47 2454	70.7	1.52 7546	33.694	18
43	996	6498	69.9	955	9805		997	6693	70.0	3307	.366	17
44	.03 025	8.48 0693	69.3	954	9801		.03 026	8.48 0892	69.3	1.51 9108	.045	16
45	.03 054	4848	68.6	953	9797	.05	055	5050	68.7	4950	32.730	15
46	083	8963	68.0	952	9794	.07	084	9170	68.0	0830	.421	14
47	112	8.49 3040	67.3	952	9790		114	8.49 3250	67.4	1.50 6750	.118	13
48	141	7078	66.7	951	9786		143	7293	66.8	2707	31.821	12
49	170	8.50 1080	66.1	950	9782		172	8.50 1298	66.2	1.49 8702	.528	11
50	.03 199	8.50 5045	65.5	.99 949	9.99 9778	.07	.03 201	8.50 5267	65.6	1.49 4733	31.242	10
51	228	8974	64.9	948	9774	.08	230	9200	65.0	0800	30.960	9
52	257	8.51 2867	64.3	947	9769	.07	259	8.51 3098	64.4	1.48 6902	.683	8
53	286	6726	63.8	946	9765		288	6961	63.8	3039	.412	7
54	316	8.52 0551	63.2	945	9761		317	8.52 0790	63.3	1.47 9210	.145	6
55	345	4343	62.7	944	9757		346	4586	62.7	5414	29.882	5
56	374	8102	62.1	943	9753	.08	376	8349	62.2	1651	.624	4
57	403	8.53 1828	61.6	942	9748	.07	405	8.53 2080	61.7	1.46 7920	.371	3
58	432	5523	61.1	941	9744		434	5779	61.1	4221	.122	2
59	461	9186	60.6	940	9740	.08	463	9447	60.6	0553	28.877	1
60	.03 490	8.54 2819		.99 939	9.99 9735		.03 492	8.54 3084		1.45 6916	28.636	0
91°	Nat.	Log.	Dif.	Nat.	Log.	Dif.	Nat.	Log.	Dif.	Log.	Nat.	88°
	Cosines.			Sines.			Cotangents.			Tangents.		

2°	Sines.			Cosines.			Tangents.			Cotangents.		177°
	Nat.	Log.	Dif.	Nat.	Log.	Dif.	Nat.	Log.	Dif.	Log.	Nat.	
0′	.03 490	8.54 2819	60.1	.99 939	9.99 9735	.07	.03 492	8.54 3084	60.1	1.45 6916	28.636	60′
1	519	6422	59.6	938	9731	.08	521	6691	59.6	3309	.399	59
2	548	9995	59.1	937	9726	.07	550	8.55 0268	59.2	1.44 9732	.166	58
3	577	8.55 3539	58.6	936	9722	.08	579	3817	58.7	6183	27.937	57
4	606	7054	58.1	935	9717	.07	609	7336	58.2	2664	.712	56
5	635	8.56 0540	57.7	934	9713	.08	638	8.56 0828	57.7	1.43 9172	.490	55
6	664	3999	57.2	933	9708	.07	667	4291	57.3	5709	.271	54
7	693	7431	56.8	932	9704	.08	696	7727	56.8	2273	.057	53
8	723	8.57 0836	56.3	931	9699		725	8.57 1137	56.4	1.42 8863	26.845	52
9	752	4214	55.9	930	9694		754	4520	56.0	5480	.637	51
10	.03 781	8.57 7566	55.4	.99 929	9.99 9689	.07	.03 783	8.57 7877	55.5	1.42 2123	26.432	50
11	810	8.58 0892	55.0	927	9685	.08	812	8.58 1208	55.1	1.41 8792	.230	49
12	839	4193	54.6	926	9680		842	4514	54.7	5486	.031	48
13	868	7469	54.2	925	9675		871	7795	54.3	2205	25.835	47
14	897	8.59 0721	53.8	924	9670		900	8.59 1051	53.9	1.40 8949	.642	46
15	926	3948	53.4	923	9665		929	4283	53.5	5717	.452	45
16	955	7152	53.0	922	9660		958	7492	53.1	2508	.264	44
17	984	8.60 0332	52.6	921	9655		987	8.60 0677	52.7	1.39 9323	.080	43
18	.04 013	3489	52.2	919	9650		.04 016	3839	52.3	6161	24.898	42
19	042	6623	51.9	918	9645		046	6978	51.9	3022	.719	41
20	.04 071	8.60 9734	51.5	.99 917	9.99 9640	.08	.04 075	8.61 0094	51.6	1.38 9906	24.542	40
21	100	8.61 2823	51.1	916	9635	.10	104	3189	51.2	6811	.368	39
22	129	5891	50.8	915	9629	.08	133	6262	50.9	3738	.196	38
23	158	8937	50.4	913	9624		162	9313	50.5	0687	.026	37
24	188	8.62 1962	50.1	912	9619		191	8.62 2343	50.2	1.37 7657	23.859	36
25	217	4965	49.7	911	9614	.10	220	5352	49.8	4648	.695	35
26	246	7948	49.4	910	9608	.08	250	8340	49.5	1660	.532	34
27	275	8.63 0911	49.1	909	9603	.10	279	8.63 1308	49.1	1.36 8692	.372	33
28	304	3854	48.7	907	9597	.08	308	4256	48.8	5744	.214	32
29	333	6776	48.4	906	9592	.10	337	7184	48.5	2816	.058	31
30	.04 362	8.63 9680	48.1	.99 905	9.99 9586	.08	.04 366	8.64 0093	48.2	1.35 9907	22.904	30
31	391	8.64 2563	47.8	904	9581	.10	395	2982	47.9	7018	.752	29
32	420	5428	47.4	902	9575	.08	424	5853	47.5	4147	.602	28
33	449	8274	47.1	901	9570	.10	454	8704	47.2	1296	.454	27
34	478	8.65 1102	46.8	900	9564		483	8.65 1537	46.9	1.34 8463	.308	26
35	507	3911	46.5	898	9558	.08	512	4352	46.6	5648	.164	25
36	536	6702	46.2	897	9553	.10	541	7149	46.3	2851	.022	24
37	565	9475	45.9	896	9547		570	9928	46.0	0072	21.881	23
38	594	8.66 2230	45.6	894	9541		599	8.66 2689	45.7	1.33 7311	.743	22
39	623	4968	45.4	893	9535		628	5433	45.5	4567	.606	21
40	.04 653	8.66 7689	45.1	.99 892	9.99 9529	.08	.04 658	8.66 8160	45.2	1.33 1840	21.470	20
41	682	8.67 0393	44.8	890	9524	.10	687	8.67 0870	44.9	1.32 9130	.337	19
42	711	3080	44.5	889	9518		716	3563	44.6	6437	.205	18
43	740	5751	44.2	888	9512		745	6239	44.4	3761	.075	17
44	769	8405	44.0	886	9506		774	8900	44.1	1100	20.946	16
45	798	8.68 1043	43.7	885	9500	.12	803	8.68 1544	43.8	1.31 8456	.819	15
46	827	3665	43.5	883	9493	.10	833	4172	43.5	5828	.693	14
47	856	6272	43.2	882	9487		862	6784	43.3	3216	.569	13
48	885	8863	42.9	881	9481		891	9381	43.0	0619	.446	12
49	914	8.69 1438	42.7	879	9475		920	8.69 1963	42.8	1.30 8037	.325	11
50	.04 943	8.69 3998	42.4	.99 878	9.99 9469	.10	.04 949	8.69 4529	42.5	1.30 5471	20.206	10
51	972	6543	42.2	876	9463	.12	978	7081	42.3	2919	.087	9
52	.05 001	9073	41.9	875	9456	.10	.05 007	9617	42.0	0383	19.970	8
53	030	8.70 1589	41.7	873	9450	.12	037	8.70 2139	41.8	1.29 7861	.855	7
54	059	4090	41.5	872	9443	.10	066	4646	41.6	5354	.740	6
55	088	6577	41.2	870	9437		095	7140	41.3	2860	.627	5
56	117	9049	41.0	869	9431	.12	124	9618	41.1	0382	.516	4
57	146	8.71 1507	40.8	867	9424	.10	153	8.71 2083	40.9	1.28 7917	.405	3
58	175	3952	40.5	866	9418	.12	182	4534	40.6	5466	.296	2
59	205	6383	40.3	864	9411		212	6972	40.4	3028	.188	1
60	.05 234	8.71 8800		.99 863	9.99 9404		.05 241	8.71 9396		1.28 0604	19.081	0
92°	Nat.	Log.	Dif.	Nat.	Log.	Dif.	Nat.	Log.	Dif.	Log.	Nat.	87°
	Cosines.			Sines.			Cotangents.			Tangents.		

3°	Sines.			Cosines.			Tangents.			Cotangents.		176°
	Nat.	Log.	Dif.	Nat.	Log.	Dif.	Nat.	Log.	Dif.	Log.	Nat.	
0′	.05 234	8.71 8800	40.1	.99 863	9.99 9404	.10	.05 241	8.71 9396	40.2	1.28 0604	19.081	60′
1	263	8.72 1204	39.9	861	9398	.12	270	8.72 1806	40.0	1.27 8194	18.976	59
2	292	3595	39.6	860	9391		299	4204	39.7	5796	.871	58
3	321	5972	39.4	858	9384	.10	328	6588	39.5	3412	.768	57
4	350	8337	39.2	857	9378	.12	357	8959	39.3	1041	.666	56
5	379	8.73 0688	39.0	855	9371		387	8.73 1317	39.1	1.26 8683	.564	55
6	408	3027	38.8	854	9364		416	3663	38.9	6337	.464	54
7	437	5354	38.6	852	9357		445	5996	38.7	4004	.366	53
8	466	7667	38.4	851	9350		474	8317	38.5	1683	.268	52
9	495	9969	38.2	849	9343		503	8.74 0626	38.3	1.25 9374	.171	51
10	.05 524	8.74 2259	38.0	.99 847	9.99 9336	.12	.05 533	8.74 2922	38.1	1.25 7078	18.075	50
11	553	4536	37.8	846	9329		562	5207	37.9	4793	17.980	49
12	582	6802	37.6	844	9322		591	7479	37.7	2521	.886	48
13	611	9055	37.4	842	9315		620	9740	37.5	0260	.793	47
14	640	8.75 1297	37.2	841	9308		649	8.75 1989	37.3	1.24 8011	.702	46
15	669	3528	37.0	839	9301		678	4227	37.1	5773	.611	45
16	698	5747	36.8	838	9294		708	6453	36.9	3547	.521	44
17	727	7955	36.6	836	9287	.13	737	8668	36.7	1332	.431	43
18	756	8.76 0151	36.4	834	9279	.12	766	8.76 0872	36.6	1.23 9128	.343	42
19	785	2337	36.2	833	9272		795	3065	36.4	6935	.256	41
20	.05 814	8.76 4511	36.1	.99 831	9.99 9265	.13	.05 824	8.76 5246	36.2	1.23 4754	17.169	40
21	844	6675	35.9	829	9257	.12	854	7417	36.0	2583	.084	39
22	873	8828	35.7	827	9250	.13	883	9578	35.9	0422	16.999	38
23	902	8.77 0970	35.5	826	9242	.12	912	8.77 1727	35.7	1.22 8273	.915	37
24	931	3101	35.4	824	9235	.13	941	3866	35.5	6134	.832	36
25	960	5223	35.2	822	9227	.12	970	5995	35.3	4005	.750	35
26	989	7333	35.0	821	9220	.13	.05 999	8114	35.1	1886	.668	34
27	.06 018	9434	34.8	819	9212	.12	.06 029	8.78 0222	35.0	1.21 9778	.587	33
28	047	8.78 1524	34.7	817	9205	.13	058	2320	34.8	7680	.507	32
29	076	3605	34.5	815	9197		087	4408	34.6	5592	.428	31
30	.06 105	8.78 5675	34.4	.99 813	9.99 9189	.13	.06 116	8.78 6486	34.5	1.21 3514	16.350	30
31	134	7736	34.2	812	9181	.12	145	8554	34.3	1446	.272	29
32	163	9787	34.0	810	9174	.13	175	8.79 0613	34.2	1.20 9387	.195	28
33	192	8.79 1828	33.9	808	9166		204	2662	34.0	7338	.119	27
34	221	3859	33.7	806	9158		233	4701	33.8	5299	.043	26
35	250	5881	33.6	804	9150		262	6731	33.7	3269	15.969	25
36	279	7894	33.4	803	9142		291	8752	33.5	1248	.895	24
37	308	9897	33.3	801	9134		321	8.80 0763	33.4	1.19 9237	.821	23
38	337	8.80 1892	33.1	799	9126		350	2765	33.2	7235	.748	22
39	366	3876	32.9	797	9118		379	4758	33.1	5242	.676	21
40	.06 395	8.80 5852	32.8	.99 795	9.99 9110	.13	.06 408	8.80 6742	32.9	1.19 3258	15.605	20
41	424	7819	32.6	793	9102		438	8717	32.8	1283	.534	19
42	453	9777	32.5	792	9094		467	8.81 0683	32.6	1.18 9317	.464	18
43	482	8.81 1726	32.4	790	9086	.15	496	2641	32.5	7359	.394	17
44	511	3667	32.2	788	9077	.13	525	4589	32.3	5411	.325	16
45	540	5599	32.1	786	9069		554	6529	32.2	3471	.257	15
46	569	7522	31.9	784	9061		584	8461	32.1	1539	.189	14
47	598	9436	31.8	782	9053	.15	613	8.82 0384	31.9	1.17 9616	.122	13
48	627	8.82 1343	31.6	780	9044	.13	642	2298	31.8	7702	.056	12
49	656	3240	31.5	778	9036	.15	671	4205	31.6	5795	14.990	11
50	.06 685	8.82 5130	31.4	.99 776	9.99 9027	.13	.06 700	8.82 6103	31.5	1.17 3897	14.924	10
51	714	7011	31.2	774	9019	.15	730	7992	31.4	2008	.860	9
52	743	8884	31.1	772	9010	.13	759	9874	31.2	0126	.795	8
53	773	8.83 0749	31.0	770	9002	.15	788	8.83 1748	31.1	1.16 8252	.732	7
54	802	2607	30.8	768	8993		817	3613	31.0	6387	.669	6
55	831	4456	30.7	766	8984	.13	847	5471	30.8	4529	.606	5
56	860	6297	30.6	764	8976	.15	876	7321	30.7	2679	.544	4
57	889	8130	30.4	762	8967		905	9163	30.6	0837	.482	3
58	918	9956	30.3	760	8958	.13	934	8.84 0998	30.5	1.15 9002	.421	2
59	947	8.84 1774	30.2	758	8950	.15	963	2825	30.3	7175	.361	1
60	.06 976	8.84 3585		.99 756	9.99 8941		.06 993	8.84 4644		1.15 5356	14.301	0
93°	Nat.	Log.	Dif.	Nat.	Log.	Dif.	Nat.	Log.	Dif.	Log.	Nat.	86°
	Cosines.			Sines.			Cotangents.			Tangents.		

4°	Sines.			Cosines.			Tangents.			Cotangents.		175°
	Nat.	Log.	Dif.	Nat.	Log.	Dif.	Nat.	Log.	Dif.	Log.	Nat.	
0′	.06 976	8.84 3585	30.0	.99 756	9.99 8941	.15	.06 993	8.84 4644	30.2	1.15 5356	14.301	60′
1	.07 005	5387	29.9	754	8932		.07 022	6455	30.1	3545	.241	59
2	034	7183	29.8	752	8923		051	8260	30.0	1740	.182	58
3	063	8971	29.7	750	8914		080	8.85 0057	29.8	1.14 9943	.124	57
4	092	8.85 0751	29.6	748	8905		110	1846	29.7	8154	.065	56
5	121	2525	29.4	746	8896		139	3628	29.6	6372	.008	55
6	150	4291	29.3	744	8887		168	5403	29.5	4597	13.951	54
7	179	6049	29.2	742	8878		197	7171	29.4	2829	.894	53
8	208	7801	29.1	740	8869		227	8932	29.2	1068	.838	52
9	237	9546	29.0	738	8860		256	8.86 0686	29.1	1.13 9314	.782	51
10	.07 266	8.86 1283	28.9	.99 736	9.99 8851	.17	.07 285	8.86 2433	29.0	1.13 7567	13.727	50
11	295	3014	28.7	734	8841	.15	314	4173	28.9	5827	.672	49
12	324	4738	28.6	731	8832		344	5906	28.8	4094	.617	48
13	353	6455	28.5	729	8823	.17	373	7632	28.7	2368	.563	47
14	382	8165	28.4	727	8813	.15	402	9351	28.6	0649	.510	46
15	411	9868	28.3	725	8804		431	8.87 1064	28.4	1.12 8936	.457	45
16	440	8.87 1565	28.2	723	8795	.17	461	2770	28.3	7230	.404	44
17	469	3255	28.1	721	8785	.15	490	4469	28.2	5531	.352	43
18	498	4938	28.0	719	8776	.17	519	6162	28.1	3838	.300	42
19	527	6615	27.8	716	8766	.15	548	7849	28.0	2151	.248	41
20	.07 556	8.87 8285	27.7	.99 714	9.99 8757	.17	.07 578	8.87 9529	27.9	1.12 0471	13.197	40
21	585	9949	27.6	712	8747	.15	607	8.88 1202	27.8	1.11 8798	.146	39
22	614	8.88 1607	27.5	710	8738	.17	636	2869	27.7	7131	.096	38
23	643	3258	27.4	708	8728		665	4530	27.6	5470	.046	37
24	672	4903	27.3	705	8718		695	6185	27.5	3815	12.996	36
25	701	6542	27.2	703	8708	.15	724	7833	27.4	2167	.947	35
26	730	8174	27.1	701	8699	.17	753	9476	27.3	0524	.898	34
27	759	9801	27.0	699	8689		782	8.89 1112	27.2	1.10 8888	.850	33
28	788	8.89 1421	26.9	696	8679		812	2742	27.1	7258	.801	32
29	817	3035	26.8	694	8669		841	4366	27.0	5634	.754	31
30	.07 846	8.89 4643	26.7	.99 692	9.99 8659	.17	.07 870	8.89 5984	26.9	1.10 4016	12.706	30
31	875	6246	26.6	689	8649		899	7596	26.8	2404	.659	29
32	904	7842	26.5	687	8639		929	9203	26.7	0797	.612	28
33	933	9432	26.4	685	8629		958	8.90 0803	26.6	1.09 9197	.566	27
34	962	8.90 1017	26.3	683	8619		987	2398	26.5	7602	.520	26
35	991	2596	26.2	680	8609		.08 017	3987	26.4	6013	.474	25
36	.08 020	4169	26.1	678	8599		046	5570	26.3	4430	.429	24
37	049	5736	26.0	676	8589	.18	075	7147	26.2	2853	.384	23
38	078	7297	25.9	673	8578	.17	104	8719	26.1	1281	.339	22
39	107	8853		671	8568		134	8.91 0285	26.0	1.08 9715	.295	21
40	.08 136	8.91 0404	25.8	.99 668	9.99 8558	.17	.08 163	8.91 1846	25.9	1.08 8154	12.251	20
41	165	1949	25.7	666	8548	.18	192	3401	25.8	6599	.207	19
42	194	3488	25.6	664	8537	.17	221	4951	25.7	5049	.163	18
43	223	5022	25.5	661	8527	.18	251	6495		3505	.120	17
44	252	6550	25.4	659	8516	.17	280	8034	25.6	1966	.077	16
45	281	8073	25.3	657	8506	.18	309	9568	25.5	0432	.035	15
46	310	9591	25.2	654	8495	.17	339	8.92 1096	25.4	1.07 8904	11.992	14
47	339	8.92 1103	25.1	652	8485	.18	368	2619	25.3	7381	.950	13
48	368	2610	25.0	649	8474	.17	397	4136	25.2	5864	.909	12
49	397	4112		647	8464	.18	427	5649	25.1	4351	.867	11
50	.08 426	8.92 5609	24.9	.99 644	9.99 8453	.18	.08 456	8.92 7156	25.0	1.07 2844	11.826	10
51	455	7100	24.8	642	8442		485	8658		1342	.785	9
52	484	8587	24.7	639	8431	.17	514	8.93 0155	24.9	1.06 9845	.745	8
53	513	8.93 0068	24.6	637	8421	.18	544	1647	24.8	8353	.705	7
54	542	1544	24.5	635	8410		573	3134	24.7	6866	.664	6
55	571	3015	24.4	632	8399		602	4616	24.6	5384	.625	5
56	600	4481		630	8388		632	6093	24.5	3907	.585	4
57	629	5942	24.3	627	8377		661	7565		2435	.546	3
58	658	7398	24.2	625	8366		690	9032	24.4	0968	.507	2
59	687	8850	24.1	622	8355		720	8.94 0494	24.3	1.05 9506	.468	1
60	.08 716	8.94 0296		.99 619	9.99 8344		.08 749	8.94 1952		1.05 8048	11.430	0
94°	Nat.	Log.	Dif.	Nat.	Log.	Dif.	Nat.	Log.	Dif.	Log.	Nat.	85°
	Cosines.			Sines.			Cotangents.			Tangents.		

5°	Sines.			Cosines.			Tangents.			Cotangents.		174°
	Nat.	Log.	Dif.	Nat.	Log.	Dif.	Nat.	Log.	Dif.	Log.	Nat.	
0′	.08 716	8.94 0296	24.0	.99 619	9.99 8344	.18	.08 749	8.94 1952	24.2	1.05 8048	11.430	60′
1	745	1738	23.0	617	8333		778	3404	24.1	6596	.392	59
2	774	3174		614	8322		807	4852		5148	.354	58
3	803	4606	23.8	612	8311		837	6295	24.0	3705	.316	57
4	831	6034	23.7	609	8300		866	7734	23.9	2266	.279	56
5	860	7456	23.6	607	8289	.20	895	9168	23.8	0832	.242	55
6	889	8874		604	8277	.18	925	8.95 0597	23.7	1.04 9403	.205	54
7	918	8.95 0287	23.5	602	8266		954	2021		7979	.168	53
8	947	1696	23.4	599	8255	.20	983	3441	23.6	6559	.132	52
9	976	3100	23.3	596	8243	.18	.09 013	4856	23.5	5144	.095	51
10	.09 005	8.95 4499	23.3	.99 594	9.99 8232	.20	.09 042	8.95 6267	23.5	1.04 3733	11.059	50
11	034	5894	23.2	591	8220	.18	071	7674	23.4	2326	.024	49
12	063	7284	23.1	588	8209	.20	101	9075	23.3	0925	10.988	48
13	092	8670	23.0	586	8197	.18	130	8.96 0473	23.2	1.03 9527	.953	47
14	121	8.96 0052		583	8186	.20	159	1866		8134	.918	46
15	150	1429	22.9	580	8174	.18	189	3255	23.1	6745	.883	45
16	179	2801	22.8	578	8163	.20	218	4639	23.0	5361	.848	44
17	208	4170	22.7	575	8151		247	6019	22.9	3981	.814	43
18	237	5534		572	8139	.18	277	7394		2606	.780	42
19	266	6893	22.6	570	8128	.20	306	8766	22.8	1234	.746	41
20	.09 295	8.96 8249	22.5	.99 567	9.99 8116	.20	.09 335	8.97 0133	22.7	1.02 9867	10.712	40
21	324	9600		564	8104		365	1496		8504	.678	39
22	353	8.97 0947	22.4	562	8092		394	2855	22.6	7145	.645	38
23	382	2289	22.3	559	8080		423	4209	22.5	5791	.612	37
24	411	3628	22.2	556	8068		453	5560	22.4	4440	.579	36
25	440	4962		553	8056		482	6906		3094	.546	35
26	469	6293	22.1	551	8044		511	8248	22.3	1752	.514	34
27	498	7619	22.0	548	8032		541	9586		0414	.481	33
28	527	8941		545	8020		570	8.98 0921	22.2	1.01 9079	.449	32
29	556	8.98 0259	21.9	542	8008		600	2251	22.1	7749	.417	31
30	.09 585	8.98 1573	21.8	.99 540	9.99 7996	.20	.09 629	8.98 3577	22.0	1.01 6423	10.385	30
31	614	2883		537	7984		658	4899		5101	.354	29
32	642	4189	21.7	534	7972	.22	688	6217	21.9	3783	.322	28
33	671	5491	21.6	531	7959	.20	717	7532	21.8	2468	.291	27
34	700	6789		528	7947		746	8842		1158	.260	26
35	729	8083	21.5	526	7935	.22	776	8.99 0149	21.7	1.00 9851	.229	25
36	758	9374	21.4	523	7922	.20	805	1451		8549	.199	24
37	787	8.99 0660		520	7910	.22	834	2750	21.6	7250	.168	23
38	816	1943	21.3	517	7897	.20	864	4045	21.5	5955	.138	22
39	845	3222		514	7885	.22	893	5337		4663	.108	21
40	.09 874	8.99 4497	21.2	.99 511	9.99 7872	.20	.09 923	8.99 6624	21.4	1.00 3376	10.078	20
41	903	5768	21.1	508	7860	.22	952	7908	21.3	2092	.048	19
42	932	7036		506	7847	.20	981	9188		0812	.019	18
43	961	8299	21.0	503	7835	.22	.10 011	9.00 0465	21.2	0.99 9535	9.9893	17
44	990	9560	20.9	500	7822		040	1738		8262	601	16
45	.10 019	9.00 0816		497	7809	.20	069	3007	21.1	6993	310	15
46	048	2069	20.8	494	7797	.22	099	4272	21.0	5728	021	14
47	077	3318		491	7784		128	5534		4466	9.8734	13
48	106	4563	20.7	488	7771		158	6792	20.9	3208	448	12
49	135	5805		485	7758		187	8047		1953	164	11
50	.10 164	9.00 7044	20.6	.99 482	9.99 7745	.22	.10 216	9.00 9298	20.8	0.99 0702	9.7882	10
51	192	8278	20.5	479	7732		246	9.01 0546	20.7	0.98 9454	601	9
52	221	9510		476	7719		275	1790		8210	322	8
53	250	9.01 0737	20.4	473	7706		305	3031	20.6	6969	044	7
54	279	1962	20.3	470	7693		334	4268		5732	9.6768	6
55	308	3182		467	7680		363	5502	20.5	4498	493	5
56	337	4400	20.2	464	7667		393	6732		3268	220	4
57	366	5613		461	7654		422	7959	20.4	2041	9.5949	3
58	395	6824	20.1	458	7641		452	9183	20.3	0817	679	2
59	424	8031		455	7628	.23	481	9.02 0403		0.97 9597	411	1
60	.10 453	9.01 9235		.99 452	9.99 7614		.10 510	9.02 1620		0.97 8380	9.5144	0
95°	Nat.	Log.	Dif.	Nat.	Log.	Dif.	Nat.	Log.	Dif.	Log.	Nat.	84°
	Cosines.			Sines.			Cotangents.			Tangents.		

6°	Sines. Nat.	Sines. Log.	Sines. Dif.	Cosines. Nat.	Cosines. Log.	Cosines. Dif.	Tangents. Nat.	Tangents. Log.	Dif.	Cotangents. Log.	Cotangents. Nat.	173°
0′	.10 453	9.01 9235	20.0	.99 452	9.99 7614	.22	.10 510	9.02 1620	20.2	0.97 8380	9.5144	60′
1	482	9.02 0435		449	7601		540	2834		7166	9.4878	59
2	511	1632	19.9	446	7588	.23	569	4044	20.1	5956	614	58
3	540	2825		443	7574	.22	599	5251		4749	352	57
4	569	4016	19.8	440	7561	.23	628	6455	20.0	3545	090	56
5	597	5203	19.7	437	7547	.22	657	7655		2345	9.3831	55
6	626	6386		434	7534	.23	687	8852	19.9	1148	572	54
7	655	7567	19.6	431	7520	.22	716	9.03 0046		0.96 9954	315	53
8	684	8744		428	7507	.23	746	1237	19.8	8763	060	52
9	713	9918	19.5	424	7493	.22	775	2425	19.7	7575	9.2806	51
10	.10 742	9.03 1089	19.5	.99 421	9.99 7480	.23	.10 805	9.03 3609	19.7	0.96 6391	9.2553	50
11	771	2257	19.4	418	7466		834	4791	19.6	5209	302	49
12	800	3421		415	7452	.22	863	5969		4031	052	48
13	829	4582	19.3	412	7439	.23	893	7144	19.5	2856	9.1803	47
14	858	5741		409	7425		922	8316		1684	555	46
15	887	6896	19.2	406	7411		952	9485	19.4	0515	309	45
16	916	8048		402	7397		981	9.04 0651		0.95 9349	065	44
17	945	9197	19.1	399	7383		.11 011	1813	19.3	8187	9.0821	43
18	973	9.04 0342		396	7369		040	2973		7027	579	42
19	.11 002	1485	19.0	393	7355		070	4130	19.2	5870	338	41
20	.11 031	9.04 2625	19.0	.99 390	9.99 7341	.23	.11 099	9.04 5284	19.2	0.95 4716	9.0098	40
21	060	3762	18.9	386	7327		128	6434	19.1	3566	8.9860	39
22	089	4895		383	7313		158	7582		2418	623	38
23	118	6026	18.8	380	7299		187	8727	19.0	1273	387	37
24	147	7154		377	7285		217	9869		0131	152	36
25	176	8279	18.7	374	7271		246	9.05 1008	18.9	0.94 8992	8.8919	35
26	205	9400		370	7257	.25	276	2144		7856	686	34
27	234	9.05 0519	18.6	367	7242	.23	305	3277	18.8	6723	455	33
28	263	1635		364	7228		335	4407		5593	225	32
29	291	2749	18.5	360	7214	.25	364	5535	18.7	4465	8.7996	31
30	.11 320	9.05 3859	18.5	.99 357	9.99 7199	.23	.11 394	9.05 6659	18.7	0.94 3341	8.7769	30
31	349	4966	18.4	354	7185	.25	423	7781		2219	542	29
32	378	6071		351	7170	.23	452	8900	18.6	1100	317	28
33	407	7172	18.3	347	7156	.25	482	9.06 0016		0.93 9984	093	27
34	436	8271		344	7141	.23	511	1130	18.5	8870	8.6870	26
35	465	9367	18.2	341	7127	.25	541	2240		7760	648	25
36	494	9.06 0460		337	7112	.23	570	3348	18.4	6652	427	24
37	523	1551	18.1	334	7098	.25	600	4453		5547	208	23
38	552	2639		331	7083		629	5556	18.3	4444	8.5989	22
39	580	3724	18.0	327	7068		659	6655		3345	772	21
40	.11 609	9.06 4806	18.0	.99 324	9.99 7053	.23	.11 688	9.06 7752	18.2	0.93 2248	8.5555	20
41	638	5885		320	7039	.25	718	8846		1154	340	19
42	667	6962	17.9	317	7024		747	9938		0062	126	18
43	696	8036		314	7009		777	9.07 1027	18.1	0.92 8973	8.4913	17
44	725	9107	17.8	310	6994		806	2113		7887	701	16
45	754	9.07 0176		307	6979		836	3197	18.0	6803	490	15
46	783	1242	17.7	303	6964		865	4278		5722	280	14
47	812	2306		300	6949		895	5356	17.9	4644	071	13
48	840	3366	17.6	297	6934		924	6432		3568	8.3863	12
49	869	4424		293	6919		954	7505		2495	656	11
50	.11 898	9.07 5480	17.6	.99 290	9.99 6904	.25	.11 983	9.07 8576	17.8	0.92 1424	8.3450	10
51	927	6533	17.5	286	6889		.12 013	9644		0356	245	9
52	956	7583		283	6874	.27	042	9.08 0710	17.7	0.91 9290	041	8
53	985	8631	17.4	279	6858	.25	072	1773		8227	8.2838	7
54	.12 014	9676		276	6843		101	2833	17.6	7167	636	6
55	043	9.08 0719	17.3	272	6828	.27	131	3891		6109	434	5
56	071	1759		269	6812	.25	160	4947		5053	234	4
57	100	2797		265	6797		190	6000	17.5	4000	035	3
58	129	3832	17.2	262	6782	.27	219	7050		2950	8.1837	2
59	158	4864		258	6766	.25	249	8098	17.4	1902	640	1
60	.12 187	9.08 5894		.99 255	9.99 6751		.12 278	9.08 9144		0.91 0856	8.1443	0
96°	Nat. Cosines.	Log. Cosines.	Dif.	Nat. Sines.	Log. Sines.	Dif.	Nat. Cotangents.	Log. Cotangents.	Dif.	Log. Tangents.	Nat. Tangents.	83°

7°	Sines.			Cosines.			Tangents.			Cotangents.		172°
	Nat.	Log.	Dif.	Nat.	Log.	Dif.	Nat.	Log.	Dif.	Log.	Nat.	
0′	.12 187	9.08 5894	17.1	.99 255	9.99 6751	.27	.12 278	9.08 9144	17.4	0.91 0856	8.1443	60′
1	216	6922		251	6735	.25	308	9.09 0187		0.90 9813	248	59
2	245	7947		248	6720	.27	338	1228	17.3	8772	054	58
3	274	8970	17.0	244	6704		367	2266		7734	8.0860	57
4	302	9990		240	6688	.25	397	3302	17.2	6698	667	56
5	331	9.09 1008	16.9	237	6673	.27	426	4336		5664	476	55
6	360	2024		233	6657		456	5367	17.1	4633	285	54
7	389	3037	16.8	230	6641		485	6395		3605	095	53
8	418	4047		226	6625	.25	515	7422		2578	7.9906	52
9	447	5056		222	6610	.27	544	8446	17.0	1554	718	51
10	.12 476	9.09 6062	16.7	.99 219	9.99 6594	.27	.12 574	9.09 9468	17.0	0.90 0532	7.9530	50
11	504	7065		215	6578		603	9.10 0487		0.89 9513	344	49
12	533	8066		211	6562		633	1504	16.9	8496	158	48
13	562	9065	16.6	208	6546		662	2519		7481	7.8973	47
14	591	9.10 0062		204	6530		692	3532	16.8	6468	789	46
15	620	1056	16.5	200	6514		722	4542		5458	606	45
16	649	2048		197	6498		751	5550		4450	424	44
17	678	3037		198	6482	.28	781	6556	16.7	3444	243	43
18	706	4025	16.4	189	6465	.27	810	7559		2441	062	42
19	735	5010		186	6449		840	8560		1440	7.7882	41
20	.12 764	9.10 5992	16.4	.99 182	9.99 6433	.27	.12 869	9.10 9559	16.6	0.89 0441	7.7704	40
21	793	6973	16.3	178	6417	.28	899	9.11 0556		0.88 9444	525	39
22	822	7951		175	6400	.27	929	1551	16.5	8449	348	38
23	851	8927	16.2	171	6384		958	2543		7457	171	37
24	880	9901		167	6368	.28	988	3533		6467	7.0996	36
25	908	9.11 0873		163	6351	.27	.13 017	4521	16.4	5479	821	35
26	937	1842	16.1	160	6335	.28	047	5507		4493	647	34
27	966	2809		156	6318	.27	076	6491		3509	473	33
28	995	3774		152	6302	.28	106	7472	16.3	2528	301	32
29	.13 024	4737	16.0	148	6285	.27	136	8452		1548	129	31
30	.13 053	9.11 5698	16.0	.99 144	9.99 6269	.28	.13 165	9.11 9429	16.3	0.88 0571	7.5958	30
31	081	6656		141	6252		195	9.12 0404	16.2	0.87 9596	787	29
32	110	7613	15.9	137	6235	.27	224	1377		8623	618	28
33	180	8567		133	6219	.28	254	2348		7652	449	27
34	168	9519	15.8	129	6202		284	3317	16.1	6683	281	26
35	197	9.12 0469		125	6185		313	4284		5716	113	25
36	226	1417		122	6168		343	5249	16.0	4751	7.4947	24
37	254	2362	15.7	118	6151		372	6211		3789	781	23
38	283	3306		114	6134		402	7172		2828	615	22
39	312	4248		110	6117		432	8130		1870	451	21
40	.13 341	9.12 5187	15.6	.99 106	9.99 6100	.28	.13 461	9.12 9087	15.9	0.87 0913	7.4287	20
41	370	6125		102	6083		491	9.13 0041		0.86 9959	124	19
42	399	7060		098	6066		521	0994	15.8	9006	7.3962	18
43	427	7993	15.5	094	6049		550	1944		8056	800	17
44	456	8925		091	6032		580	2893		7107	639	16
45	485	9854		087	6015		609	3839		6161	479	15
46	514	9.13 0781	15.4	083	5998	.30	639	4784	15.7	5216	319	14
47	543	1706		079	5980	.28	669	5726		4274	160	13
48	572	2630		075	5963		698	6667	15.6	3333	002	12
49	600	3551	15.3	071	5946	.30	728	7605		2395	7.2844	11
50	.13 629	9.13 4470	15.3	.99 067	9.99 5928	.28	.13 758	9.13 8542	15.6	0.86 1458	7.2687	10
51	658	5387		063	5911		787	9476		0524	531	9
52	687	6303	15.2	059	5894	.30	817	9.14 0409	15.5	0.85 9591	375	8
53	716	7216		055	5876	.28	846	1340		8660	220	7
54	744	8128		051	5859	.30	876	2269		7731	066	6
55	773	9037	15.1	047	5841		906	3196	15.4	6804	7.1912	5
56	802	9944		043	5823	.28	935	4121		5879	759	4
57	831	9.14 0850		039	5806	.30	965	5044		4956	607	3
58	860	1754	15.0	035	5788	.28	995	5966	15.3	4034	455	2
59	889	2655		031	5771	.30	.14 024	6885		3115	304	1
60	.13 917	9.14 3555		.99 027	9.99 5753		.14 054	9.14 7803		0.85 2197	7.1154	0
97°	Nat.	Log.	Dif.	Nat.	Log.	Dif.	Nat.	Log.	Dif.	Log.	Nat.	82°
	Cosines.			Sines.			Cotangents.			Tangents.		

8°	Sines.			Cosines.			Tangents.			Cotangents.		171°
	Nat.	Log.	Dif.	Nat.	Log.	Dif.	Nat.	Log.	Dif.	Log.	Nat.	
0′	.13 917	9.14 3555	15.0	.99 027	9.99 5753	.30	.14 054	9.14 7803	15.3	0.85 2197	7.1154	60′
1	946	4453	14.9	023	5735		084	8718	15.2	1282	004	59
2	975	5349		019	5717		113	9632		0368	7.0855	58
3	.14 004	6243		015	5699		143	9.15 0544		0.84 9456	706	57
4	033	7136	14.8	011	5681	.28	173	1454		8546	558	56
5	061	8026		006	5664	.30	202	2363	15.1	7637	410	55
6	090	8915		002	5646		232	3269		6731	264	54
7	119	9802	14.7	.98 998	5628		262	4174		5826	117	53
8	148	9.15 0686		994	5610	.32	291	5077	15.0	4923	6.9972	52
9	177	1569		990	5591	.30	321	5978		4022	827	51
10	.14 205	9.15 2451	14.7	.98 986	9.99 5573	.30	.14 351	9.15 6877	15.0	0.84 3123	6.9682	50
11	234	3330	14.6	982	5555		381	7775	14.9	2225	538	49
12	263	4208		978	5537		410	8671		1329	395	48
13	292	5083		973	5519		440	9565		0435	252	47
14	320	5957		969	5501	.32	470	9.16 0457	14.8	0.83 9543	110	46
15	349	6830	14.5	965	5482	.30	499	1347		8653	6.8969	45
16	378	7700		961	5464		529	2236		7764	828	44
17	407	8569	14.4	957	5446	.32	559	3123		6877	687	43
18	436	9435		953	5427	.30	588	4008	14.7	5992	548	42
19	464	9.16 0301		948	5409	.32	618	4892		5108	408	41
20	.14 493	9.16 1164	14.4	.98 944	9.99 5390	.30	.14 648	9.16 5774	14.7	0.83 4226	6.8269	40
21	522	2025	14.3	940	5372	.32	678	6654	14.6	3346	131	39
22	551	2885		936	5353		707	7532		2468	6.7994	38
23	580	3743		931	5334	.30	737	8409		1591	856	37
24	608	4600	14.2	927	5316	.32	767	9284		0716	720	36
25	637	5454		923	5297		796	9.17 0157	14.5	0.82 9843	584	35
26	666	6307		919	5278	.30	826	1029		8971	448	34
27	695	7159		914	5260	.32	856	1899		8101	313	33
28	723	8008	14.1	910	5241		886	2767		7233	179	32
29	752	8856		906	5222		915	3634	14.4	6366	045	31
30	.14 781	9.16 9702	14.1	.98 902	9.99 5203	.32	.14 945	9.17 4499	14.4	0.82 5501	6.6912	30
31	810	9.17 0547	14.0	897	5184		975	5362		4638	779	29
32	838	1389		893	5165		.15 005	6224	14.3	3776	646	28
33	867	2230		889	5146		034	7084		2916	514	27
34	896	3070		884	5127		064	7942		2058	383	26
35	925	3908	13.9	880	5108		094	8799		1201	252	25
36	954	4744		876	5089		124	9655	14.2	0345	122	24
37	982	5578		871	5070		153	9.18 0508		0.81 9492	6.5992	23
38	.15 011	6411		867	5051		183	1360		8640	863	22
39	040	7242	13.8	863	5032		213	2211	14.1	7789	734	21
40	.15 069	9.17 8072	13.8	.98 858	9.99 5013	.33	.15 243	9.18 3059	14.1	0.81 6941	6.5606	20
41	097	8900		854	4993	.32	272	3907		6093	478	19
42	126	9726		849	4974		302	4752		5248	350	18
43	155	9.18 0551	13.7	845	4955	.33	332	5597	14.0	4403	223	17
44	184	1374		841	4935	.32	362	6439		3561	097	16
45	212	2196		836	4916	.33	391	7280		2720	6.4971	15
46	241	3016	13.6	832	4896	.32	421	8120		1880	846	14
47	270	3834		827	4877	.33	451	8958	13.9	1042	721	13
48	299	4651		823	4857	.32	481	9794		0206	596	12
49	327	5466		818	4838	.33	511	9.19 0629		0.80 9371	472	11
50	.15 356	9.18 6280	13.5	.98 814	9.99 4818	.33	.15 540	9.19 1462	13.9	0.80 8538	6.4348	10
51	385	7092		809	4798	.32	570	2294	13.8	7706	225	9
52	414	7903		805	4779	.33	600	3124		6876	103	8
53	442	8712		800	4759		630	3953		6047	6.3980	7
54	471	9519	13.4	796	4739	.32	660	4780		5220	859	6
55	500	9.19 0325		791	4720	.33	689	5606	13.7	4394	737	5
56	529	1130		787	4700		719	6430		3570	617	4
57	557	1933		782	4680		749	7253		2747	496	3
58	586	2734	13.3	778	4660		779	8074		1926	376	2
59	615	3534		773	4640		809	8894		1106	257	1
60	.15 643	9.19 4332		.98 769	9.99 4620		.15 838	9.19 9713		0.80 0287	6.3138	0
98°	Nat.	Log.	Dif.	Nat.	Log.	Dif.	Nat.	Log.	Dif.	Log.	Nat.	81°
	Cosines.			Sines.			Cotangents.			Tangents.		

9°	Sines.			Cosines.			Tangents.			Cotangents.		170°
	Nat.	Log.	Dif.	Nat.	Log.	Dif.	Nat.	Log.	Dif.	Log.	Nat.	
0′	.15 643	9.19 4332	13.3	.98 769	9.99 4620	.33	.15 838	9.19 9713	13.6	0.80 0287	6.3138	60′
1	672	5129		764	4600		868	9.20 0529		0.79 9471	019	59
2	701	5925	13.2	760	4580		898	1345		8655	6.2901	58
3	730	6719		755	4560		928	2159	13.5	7841	783	57
4	758	7511		751	4540	.35	958	2971		7029	666	56
5	787	8302		746	4519	.33	988	3782		6218	549	55
6	816	9091	13.1	741	4499		.16 017	4592		5408	432	54
7	845	9879		737	4479		047	5400		4600	316	53
8	873	9.20 0666		732	4459	.35	077	6207	13.4	3793	200	52
9	902	1451		728	4438	.33	107	7013		2987	085	51
10	.15 931	9.20 2234	13.1	.98 723	9.99 4418	.33	.16 137	9.20 7817	13.4	0.79 2183	6.1970	50
11	959	3017	13.0	718	4398	.35	167	8619		1381	856	49
12	988	3797		714	4377	.33	196	9420	13.3	0580	742	48
13	.16 017	4577		709	4357	.35	226	9.21 0220		0.78 9780	628	47
14	046	5354		704	4336	.33	256	1018		8982	515	46
15	074	6131	12.9	700	4316	.35	286	1815		8185	402	45
16	103	6906		695	4295		316	2611	13.2	7389	290	44
17	132	7679		690	4274	.33	346	3405		6595	178	43
18	160	8452	12.8	686	4254	.35	376	4198		5802	066	42
19	189	9222		681	4233		405	4989		5011	6.0955	41
20	.16 218	9.20 9992	12.8	.98 676	9.99 4212	.35	.16 435	9.21 5780	13.1	0.78 4220	6.0844	40
21	246	9.21 0760		671	4191	.33	465	6568		3432	734	39
22	275	1526		667	4171	.35	495	7356		2644	624	38
23	304	2291	12.7	662	4150		525	8142		1858	514	37
24	333	3055		657	4129		555	8926		1074	405	36
25	361	3818		652	4108		585	9710	13.0	0290	296	35
26	390	4579		648	4087		615	9.22 0492		0.77 9508	188	34
27	419	5338		643	4066		645	1272		8728	080	33
28	447	6097	12.6	638	4045		674	2052		7948	5.9972	32
29	476	6854		633	4024		704	2830		7170	865	31
30	.16 505	9.21 7609	12.6	.98 629	9.99 4003	.35	.16 734	9.22 3607	12.9	0.77 6393	5.9758	30
31	533	8363		624	3982	.37	764	4382		5618	651	29
32	562	9116	12.5	619	3960	.35	794	5156		4844	545	28
33	591	9868		614	3939		824	5929		4071	439	27
34	620	9.22 0618		609	3918		854	6700		3300	333	26
35	648	1367		604	3897	.37	884	7471	12.8	2529	228	25
36	677	2115	12.4	600	3875	.35	914	8239		1761	124	24
37	706	2861		595	3854	.37	944	9007		0993	019	23
38	734	3606		590	3832	.35	974	9773		0227	5.8915	22
39	763	4349		585	3811	.37	.17 004	9.23 0539	12.7	0.76 9461	811	21
40	.16 792	9.22 5092	12.4	.98 580	9.99 3789	.35	.17 033	9.23 1302	12.7	0.76 8698	5.8708	20
41	820	5833	12.3	575	3768	.37	063	2065		7935	605	19
42	849	6573		570	3746	.35	093	2826		7174	502	18
43	878	7311		565	3725	.37	123	3586		6414	400	17
44	906	8048		561	3703		153	4345	12.6	5655	298	16
45	935	8784	12.2	556	3681	.35	183	5103		4897	197	15
46	964	9518		551	3660	.37	213	5859		4141	095	14
47	992	9.23 0252		546	3638		243	6614		3386	5.7994	13
48	.17 021	0984		541	3616		273	7368	12.5	2632	894	12
49	050	1715		536	3594		303	8120		1880	794	11
50	.17 078	9.23 2444	12.1	.98 531	9.99 3572	.37	.17 333	9.23 8872	12.5	0.76 1128	5.7694	10
51	107	3172		526	3550		363	9622		0378	594	9
52	136	3899		521	3528		393	9.24 0371		0.75 9629	495	8
53	164	4625		516	3506		423	1118		8882	396	7
54	193	5349		511	3484		453	1865	12.4	8135	297	6
55	222	6073	12.0	506	3462		483	2610		7390	199	5
56	250	6795		501	3440		513	3354		6646	101	4
57	279	7515		496	3418		543	4097		5903	004	3
58	308	8235		491	3396		573	4839	12.3	5161	5.6906	2
59	336	8953		486	3374	.38	603	5579		4421	809	1
60	.17 365	9.23 9670		.98 481	9.99 3351		.17 633	9.24 6319		0.75 3681	5.6713	0
99°	Nat.	Log.	Dif.	Nat.	Log.	Dif.	Nat.	Log.	Dif.	Log.	Nat.	80°
	Cosines.			Sines.			Cotangents.			Tangents.		

10°	Sines.			Cosines.			Tangents.			Cotangents.		169°
	Nat.	Log.	Dif.	Nat.	Log.	Dif.	Nat.	Log.	Dif.	Log.	Nat.	
0′	.17 365	9.23 9670	11.9	.98 481	9.99 3351	.37	.17 633	9.24 6319	12.3	0.75 3681	5.6713	60′
1	393	9.24 0386		476	3329		663	7057		2943	617	59
2	422	1101		471	3307	.38	693	7794		2206	521	58
3	451	1814		466	3284	.37	723	8530	12.2	1470	425	57
4	479	2526		461	3262		753	9264		0736	329	56
5	508	3237	11.8	455	3240	.38	783	9998		0002	234	55
6	537	3947		450	3217	.37	813	9.25 0730		0.74 9270	140	54
7	565	4656		445	3195	.38	843	1461		8539	045	53
8	594	5363		440	3172		873	2191		7809	5.5951	52
9	623	6069		435	3149	.37	903	2920	12.1	7080	857	51
10	.17 651	9.24 6775	11.7	.98 430	9.99 3127	.38	.17 933	9.25 3648	12.1	0.74 6352	5.5764	50
11	680	7478		425	3104		963	4374		5626	671	49
12	708	8181		420	3081	.37	993	5100		4900	578	48
13	737	8883		414	3059	.38	.18 023	5824		4176	485	47
14	766	9583		409	3036		053	6547	12.0	3453	393	46
15	794	9.25 0282	11.6	404	3013		083	7269		2731	301	45
16	823	0980		399	2990		113	7990		2010	209	44
17	852	1677		394	2967		143	8710		1290	118	43
18	880	2373		389	2944		173	9429		0571	026	42
19	909	3067		383	2921		203	9.26 0146		0.73 9854	5.4936	41
20	.17 937	9.25 3761	11.5	.98 378	9.99 2898	.38	.18 233	9.26 0863	11.9	0.73 9137	5.4845	40
21	966	4453		373	2875		263	1578		8422	755	39
22	995	5144		368	2852		293	2292		7708	665	38
23	.18 023	5834		362	2829		323	3005		6995	575	37
24	052	6523		357	2806		353	3717		6283	486	36
25	081	7211		352	2783	.40	384	4428	11.8	5572	397	35
26	109	7898	11.4	347	2759	.39	414	5138		4862	308	34
27	138	8583		341	2736		444	5847		4153	219	33
28	166	9268		336	2713		474	6555		3445	131	32
29	195	9951		331	2690	.40	504	7261		2739	043	31
30	.18 224	9.26 0633	11.4	.98 325	9.99 2666	.38	.18 534	9.26 7967	11.7	0.73 2033	5.3955	30
31	252	1314	11.3	320	2643	.40	564	8671		1329	868	29
32	281	1994		315	2619	.38	594	9375		0625	781	28
33	309	2673		310	2596	.40	624	9.27 0077		0.72 9923	694	27
34	338	3351		304	2572	.38	654	0779		9221	607	26
35	367	4027		299	2549	.40	684	1479		8521	521	25
36	395	4703	11.2	294	2525		714	2178	11.6	7822	435	24
37	424	5377		288	2501	.38	745	2876		7124	349	23
38	452	6051		283	2478	.40	775	3573		6427	263	22
39	481	6723		277	2454		805	4269		5731	178	21
40	.18 509	9.26 7395	11.2	.98 272	9.99 2430	.40	.18 835	9.27 4964	11.6	0.72 5036	5.3093	20
41	538	8065		267	2406		865	5658		4342	008	19
42	567	8734	11.1	261	2382	.38	895	6351	11.5	3649	5.2924	18
43	595	9402		256	2359	.40	925	7043		2957	839	17
44	624	9.27 0069		250	2335		955	7734		2266	755	16
45	652	0735		245	2311		986	8424		1576	672	15
46	681	1400		240	2287		.19 016	9113		0887	588	14
47	710	2064	11.0	234	2263		046	9801		0199	505	13
48	738	2726		229	2239	.42	076	9.28 0488	11.4	0.71 9512	422	12
49	767	3388		223	2214	.40	106	1174		8826	339	11
50	.18 795	9.27 4049	11.0	.98 218	9.99 2190	.40	.19 136	9.28 1858	11.4	0.71 8142	5.2257	10
51	824	4708		212	2166		166	2542		7458	174	9
52	852	5367		207	2142		197	3225		6775	092	8
53	881	6025	10.9	201	2118	.42	227	3907		6093	011	7
54	910	6681		196	2093	.40	257	4588	11.3	5412	5.1929	6
55	938	7337		190	2069	.42	287	5268		4732	848	5
56	967	7991		185	2044	.40	317	5947		4053	767	4
57	995	8645		179	2020		347	6624		3376	686	3
58	.19 024	9297		174	1996	.42	378	7301		2699	606	2
59	052	9948		168	1971	.40	408	7977		2023	526	1
60	.19 081	9.28 0599		.98 163	9.99 1947		.19 438	9.28 8652		0.71 1348	5.1446	0
100°	Nat.	Log.	Dif.	Nat.	Log.	Dif.	Nat.	Log.	Dif.	Log.	Nat.	79°
	Cosines.			Sines.			Cotangents.			Tangents.		

11°	Sines. Nat.	Sines. Log.	Sines. Dif.	Cosines. Nat.	Cosines. Log.	Cosines. Dif.	Tangents. Nat.	Tangents. Log.	Dif.	Cotangents. Log.	Cotangents. Nat.	168°
0′	.19 081	9.28 0599	10.8	.98 163	9.99 1947	.42	.19 488	9.28 8652	11.2	0.71 1348	5.1446	60′
1	109	1248		157	1922		468	9326		0674	366	59
2	138	1897		152	1897	.40	498	9999		0001	266	58
3	167	2544		146	1873	.42	529	9.29 0671		0.70 9329	207	57
4	195	3190		140	1848		559	1342		8658	128	56
5	224	3836	10.7	135	1823	.40	589	2013		7987	049	55
6	252	4480		129	1799	.42	619	2682	11.1	7318	5.0970	54
7	281	5124		124	1774		649	3350		6650	892	53
8	309	5766		118	1749		680	4017		5983	814	52
9	338	6408		112	1724		710	4684		5316	736	51
10	.19 366	9.28 7048	10.7	.98 107	9.99 1699	.42	.19 740	9.29 5349	11.1	0.70 4651	5.0658	50
11	395	7688	10.6	101	1674		770	6013		3987	581	49
12	423	8326		096	1649		801	6677	11.0	3323	504	48
13	452	8964		090	1624		831	7339		2661	427	47
14	481	9600		084	1599		861	8001		1999	350	46
15	509	9.29 0236		079	1574		891	8662		1338	273	45
16	538	0870		073	1549		921	9322		0678	197	44
17	566	1504		067	1524	.43	952	9980		0020	121	43
18	595	2137	10.5	061	1498	.42	982	9.30 0638		0.69 9362	045	42
19	623	2768		056	1473		.20 012	1295	10.9	8705	4.9969	41
20	.19 652	9.29 3399	10.5	.98 050	9.99 1448	.43	.20 042	9.30 1951	10.9	0.69 8049	4.9894	40
21	680	4029		044	1422	.42	073	2607		7393	819	39
22	709	4658		039	1397		103	3261		6739	744	38
23	737	5286		033	1372	.43	133	3914		6086	669	37
24	766	5913	10.4	027	1346	.42	164	4567		5433	594	36
25	794	6539		021	1321	.43	194	5218		4782	520	35
26	823	7164		016	1295	.42	224	5869	10.8	4131	446	34
27	851	7788		010	1270	.43	254	6519		3481	372	33
28	880	8412		004	1244		285	7168		2832	298	32
29	908	9034		.97 998	1218	.42	315	7816		2184	225	31
30	.19 937	9.29 9655	10.4	.97 992	9.99 1193	.43	.20 345	9.30 8463	10.8	0.69 1537	4.9152	30
31	965	9.30 0276	10.3	987	1167		376	9109		0891	078	29
32	994	0895		981	1141		406	9754		0246	006	28
33	.20 022	1514		975	1115	.42	436	9.31 0399	10.7	0.68 9601	4.8933	27
34	051	2132		969	1090	.43	466	1042		8958	860	26
35	079	2748		963	1064		497	1685		8315	788	25
36	108	3364		958	1038		527	2327		7673	716	24
37	136	3979	10.2	952	1012		557	2968		7032	644	23
38	165	4593		946	0986		588	3608		6392	573	22
39	193	5207		940	0960		618	4247	10.6	5753	501	21
40	.20 222	9.30 5819	10.2	.97 934	9.99 0934	.43	.20 648	9.31 4885	10.6	0.68 5115	4.8430	20
41	250	6430		928	0908		679	5523		4477	359	19
42	279	7041		922	0882	.45	709	6159		3841	288	18
43	307	7650		916	0855	.43	739	6795		3205	218	17
44	336	8259	10.1	910	0829		770	7430		2570	147	16
45	364	8867		905	0803		800	8064		1936	077	15
46	393	9474		899	0777	.45	830	8697		1303	007	14
47	421	9.31 0080		893	0750	.43	861	9330	10.5	0670	4.7937	13
48	450	0685		887	0724	.45	891	9961		0039	867	12
49	478	1289		881	0697	.43	921	9.32 0592		0.67 9408	798	11
50	.20 507	9.31 1893	10.0	.97 875	9.99 0671	.43	.20 952	9.32 1222	10.5	0.67 8778	4.7729	10
51	535	2495		869	0645	.45	982	1851		8149	659	9
52	563	3097		863	0618		.21 013	2479		7521	591	8
53	592	3698	9.98	857	0591	.43	043	3106		6894	522	7
54	620	4297	10.0	851	0565	.45	073	3733	10.4	6267	453	6
55	649	4897	9.97	845	0538		104	4358		5642	385	5
56	677	5495	9.95	839	0511	.43	134	4983		5017	317	4
57	706	6092		833	0485	.45	164	5607		4393	249	3
58	734	6689	9.92	827	0458		195	6231		3769	181	2
59	763	7284		821	0431		225	6853		3147	114	1
60	.20 791	9.31 7879		.97 815	9.99 0404		.21 256	9.32 7475		0.67 2525	4.7046	0
101°	Cosines. Nat.	Cosines. Log.	Cosines. Dif.	Sines. Nat.	Sines. Log.	Sines. Dif.	Cotangents. Nat.	Cotangents. Log.	Dif.	Tangents. Log.	Tangents. Nat.	78°

12°	Sines.			Cosines.			Tangents.			Cotangents.		167°
	Nat.	Log.	Dif.	Nat.	Log.	Dif.	Nat.	Log.	Dif.	Log.	Nat.	
0′	.20 791	9.31 7879	9.90	.97 815	9.99 0404	.43	.21 256	9.32 7475	10.3	0.67 2525	4.7046	60′
1	820	8473	9.88	809	0378	.45	286	8095		1905	4.6979	59
2	848	9066	9.87	803	0351		316	8715		1285	912	58
3	877	9658	9.85	797	0324		347	9334		0666	845	57
4	905	9.32 0249		791	0297		377	9953		0047	779	56
5	933	0840	9.83	784	0270		408	9.33 0570		0.66 9430	712	55
6	962	1430	9.82	778	0243	.47	438	1187		8813	646	54
7	990	2019	9.80	772	0215	.45	469	1803		8197	580	53
8	.21 019	2607	9.78	766	0188		499	2418		7582	514	52
9	047	3194	9.77	760	0161		529	3033	10.2	6967	448	51
10	.21 076	9.32 3780	9.77	.97 754	9.99 0134	.45	.21 560	9.33 3646	10.2	0.66 6354	4.6382	50
11	104	4366	9.73	748	0107	.47	590	4259		5741	317	49
12	132	4950		742	0079	.45	621	4871		5129	252	48
13	161	5534	9.72	735	0052		651	5482		4518	187	47
14	189	6117		729	0025	.47	682	6093		3907	122	46
15	218	6700	9.68	723	9.98 9997	.45	712	6702		3298	057	45
16	246	7281		717	9970	.47	743	7311	10.1	2689	4.5993	44
17	275	7862	9.67	711	9942	.45	773	7919		2081	928	43
18	303	8442	9.65	705	9915	.47	804	8527		1473	864	42
19	331	9021	9.63	698	9887	.45	834	9133		0867	800	41
20	.21 360	9.32 9599	9.62	.97 692	9.98 9860	.47	.21 864	9.33 9739	10.1	0.66 0261	4.5736	40
21	388	9.33 0176		686	9832		895	9.34 0344		0.65 9656	673	39
22	417	0753	9.60	680	9804	.45	925	0948		9052	609	38
23	445	1329	9.57	673	9777	.47	956	1552		8448	546	37
24	474	1903	9.58	667	9749		986	2155	10.0	7845	483	36
25	502	2478	9.55	661	9721		.22 017	2757		7243	420	35
26	530	3051		655	9693		047	3358		6642	357	34
27	559	3624	9.52	648	9665		078	3958		6042	294	33
28	587	4195	9.53	642	9637	.45	108	4558	9.98	5442	232	32
29	616	4767	9.50	636	9610	.47	139	5157	9.97	4843	169	31
30	.21 644	9.33 5337	9.48	.97 630	9.98 9582	.48	.22 169	9.34 5755	9.97	0.65 4245	4.5107	30
31	672	5906		623	9553	.47	200	6353	9.93	3647	045	29
32	701	6475	9.47	617	9525		231	6949		3051	4.4983	28
33	729	7043	9.45	611	9497		261	7545		2455	922	27
34	758	7610	9.43	604	9469		292	8141	9.90	1859	860	26
35	786	8176		598	9441		322	8735		1265	799	25
36	814	8742	9.42	592	9413		353	9329	9.88	0671	737	24
37	843	9307	9.40	585	9385	.48	383	9922	9.87	0078	676	23
38	871	9871	9.88	579	9356	.47	414	9.35 0514		0.64 9486	615	22
39	899	9.34 0434	9.87	573	9328		444	1106	9.85	8894	555	21
40	.21 928	9.34 0996	9.87	.97 566	9.98 9300	.48	.22 475	9.35 1697	9.83	0.64 8303	4.4494	20
41	956	1558	9.85	560	9271	.47	505	2287	9.82	7713	434	19
42	985	2119	9.83	553	9243	.48	536	2876		7124	373	18
43	.22 013	2679		547	9214	.47	567	3465	9.80	6535	313	17
44	041	3239	9.80	541	9186	.48	597	4053	9.78	5947	253	16
45	070	3797		534	9157		628	4640		5360	194	15
46	098	4355	9.28	528	9128	.47	658	5227	9.77	4773	134	14
47	126	4912		521	9100	.48	689	5813	9.75	4187	075	13
48	155	5469	9.25	515	9071		719	6398	9.73	3602	015	12
49	183	6024		508	9042	.47	750	6982		3018	4.3956	11
50	.22 212	9.34 6579	9.25	.97 502	9.98 9014	.48	.22 781	9.35 7566	9.72	0.64 2434	4.3897	10
51	240	7134	9.22	496	8985		811	8149	9.70	1851	838	9
52	268	7687		489	8956		842	8731		1269	779	8
53	297	8240	9.20	483	8927		872	9313	9.67	0687	721	7
54	325	8792	9.18	476	8898		903	9893	9.68	0107	662	6
55	353	9343	9.17	470	8869		934	9.36 0474	9.65	0.63 9526	604	5
56	382	9893		463	8840		964	1053		8947	546	4
57	410	9.35 0443	9.15	457	8811		995	1632	9.63	8368	488	3
58	438	0992	9.13	450	8782		.23 026	2210	9.62	7790	430	2
59	467	1540		444	8753		056	2787		7213	372	1
60	.22 495	9.35 2088		.97 437	9.98 8724		.23 087	9.36 3364		0.63 6636	4.3315	0
102°	Nat.	Log.	Dif.	Nat.	Log.	Dif.	Nat.	Log.	Dif.	Log.	Nat.	77°
	Cosines.			Sines.			Cotangents.			Tangents.		

13°	Sines.			Cosines.			Tangents.			Cotangents.		166°
	Nat.	Log.	Dif.	Nat.	Log.	Dif.	Nat.	Log.	Dif.	Log.	Nat.	
0′	.22 495	9.35 2088	9.12	.97 437	9.98 8724	.48	.23 087	9.36 3364	9.60	0.63 6636	4.3315	60′
1	523	2635	9.10	430	8695		117	3940	9.58	6060	257	59
2	552	3181	9.08	424	8666	.50	148	4515		5485	200	58
3	580	3726		417	8636	.46	179	5090	9.57	4910	143	57
4	608	4271	9.07	411	8607		209	5664	9.55	4336	086	56
5	637	4815	9.05	404	8578	.50	240	6237		3763	029	55
6	665	5358		398	8548	.48	271	6810	9.53	3190	4.2972	54
7	693	5901	9.03	391	8519	.50	301	7382	9.52	2618	916	53
8	722	6443	9.02	384	8489	.48	332	7953		2047	859	52
9	750	6984	9.00	378	8460	.50	363	8524	9.50	1476	803	51
10	.22 778	9.35 7524	9.00	.97 371	9.98 8430	.48	.23 393	9.36 9094	9.48	0.63 0906	4.2747	50
11	807	8064	8.98	365	8401	.50	424	9663		0337	691	49
12	835	8603	8.97	358	8371	.48	455	9.37 0232	9.45	0.62 9768	635	48
13	863	9141	8.95	351	8342	.50	485	0799	9.47	9201	580	47
14	892	9678		345	8312		516	1367	9.43	8633	524	46
15	920	9.36 0215		338	8282		547	1933		8067	468	45
16	948	0752	8.92	331	8252	.48	578	2499	9.42	7501	413	44
17	977	1287		325	8223	.50	608	3064		6936	358	43
18	.23 005	1822	8.90	318	8193		639	3629	9.40	6371	303	42
19	033	2356	8.88	311	8163		670	4193	9.38	5807	248	41
20	.23 062	9.36 2889	8.88	.97 304	9.98 8133	.50	.23 700	9.37 4756	9.38	0.62 5244	4.2193	40
21	090	3422	8.87	298	8103		731	5319	9.37	4681	139	39
22	118	3954	8.85	291	8073		762	5881	9.35	4119	084	38
23	146	4485		284	8043		793	6442		3558	030	37
24	175	5016	8.83	278	8013		823	7003	9.33	2997	4.1976	36
25	203	5546	8.82	271	7983		854	7563	9.32	2437	922	35
26	231	6075		264	7953	.52	885	8122		1878	868	34
27	260	6604	8.78	257	7922	.50	916	8681	9.30	1319	814	33
28	288	7131	8.80	251	7892		946	9239		0761	760	32
29	316	7659	8.77	244	7862		977	9797	9.28	0203	706	31
30	.23 345	9.36 8185	8.77	.97 237	9.98 7832	.52	.24 008	9.38 0354	9.27	0.61 9646	4.1653	30
31	373	8711	8.75	230	7801	.50	039	0910		9090	600	29
32	401	9236		223	7771	.52	069	1466	9.23	8534	547	28
33	429	9761	8.73	217	7740	.50	100	2020	9.25	7980	493	27
34	458	9.37 0285	8.72	210	7710	.52	131	2575	9.23	7425	441	26
35	486	0808	8.70	203	7679	.50	162	3129	9.22	6871	388	25
36	514	1330		196	7649	.52	193	3682	9.20	6318	335	24
37	542	1852	8.68	189	7618	.50	223	4234		5766	282	23
38	571	2373		182	7588	.52	254	4786	9.18	5214	230	22
39	599	2894	8.67	176	7557		285	5337		4663	178	21
40	.23 627	9.37 3414	8.65	.97 169	9.98 7526	.50	.24 316	9.38 5888	9.17	0.61 4112	4.1126	20
41	656	3933		162	7496	.52	347	6438	9.15	3562	074	19
42	684	4452	8.63	155	7465		377	6987		3013	022	18
43	712	4970	8.62	148	7434		408	7536	9.13	2464	4.0970	17
44	740	5487	8.60	141	7403		439	8084	9.12	1916	918	16
45	769	6003		134	7372		470	8631		1369	867	15
46	797	6519		127	7341		501	9178	9.10	0822	815	14
47	825	7035	8.57	120	7310		532	9724		0276	764	13
48	853	7549		113	7279		562	9.39 0270	9.08	0.60 9730	713	12
49	882	8063		106	7248		593	0815		9185	662	11
50	.23 910	9.37 8577	8.53	.97 100	9.98 7217	.52	.24 624	9.39 1360	9.05	0.60 8640	4.0611	10
51	938	9089		093	7186		655	1903	9.07	8097	560	9
52	966	9601		086	7155		686	2447	9.03	7553	509	8
53	995	9.38 0113	8.52	079	7124	.53	717	2989		7011	459	7
54	.24 023	0624	8.50	072	7092	.52	747	3531		6469	408	6
55	051	1134	8.48	065	7061		778	4073	9.02	5927	358	5
56	079	1643		058	7030	.53	809	4614	9.00	5386	308	4
57	108	2152		051	6998	.52	840	5154		4846	257	3
58	136	2661	8.45	044	6967		871	5694	8.98	4306	207	2
59	164	3168		037	6936	.53	902	6233	8.97	3767	158	1
60	.24 192	9.38 3675		.97 030	9.98 6904		.24 933	9.39 6771		0.60 3229	4.0108	0
103°	Nat.	Log.	Dif.	Nat.	Log.	Dif.	Nat.	Log.	Dif.	Log.	Nat.	76°
	Cosines.			Sines.			Cotangents.			Tangents.		

14°	Sines.			Cosines.			Tangents.			Cotangents.		165°
	Nat.	Log.	Dif.	Nat.	Log.	Dif.	Nat.	Log.	Dif.	Log.	Nat.	
0′	.24 192	9.38 3675	8.45	.97 030	9.98 6904	.52	.24 933	9.39 6771	8.97	0.60 3229	4.0108	60′
1	220	4182	8.42	023	6873	.53	964	7309	8.95	2691	058	59
2	249	4687		015	6841		995	7846		2154	009	58
3	277	5192		008	6809	.52	.25 026	8383	8.93	1617	3.9959	57
4	305	5697	8.40	001	6778	.53	056	8919		1081	910	56
5	333	6201	8.38	.96 994	6746		087	9455	8.92	0545	861	55
6	362	6704		987	6714	.52	118	9990	8.90	0010	812	54
7	390	7207	8.37	980	6683	.53	149	9.40 0524		0.59 9476	763	53
8	418	7709	8.35	973	6651		180	1058	8.88	8942	714	52
9	446	8210		966	6619		211	1591		8409	665	51
10	.24 474	9.38 8711	8.33	.96 959	9.98 6587	.53	.25 242	9.40 2124	8.87	0.59 7876	3.9617	50
11	503	9211		952	6555		273	2656	8.85	7344	569	49
12	531	9711	8.32	945	6523		304	3187		6813	520	48
13	559	9.39 0210	8.30	937	6491		335	3718		6282	471	47
14	587	0708		930	6459		366	4249	8.82	5751	423	46
15	615	1206	8.28	923	6427		397	4778	8.83	5222	375	45
16	644	1703	8.27	916	6395		428	5308	8.80	4692	327	44
17	672	2199		909	6363		459	5836		4164	279	43
18	700	2695		902	6331		490	6364		3636	232	42
19	728	3191	8.23	894	6299	.55	521	6892	8.78	3108	184	41
20	.24 756	9.39 3685	8.23	.96 887	9.98 6266	.53	.25 552	9.40 7419	8.77	0.59 2581	3.9136	40
21	784	4179		880	6234		583	7945		2055	089	39
22	813	4673	8.22	873	6202	.55	614	8471	8.75	1529	042	38
23	841	5166	8.20	866	6169	.53	645	8996		1004	3.8995	37
24	869	5658		858	6137	.55	676	9521	8.73	0479	947	36
25	897	6150	8.18	851	6104	.53	707	9.41 0045		0.58 9955	900	35
26	925	6641		844	6072	.55	738	0569	8.72	9431	854	34
27	954	7132	8.15	837	6039	.53	769	1092		8908	807	33
28	982	7621	8.17	829	6007	.55	800	1615	8.70	8385	760	32
29	.25 010	8111	8.15	822	5974	.53	831	2137	8.68	7863	714	31
30	.25 038	9.39 8600	8.13	.96 815	9.98 5942	.55	.25 862	9.41 2658	8.68	0.58 7342	3.8667	30
31	066	9088	8.12	807	5909		893	3179	8.67	6821	621	29
32	094	9575		800	5876		924	3699		6301	575	28
33	122	9.40 0062		793	5843	.53	955	4219	8.65	5781	528	27
34	151	0549	8.10	786	5811	.55	986	4738		5262	482	26
35	179	1035	8.08	778	5778		.26 017	5257	8.63	4743	436	25
36	207	1520		771	5745		048	5775		4225	391	24
37	235	2005	8.07	764	5712		079	6293	8.62	3707	345	23
38	263	2489	8.05	756	5679		110	6810	8.60	3190	299	22
39	291	2972		749	5646		141	7326		2674	254	21
40	.25 320	9.40 3455	8.05	.96 742	9.98 5613	.55	.26 172	9.41 7842	8.60	0.58 2158	3.8208	20
41	348	3938	8.03	734	5580		203	8358	8.58	1642	163	19
42	376	4420	8.02	727	5547		235	8873	8.57	1127	118	18
43	404	4901		719	5514	.57	266	9387		0613	073	17
44	432	5382	8.00	712	5480	.55	297	9901		0099	028	16
45	460	5862	7.98	705	5447		328	9.42 0415	8.53	0.57 9585	3.7983	15
46	488	6341		697	5414		359	0927	8.55	9073	938	14
47	516	6820		690	5381	.57	390	1440	8.53	8560	893	13
48	545	7299	7.97	682	5347	.55	421	1952	8.52	8048	848	12
49	573	7777	7.95	675	5314	.57	452	2463		7537	804	11
50	.25 601	9.40 8254	7.95	.96 667	9.98 5280	.55	.26 483	9.42 2974	8.50	0.57 7026	3.7760	10
51	629	8731	7.93	660	5247	.57	515	3484	8.48	6516	715	9
52	657	9207	7.92	653	5213	.55	546	3993	8.50	6007	671	8
53	685	9682		645	5180	.57	577	4503	8.47	5497	627	7
54	713	9.41 0157		638	5146	.55	608	5011		4989	583	6
55	741	0632	7.90	630	5113	.57	639	5519		4481	539	5
56	769	1106	7.88	623	5079		670	6027	8.45	3973	495	4
57	798	1579		615	5045		701	6534		3466	451	3
58	826	2052	7.87	608	5011	.55	733	7041	8.43	2959	408	2
59	854	2524		600	4978	.57	764	7547	8.42	2453	364	1
60	.25 882	9.41 2996		.96 593	9.98 4944		.26 795	9.42 8052		0.57 1948	3.7321	0
104°	Nat.	Log.	Dif.	Nat.	Log.	Dif.	Nat.	Log.	Dif.	Log.	Nat.	75°
	Cosines.			Sines.			Cotangents.			Tangents.		

15°	Sines.			Cosines.			Tangents.			Cotangents.		164°
	Nat.	Log.	Dif.	Nat.	Log.	Dif.	Nat.	Log.	Dif.	Log.	Nat.	
0′	.25 882	9.41 2996	7.85	.96 593	9.98 4944	.57	.26 795	9.42 8052	8.43	0.57 1948	3.7321	60′
1	910	3467		585	4910		826	8558	8.40	1442	277	59
2	938	3938	7.83	578	4876		857	9062		0938	234	58
3	966	4408		570	4842		888	9566		0434	191	57
4	994	4878	7.82	562	4808		920	9.43 0070	8.36	0.56 9930	148	56
5	.26 022	5347	7.80	555	4774		951	0573	8.37	9427	105	55
6	050	5815		547	4740		982	1075		8925	062	54
7	079	6283		540	4706		.27 013	1577		8423	019	53
8	107	6751	7.77	532	4672		044	2079	8.35	7921	3.6976	52
9	135	7217	7.78	524	4638	.58	076	2580	8.33	7420	933	51
10	.26 163	9.41 7684	7.77	.96 517	9.98 4603	.57	.27 107	9.43 3080	8.33	0.56 6920	3.6891	50
11	191	8150	7.75	509	4569		138	3580		6420	848	49
12	219	8615	7.73	502	4535	.58	169	4080	8.32	5920	806	48
13	247	9079	7.75	494	4500	.57	201	4579		5421	764	47
14	275	9544	7.72	486	4466		232	5078	8.30	4922	722	46
15	303	9.42 0007		479	4432	.58	263	5576	8.28	4424	680	45
16	331	0470		471	4397	.57	294	6073		3927	638	44
17	359	0933	7.70	463	4363	.58	326	6570		3430	596	43
18	387	1395		456	4328	.57	357	7067	8.27	2933	554	42
19	415	1857	7.68	448	4294	.58	388	7563		2437	512	41
20	.26 443	9.42 2318	7.67	.96 440	9.98 4259	.58	.27 419	9.43 8059	8.25	0.56 1941	3.6470	40
21	471	2778		433	4224	.57	451	8554	8.23	1446	429	39
22	500	3238	7.65	425	4190	.58	482	9048	8.25	0952	387	38
23	528	3697		417	4155		513	9543	8.22	0457	346	37
24	556	4156		410	4120		545	9.44 0036		0.55 9964	305	36
25	584	4615	7.63	402	4085		576	0529		9471	264	35
26	612	5073	7.62	394	4050		607	1022	8.20	8978	222	34
27	640	5530		386	4015	.57	638	1514		8486	181	33
28	668	5987	7.60	379	3981	.58	670	2006	8.18	7994	140	32
29	696	6443		371	3946		701	2497		7503	100	31
30	.26 724	9.42 6899	7.58	.96 363	9.98 3911	.60	.27 732	9.44 2988	8.18	0.55 7012	3.6059	30
31	752	7354		355	3875	.58	764	3479	8.15	6521	018	29
32	780	7809	7.57	347	3840		795	3968	8.17	6032	3.5978	28
33	808	8263		340	3805		826	4458	8.15	5542	937	27
34	836	8717	7.55	332	3770		858	4947	8.13	5053	897	26
35	864	9170		324	3735		889	5435		4565	856	25
36	892	9623	7.53	316	3700	.60	921	5923		4077	816	24
37	920	9.43 0075		308	3664	.58	952	6411	8.12	3589	776	23
38	948	0527	7.52	301	3629		983	6898	8.10	3102	736	22
39	976	0978		293	3594	.60	.28 015	7384		2616	696	21
40	.27 004	9.43 1429	7.50	.96 285	9.98 3558	.58	.28 046	9.44 7870	8.10	0.55 2130	3.5656	20
41	032	1879		277	3523	.60	077	8356	8.08	1644	616	19
42	060	2329	7.48	269	3487	.58	109	8841		1159	576	18
43	088	2778	7.47	261	3452	.60	140	9326	8.07	0674	536	17
44	116	3226	7.48	253	3416	.58	172	9810		0190	497	16
45	144	3675	7.45	246	3381	.60	203	9.45 0294	8.05	0.54 9706	457	15
46	172	4122		238	3345		234	0777		9223	418	14
47	200	4569		230	3309		266	1260		8740	379	13
48	228	5016	7.43	222	3273	.58	297	1743	8.03	8257	339	12
49	256	5462		214	3238	.60	329	2225	8.02	7775	300	11
50	.27 284	9.43 5908	7.42	.96 206	9.98 3202	.60	.28 360	9.45 2706	8.02	0.54 7294	3.5261	10
51	312	6353		198	3166		391	3187		6813	222	9
52	340	6798	7.40	190	3130		423	3668	8.00	6332	183	8
53	368	7242		182	3094		454	4148		5852	144	7
54	396	7686	7.38	174	3058		486	4628	7.98	5372	105	6
55	424	8129		166	3022		517	5107		4893	067	5
56	452	8572	7.37	158	2986		549	5586	7.97	4414	028	4
57	480	9014		150	2950		580	6064		3936	3.4989	3
58	508	9456	7.35	142	2914		612	6542	7.95	3458	951	2
59	536	9897		134	2878		643	7019		2981	912	1
60	.27 564	9.44 0338		.96 126	9.98 2842		.28 675	9.45 7496		0.54 2504	3.4874	0
105°	Nat.	Log.	Dif.	Nat.	Log.	Dif.	Nat.	Log.	Dif.	Log.	Nat.	74°
	Cosines.			Sines.			Cotangents.			Tangents.		

16°	Sines.			Cosines.			Tangents.			Cotangents.		163°
	Nat.	Log.	Dif.	Nat.	Log.	Dif.	Nat.	Log.	Dif.	Log.	Nat.	
0′	.27 564	9.44 0338	7.88	.96 126	9.98 2842	.62	.28 675	9.45 7496	7.95	0.54 2504	3.4874	60′
1	592	0778		118	2805	.60	706	7973	7.93	2027	836	59
2	620	1218		110	2769		738	8449		1551	798	58
3	648	1658	7.30	102	2733	.62	769	8925	7.92	1075	760	57
4	676	2096	7.32	094	2696	.60	801	9400		0600	722	56
5	704	2535	7.30	086	2660		832	9875	7.90	0125	684′	55
6	731	2973	7.28	078	2624	.62	864	9.46 0349		0.53 9651	646	54
7	759	3410		070	2587	.60	895	0823		9177	608	53
8	787	3847		062	2551	.62	927	1297	7.88	8703	570	52
9	815	4284	7.27	054	2514		958	1770	7.87	8230	533	51
10	.27 843	9.44 4720	7.25	.96 046	9.98 2477	.60	.28 990	9.46 2242	7.88	0.53 7758	3.4495	50
11	871	5155		037	2441	.62	.29 021	2715	7.85	7285	458	49
12	899	5590		029	2404		053	3186	7.87	6814	420	48
13	927	6025	7.23	021	2367	.60	084	3658	7.83	6342	383	47
14	955	6459		013	2331	.62	116	4128	7.85	5872	346	46
15	983	6893	7.22	005	2294		147	4599	7.83	5401	308	45
16	.28 011	7326		.95 997	2257		179	5069		4931	271	44
17	039	7759	7.20	989	2220		210	5539	7.82	4461	234	43
18	067	8191		981	2183		242	6008		3992	197	42
19	095	8623	7.18	972	2146		274	6477	7.80	3523	160	41
20	.28 123	9.44 9054	7.18	.95 964	9.98 2109	.62	.29 305	9.46 6945	7.80	0.53 3055	3.4124	40
21	150	9485	7.17	956	2072		337	7413	7.78	2587	087	39
22	178	9915		948	2035		368	7880		2120	050	38
23	206	9.45 0345		940	1998		400	8347		1653	014	37
24	234	0775	7.15	931	1961		432	8814	7.77	1186	3.3977	36
25	262	1204	7.13	923	1924	.63	463	9280		0720	941	35
26	290	1632		915	1886	.62	495	9746	7.75	0254	904	34
27	318	2060		907	1849		526	9.47 0211		0.52 9789	868	33
28	346	2488	7.12	898	1812	.63	558	0676		9324	832	32
29	374	2915		890	1774	.62	590	1141	7.73	8859	796	31
30	.28 402	9.45 3342	7.10	.95 882	9.98 1737	.62	.29 621	9.47 1605	7.73	0.52 8395	3.3759	30
31	429	3768		874	1700	.63	653	2069	7.72	7931	723	29
32	457	4194	7.08	865	1662	.62	685	2532		7468	687	28
33	485	4619		857	1625	.63	716	2995	7.70	7005	652	27
34	513	5044		849	1587		748	3457		6543	616	26
35	541	5469	7.07	841	1549	.62	780	3919		6081	580	25
36	569	5893	7.05	832	1512	.63	811	4381	7.68	5619	544	24
37	597	6316		824	1474		843	4842		5158	509	23
38	625	6739		816	1436	.62	875	5303	7.67	4697	473	22
39	652	7162	7.03	807	1399	.63	906	5763		4237	438	21
40	.28 680	9.45 7584	7.03	.95 799	9.98 1361	.63	.29 938	9.47 6223	7.67	0.52 3777	3.3402	20
41	708	8006	7.02	791	1323		970	6683	7.65	3317	367	19
42	736	8427		782	1285		.30 001	7142		2858	332	18
43	764	8848	7.00	774	1247		033	7601	7.63	2399	297	17
44	792	9268		766	1209		065	8059		1941	261	16
45	820	9688		757	1171		097	8517		1483	226	15
46	847	9.46 0108	6.98	749	1133		128	8975	7.62	1025	191	14
47	875	0527		740	1095		160	9432		0568	156	13
48	903	0946	6.97	732	1057		192	9889	7.60	0111	122	12
49	931	1364		724	1019		224	9.48 0345		0.51 9655	087	11
50	.28 959	9.46 1782	6.95	.95 715	9.98 0981	.65	.30 255	9.48 0801	7.60	0.51 9199	3.3052	10
51	987	2199		707	0942	.63	287	1257	7.58	8743	017	9
52	.29 015	2616	6.93	698	0904		319	1712		8288	3.2983	8
53	042	3032		690	0866	.65	351	2167	7.57	7833	948	7
54	070	3448		681	0827	.63	382	2621		7379	914	6
55	098	3864	6.92	673	0789	.65	414	3075		6925	879	5
56	126	4279		664	0750	.63	446	3529	7.55	6471	845	4
57	154	4694	6.90	656	0712	.65	478	3982		6018	811	3
58	182	5108		647	0673	.63	509	4435	7.53	5565	777	2
59	209	5522	6.88	639	0635	.65	541	4887		5113	743	1
60	.29 237	9.46 5935		.95 630	9.98 0596		.30 573	9.48 5339		0.51 4661	3.2709	0
106°	Nat.	Log.	Dif.	Nat.	Log.	Dif.	Nat.	Log.	Dif.	Log.	Nat.	73°
	Cosines.			Sines.			Cotangents.			Tangents.		

17°	Sines.			Cosines.			Tangents.			Cotangents.		162°
	Nat.	Log.	Dif.	Nat.	Log.	Dif.	Nat.	Log.	Dif.	Log.	Nat.	
0′	.29 237	9.46 5935	6.88	.95 630	9.98 0596	.63	.30 573	9.48 5339	7.53	0.51 4661	3.2709	60′
1	265	6348		622	0558	.65	605	5791	7.52	4209	675	59
2	293	6761	6.87	613	0519		637	6242		3758	641	58
3	321	7173		605	0480	.63	669	6693	7.50	3307	607	57
4	348	7585	6.85	596	0442	.65	700	7143		2857	573	56
5	376	7996		588	0403		732	7593		2407	539	55
6	404	8407	6.83	579	0364		764	8043	7.48	1957	506	54
7	432	8817		571	0325		796	8492		1508	472	53
8	460	9227		562	0286		828	8941		1059	438	52
9	487	9637	6.82	554	0247		860	9390	7.47	0610	405	51
10	.29 515	9.47 0046	6.82	.95 545	9.98 0208	.65	.30 891	9.48 9838	7.47	0.51 0162	3.2371	50
11	543	0455	6.80	536	0169		923	9.49 0286	7.45	0.50 9714	338	49
12	571	0863		528	0130		955	0733		9267	305	48
13	599	1271		519	0091		987	1180		8820	272	47
14	626	1679	6.78	511	0052	.67	.31 019	1627	7.43	8373	238	46
15	654	2086	6.77	502	0012	.65	051	2073		7927	205	45
16	682	2492		493	9.97 9973		083	2519		7481	172	44
17	710	2898		485	9934		115	2965	7.42	7035	139	43
18	737	3304		476	9895	.67	147	3410	7.40	6590	106	42
19	765	3710	6.75	467	9855	.65	178	3854	7.42	6146	073	41
20	.29 793	9.47 4115	6.73	.95 459	9.97 9816	.67	.31 210	9.49 4299	7.40	0.50 5701	3.2041	40
21	821	4519		450	9776	.65	242	4743	7.38	5257	008	39
22	849	4923		441	9737	.67	274	5186	7.40	4814	3.1975	38
23	876	5327	6.72	433	9697	.65	306	5630	7.38	4370	943	37
24	904	5730		424	9658	.67	338	6073	7.37	3927	910	36
25	932	6133		415	9618	.65	370	6515		3485	878	35
26	960	6536	6.70	407	9579	.67	402	6957		3043	845	34
27	987	6938		398	9539		434	7399		2601	813	33
28	.30 015	7340	6.68	389	9499		466	7841	7.35	2159	780	32
29	043	7741		380	9459	.65	498	8282	7.33	1718	748	31
30	.30 071	9.47 8142	6.67	.95 372	9.97 9420	.67	.31 530	9.49 8722	7.35	0.50 1278	3.1716	30
31	098	8542		363	9380		562	9163	7.33	0837	684	29
32	126	8942		354	9340		594	9603	7.32	0397	652	28
33	154	9342	6.65	345	9300		626	9.50 0042		0.49 9958	620	27
34	182	9741		337	9260		658	0481		9519	588	26
35	209	9.48 0140		328	9220		690	0920		9080	556	25
36	237	0539	6.63	319	9180		722	1359	7.30	8641	524	24
37	265	0937	6.62	310	9140		754	1797		8203	492	23
38	292	1334		301	9100	.68	786	2235	7.28	7765	460	22
39	320	1731		293	9059	.67	818	2672		7328	429	21
40	.30 348	9.48 2128	6.62	.95 284	9.97 9019	.67	.31 850	9.50 3109	7.28	0.49 6891	3.1397	20
41	376	2525	6.60	275	8979		882	3546	7.27	6454	366	19
42	403	2921	6.58	266	8939	.68	914	3982		6018	334	18
43	431	3316	6.60	257	8898	.67	946	4418		5582	303	17
44	459	3712	6.58	248	8858	.68	978	4854	7.25	5146	271	16
45	486	4107	6.57	240	8817	.67	.32 010	5289		4711	240	15
46	514	4501		231	8777		042	5724		4276	209	14
47	542	4895		222	8737	.68	074	6159	7.23	3841	178	13
48	570	5289	6.55	213	8696		106	6593		3407	146	12
49	597	5682		204	8655	.67	139	7027	7.22	2973	115	11
50	.30 625	9.48 6075	6.53	.95 195	9.97 8615	.68	.32 171	9.50 7460	7.22	0.49 2540	3.1084	10
51	653	6467	6.55	186	8574		203	7893		2107	053	9
52	680	6860	6.52	177	8533	.67	235	8326		1674	022	8
53	708	7251	6.53	168	8493	.68	267	8759	7.20	1241	3.0991	7
54	736	7643	6.52	159	8452		299	9191	7.18	0809	961	6
55	763	8034	6.50	150	8411		331	9622	7.20	0378	930	5
56	791	8424		142	8370		363	9.51 0054	7.18	0.48 9946	899	4
57	819	8814		133	8329		396	0485		9515	868	3
58	846	9204	6.48	124	8288		428	0916	7.17	9084	838	2
59	874	9593		115	8247		460	1346		8654	807	1
60	.30 902	9.48 9982		.95 106	9.97 8206		.32 492	9.51 1776		0.48 8224	3.0777	0
107°	Nat.	Log.	Dif.	Nat.	Log.	Dif.	Nat.	Log.	Dif.	Log.	Nat.	72°
	Cosines.			Sines.			Cotangents.			Tangents.		

VII. TRIGONOMETRIC FUNCTIONS.

18°	Sines.			Cosines.			Tangents.			Cotangents.		161°
	Nat.	Log.	Dif.	Nat.	Log.	Dif.	Nat.	Log.	Dif.	Log.	Nat.	
0'	.30 902	9.48 9982	6.48	.95 106	9.97 8206	.68	.32 492	9.51 1776	7.17	0.48 8224	3.0777	60'
1	929	9.49 0371	6.47	097	8165		524	2206	7.15	7794	746	59
2	957	0759		088	8124		556	2635		7365	716	58
3	985	1147		079	8083		588	3064		6936	686	57
4	.31 012	1535	6.45	070	8042		621	3493	7.18	6507	655	56
5	040	1922	6.43	061	8001	.70	653	3921		6079	625	55
6	068	2308	6.45	052	7959	.68	685	4349		5651	595	54
7	095	2695	6.43	043	7918		717	4777	7.12	5223	565	53
8	123	3081	6.42	033	7877	.70	749	5204		4796	535	52
9	151	3466		024	7835	.68	782	5631	7.10	4369	505	51
10	.31 178	9.49 3851	6.42	.95 015	9.97 7794	.70	.82 814	9.51 6057	7.12	0.48 3943	3.0475	50
11	206	4236		006	7752	.69	846	6484	7.10	3516	445	49
12	233	4621	6.40	.94 997	7711	.70	878	6910	7.08	3090	415	48
13	261	5005	6.38	988	7669	.68	911	7335	7.10	2665	385	47
14	289	5388	6.40	979	7628	.70	943	7761	7.08	2239	356	46
15	316	5772	6.37	970	7586		975	8186	7.07	1814	326	45
16	344	6154	6.39	961	7544	.68	.83 007	8610		1390	296	44
17	372	6537	6.37	952	7503	.70	040	9034		0966	267	43
18	399	6919		943	7461		072	9458		0542	237	42
19	427	7301	6.35	933	7419		104	9882	7.05	0118	208	41
20	.31 454	9.49 7682	6.37	.94 924	9.97 7377	.70	.33 136	9.52 0305	7.05	0.47 9695	3.0178	40
21	482	8064	6.33	915	7335		169	0728		9272	149	39
22	510	8444	6.35	906	7293		201	1151	7.08	8849	120	38
23	537	8825	6.32	897	7251		233	1573		8427	090	37
24	565	9204	6.33	888	7209		266	1995		8005	061	36
25	593	9584	6.32	878	7167		298	2417	7.02	7583	032	35
26	620	9963		869	7125		330	2838		7162	008	34
27	648	9.50 0342		860	7083		363	3259		6741	2.9974	33
28	675	0721	6.30	851	7041		395	3680	7.00	6320	945	32
29	703	1099	6.28	842	6999		427	4100		5900	916	31
30	.31 730	9.50 1476	6.30	.94 832	9.97 6957	.72	.33 460	9.52 4520	7.00	0.47 5480	2.9887	30
31	758	1854	6.28	823	6914	.70	492	4940	6.98	5060	858	29
32	786	2231	6.27	814	6872		524	5359		4641	829	28
33	813	2607	6.28	805	6830	.72	557	5778		4222	800	27
34	841	2984	6.27	795	6787	.70	589	6197	6.97	3803	772	26
35	868	3360	6.25	786	6745	.72	621	6615		3385	743	25
36	896	3735		777	6702	.70	654	7033		2967	714	24
37	923	4110		768	6660	.72	686	7451	6.95	2549	686	23
38	951	4485		758	6617		718	7868		2132	657	22
39	979	4860	6.23	749	6574	.70	751	8285		1715	629	21
40	.32 006	9.50 5234	6.23	.94 740	9.97 6532	.72	.83 783	9.52 8702	6.95	0.47 1298	2.9600	20
41	034	5608	6.22	730	6489		816	9119	6.98	0881	572	19
42	061	5981		721	6446	.70	848	9535		0465	544	18
43	089	6354		712	6404	.72	881	9951	6.92	0049	515	17
44	116	6727	6.20	702	6361		913	9.53 0366		0.46 9634	487	16
45	144	7099		693	6318		945	0781		9219	459	15
46	171	7471		684	6275		978	1196		8804	431	14
47	199	7843	6.18	674	6232		.84 010	1611	6.90	8389	408	13
48	227	8214		665	6189		043	2025		7975	375	12
49	254	8585		656	6146		075	2439		7561	347	11
50	.32 282	9.50 8956	6.17	.94 646	9.97 6103	.72	.84 108	9.53 2853	6.88	0.46 7147	2.9319	10
51	309	9326		637	6060		140	3266		6734	291	9
52	337	9696	6.15	627	6017		173	3679		6321	263	8
53	364	9.51 0065		618	5974	.73	205	4092	6.87	5908	235	7
54	392	0434		609	5930	.72	238	4504		5496	208	6
55	419	0803		599	5887		270	4916		5084	180	5
56	447	1172	6.15	590	5844	.73	303	5328	6.85	4672	152	4
57	474	1540	6.13	580	5800	.72	335	5739		4261	125	3
58	502	1907	6.13	571	5757		368	6150		3850	097	2
59	529	2275	6.12	561	5714	.73	400	6561		3439	070	1
60	.32 557	9.51 2642		.94 552	9.97 5670		.84 433	9.53 6972		0.46 3028	2.9042	0

108°	Nat.	Log.	Dif.	Nat.	Log.	Dif.	Nat.	Log.	Dif.	Log.	Nat.	71°
		Cosines.			Sines.			Cotangents.			Tangents.	

19°	Sines.			Cosines.			Tangents.			Cotangents.		160°
	Nat.	Log.	Dif.	Nat.	Log.	Dif.	Nat.	Log.	Dif.	Log.	Nat.	
0′	.32 557	9.51 2642	6.12	.94 552	9.97 5670	.72	.34 433	9.53 6972	6.83	0.46 3028	2.9042	60′
1	584	3009	6.10	542	5627	.73	465	7382		2618	015	59
2	612	3375		533	5583		498	7792		2208	2.8987	58
3	639	3741		523	5539	.72	530	8202	6.82	1798	960	57
4	667	4107	6.08	514	5496	.73	563	8611		1389	933	56
5	694	4472		504	5452		596	9020		0980	905	55
6	722	4837		495	5408	.72	628	9429	6.80	0571	878	54
7	749	5202	6.07	485	5365	.73	661	9837		0163	851	53
8	777	5566		476	5321		693	9.54 0245		0.45 9755	824	52
9	804	5930		466	5277		726	0653		9347	797	51
10	.32 832	9.51 6294	6.05	.94 457	9.97 5233	.73	.34 758	9.54 1061	6.78	0.45 8939	2.8770	50
11	859	6657		447	5189		791	1468		8532	743	49
12	887	7020	6.03	438	5145		824	1875	6.77	8125	716	48
13	914	7382	6.05	428	5101		856	2281	6.78	7719	689	47
14	942	7745	6.03	418	5057		889	2688	6.77	7312	662	46
15	969	8107	6.02	409	5013		922	3094	6.75	6906	636	45
16	997	8468		399	4969		954	3499	6.77	6501	609	44
17	.33 024	8829		390	4925	.75	987	3905	6.75	6095	582	43
18	051	9190		380	4880	.73	.35 020	4310		5690	556	42
19	079	9551	6.00	370	4836		052	4715	6.78	5285	529	41
20	.33 106	9.51 9911	6.00	.94 361	9.97 4792	.73	.35 085	9.54 5119	6.75	0.45 4881	2.8502	40
21	134	9.52 0271		351	4748	.75	118	5524	6.73	4476	476	39
22	161	0631	5.98	342	4703	.73	150	5928	6.72	4072	449	38
23	189	0990		332	4659	.75	183	6331	6.73	3669	423	37
24	216	1349	5.97	322	4614	.73	216	6735	6.72	3265	397	36
25	244	1707	5.98	313	4570	.75	248	7138	6.70	2862	370	35
26	271	2066	5.97	303	4525	.73	281	7540	6.72	2460	344	34
27	298	2424	5.95	293	4481	.75	314	7943	6.70	2057	318	33
28	326	2781		284	4436		346	8345		1655	291	32
29	353	3138		274	4391	.73	379	8747		1253	265	31
30	.33 381	9.52 3495	5.95	.94 264	9.97 4347	.75	.35 412	9.54 9149	6.68	0.45 0851	2.8239	30
31	408	3852	5.93	254	4302		445	9550		0450	213	29
32	436	4208		245	4257		477	9951		0049	187	28
33	463	4564		235	4212		510	9.55 0352	6.67	0.44 9648	161	27
34	490	4920	5.92	225	4167		543	0752	6.68	9248	135	26
35	518	5275		215	4122		576	1153	6.65	8847	109	25
36	545	5630	5.90	206	4077		608	1552	6.67	8448	083	24
37	573	5984	5.92	196	4032		641	1952	6.65	8048	057	23
38	600	6339	5.90	186	3987		674	2351		7649	032	22
39	627	6693	5.88	176	3942		707	2750		7250	006	21
40	.33 655	9.52 7046	5.90	.94 167	9.97 3897	.75	.35 740	9.55 3149	6.65	0.44 6851	2.7980	20
41	682	7400	5.88	157	3852		772	3548	6.63	6452	955	19
42	710	7753	5.87	147	3807	.77	805	3946		6054	929	18
43	737	8105	5.88	137	3761	.75	838	4344	6.62	5656	903	17
44	764	8458	5.87	127	3716		871	4741	6.63	5259	878	16
45	792	8810	5.85	118	3671	.77	904	5139	6.62	4861	852	15
46	819	9161	5.87	108	3625	.75	937	5536		4464	827	14
47	846	9513	5.85	098	3580		969	5933	6.60	4067	801	13
48	874	9864		088	3535	.77	.36 002	6329		3671	776	12
49	901	9.53 0215	5.83	078	3489	.75	035	6725		3275	751	11
50	.33 929	9.53 0565	5.83	.94 068	9.97 3444	.77	.36 068	9.55 7121	6.60	0.44 2879	2.7725	10
51	956	0915		058	3398		101	7517		2483	700	9
52	983	1265	5.82	049	3352	.75	134	7913	6.58	2087	675	8
53	.34 011	1614		039	3307	.77	167	8308		1692	650	7
54	038	1963		029	3261		199	8703	6.57	1297	625	6
55	065	2312		019	3215		232	9097		0903	600	5
56	093	2661	5.80	009	3169	.75	265	9491		0509	575	4
57	120	3009		.93 999	3124	.77	298	9885		0115	550	3
58	147	3357	5.78	989	3078		331	9.56 0279		0.43 9721	525	2
59	175	3704	5.80	979	3032		364	0673	6.55	9327	500	1
60	.34 202	9.53 4052		.93 969	9.97 2986		.36 397	9.56 1066		0.43 8934	2.7475	0
109°	Nat.	Log.	Dif.	Nat.	Log.	Dif.	Nat.	Log.	Dif.	Log.	Nat.	70°
	Cosines.			Sines.			Cotangents.			Tangents.		

20°	Sines.			Cosines.			Tangents.			Cotangents.		159°
	Nat.	Log.	Dif.	Nat.	Log.	Dif.	Nat.	Log.	Dif.	Log.	Nat.	
0′	.84 202	9.53 4052	5.78	.93 960	9.97 2986	.77	.86 897	9.56 1066	6.55	0.43 8934	2.7475	60′
1	229	4399	5.77	950	2940		430	1459	6.58	8541	450	59
2	257	4745	5.78	949	2894		463	1851	*6.55	8149	425	58
3	284	5092	5.77	930	2848		496	2244	6.58	7756	400	57
4	811	5438	5.75	929	2802	.78	529	2636		7364	876	56
5	839	5783	5.77	919	2755	.77	562	3028	6.52	6972	851	55
6	866	6129	5.75	909	2709		595	3419	6.53	6581	326	54
7	893	6474	5.73	899	2663		628	3811	6.52	6189	802	53
8	421	6818	5.75	889	2617	.78	661	4202		5798	277	52
9	448	7163	5.73	879	2570	.77	694	4593	6.50	5407	253	51
10	.84 475	9.53 7507	5.73	.93 869	9.97 2524	.77	.86 727	9.56 4983	6.50	0.43 5017	2.7228	50
11	503	7851	5.72	859	2478	.78	760	5373		4627	204	49
12	530	8194	5.73	849	2431	.77	793	5763		4237	179	48
13	557	8538	5.70	839	2385	.78	826	6153	6.48	3847	155	47
14	584	8880	5.72	829	2338		859	6542	6.50	3458	130	46
15	612	9223	5.70	810	2291	.77	892	6932	6.47	3068	106	45
16	639	9565		800	2245	.78	925	7320	6.48	2680	082	44
17	666	9907		799	2198		958	7709		2291	058	43
18	694	9.54 0249	5.68	789	2151	.77	991	8098	0.47	1902	034	42
19	721	0590		779	2105	.78	.87 024	8486	6.45	1514	009	41
20	.84 748	9.54 0931	5.68	.93 769	9.97 2058	.78	.87 057	9.56 8873	6.47	0.43 1127	2.6985	40
21	775	1272		759	2011		090	9261	6.45	0739	961	39
22	803	1613	5.67	748	1964		123	9648		0352	937	38
23	830	1953		738	1917		157	9.57 0035		0.42 9965	913	37
24	857	2293	5.65	728	1870		190	0422		9578	889	36
25	884	2632		718	1823		223	0809	6.43	9191	865	35
26	912	2971		708	1776		256	1195		8805	841	34
27	939	3310		698	1729		289	1581		8419	818	33
28	966	3649	5.63	688	1682		322	1967	6.42	8033	794	32
29	993	3987		677	1635		355	2352	6.43	7648	770	31
30	.85 021	9.54 4325	5.63	.93 667	9.97 1588	.80	.87 388	9.57 2738	6.42	0.42 7262	2.6746	30
31	048	4663	5.62	657	1540	.78	422	3123	6.40	6877	723	29
32	075	5000	5.63	647	1493		455	3507	6.42	6493	699	28
33	102	5338	5.60	637	1446	.80	488	3892	6.40	6108	675	27
34	130	5674	5.62	626	1398	.78	521	4276		5724	652	26
35	157	6011	5.60	616	1351	.80	554	4660		5340	628	25
36	184	6347		606	1303	.78	588	5044	6.38	4956	605	24
37	211	6683		596	1256	.80	621	5427		4573	581	23
38	239	7019	5.58	585	1208	.78	654	5810		4190	558	22
39	266	7354		575	1161	.80	687	6193		3807	534	21
40	.85 293	9.54 7689	5.58	.93 565	9.97 1113	.78	.87 720	9.57 6576	6.38	0.42 3424	2.6511	20
41	320	8024		555	1066	.80	754	6959	6.37	3041	488	19
42	347	8359	5.57	544	1018		787	7341		2659	464	18
43	375	8693		534	0970		820	7723	6.35	2277	441	17
44	402	9027	5.55	524	0922		853	8104	6.37	1896	418	16
45	429	9360		514	0874	.78	887	8486	6.35	1514	395	15
46	456	9693		503	0827	.80	920	8867		1133	371	14
47	484	9.55 0026		493	0779		953	9248		0752	348	13
48	511	0359		483	0731		986	9629	6.33	0371	325	12
49	538	0692	5.53	472	0683		.88 020	9.58 0009		0.41 9991	302	11
50	.85 565	9.55 1024	5.53	.93 462	9.97 0635	.82	.88 053	9.58 0389	6.33	0.41 9611	2.6279	10
51	592	1356	5.52	452	0586	.80	086	0769		9231	256	9
52	619	1687		441	0538		120	1149	6.32	8851	233	8
53	647	2018		431	0490		153	1528		8472	210	7
54	674	2349		420	0442		186	1907		8093	187	6
55	701	2680	5.50	410	0394	.82	220	2286		7714	165	5
56	728	3010	5.52	400	0345	.80	253	2665		7335	142	4
57	755	3341	5.48	389	0297		286	3044	6.30	6956	119	3
58	782	3670	5.50	379	0249	.82	320	3422		6578	096	2
59	810	4000	5.48	368	0200	.80	353	3800	6.28	6200	074	1
60	.85 837	9.55 4329		.93 358	9.97 0152		.88 386	9.58 4177		0.41 5823	2.6051	0
110°	Nat.	Log.	Dif.	Nat.	Log.	Dif.	Nat.	Log.	Dif.	Log.	Nat.	69°
	Cosines.			Sines.			Cotangents.			Tangents.		

21°	Sines.			Cosines.			Tangents.			Cotangents.		158°
	Nat.	Log.	Dif.	Nat.	Log.	Dif.	Nat.	Log.	Dif.	Log.	Nat.	
0′	.85 837	9.55 4329	5.48	.93 358	9.97 0152	.82	.38 386	9.58 4177	6.30	0.41 5823	2.6051	60′
1	864	4658		348	0103	.80	420	4555	6.28	5445	028	59
2	891	4987	5.47	337	0055	.82	453	4932		5068	006	58
3	918	5315		327	0006		487	5309		4691	2.5983	57
4	945	5643		316	9.96 9957	.80	520	5686	6.27	4314	961	56
5	973	5971		306	9909	.82	553	6062	6.28	3938	938	55
6	.86 000	6299	5.45	295	9860		587	6439	6.27	3561	916	54
7	027	6626		285	9811		620	6815	6.25	3185	893	53
8	054	6953		274	9762	.80	654	7190	6.27	2810	871	52
9	081	7280	5.43	264	9714	.82	687	7566	6.25	2434	848	51
10	.86 108	9.55 7606	5.43	.93 253	9.96 9665	.82	.38 721	9.58 7941	6.25	0.41 2059	2.5826	50
11	135	7932		243	9616		754	8316		1684	804	49
12	162	8258	5.42	232	9567		787	8691		1309	782	48
13	190	8583	5.43	222	9518		821	9066	6.23	0934	759	47
14	217	8909	5.42	211	9469		854	9440		0560	737	46
15	244	9234	5.40	201	9420	.83	888	9814		0186	715	45
16	271	9558	5.42	190	9370	.82	921	9.59 0188		0.40 9812	693	44
17	298	9883	5.40	180	9321		955	0562	6.22	9438	671	43
18	325	9.56 0207		169	9272		988	0935		9065	649	42
19	352	0531		159	9223	.83	.39 022	1308		8692	627	41
20	.86 379	9.56 0855	5.38	.93 148	9.96 9173	.82	.39 055	9.59 1681	6.22	0.40 8319	2.5605	40
21	406	1178		137	9124		089	2054	6.20	7946	583	39
22	434	1501		127	9075	.83	122	2426	6.22	7574	561	38
23	461	1824	5.37	116	9025	.82	156	2799	6.20	7201	539	37
24	488	2146		106	8976	.83	190	3171	6.18	6829	517	36
25	515	2468		095	8926	.82	223	3542	6.20	6458	495	35
26	542	2790		084	8877	.83	257	3914	6.18	6086	473	34
27	569	3112	5.35	074	8827		290	4285		5715	452	33
28	596	3433	5.37	063	8777	.82	324	4656		5344	430	32
29	623	3755	5.33	052	8728	.83	357	5027		4973	408	31
30	.86 650	9.56 4075	5.35	.93 042	9.96 8678	.83	.39 391	9.59 5398	6.17	0.40 4602	2.5386	30
31	677	4396	5.33	031	8628		425	5768		4232	365	29
32	704	4716		020	8578		458	6138		3862	343	28
33	731	5036		010	8528	.82	492	6508		3492	322	27
34	758	5356		.92 999	8479	.83	526	6878	6.15	3122	300	26
35	785	5676	5.32	988	8429		559	7247		2753	279	25
36	812	5995		978	8379		593	7616		2384	257	24
37	839	6314	5.30	967	8329	.85	626	7985		2015	236	23
38	867	6632	5.32	956	8278	.83	660	8354	6.13	1646	214	22
39	894	6951	5.30	945	8228		694	8722	6.15	1278	193	21
40	.86 921	9.56 7269	5.30	.92 935	9.96 8178	.83	.39 727	9.59 9091	6.13	0.40 0909	2.5172	20
41	948	7587	5.28	924	8128		761	9459		0541	150	19
42	975	7904	5.30	913	8078	.85	795	9827	6.12	0173	129	18
43	.87 002	8222	5.28	902	8027	.83	829	9.60 0194	6.13	0.39 9806	108	17
44	029	8539		892	7977		862	0562	6.12	9438	086	16
45	056	8856	5.27	881	7927	.85	896	0929		9071	065	15
46	083	9172		870	7876	.83	930	1296		8704	044	14
47	110	9488		859	7826	.85	963	1663	6.10	8337	023	13
48	137	9804		849	7775	.83	997	2029		7971	002	12
49	164	9.57 0120	5.25	838	7725	.85	.40 031	2395		7605	2.4981	11
50	.87 191	9.57 0435	5.27	.92 827	9.96 7674	.83	.40 065	9.60 2761	6.10	0.39 7239	2.4960	10
51	218	0751	5.25	816	7624	.85	098	3127		6873	939	9
52	245	1066	5.23	805	7573		132	3493	6.08	6507	918	8
53	272	1380	5.25	794	7522		166	3858		6142	897	7
54	299	1695	5.23	784	7471	.83	200	4223		5777	876	6
55	326	2009		773	7421	.85	234	4588		5412	855	5
56	353	2323	5.22	762	7370		267	4953	6.07	5047	834	4
57	380	2636	5.23	751	7319		301	5317	6.08	4683	813	3
58	407	2950	5.22	740	7268		335	5682	6.07	4318	792	2
59	434	3263	5.20	729	7217		369	6046		3954	772	1
60	.37 461	9.57 3575		.92 718	9.96 7166		.40 403	9.60 6410		0.39 3590	2.4751	0
111°	Nat.	Log.	Dif.	Nat.	Log.	Dif.	Nat.	Log.	Dif.	Log.	Nat.	68°
	Cosines.			Sines.			Cotangents.			Tangents.		

22°	Sines.			Cosines.			Tangents.			Cotangents.		157°
	Nat.	Log.	Dif.	Nat.	Log.	Dif.	Nat.	Log.	Dif.	Log.	Nat.	
0′	.37 461	9.57 3575	5.22	.92 718	9.96 7160	.85	.40 403	9.60 6410	6.05	0.39 3590	2.4751	60′
1	488	3888	5.20	707	7115		436	6773	6.07	3227	730	59
2	515	4200		697	7064		470	7137	6.05	2863	709	58
3	542	4512		686	7013	.87	504	7500		2500	689	57
4	569	4824		675	6961	.85	538	7863	6.03	2137	668	56
5	596	5136	5.18	664	6910		572	8225	6.05	1775	648	55
6	622	5447		653	6859		606	8588	6.03	1412	627	54
7	649	5758		642	6808	.87	640	8950		1050	606	53
8	676	6069	5.17	631	6756	.85	674	9312		0688	586	52
9	703	6379		620	6705	.87	707	9674		0326	566	51
10	.37 730	9.57 6689	5.17	.92 609	9.96 6653	.85	.40 741	9.61 0036	6.03	0.38 9964	2.4545	50
11	757	6999		598	6602	.87	775	0397	6.03	9603	525	49
12	784	7309	5.15	587	6550	.85	809	0759	6.02	9241	504	48
13	811	7618		576	6499	.87	843	1120	6.00	8880	484	47
14	838	7927		565	6447		877	1480	6.02	8520	464	46
15	865	8236		554	6395	.85	911	1841	6.00	8159	443	45
16	892	8545	5.13	543	6344	.87	945	2201		7799	423	44
17	919	8853	5.15	532	6292		979	2561		7439	403	43
18	946	9162	5.13	521	6240		.41 013	2921		7079	383	42
19	973	9470	5.12	510	6188		047	3281		6719	362	41
20	.37 999	9.57 9777	5.13	.92 499	9.96 6136	.85	.41 081	9.61 3641	5.98	0.38 6359	2.4342	40
21	.38 026	9.58 0085	5.12	488	6085	.87	115	4000		6000	322	39
22	053	0392		477	6033		149	4359		5641	302	38
23	080	0699	5.10	466	5981		183	4718		5282	282	37
24	107	1005	5.12	455	5929	.88	217	5077	5.97	4923	262	36
25	134	1312	5.10	444	5876	.87	251	5435		4565	242	35
26	161	1618		432	5824		285	5793		4207	222	34
27	188	1924	5.08	421	5772		319	6151		3849	202	33
28	215	2229	5.10	410	5720		353	6509		3491	182	32
29	241	2535	5.08	399	5668	.88	387	6867	5.95	3133	162	31
30	.38 268	9.58 2840	5.08	.92 388	9.96 5615	.87	.41 421	9.61 7224	5.97	0.38 2776	2.4142	30
31	295	3145	5.07	377	5563		455	7582	5.95	2418	122	29
32	322	3449	5.08	366	5511	.88	490	7939	5.98	2061	102	28
33	349	3754	5.07	355	5458	.87	524	8295	5.95	1705	083	27
34	376	4058	5.05	343	5406	.88	558	8652	5.93	1348	063	26
35	403	4361	5.07	332	5353	.87	592	9008		0992	043	25
36	430	4665	5.05	321	5301	.88	626	9364		0636	023	24
37	456	4968	5.07	310	5248		660	9720		0280	004	23
38	483	5272	5.03	299	5195	.87	694	9.62 0076		0.37 9924	2.3984	22
39	510	5574	5.05	287	5143	.88	728	0432	5.92	9568	964	21
40	.38 537	9.58 5877	5.03	.92 276	9.96 5090	.88	.41 763	9.62 0787	5.92	0.37 9213	2.3945	20
41	564	6179	5.05	265	5037		797	1142		8858	925	19
42	591	6482	5.02	254	4984		831	1497		8503	906	18
43	617	6783	5.03	243	4931	.87	865	1852		8148	886	17
44	644	7085	5.02	231	4879	.88	899	2207	5.90	7793	867	16
45	671	7386	5.03	220	4826		933	2561		7439	847	15
46	698	7688	5.02	209	4773		968	2915		7085	828	14
47	725	7989	5.00	198	4720	.90	.42 002	3269		6731	808	13
48	752	8289	5.02	186	4666	.88	036	3623	5.89	6377	789	12
49	778	8590	5.00	175	4613		070	3976	5.90	6024	770	11
50	.38 805	9.58 8890	5.00	.92 164	9.96 4560	.88	.42 105	9.62 4330	5.88	0.37 5670	2.3750	10
51	832	9190	4.98	152	4507		139	4683		5317	731	9
52	859	9489	5.00	141	4454	.90	173	5036	5.87	4964	712	8
53	886	9789	4.98	130	4400	.88	207	5388	5.88	4612	693	7
54	912	9.59 0088		119	4347		242	5741	5.87	4259	673	6
55	939	0387		107	4294	.90	276	6093		3907	654	5
56	966	0686	4.97	096	4240	.88	310	6445		3555	635	4
57	993	0984		085	4187	.90	345	6797		3203	616	3
58	.39 020	1282		073	4133	.88	379	7149		2851	597	2
59	046	1580		062	4080	.90	413	7501	5.85	2499	578	1
60	.39 073	9.59 1878		.92 050	9.96 4026		.42 447	9.62 7852		0.37 2148	2.3559	0
112°	Nat.	Log.	Dif.	Nat.	Log.	Dif.	Nat.	Log.	Dif.	Log.	Nat.	67°
	Cosines.			Sines.			Cotangents.			Tangents.		

23°	Sines. Nat.	Log.	Dif.	Cosines. Nat.	Log.	Dif.	Tangents. Nat.	Log.	Dif.	Cotangents. Log.	Nat.	156°
0′	.39 073	9.59 1878	4.97	.92 050	9.96 4026	.90	.42 447	9.62 7852	5.85	0.37 2148	2.3559	60′
1	100	2176	4.95	039	3972	.88	482	8203		1797	539	59
2	127	2473		028	3919	.90	516	8554		1446	520	58
3	153	2770		016	3865		551	8905	5.83	1095	501	57
4	180	3067	4.93	005	3811		585	9255	5.85	0745	483	56
5	207	3363		.91 994	3757	.88	619	9606	5.83	0394	464	55
6	234	3659		982	3704	.90	654	9956		0044	445	54
7	260	3955		971	3650		688	9.63 0306		0.36 9694	426	53
8	287	4251		959	3596		722	0656	5.82	9344	407	52
9	314	4547	4.92	948	3542		757	1005	5.83	8995	388	51
10	.39 341	9.59 4842	4.92	.91 936	9.96 3488	.90	.42 791	9.63 1355	5.82	0.36 8645	2.3369	50
11	367	5137		925	3434	.92	826	1704		8296	351	49
12	394	5432		914	3379	.90	860	2053		7947	332	48
13	421	5727	4.90	902	3325		894	2402	5.80	7598	313	47
14	448	6021		891	3271		929	2750	5.82	7250	294	46
15	474	6315		879	3217		963	3099	5.80	6901	276	45
16	501	6609		868	3163	.92	998	3447		6553	257	44
17	528	6903	4.88	856	3108	.90	.43 032	3795		6205	238	43
18	555	7196	4.90	845	3054	.92	067	4143	5.78	5857	220	42
19	581	7490	4.88	833	2999	.90	101	4490	5.80	5510	201	41
20	.39 608	9.59 7783	4.87	.91 822	9.96 2945	.92	.43 136	9.63 4838	5.78	0.36 5162	2.3183	40
21	635	8075	4.88	810	2890	.90	170	5185		4815	164	39
22	661	8368	4.87	799	2836	.92	205	5532		4468	146	38
23	688	8660		787	2781	.90	239	5879		4121	127	37
24	715	8952		775	2727	.92	274	6226	5.77	3774	109	36
25	741	9244		764	2672		308	6572	5.78	3428	090	35
26	768	9536	4.85	752	2617		343	6919	5.77	3081	072	34
27	795	9827		741	2562	.90	378	7265		2735	053	33
28	822	9.60 0118		729	2508	.92	412	7611	5.75	2389	035	32
29	848	0409		718	2453		447	7956	5.77	2044	017	31
30	.39 875	9.60 0700	4.83	.91 706	9.96 2398	.92	.43 481	9.63 8302	5.75	0.36 1698	2.2998	30
31	902	0990		694	2343		516	8647		1353	980	29
32	928	1280		683	2288		550	8992		1008	962	28
33	955	1570		671	2233		585	9337		0663	944	27
34	982	1860		660	2178		620	9682		0318	925	26
35	.40 008	2150	4.82	648	2123	.93	654	9.64 0027	5.73	0.35 9973	907	25
36	035	2439		636	2067	.92	689	0371	5.75	9629	889	24
37	062	2728		625	2012		724	0716	5.73	9284	871	23
38	088	3017	4.80	613	1957		758	1060		8940	853	22
39	115	3305	4.82	601	1902	.93	793	1404	5.72	8596	835	21
40	.40 141	9.60 3594	4.80	.91 590	9.96 1846	.92	.43 828	9.64 1747	5.73	0.35 8253	2.2817	20
41	168	3882		578	1791	.93	862	2091	5.72	7909	799	19
42	195	4170	4.78	566	1735	.92	897	2434		7566	781	18
43	221	4457	4.80	555	1680	.93	932	2777		7223	763	17
44	248	4745	4.78	543	1624	.92	966	3120		6880	745	16
45	275	5032		531	1569	.93	.44 001	3463		6537	727	15
46	301	5319		519	1513	.92	036	3806	5.70	6194	709	14
47	328	5606	4.77	508	1458	.93	071	4148		5852	691	13
48	355	5892	4.78	496	1402		105	4490		5510	673	12
49	381	6179	4.77	484	1346		140	4832		5168	655	11
50	.40 408	9.60 6465	4.77	.91 472	9.96 1290	.92	.44 175	9.64 5174	5.70	0.35 4826	2.2637	10
51	434	6751	4.75	461	1235	.93	210	5516	5.68	4484	620	9
52	461	7036	4.77	449	1179		244	5857	5.70	4143	602	8
53	488	7322	4.75	437	1123		279	6199	5.68	3801	584	7
54	514	7607		425	1067		314	6540		3460	566	6
55	541	7892		414	1011		349	6881		3119	549	5
56	567	8177	4.73	402	0955		384	7222	5.67	2778	531	4
57	594	8461		390	0899		418	7562	5.68	2438	513	3
58	621	8745		378	0843	.95	453	7903	5.67	2097	496	2
59	647	9029		366	0786	.93	488	8243		1757	478	1
60	.40 674	9.60 9313		.91 355	9.96 0730		.44 523	9.64 8583		0.35 1417	2.2460	0
113°	Nat. Cosines.	Log.	Dif.	Nat. Sines.	Log.	Dif.	Nat. Cotangents.	Log.	Dif.	Log. Tangents.	Nat.	66°

24°	Sines.			Cosines.			Tangents.			Cotangents.		155°
	Nat.	Log.	Dif.	Nat.	Log.	Dif.	Nat.	Log.	Dif.	Log.	Nat.	
0′	.40 674	9.60 9313	4.73	.91 355	9.96 0730	.93	.44 523	9.64 8583	5.67	0.35 1417	2.2460	60′
1	700	9597	4.72	343	0674		558	8923		1077	443	59
2	727	9880	4.73	331	0618	.95	593	9263	5.65	0737	425	58
3	753	9.61 0164	4.72	319	0561	.93	627	9602	5.67	0398	408	57
4	780	0447	4.70	307	0505	.95	662	9942	5.65	0058	390	56
5	806	0729	4.72	295	0448	.93	697	9.65 0281		0.34 9719	373	55
6	833	1012	4.70	283	0392	.95	732	0620		9380	355	54
7	860	1294		272	0335	.93	767	0959	5.63	9041	338	53
8	886	1576		260	0279	.95	802	1297	5.65	8703	320	52
9	913	1858		248	0222		837	1636	5.63	8364	303	51
10	.40 939	9.61 2140	4.68	.91 236	9.96 0165	.93	.44 872	9.65 1974	5.63	0.34 8026	2.2286	50
11	966	2421		224	0109	.95	907	2312		7688	268	49
12	992	2702		212	0052		942	2650		7350	251	48
13	.41 019	2983		200	9.95 9995		977	2988		7012	234	47
14	045	3264		188	9938	.93	.45 012	3326	5.62	6674	216	46
15	072	3545	4.67	176	9882	.95	047	3663		6337	199	45
16	098	3825		164	9825		082	4000		6000	182	44
17	125	4105		152	9768		117	4337		5663	165	43
18	151	4385		140	9711		152	4674		5326	148	42
19	178	4665	4.65	128	9654	.97	187	5011		4989	130	41
20	.41 204	9.61 4944	4.65	.91 116	9.95 9596	.95	.45 222	9.65 5348	5.60	0.34 4652	2.2113	40
21	231	5223		104	9539		257	5684		4316	096	39
22	257	5502		092	9482		292	6020		3980	079	38
23	284	5781		080	9425		327	6356		3644	062	37
24	310	6060	4.63	068	9368	.97	362	6692		3308	045	36
25	337	6338		056	9310	.95	397	7028		2972	028	35
26	363	6616		044	9253	.97	432	7364	5.58	2636	011	34
27	390	6894		032	9195	.95	467	7699		2301	2.1994	33
28	416	7172		020	9138	.97	502	8034		1966	977	32
29	443	7450	4.62	008	9080	.95	538	8369		1631	960	31
30	.41 469	9.61 7727	4.62	.90 996	9.95 9023	.97	.45 573	9.65 8704	5.58	0.34 1296	2.1943	30
31	496	8004		984	8965	.95	608	9039	5.57	0961	926	29
32	522	8281		972	8908	.97	643	9373	5.58	0627	909	28
33	549	8558	4.60	960	8850		678	9708	5.57	0292	892	27
34	575	8834		948	8792		713	9.66 0042		0.33 9958	876	26
35	602	9110		936	8734	.95	748	0376		9624	859	25
36	628	9386		924	8677	.97	784	0710	5.55	9290	842	24
37	655	9662		911	8619		819	1043	5.57	8957	825	23
38	681	9938	4.58	899	8561		854	1377	5.55	8623	808	22
39	707	9.62 0213		887	8503		889	1710		8290	792	21
40	.41 734	9.62 0488	4.58	.90 875	9.95 8445	.97	.45 924	9.66 2043	5.55	0.33 7957	2.1775	20
41	760	0763		863	8387		960	2376		7624	758	19
42	787	1038		851	8329		995	2709		7291	742	18
43	813	1313	4.57	839	8271		.46 030	3042		6958	725	17
44	840	1587		826	8213	.98	065	3375	5.53	6625	708	16
45	866	1861		814	8154	.97	101	3707		6293	692	15
46	892	2135		802	8096		136	4039		5961	675	14
47	919	2409	4.55	790	8038	.98	171	4371		5629	659	13
48	945	2682	4.57	778	7979	.97	206	4703		5297	642	12
49	972	2956	4.55	766	7921		242	5035	5.52	4965	625	11
50	.41 998	9.62 3229	4.55	.90 753	9.95 7863	.98	.46 277	9.66 5366	5.53	0.33 4634	2.1609	10
51	.42 024	3502	4.53	741	7804	.97	312	5698	5.52	4302	592	9
52	051	3774	4.55	729	7746	.98	348	6029		3971	576	8
53	077	4047	4.53	717	7687		383	6360		3640	560	7
54	104	4319		704	7628	.97	418	6691	5.50	3309	543	6
55	130	4591		692	7570	.98	454	7021	5.52	2979	527	5
56	156	4863		680	7511		489	7352	5.50	2648	510	4
57	183	5135	4.52	668	7452		525	7682	5.52	2318	494	3
58	209	5406		655	7393	.97	560	8013	5.50	1987	478	2
59	235	5677		643	7335	.98	595	8343		1657	461	1
60	.42 262	9.62 5948		.90 631	9.95 7276		.46 631	9.66 8673		0.33 1327	2.1445	0
114°	Nat.	Log.	Dif.	Nat.	Log.	Dif.	Nat.	Log.	Dif.	Log.	Nat.	65°
	Cosines.			Sines.			Cotangents.			Tangents.		

25°	Sines.			Cosines.			Tangents.			Cotangents.		154°
	Nat.	Log.	Dif.	Nat.	Log.	Dif.	Nat.	Log.	Dif.	Log.	Nat.	
0′	.42 262	9.62 5948	4.52	.90 631	9.95 7276	.98	.46 631	9.66 8673	5.48	0.33 1327	2.1445	60′
1	288	6219		618	7217		666	9002	5.50	0998	429	59
2	315	6490	4.50	606	7158		702	9332	5.48	0668	413	58
3	341	6760		594	7099		737	9661	5.50	0339	396	57
4	367	7030		582	7040		772	9991	5.48	0009	380	56
5	394	7300		569	6981	1.00	808	9.67 0320		0.32 9680	364	55
6	420	7570		557	6921	.98	843	0649	5.47	9351	348	54
7	446	7840	4.48	545	6862		879	0977	5.48	9023	332	53
8	473	8109		532	6803		914	1306		8694	315	52
9	499	8378		520	6744	1.00	950	1635	5.47	8365	299	51
10	.42 525	9.62 8647	4.48	.90 507	9.95 6684	.98	.46 985	9.67 1963	5.47	0.32 8037	2.1283	50
11	552	8916		495	6625		.47 021	2291		7709	267	49
12	578	9185	4.47	483	6566	1.00	056	2619		7381	251	48
13	604	9453		470	6506	.98	092	2947	5.45	7053	235	47
14	631	9721		458	6447	1.00	128	3274	5.47	6726	219	46
15	657	9989		446	6387		163	3602	5.45	6398	203	45
16	683	9.63 0257	4.45	433	6327	.98	199	3929	5.47	6071	187	44
17	709	0524	4.47	421	6268	1.00	234	4257	5.45	5743	171	43
18	736	0792	4.45	408	6208		270	4584		5416	155	42
19	762	1059		396	6148	.98	305	4911	5.43	5089	139	41
20	.42 788	9.63 1326	4.45	.90 383	9.95 6089	1.00	.47 341	9.67 5237	5.45	0.32 4763	2.1123	40
21	815	1593	4.43	371	6029		377	5564	5.43	4436	107	39
22	841	1859		358	5969		412	5890	5.45	4110	092	38
23	867	2125	4.45	346	5909		448	6217	5.43	3783	076	37
24	894	2392	4.43	334	5849		483	6543		3457	060	36
25	920	2658	4.42	321	5789		519	6869	5.42	3131	044	35
26	946	2923	4.43	309	5729		555	7194	5.43	2806	028	34
27	972	3189	4.42	296	5669		590	7520		2480	013	33
28	999	3454		284	5609	1.02	626	7846	5.42	2154	2.0997	32
29	.43 025	3719		271	5548	1.00	662	8171		1829	981	31
30	.43 051	9.63 3984	4.42	.90 259	9.95 5488	1.00	.47 698	9.67 8496	5.42	0.32 1504	2.0965	30
31	077	4249		246	5428		733	8821		1179	950	29
32	104	4514	4.40	233	5368	1.02	769	9146		0854	934	28
33	130	4778		221	5307	1.00	805	9471	5.40	0529	918	27
34	156	5042		208	5247	1.02	840	9795	5.42	0205	903	26
35	182	5306		196	5186	1.00	876	9.68 0120	5.40	0.31 9880	887	25
36	209	5570		183	5126	1.02	912	0444		9556	872	24
37	235	5834	4.38	171	5065	1.00	948	0768		9232	856	23
38	261	6097		158	5005	1.02	984	1092		8908	840	22
39	287	6360		146	4944		.48 019	1416		8584	825	21
40	.43 313	9.63 6623	4.38	.90 133	9.95 4883	1.00	.48 055	9.68 1740	5.38	0.31 8260	2.0809	20
41	340	6886	4.37	120	4823	1.02	091	2063	5.40	7937	794	19
42	366	7148	4.38	108	4762		127	2387	5.38	7613	778	18
43	392	7411	4.37	095	4701		163	2710		7290	763	17
44	418	7673		082	4640		198	3033		6967	748	16
45	445	7935		070	4579		234	3356		6644	732	15
46	471	8197	4.35	057	4518		270	3679	5.37	6321	717	14
47	497	8458	4.37	045	4457		306	4001	5.38	5999	701	13
48	523	8720	4.35	032	4396		342	4324	5.37	5676	686	12
49	549	8981		019	4335		378	4646		5354	671	11
50	.43 575	9.63 9242	4.35	.90 007	9.95 4274	1.02	.48 414	9.68 4968	5.37	0.31 5032	2.0655	10
51	602	9503		.89 994	4213		450	5290		4710	640	9
52	628	9764	4.33	981	4152	1.03	486	5612		4388	625	8
53	654	9.64 0024		968	4090	1.02	521	5934	5.35	4066	609	7
54	680	0284		956	4029		557	6255	5.37	3745	594	6
55	706	0544		943	3968	1.03	593	6577	5.35	3423	579	5
56	733	0804		930	3906	1.02	629	6898		3102	564	4
57	759	1064		918	3845	1.03	665	7219		2781	549	3
58	785	1324	4.32	905	3783	1.02	701	7540		2460	533	2
59	811	1583		892	3722	1.03	737	7861		2139	518	1
60	.43 837	9.64 1842		.89 879	9.95 3660		.48 773	9.68 8182		0.31 1818	2.0503	0
115°	Nat.	Log.	Dif.	Nat.	Log.	Dif.	Nat.	Log.	Dif.	Log.	Nat.	64°
	Cosines.			Sines.			Cotangents.			Tangents.		

26°	Sines.			Cosines.			Tangents.			Cotangents.		153°
	Nat.	Log.	Dif.	Nat.	Log.	Dif.	Nat.	Log.	Dif.	Log.	Nat.	
0′	.43 837	9.64 1842	4.32	.89 879	9.95 3660	1.02	.48 773	9.68 8182	5.33	0.31 1818	2.0503	60′
1	863	2101		867	3599	1.03	809	8502	5.35	1498	488	59
2	889	2360	4.30	854	3537		845	8823	5.33	1177	473	58
3	916	2618	4.32	841	3475		881	9143		0857	458	57
4	942	2877	4.30	828	3413	1.02	917	9463		0537	443	56
5	968	3135		816	3352	1.03	953	9783		0217	428	55
6	994	3393	4.28	803	3290		989	9.69 0103		0.30 9897	413	54
7	.44 020	3650	4.30	790	3228		.49 026	0423	5.32	9577	398	53
8	046	3908	4.28	777	3166		062	0742	5.33	9258	383	52
9	072	4165	4.30	764	3104		098	1062	5.32	8938	368	51
10	.44 098	9.64 4423	4.28	.89 752	9.95 3042	1.03	.49 134	9.69 1381	5.32	0.30 8619	2.0353	50
11	124	4680	4.27	739	2980		170	1700		8300	338	49
12	151	4936	4.28	726	2918	1.05	206	2019		7981	323	48
13	177	5193		713	2855	1.03	242	2338	5.30	7662	308	47
14	203	5450	4.27	700	2793		278	2656	5.32	7344	293	46
15	229	5706		687	2731		315	2975	5.30	7025	278	45
16	255	5962		674	2669	1.05	351	3293	5.32	6707	263	44
17	281	6218		662	2606	1.03	387	3612	5.30	6388	248	43
18	307	6474	4.25	649	2544	1.05	423	3930		6070	233	42
19	333	6729		636	2481	1.03	459	4248		5752	219	41
20	.44 359	9.64 6984	4.27	.89 623	9.95 2419	1.05	.49 495	9.69 4566	5.28	0.30 5434	2.0204	40
21	385	7240	4.28	610	2356	1.03	532	4883	5.30	5117	189	39
22	411	7494	4.25	597	2294	1.05	568	5201	5.28	4799	174	38
23	437	7749		584	2231		604	5518	5.30	4482	160	37
24	464	8004	4.23	571	2168	1.03	640	5836	5.28	4164	145	36
25	490	8258		558	2106	1.05	677	6153		3847	130	35
26	516	8512		545	2043		713	6470		3530	115	34
27	542	8766		532	1980		749	6787	5.27	3213	101	33
28	568	9020		519	1917		786	7103	5.28	2897	086	32
29	594	9274	4.22	506	1854		822	7420	5.27	2580	072	31
30	.44 620	9.64 9527	4.23	.89 493	9.95 1791	1.05	.49 858	9.69 7736	5.28	0.30 2264	2.0057	30
31	646	9781	4.22	480	1728		894	8053	5.27	1947	042	29
32	672	9.65 0034		467	1665		931	8369		1631	028	28
33	698	0287	4.20	454	1602		967	8685		1315	013	27
34	724	0539	4.22	441	1539		.50 004	9001	5.25	0999	1.9999	26
35	750	0792	4.20	428	1476	1.07	040	9316	5.27	0684	984	25
36	776	1044	4.22	415	1412	1.05	076	9632	5.25	0368	970	24
37	802	1297	4.20	402	1349		113	9947	5.27	0053	955	23
38	828	1549	4.18	389	1286	1.07	149	9.70 0263	5.25	0.29 9737	941	22
39	854	1800	4.20	376	1222	1.05	185	0578		9422	926	21
40	.44 880	9.65 2052	4.20	.89 363	9.95 1159	1.05	.50 222	9.70 0893	5.25	0.29 9107	1.9912	20
41	906	2304	4.18	350	1096	1.07	258	1208		8792	897	19
42	932	2555		337	1032		295	1523	5.23	8477	883	18
43	958	2806		324	0968	1.05	331	1837	5.25	8163	868	17
44	984	3057		311	0905	1.07	368	2152	5.23	7848	854	16
45	.45 010	3308	4.17	298	0841	1.05	404	2466	5.25	7534	840	15
46	036	3558		285	0778	1.07	441	2781	5.23	7219	825	14
47	062	3808	4.18	272	0714		477	3095		6905	811	13
48	088	4059	4.17	259	0650		514	3409	5.22	6591	797	12
49	114	4309	4.15	245	0586		550	3722	5.23	6278	782	11
50	.45 140	9.65 4558	4.17	.89 232	9.95 0522	1.07	.50 587	9.70 4036	5.23	0.29 5964	1.9768	10
51	166	4808		219	0458		623	4350	5.22	5650	754	9
52	192	5058	4.15	206	0394		660	4663		5337	740	8
53	218	5307		193	0330		696	4976	5.23	5024	725	7
54	243	5556		180	0266		733	5290	5.22	4710	711	6
55	269	5805		167	0202		769	5603		4397	697	5
56	295	6054	4.18	153	0138		806	5916	5.20	4084	683	4
57	321	6302	4.15	140	0074		843	6228	5.22	3772	669	3
58	347	6551	4.18	127	0010	1.08	879	6541		3459	654	2
59	373	6799		114	9.94 9945	1.07	916	6854	5.20	3146	640	1
60	.45 399	9.65 7047		.89 101	9.94 9881		.50 953	9.70 7166		0.29 2834	1.9626	0
116°	Nat.	Log.	Dif.	Nat.	Log.	Dif.	Nat.	Log.	Dif.	Log.	Nat.	63°
	Cosines.			Sines.			Cotangents.			Tangents.		

27°	Sines.			Cosines.			Tangents.			Cotangents.		152°
	Nat.	Log.	Dif.	Nat.	Log.	Dif.	Nat.	Log.	Dif.	Log.	Nat.	
0′	.45 399	9.65 7047	4.13	.89 101	9.94 9881	1.08	.50 953	9.70 7166	5.20	0.29 2834	1.9626	60′
1	425	7295	4.12	087	9816	1.07	989	7478		2522	612	59
2	451	7542	4.13	074	9752		.51 026	7790		2210	598	58
3	477	7790	4.12	061	9688	1.08	063	8102		1898	584	57
4	503	8037		048	9623		099	8414		1586	570	56
5	529	8284		035	9558	1.07	136	8726	5.18	1274	556	55
6	554	8531		021	9494	1.08	173	9037	5.20	0963	542	54
7	580	8778		008	9429		209	9349	5.18	0651	528	53
8	606	9025	4.10	.88 995	9364	1.07	246	9660		0340	514	52
9	632	9271		981	9300	1.08	283	9971		0029	500	51
10	.45 658	9.65 9517	4.10	.88 968	9.94 9235	1.08	.51 319	9.71 0282	5.18	0.28 9718	1.9486	50
11	684	9763		955	9170		356	0593		9407	472	49
12	710	9.66 0009		942	9105		393	0904		9096	458	48
13	736	0255		928	9040		430	1215	5.17	8785	444	47
14	762	0501	4.08	915	8975		467	1525	5.18	8475	430	46
15	787	0746		902	8910		503	1836	5.17	8164	416	45
16	813	0991		889	8845		540	2146		7854	402	44
17	839	1236		875	8780		577	2456		7544	388	43
18	865	1481		862	8715		614	2766		7234	375	42
19	891	1726	4.07	848	8650	1.10	651	3076		6924	361	41
20	.45 917	9.66 1970	4.07	.88 835	9.94 8584	1.08	.51 688	9.71 3386	5.17	0.28 6614	1.9347	40
21	942	2214	4.08	822	8519		724	3696	5.15	6304	333	39
22	968	2459	4.07	808	8454	1.10	761	4005		5995	319	38
23	994	2703	4.05	795	8388	1.08	798	4314	5.17	5686	306	37
24	.46 020	2946	4.07	782	8323	1.10	835	4624	5.15	5376	292	36
25	046	3190	4.05	768	8257	1.08	872	4933		5067	278	35
26	072	3433	4.07	755	8192	1.10	909	5242		4758	265	34
27	097	3677	4.05	741	8126		946	5551		4449	251	33
28	123	3920		728	8060	1.08	983	5860	5.13	4140	237	32
29	149	4163		715	7995	1.10	.52 020	6168	5.15	3832	223	31
30	.46 175	9.66 4406	4.03	.88 701	9.94 7929	1.10	.52 057	9.71 6477	5.13	0.28 3523	1.9210	30
31	201	4648	4.05	688	7863		094	6785		3215	196	29
32	226	4891	4.03	674	7797		131	7093		2907	183	28
33	252	5133		661	7731		168	7401		2599	169	27
34	278	5375		647	7665	1.08	205	7709		2291	155	26
35	304	5617		634	7600	1.12	242	8017		1983	142	25
36	330	5859	4.02	620	7533	1.10	279	8325		1675	128	24
37	355	6100	4.03	607	7467		316	8633	5.12	1367	115	23
38	381	6342	4.02	593	7401		353	8940	5.13	1060	101	22
39	407	6583		580	7335		390	9248	5.12	0752	088	21
40	.46 433	9.66 6824	4.02	.88 566	9.94 7269	1.10	.52 427	9.71 9555	5.12	0.28 0445	1.9074	20
41	458	7065	4.00	553	7203	1.12	464	9862		0138	061	19
42	484	7305	4.02	539	7136	1.10	501	9.72 0169		0.27 9831	047	18
43	510	7546	4.00	526	7070		538	0476		9524	034	17
44	536	7786	4.02	512	7004	1.12	575	0783	5.10	9217	020	16
45	561	8027	4.00	499	6937	1.10	613	1089	5.12	8911	007	15
46	587	8267	3.98	485	6871	1.12	650	1396	5.10	8604	1.8993	14
47	613	8506	4.00	472	6804	1.10	687	1702	5.12	8298	980	13
48	639	8746		458	6738	1.12	724	2009	5.10	7991	967	12
49	664	8986	3.98	445	6671		761	2315		7685	953	11
50	.46 690	9.66 9225	3.98	.88 431	9.94 6604	1.10	.52 798	9.72 2621	5.10	0.27 7379	1.8940	10
51	716	9464		417	6538	1.12	836	2927	5.08	7073	927	9
52	742	9703		404	6471		873	3232	5.10	6768	913	8
53	767	9942		390	6404		910	3538		6462	900	7
54	793	9.67 0181	3.97	377	6337		947	3844	5.08	6156	887	6
55	819	0419	3.98	363	6270		985	4149		5851	873	5
56	844	0658	3.97	349	6203		.53 022	4454	5.10	5546	860	4
57	870	0896		336	6136		059	4760	5.08	5240	847	3
58	896	1134		322	6069		096	5065		4935	834	2
59	921	1372	3.95	308	6002		134	5370	5.07	4630	820	1
60	.46 947	9.67 1609		.88 295	9.94 5935		.53 171	9.72 5674		0.27 4326	1.8807	0
117°	Nat.	Log.	Dif.	Nat.	Log.	Dif.	Nat.	Log.	Dif.	Log.	Nat.	62°
	Cosines.			Sines.			Cotangents.			Tangents.		

28°	Sines.			Cosines.			Tangents.			Cotangents.		151°
	Nat.	Log.	Dif.	Nat.	Log.	Dif.	Nat.	Log.	Dif.	Log.	Nat.	
0′	.46 947	9.67 1609	3.97	.88 295	9.94 5935	1.12	.53 171	9.72 5674	5.08	0.27 4326	1.8807	60′
1	973	1847	3.95	281	5868	1.13	208	5979		4021	794	59
2	999	2084		267	5800	1.12	246	6284	5.07	3716	781	58
3	.47 024	2321		254	5733		283	6588		3412	768	57
4	050	2558		240	5666	1.13	320	6892	5.08	3108	755	56
5	076	2795		226	5598	1.12	358	7197	5.07	2803	741	55
6	101	3032	3.93	213	5531		395	7501		2499	728	54
7	127	3268	3.95	199	5464	1.13	432	7805		2195	715	53
8	153	3505	3.93	185	5396		470	8109	5.05	1891	702	52
9	178	3741		172	5328	1.12	507	8412	5.07	1588	689	51
10	.47 204	9.67 3977	3.93	.88 158	9.94 5261	1.13	.53 545	9.72 8716	5.07	0.27 1284	1.8676	50
11	229	4213	3.92	144	5193		582	9020	5.05	0980	663	49
12	255	4448	3.93	130	5125	1.12	620	9323		0677	650	48
13	281	4684	3.92	117	5058	1.13	657	9626		0374	637	47
14	306	4919	3.93	103	4990		694	9929	5.07	0071	624	46
15	332	5155	3.92	089	4922		732	9.73 0233	5.03	0.26 9767	611	45
16	358	5390	3.90	075	4854		769	0535	5.05	9465	598	44
17	383	5624	3.92	062	4786		807	0838		9162	585	43
18	409	5859		048	4718		844	1141		8859	572	42
19	434	6094	3.90	034	4650		882	1444	5.03	8556	559	41
20	.47 460	9.67 6328	3.90	.88 020	9.94 4582	1.13	.53 920	9.73 1746	5.03	0.26 8254	1.8546	40
21	486	6562		006	4514		957	2048	5.05	7952	533	39
22	511	6796		.87 993	4446	1.15	995	2351	5.03	7649	520	38
23	537	7030		979	4377	1.13	.54 032	2653		7347	507	37
24	562	7264		965	4309		070	2955		7045	495	36
25	588	7498	3.88	951	4241	1.15	107	3257	5.02	6743	482	35
26	614	7731		937	4172	1.13	145	3558	5.03	6442	469	34
27	639	7964		923	4104		183	3860		6140	456	33
28	665	8197		909	4036	1.15	220	4162	5.02	5838	443	32
29	690	8430		896	3967	1.13	258	4463		5537	430	31
30	.47 716	9.67 8663	3.87	.87 882	9.94 3899	1.15	.54 296	9.73 4764	5.03	0.26 5236	1.8418	30
31	741	8895	3.88	868	3830		333	5066	5.02	4934	405	29
32	767	9128	3.87	854	3761	1.13	371	5367		4633	392	28
33	793	9360		840	3693	1.15	409	5668		4332	379	27
34	818	9592		826	3624		446	5969	5.00	4031	367	26
35	844	9824		812	3555		484	6269	5.02	3731	354	25
36	869	9.68 0056		798	3486		522	6570	5.00	3430	341	24
37	895	0288	3.85	784	3417		560	6870	5.02	3130	329	23
38	920	0519		770	3348		597	7171	5.00	2829	316	22
39	946	0750	3.87	756	3279		635	7471		2529	303	21
40	.47 971	9.68 0982	3.85	.87 743	9.94 3210	1.15	.54 673	9.73 7771	5.00	0.26 2229	1.8291	20
41	997	1213	3.83	729	3141		711	8071		1929	278	19
42	.48 022	1443	3.85	715	3072		748	8371		1629	265	18
43	048	1674		701	3003		786	8671		1329	253	17
44	073	1905	3.83	687	2934	1.17	824	8971		1029	240	16
45	099	2135		673	2864	1.15	862	9271	4.98	0729	228	15
46	124	2365		659	2795		900	9570	5.00	0430	215	14
47	150	2595		645	2726	1.17	938	9870	4.98	0130	202	13
48	175	2825		631	2656	1.15	975	9.74 0169		0.25 9831	190	12
49	201	3055	3.82	617	2587	1.17	.55 013	0468		9532	177	11
50	.48 226	9.68 3284	3.83	.87 603	9.94 2517	1.15	.55 051	9.74 0767	4.98	0.25 9233	1.8165	10
51	252	3514	3.82	589	2448	1.17	089	1066		8934	152	9
52	277	3743		575	2378		127	1365		8635	140	8
53	303	3972		561	2308	1.15	165	1664	4.97	8336	127	7
54	328	4201		546	2239	1.17	203	1962	4.98	8038	115	6
55	354	4430	3.80	532	2169		241	2261	4.97	7739	103	5
56	379	4658	3.82	518	2099		279	2559	4.98	7441	090	4
57	405	4887	3.80	504	2029		317	2858	4.97	7142	078	3
58	430	5115		490	1959		355	3156		6844	065	2
59	456	5343		476	1889		393	3454		6546	053	1
60	.48 481	9.68 5571		.87 462	9.94 1819		.55 431	9.74 3752		0.25 6248	1.8040	0
118°	Nat.	Log.	Dif.	Nat.	Log.	Dif.	Nat.	Log.	Dif.	Log.	Nat.	61°
	Cosines.			Sines.			Cotangents.			Tangents.		

29°	Sines. Nat.	Sines. Log.	Sines. Dif.	Cosines. Nat.	Cosines. Log.	Cosines. Dif.	Tangents. Nat.	Tangents. Log.	Dif.	Cotangents. Log.	Cotangents. Nat.	150°
0′	.48 481	9.68 5571	3.80	.87 462	9.94 1819	1.17	.55 431	9.74 3752	4.97	0.25 6248	1.8040	60′
1	506	5799		448	1749		469	4050		5950	028	59
2	532	6027	3.78	434	1679		507	4348	4.95	5652	016	58
3	557	6254	3.80	420	1609		545	4645	4.97	5355	003	57
4	583	6482	3.78	406	1539		583	4943	4.95	5057	1.7991	56
5	608	6709		391	1469	1.18	621	5240	4.97	4760	979	55
6	634	6936		377	1398	1.17	659	5538	4.95	4462	966	54
7	659	7163	3.77	363	1328		697	5835		4165	954	53
8	684	7389	3.78	349	1258	1.18	736	6132		3868	942	52
9	710	7616		335	1187	1.17	774	6429		3571	930	51
10	.48 735	9.68 7843	3.77	.87 321	9.94 1117	1.18	.55 812	9.74 6726	4.95	0.25 3274	1.7917	50
11	761	8069		306	1046		850	7023	4.98	2977	905	49
12	786	8295		292	0975	1.17	888	7319	4.95	2681	893	48
13	811	8521		278	0905	1.18	926	7616		2384	881	47
14	837	8747	3.75	264	0834		964	7913	4.93	2087	868	46
15	862	8972	3.77	250	0763	1.17	.56 003	8209		1791	856	45
16	888	9198	3.75	235	0693	1.18	041	8505		1495	844	44
17	913	9423		221	0622		079	8801		1199	832	43
18	938	9648		207	0551		117	9097		0903	820	42
19	964	9873		193	0480		156	9393		0607	808	41
20	.48 989	9.69 0098	3.75	.87 178	9.94 0409	1.18	.56 194	9.74 9689	4.93	0.25 0311	1.7796	40
21	.49 014	0323		164	0338		232	9985		0015	783	39
22	040	0548	3.73	150	0267		270	9.75 0281	4.92	0.24 9719	771	38
23	065	0772		136	0196		309	0576	4.93	9424	759	37
24	090	0996		121	0125		347	0872	4.92	9128	747	36
25	116	1220		107	0054	1.20	385	1167		8833	735	35
26	141	1444		093	9.93 9982	1.18	424	1462		8538	723	34
27	166	1668		079	9911		462	1757		8243	711	33
28	192	1892	3.72	064	9840	1.20	501	2052		7948	699	32
29	217	2115	3.73	050	9768	1.18	539	2347		7653	687	31
30	.49 242	9.69 2339	3.72	.87 036	9.93 9697	1.20	.56 577	9.75 2642	4.92	0.24 7358	1.7675	30
31	268	2562		021	9625	1.18	616	2937	4.90	7063	663	29
32	293	2785		007	9554	1.20	654	3231	4.92	6769	651	28
33	318	3008		.86 993	9482		693	3526	4.90	6474	639	27
34	344	3231	3.70	978	9410	1.18	731	3820	4.92	6180	627	26
35	369	3453	3.72	964	9339	1.20	769	4115	4.90	5885	615	25
36	394	3676	3.70	949	9267		808	4409		5591	603	24
37	419	3898		935	9195		846	4703		5297	591	23
38	445	4120		921	9123	1.18	885	4997		5003	579	22
39	470	4342		906	9052	1.20	923	5291		4709	567	21
40	.49 495	9.69 4564	3.70	.86 892	9.93 8980	1.20	.56 962	9.75 5585	4.88	0.24 4415	1.7556	20
41	521	4786	3.68	878	8908		.57 000	5878	4.90	4122	544	19
42	546	5007	3.70	863	8836	1.22	039	6172	4.88	3828	532	18
43	571	5229	3.68	849	8763	1.20	078	6465	4.90	3535	520	17
44	596	5450		834	8691		116	6759	4.88	3241	508	16
45	622	5671		820	8619		155	7052		2948	496	15
46	647	5892		805	8547		193	7345		2655	485	14
47	672	6113		791	8475	1.22	232	7638		2362	473	13
48	697	6334	3.67	777	8402	1.20	271	7931		2069	461	12
49	723	6554	3.68	762	8330		309	8224		1776	449	11
50	.49 748	9.69 6775	3.67	.86 748	9.93 8258	1.22	.57 348	9.75 8517	4.88	0.24 1483	1.7437	10
51	773	6995		733	8185	1.20	386	8810	4.87	1190	426	9
52	798	7215		719	8113	1.22	425	9102	4.88	0898	414	8
53	824	7435	3.65	704	8040		464	9395	4.87	0605	402	7
54	849	7654	3.67	690	7967	1.20	503	9687		0313	391	6
55	874	7874		675	7895	1.22	541	9979	4.88	0021	379	5
56	899	8094	3.65	661	7822		580	9.76 0272	4.87	0.23 9728	367	4
57	924	8313		646	7749		619	0564		9436	355	3
58	950	8532		632	7676	1.20	657	0856		9144	344	2
59	975	8751		617	7604	1.22	696	1148	4.85	8852	332	1
60	.50 000	9.69 8970		.86 603	9.93 7531		.57 735	9.76 1439		0.23 8561	1.7321	0
119°	Cosines. Nat.	Cosines. Log.	Cosines. Dif.	Sines. Nat.	Sines. Log.	Sines. Dif.	Cotangents. Nat.	Cotangents. Log.	Dif.	Tangents. Log.	Tangents. Nat.	60°

30°	Sines. Nat.	Sines. Log.	Sines. Dif.	Cosines. Nat.	Cosines. Log.	Cosines. Dif.	Tangents. Nat.	Tangents. Log.	Tangents. Dif.	Cotangents. Log.	Cotangents. Nat.	149°
0′	.50 000	9.69 8970	3.65	.86 603	9.93 7531	1.22	.57 735	9.76 1439	4.87	0.23 8561	1.7321	60′
1	025	9189	3.63	588	7458		774	1731		8269	309	59
2	050	9407	3.65	573	7385		813	2023	4.85	7977	297	58
3	076	9626	3.63	559	7312	1.23	851	2314	4.87	7686	286	57
4	101	9844		544	7238	1.22	890	2606	4.85	7394	274	56
5	126	9.70 0062		530	7165		929	2897		7103	262	55
6	151	0280		515	7092		968	3188		6812	251	54
7	176	0498		501	7019		.58 007	3479		6521	239	53
8	201	0716	3.62	486	6946	1.23	046	3770		6230	228	52
9	227	0933	3.63	471	6872	1.22	085	4061		5939	216	51
10	.50 252	9.70 1151	3.62	.86 457	9.93 6799	1.23	.58 124	9.76 4352	4.85	0.23 5648	1.7205	50
11	277	1368		442	6725	1.22	162	4643	4.83	5357	193	49
12	302	1585		427	6652	1.23	201	4933	4.85	5067	182	48
13	327	1802		413	6578	1.22	240	5224	4.83	4776	170	47
14	352	2019		398	6505	1.23	279	5514	4.85	4486	159	46
15	377	2236	3.60	384	6431		318	5805	4.83	4195	147	45
16	403	2452	3.62	369	6357	1.22	357	6095		3905	136	44
17	428	2669	3.60	354	6284	1.23	396	6385		3615	124	43
18	453	2885		340	6210		435	6675		3325	113	42
19	478	3101		325	6136		474	6965		3035	102	41
20	.50 503	9.70 3317	3.60	.86 310	9.93 6062	1.23	.58 513	9.76 7255	4.83	0.23 2745	1.7090	40
21	528	3533		295	5988		552	7545	4.82	2455	079	39
22	553	3749	3.58	281	5914		591	7834	4.83	2166	067	38
23	578	3964		266	5840		631	8124		1876	056	37
24	603	4179	3.00	251	5766		670	8414	4.82	1586	045	36
25	628	4395	3.58	237	5692		709	8703		1297	033	35
26	654	4610		222	5618	1.25	748	8992		1008	022	34
27	679	4825		207	5543	1.23	787	9281	4.83	0719	011	33
28	704	5040	3.57	192	5469		826	9571	4.82	0429	1.6999	32
29	729	5254	3.58	178	5395	1.25	865	9860	4.80	0140	988	31
30	.50 754	9.70 5469	3.57	.86 163	9.93 5320	1.23	.58 905	9.77 0148	4.82	0.22 9852	1.6977	30
31	779	5683	3.58	148	5246	1.25	944	0437		9563	965	29
32	804	5898	3.57	133	5171	1.23	983	0726		9274	954	28
33	829	6112		119	5097	1.25	.59 022	1015	4.80	8985	943	27
34	854	6326	3.55	104	5022	1.23	061	1303	4.82	8697	932	26
35	879	6539	3.57	089	4948	1.25	101	1592	4.80	8408	990	25
36	904	6753		074	4873		140	1880		8120	909	24
37	929	6967	3.55	059	4798		179	2168	4.82	7832	898	23
38	954	7180		045	4723	1.23	218	2457	4.80	7543	887	22
39	979	7393		030	4649	1.25	258	2745		7255	875	21
40	.51 004	9.70 7606	3.55	.86 015	9.93 4574	1.25	.59 297	9.77 3033	4.80	0.22 6967	1.6864	20
41	029	7819		000	4499		336	3321	4.78	6679	853	19
42	054	8032		.85 985	4424		376	3608	4.80	6392	842	18
43	079	8245		970	4349		415	3896		6104	831	17
44	104	8458	3.53	956	4274		454	4184	4.78	5816	820	16
45	129	8670		941	4199	1.27	494	4471	4.80	5529	808	15
46	154	8882		926	4123	1.25	533	4759	4.78	5241	797	14
47	179	9094		911	4048		573	5046		4954	786	13
48	204	9306		896	3973		612	5333	4.80	4667	775	12
49	229	9518		881	3898	1.27	651	5621	4.78	4379	764	11
50	.51 254	9.70 9730	3.52	.85 866	9.93 3822	1.25	.59 691	9.77 5908	4.78	0.22 4092	1.6753	10
51	279	9941	3.53	851	3747	1.27	730	6195		3805	742	9
52	304	9.71 0153	3.52	836	3671	1.25	770	6482	4.77	3518	731	8
53	329	0364		821	3596	1.27	809	6768	4.78	3232	720	7
54	354	0575		806	3520	1.25	849	7055		2945	709	6
55	379	0786		792	3445	1.27	888	7342	4.77	2658	698	5
56	404	0997		777	3369		928	7628	4.78	2372	687	4
57	429	1208		762	3293		967	7915	4.77	2085	676	3
58	454	1419	3.50	747	3217		.60 007	8201	4.78	1799	665	2
59	479	1629		732	3141	1.25	046	8488	4.77	1512	654	1
60	.51 504	9.71 1839		.85 717	9.93 3066		.60 086	9.77 8774		0.22 1226	1.6643	0

120°	Nat.	Log.	Dif.	Nat.	Log.	Dif.	Nat.	Log.	Dif.	Log.	Nat.	59°
	Cosines.			Sines.			Cotangents.			Tangents.		

31°	Sines.			Cosines.			Tangents.			Cotangents.		148°
	Nat.	Log.	Dif.	Nat.	Log.	Dif.	Nat.	Log.	Dif.	Log.	Nat.	
0′	.51 504	9.71 1839	3.52	.85 717	9.93 3066	1.27	.60 086	9.77 8774	4.77	0.22 1226	1.6643	60′
1	529	2050	3.50	702	2990		126	9060		0940	632	59
2	554	2260	3.48	687	2914		165	9346		0654	621	58
3	579	2469	3.50	672	2838		205	9632		0368	610	57
4	604	2679		657	2762	1.28	245	9918	4.75	0082	599	56
5	628	2889	3.48	642	2685	1.27	284	9.78 0203	4.77	0.21 9797	588	55
6	653	3098	3.50	627	2609		324	0489		9511	577	54
7	678	3308	3.48	612	2533		364	0775	4.75	9225	566	53
8	703	3517		597	2457	1.28	403	1060	4.77	8940	555	52
9	728	3726		582	2380	1.27	443	1346	4.75	8654	545	51
10	.51 753	9.71 3935	3.48	.85 567	9.93 2304	1.27	.60 483	9.78 1631	4.75	0.21 8369	1.6534	50
11	778	4144	3.47	551	2228	1.28	522	1916		8084	523	49
12	803	4352	3.48	536	2151	1.27	562	2201		7799	512	48
13	828	4561	3.47	521	2075	1.28	602	2486		7514	501	47
14	852	4769	3.48	506	1998		642	2771		7229	490	46
15	877	4978	3.47	491	1921	1.27	681	3056		6944	479	45
16	902	5186		476	1845	1.28	721	3341		6659	469	44
17	927	5394		461	1768		761	3626	4.73	6374	458	43
18	952	5602	3.45	446	1691		801	3910	4.75	6090	447	42
19	977	5809	3.47	431	1614		841	4195	4.73	5805	436	41
20	.52 002	9.71 6017	3.45	.85 416	9.93 1537	1.28	.60 881	9.78 4479	4.75	0.21 5521	1.6426	40
21	026	6224	3.47	401	1460		921	4764	4.73	5236	415	39
22	051	6432	3.45	385	1383		960	5048		4952	404	38
23	076	6639		370	1306		.61 000	5332		4668	393	37
24	101	6846		355	1229		040	5616		4384	383	36
25	126	7053	3.43	340	1152		080	5900		4100	372	35
26	151	7259	3.45	325	1075		120	6184		3816	361	34
27	175	7466		310	0998		160	6468		3532	351	33
28	200	7673	3.43	294	0921	1.30	200	6752		3248	340	32
29	225	7879		279	0843	1.28	240	7036	4.72	2964	329	31
30	.52 250	9.71 8085	3.43	.85 264	9.93 0766	1.30	.61 280	9.78 7319	4.73	0.21 2681	1.6319	30
31	275	8291		249	0688	1.28	320	7603	4.72	2397	308	29
32	299	8497		234	0611	1.30	360	7886	4.73	2114	297	28
33	324	8703		218	0533	1.28	400	8170	4.72	1830	287	27
34	349	8909	3.42	203	0456	1.30	440	8453		1547	276	26
35	374	9114	3.43	188	0378		480	8736		1264	265	25
36	399	9320	3.42	173	0300	1.28	520	9019		0981	255	24
37	423	9525		157	0223	1.30	561	9302		0698	244	23
38	448	9730		142	0145		601	9585		0415	234	22
39	473	9935		127	0067		641	9868		0132	223	21
40	.52 498	9.72 0140	3.42	.85 112	9.92 9989	1.30	.61 681	9.79 0151	4.72	0.20 9849	1.6212	20
41	522	0345	3.40	096	9911		721	0434	4.70	9566	202	19
42	547	0549	3.42	081	9833		761	0716	4.72	9284	191	18
43	572	0754	3.40	066	9755		801	0999	4.70	9001	181	17
44	597	0958		051	9677		842	1281		8719	170	16
45	621	1162		035	9599		882	1563	4.72	8437	160	15
46	646	1366		020	9521	1.32	922	1846	4.70	8154	149	14
47	671	1570		005	9442	1.30	962	2128		7872	139	13
48	696	1774		.84 989	9364		.62 003	2410		7590	128	12
49	720	1978	3.38	974	9286	1.32	043	2692		7308	118	11
50	.52 745	9.72 2181	3.40	.84 959	9.92 9207	1.30	.62 083	9.79 2974	4.70	0.20 7026	1.6107	10
51	770	2385	3.38	943	9129	1.32	124	3256		6744	097	9
52	794	2588		928	9050	1.30	164	3538	4.68	6462	087	8
53	819	2791		913	8972	1.32	204	3819	4.70	6181	076	7
54	844	2994		897	8893	1.30	245	4101		5899	066	6
55	869	3197		882	8815	1.32	285	4383	4.68	5617	055	5
56	893	3400		866	8736		325	4664	4.70	5336	045	4
57	918	3603	3.37	851	8657		366	4946	4.68	5054	034	3
58	943	3805		836	8578		406	5227		4773	024	2
59	967	4007	3.38	820	8499		446	5508		4492	014	1
60	.52 992	9.72 4210		.84 805	9.92 8420		.62 487	9.79 5789		0.20 4211	1.6003	0
121°	Nat.	Log.	Dif.	Nat.	Log.	Dif.	Nat.	Log.	Dif.	Log.	Nat.	58°
	Cosines.			Sines.			Cotangents.			Tangents.		

32°	Sines.			Cosines.			Tangents.			Cotangents.		147°
	Nat.	Log.	Dif.	Nat.	Log.	Dif.	Nat.	Log.	Dif.	Log.	Nat.	
0′	.52 992	9.72 4210	3.37	.84 805	9.92 8420	1.30	.62 487	9.79 5789	4.68	0.20 4211	1.6003	60′
1	.53 017	4412		789	8342	1.32	527	6070		3930	1.5993	59
2	041	4614		774	8263	1.33	568	6351		3649	983	58
3	066	4816	3.35	759	8183	1.32	608	6632		3368	972	57
4	091	5017	3.37	743	8104		649	6913		3087	962	56
5	115	5219	3.35	728	8025		689	7194	4.67	2806	952	55
6	140	5420	3.37	712	7946		730	7474	4.68	2526	941	54
7	164	5622	3.35	697	7867	1.33	770	7755		2245	931	53
8	189	5823		681	7787	1.32	811	8036	4.67	1964	921	52
9	214	6024		666	7708		852	8316		1684	911	51
10	.53 238	9.72 6225	3.35	.84 650	9.92 7629	1.33	.62 892	9.79 8596	4.68	0.20 1404	1.5900	50
11	263	6426	3.33	635	7549	1.32	933	8877	4.67	1123	890	49
12	288	6626	3.35	619	7470	1.33	973	9157		0843	880	48
13	312	6827	3.33	604	7390		.63 014	9437		0563	869	47
14	337	7027	3.35	588	7310	1.32	055	9717		0283	859	46
15	361	7228	3.33	573	7231	1.33	095	9997		0003	849	45
16	386	7428		557	7151		136	9.80 0277		0.19 9723	839	44
17	411	7628		542	7071		177	0557	4.65	9443	829	43
18	435	7828	3.32	526	6991		217	0836	4.67	9164	818	42
19	460	8027	3.33	511	6911		258	1116		8884	808	41
20	.53 484	9.72 8227	3.33	.84 495	9.92 6831	1.33	.63 299	9.80 1396	4.65	0.19 8604	1.5798	40
21	509	8427	3.32	480	6751		340	1675	4.67	8325	788	39
22	534	8626		464	6671		380	1955	4.65	8045	778	38
23	558	8825		448	6591		421	2234		7766	768	37
24	583	9024		433	6511		462	2513		7487	757	36
25	607	9223		417	6431		503	2792	4.67	7208	747	35
26	632	9422		402	6351	1.35	544	3072	4.65	6928	737	34
27	656	9621		386	6270	1.33	584	3351		6649	727	33
28	681	9820	3.30	370	6190		625	3630		6370	717	32
29	705	9.73 0018	3.32	355	6110	1.35	666	3909	4.63	6091	707	31
30	.53 730	9.73 0217	3.30	.84 339	9.92 6029	1.33	.63 707	9.80 4187	4.65	0.19 5813	1.5697	30
31	754	0415		324	5949	1.35	748	4466		5534	687	29
32	779	0613		308	5868	1.33	789	4745	4.63	5255	677	28
33	804	0811		292	5788	1.35	830	5023	4.65	4977	667	27
34	828	1009	3.28	277	5707		871	5302	4.63	4698	657	26
35	853	1206	3.30	261	5626		912	5580	4.65	4420	647	25
36	877	1404		245	5545	1.33	953	5859	4.63	4141	637	24
37	902	1602	3.28	230	5465	1.35	994	6137		3863	627	23
38	926	1799		214	5384		.64 035	6415		3585	617	22
39	951	1996		198	5303		076	6693		3307	607	21
40	.53 975	9.73 2193	3.28	.84 182	9.92 5222	1.35	.64 117	9.80 6971	4.63	0.19 3029	1.5597	20
41	.54 000	2390		167	5141		158	7249		2751	587	19
42	024	2587		151	5060		199	7527		2473	577	18
43	049	2784	3.27	135	4979	1.37	240	7805		2195	567	17
44	073	2980	3.28	120	4897	1.35	281	8083		1917	557	16
45	097	3177	3.27	104	4816		322	8361	4.62	1639	547	15
46	122	3373		088	4735		363	8638	4.63	1362	537	14
47	146	3569		072	4654	1.37	404	8916	4.62	1084	527	13
48	171	3765		057	4572	1.35	446	9193	4.63	0807	517	12
49	195	3961		041	4491	1.37	487	9471	4.62	0529	507	11
50	.54 220	9.73 4157	3.27	.84 025	9.92 4409	1.35	.64 528	9.80 9748	4.62	0.19 0252	1.5497	10
51	244	4353		009	4328	1.37	569	9.81 0025		0.18 9975	487	9
52	269	4549	3.25	.83 994	4246		610	0302	4.63	9698	477	8
53	293	4744		978	4164	1.35	652	0580	4.62	9420	468	7
54	317	4939	3.27	962	4083	1.37	693	0857		9143	458	6
55	342	5135	3.25	946	4001		734	1134	4.60	8866	448	5
56	366	5330		930	3919		775	1410	4.62	8590	438	4
57	391	5525	3.28	915	3837		817	1687		8313	428	3
58	415	5719	3.25	899	3755		858	1964		8036	418	2
59	440	5914		883	3673		899	2241	4.60	7759	408	1
60	.54 464	9.73 6109		.83 867	9.92 3591		.64 941	9.81 2517		0.18 7483	1.5399	0
122°	Nat.	Log.	Dif.	Nat.	Log.	Dif.	Nat.	Log.	Dif.	Log.	Nat.	57°
	Cosines.			Sines.			Cotangents.			Tangents.		

33°	Sines. Nat.	Log.	Dif.	Cosines. Nat.	Log.	Dif.	Tangents. Nat.	Log.	Dif.	Cotangents. Log.	Nat.	146°
0′	.54 464	9.73 6109	3.23	.83 867	9.92 3591	1.37	.64 941	9.81 2517	4.62	0.18 7483	1.5399	60′
1	488	6303	3.25	851	3509		982	2794	4.60	7206	389	59
2	513	6498	3.23	835	3427		.65 024	3070	4.62	6930	379	58
3	537	6692		819	3345		065	3347	4.60	6653	369	57
4	561	6886		804	3263		106	3623		6377	359	56
5	586	7080		788	3181	1.38	148	3899	4.62	6101	350	55
6	610	7274	3.22	772	3098	1.37	189	4176	4.60	5824	340	54
7	635	7467	3.23	756	3016	1.38	231	4452		5548	330	53
8	659	7661		740	2933	1.37	272	4728		5272	320	52
9	683	7855	3.22	724	2851	1.38	314	5004		4996	311	51
10	.54 708	9.73 8048	3.22	.83 708	9.92 2768	1.37	.65 355	9.81 5280	4.58	0.18 4720	1.5301	50
11	732	8241		692	2686	1.38	397	5555	4.60	4445	291	49
12	756	8434		676	2603		438	5831		4169	282	48
13	781	8627		660	2520	1.37	480	6107	4.58	3893	272	47
14	805	8820		645	2438	1.38	521	6382	4.60	3618	262	46
15	829	9013		629	2355		563	6658	4.58	3342	253	45
16	854	9206	3.20	613	2272		604	6933	4.60	3067	243	44
17	878	9398		597	2189		646	7209	4.58	2791	233	43
18	902	9590	3.22	581	2106		688	7484		2516	224	42
19	927	9783	3.20	565	2023		729	7759	4.60	2241	214	41
20	.54 951	9.73 9975	3.20	.83 549	9.92 1940	1.38	.65 771	9.81 8035	4.58	0.18 1965	1.5204	40
21	975	9.74 0167		533	1857		813	8310		1690	195	39
22	999	0359	3.18	517	1774		854	8585		1415	185	38
23	.55 024	0550	3.20	501	1691	1.40	896	8860		1140	175	37
24	048	0742		485	1607	1.38	938	9135		0865	166	36
25	072	0934	3.18	469	1524		980	9410	4.57	0590	156	35
26	097	1125		453	1441	1.40	.66 021	9684	4.58	0316	147	34
27	121	1316	3.20	437	1357	1.38	063	9959		0041	137	33
28	145	1508	3.18	421	1274	1.40	105	9.82 0234	4.57	0.17 9766	127	32
29	169	1699	3.17	405	1190	1.38	147	0508	4.58	9492	118	31
30	.55 194	9.74 1889	3.18	.83 389	9.92 1107	1.40	.66 189	9.82 0783	4.57	0.17 9217	1.5108	30
31	218	2080		373	1023		230	1057	4.58	8943	099	29
32	242	2271		356	0939	1.38	272	1332	4.57	8668	089	28
33	266	2462	3.17	340	0856	1.40	314	1606		8394	080	27
34	291	2652		324	0772		356	1880		8120	070	26
35	315	2842	3.18	308	0688		398	2154	4.58	7846	061	25
36	339	3033	3.17	292	0604		440	2429	4.57	7571	051	24
37	363	3223		276	0520		482	2703		7297	042	23
38	388	3413	3.15	260	0436		524	2977		7023	032	22
39	412	3602	3.17	244	0352		566	3251	4.55	6749	023	21
40	.55 436	9.74 3792	3.17	.83 228	9.92 0268	1.40	.66 608	9.82 3524	4.57	0.17 6476	1.5013	20
41	460	3982	3.15	212	0184	1.42	650	3798		6202	004	19
42	484	4171	3.17	195	0099	1.40	692	4072	4.55	5928	1.4994	18
43	509	4361	3.15	179	0015		734	4345	4.57	5655	985	17
44	533	4550		163	9.91 9931	1.42	776	4619		5381	975	16
45	557	4739		147	9846	1.40	818	4893	4.55	5107	966	15
46	581	4928		131	9762	1.42	860	5166		4834	957	14
47	605	5117		115	9677	1.40	902	5439	4.57	4561	947	13
48	630	5306	3.13	098	9593	1.42	944	5713	4.55	4287	938	12
49	654	5494	3.15	082	9508	1.40	986	5986		4014	928	11
50	.55 678	9.74 5683	3.13	.83 066	9.91 9424	1.42	.67 028	9.82 6259	4.55	0.17 3741	1.4919	10
51	702	5871	3.15	050	9339		071	6532		3468	910	9
52	726	6060	3.13	034	9254		113	6805		3195	900	8
53	750	6248		017	9169	1.40	155	7078		2922	891	7
54	775	6436		001	9085	1.42	197	7351		2649	882	6
55	799	6624		.82 985	9000		239	7624		2376	872	5
56	823	6812	3.12	969	8915		282	7897		2103	863	4
57	847	6999	3.13	953	8830		324	8170	4.53	1830	854	3
58	871	7187	3.12	936	8745	1.43	366	8442	4.55	1558	844	2
59	895	7374	3.13	920	8659	1.42	409	8715	4.53	1285	835	1
60	.55 919	9.74 7562		.82 904	9.91 8574		.67 451	9.82 8987		0.17 1013	1.4826	0
123°	Nat.	Log.	Dif.	Nat.	Log.	Dif.	Nat.	Log.	Dif.	Log.	Nat.	56°
	Cosines.			Sines.			Cotangents.			Tangents.		

34°	Sines.			Cosines.			Tangents.			Cotangents.		145°
	Nat.	Log.	Dif.	Nat.	Log.	Dif.	Nat.	Log.	Dif.	Log.	Nat.	
0′	.55 919	9.74 7562	3.12	.82 904	9.91 8574	1.42	.67 451	9.82 8987	4.55	0.17 1013	1.4826	60′
1	943	7749		887	8489		493	9260	4.53	0740	816	59
2	968	7936		871	8404	1.43	536	9532	4.55	0468	807	58
3	992	8123		855	8318	1.42	578	9805	4.53	0195	798	57
4	.56 016	8310		839	8233	1.43	620	9.83 0077		0.16 9923	788	56
5	040	8497	3.10	822	8147	1.42	663	0349		9651	779	55
6	064	8683	3.12	806	8062	1.43	705	0621		9379	770	54
7	088	8870	3.10	790	7976	1.42	748	0893		9107	761	53
8	112	9056	3.12	773	7891	1.43	790	1165		8835	751	52
9	136	9243	3.10	757	7805		832	1437		8563	742	51
10	.56 160	9.74 9429	3.10	.82 741	9.91 7719	1.42	.67 875	9.83 1709	4.53	0.16 8291	1.4733	50
11	184	9615		724	7634	1.43	917	1981		8019	724	49
12	208	9801		708	7548		960	2253		7747	715	48
13	232	9987	3.08	692	7462		.68 002	2525	4.52	7475	705	47
14	256	9.75 0172	3.10	675	7376		045	2796	4.53	7204	696	46
15	280	0358	3.08	659	7290		088	3068	4.52	6932	687	45
16	305	0543	3.10	643	7204		130	3339	4.53	6661	678	44
17	329	0729	3.08	626	7118		173	3611	4.52	6389	669	43
18	353	0914		610	7032		215	3882	4.53	6118	659	42
19	377	1099		593	6946	1.45	258	4154	4.52	5846	650	41
20	.56 401	9.75 1284	3.08	.82 577	9.91 6859	1.43	.68 301	9.83 4425	4.52	0.16 5575	1.4641	40
21	425	1469		561	6773		343	4696		5304	632	39
22	449	1654		544	6687	1.45	386	4967		5033	623	38
23	473	1839	3.07	528	6600	1.43	429	5238		4762	614	37
24	497	2023	3.08	511	6514	1.45	471	5509		4491	605	36
25	521	2208	3.07	495	6427	1.43	514	5780		4220	596	35
26	545	2392		478	6341	1.45	557	6051		3949	586	34
27	569	2576		462	6254		600	6322		3678	577	33
28	593	2760		446	6167	1.43	642	6593		3407	568	32
29	617	2944		429	6081	1.45	685	6864	4.50	3136	559	31
30	.56 641	9.75 3128	3.07	.82 413	9.91 5994	1.45	.68 728	9.83 7134	4.52	0.16 2866	1.4550	30
31	665	3312	3.05	396	5907		771	7405	4.50	2595	541	29
32	689	3495	3.07	380	5820		814	7675	4.52	2325	532	28
33	713	3679	3.05	363	5733		857	7946	4.50	2054	523	27
34	736	3862	3.07	347	5646		900	8216	4.52	1784	514	26
35	760	4046	3.05	330	5559		942	8487	4.50	1513	505	25
36	784	4229		314	5472		985	8757		1243	496	24
37	808	4412		297	5385	1.47	.69 028	9027		0973	487	23
38	832	4595		281	5297	1.45	071	9297	4.52	0703	478	22
39	856	4778	3.03	264	5210		114	9568	4.50	0432	469	21
40	.56 880	9.75 4960	3.05	.82 248	9.91 5123	1.47	.69 157	9.83 9838	4.50	0.16 0162	1.4460	20
41	904	5143		231	5035	1.45	200	9.84 0108		0.15 9892	451	19
42	928	5326	3.03	214	4948	1.47	243	0378		9622	442	18
43	952	5508		198	4860	1.45	286	0648	4.48	9352	433	17
44	976	5690		181	4773	1.47	329	0917	4.50	9083	424	16
45	.57 000	5872		165	4685	1.45	372	1187		8813	415	15
46	024	6054		148	4598	1.47	416	1457		8543	406	14
47	047	6236		132	4510		459	1727	4.48	8273	397	13
48	071	6418		115	4422		502	1996	4.50	8004	388	12
49	095	6600		098	4334		545	2266	4.48	7734	379	11
50	.57 119	9.75 6782	3.02	.82 082	9.91 4246	1.47	.69 588	9.84 2535	4.50	0.15 7465	1.4370	10
51	143	6963		065	4158		631	2805	4.48	7195	361	9
52	167	7144	3.03	048	4070		675	3074		6926	352	8
53	191	7326	3.02	032	3982		718	3343		6657	344	7
54	215	7507		015	3894		761	3612	4.50	6388	335	6
55	238	7688		.81 999	3806		804	3882	4.48	6118	326	5
56	262	7869		982	3718		847	4151		5849	317	4
57	286	8050	3.00	965	3630	1.48	891	4420		5580	308	3
58	310	8230	3.02	949	3541	1.47	934	4689		5311	299	2
59	334	8411	3.00	932	3453		977	4958		5042	290	1
60	.57 358	9.75 8591		.81 915	9.91 3365		.70 021	9.84 5227		0.15 4773	1.4281	0
124°	Nat.	Log.	Dif.	Nat.	Log.	Dif.	Nat.	Log.	Dif.	Log.	Nat.	55°
	Cosines.			Sines.			Cotangents.			Tangents.		

VII. TRIGONOMETRIC FUNCTIONS.

35°	Sines			Cosines			Tangents			Cotangents		144°
	Nat.	Log.	Dif.	Nat.	Log.	Dif.	Nat.	Log.	Dif.	Log.	Nat.	
0'	.57 358	9.75 8591	3.02	.81 915	9.91 3365	1.48	.70 021	9.84 5227	4.48	0.15 4773	1.4281	60'
1	381	8772	3.00	899	3276		064	5496	4.47	4504	273	59
2	405	8952		882	3187	1.47	107	5764	4.48	4236	264	58
3	429	9132		865	3099	1.48	151	6033		3967	255	57
4	453	9312		849	3010	1.47	194	6302	4.47	3698	246	56
5	477	9492		832	2922	1.48	238	6570	4.48	3430	237	55
6	501	9672		815	2833		281	6839		3161	229	54
7	524	9852	2.98	798	2744		325	7108	4.47	2892	220	53
8	548	9.76 0031	3.00	782	2655		368	7376		2624	211	52
9	572	0211	2.98	765	2566		412	7644	4.48	2356	202	51
10	.57 596	9.76 0390	2.98	.81 748	9.91 2477	1.46	.70 455	9.84 7913	4.47	0.15 2087	1.4193	50
11	619	0569		731	2388		499	8181		1819	185	49
12	643	0748		714	2299		542	8449		1551	176	48
13	667	0927		698	2210		586	8717	4.48	1283	167	47
14	691	1106		681	2121	1.50	629	8986	4.47	1014	158	46
15	715	1285		664	2031	1.48	673	9254		0746	150	45
16	738	1464	2.97	647	1942		717	9522		0478	141	44
17	762	1642	2.98	631	1853	1.50	760	9790	4.45	0210	132	43
18	786	1821	2.97	614	1763	1.48	804	9.85 0057	4.47	0.14 9943	124	42
19	810	1999		597	1674	1.50	848	0325		9675	115	41
20	.57 833	9.76 2177	2.98	.81 580	9.91 1584	1.48	.70 891	9.85 0593	4.47	0.14 9407	1.4106	40
21	857	2356	2.97	563	1495	1.50	935	0861		9139	097	39
22	881	2534		546	1405		979	1129	4.45	8871	069	38
23	904	2712	2.95	530	1315	1.48	.71 023	1396	4.47	8604	080	37
24	928	2889	2.97	513	1226	1.50	066	1664	4.45	8336	071	36
25	952	3067		496	1136		110	1931	4.47	8069	063	35
26	976	3245	2.95	479	1046		154	2199	4.45	7801	054	34
27	999	3422	2.97	462	0956		198	2466		7534	045	33
28	.58 023	3600	2.95	445	0866		242	2733	4.47	7267	037	32
29	047	3777		428	0776		285	3001	4.45	6999	028	31
30	.58 070	9.76 3954	2.95	.81 412	9.91 0686	1.50	.71 329	9.85 3268	4.45	0.14 6732	1.4019	30
31	094	4131		395	0596		373	3535		6465	011	29
32	118	4308		378	0506	1.52	417	3802		6198	002	28
33	141	4485		361	0415	1.50	461	4069		5931	1.3994	27
34	165	4662	2.93	344	0325		505	4336		5664	985	26
35	189	4838	2.95	327	0235	1.52	549	4603		5397	976	25
36	212	5015	2.93	310	0144	1.50	593	4870		5130	968	24
37	236	5191		293	0054	1.52	637	5137		4863	959	23
38	260	5367	2.95	276	9.90 9963	1.50	681	5404		4596	951	22
39	283	5544	2.93	259	9873	1.52	725	5671		4329	942	21
40	.58 307	9.76 5720	2.93	.81 242	9.90 9782	1.52	.71 769	9.85 5938	4.43	0.14 4062	1.3934	20
41	330	5896		225	9691	1.50	813	6204	4.45	3796	925	19
42	354	6072	2.92	208	9601	1.52	857	6471	4.43	3529	916	18
43	378	6247	2.93	191	9510		901	6737	4.45	3263	906	17
44	401	6423	2.92	174	9419		946	7004	4.43	2996	899	16
45	425	6598	2.93	157	9328		990	7270	4.45	2730	891	15
46	449	6774	2.92	140	9237		.72 084	7537	4.43	2463	882	14
47	472	6949		123	9146		078	7803		2197	874	13
48	496	7124	2.93	106	9055		122	8069	4.45	1931	865	12
49	519	7300	2.92	089	8964		167	8336	4.43	1664	857	11
50	.58 543	9.76 7475	2.90	.81 072	9.90 8873	1.53	.72 211	9.85 8602	4.43	0.14 1398	1.3848	10
51	567	7649	2.92	055	8781	1.52	255	8868		1132	840	9
52	590	7824		038	8690		299	9134		0866	831	8
53	614	7999	2.90	021	8599	1.53	344	9400		0600	823	7
54	637	8173	2.92	004	8507	1.52	388	9666		0334	814	6
55	661	8348	2.90	.80 987	8416	1.53	432	9932		0068	806	5
56	684	8522	2.92	970	8324	1.52	477	9.86 0198		0.13 9802	798	4
57	708	8697	2.90	953	8233	1.53	521	0464		9536	789	3
58	731	8871		936	8141		565	0730	4.42	9270	781	2
59	755	9045		919	8049	1.52	610	0995	4.43	9005	772	1
60	.58 779	9.76 9219		.80 902	9.90 7958		.72 654	9.86 1261		0.13 8739	1.3764	0
125°	Nat.	Log.	Dif.	Nat.	Log.	Dif.	Nat.	Log.	Dif.	Log.	Nat.	54°
		Cosines.			Sines.			Cotangents.		Tangents.		

36°	Sines. Nat.	Sines. Log.	Sines. Dif.	Cosines. Nat.	Cosines. Log.	Cosines. Dif.	Tangents. Nat.	Tangents. Log.	Tangents. Dif.	Cotangents. Log.	Cotangents. Nat.	143°
0′	.58 779	9.76 9219	2.90	.80 902	9.90 7958	1.53	.72 654	9.86 1261	4.43	0.13 8739	1.3764	60′
1	802	9393	2.88	885	7866		699	1527	4.42	8473	755	59
2	826	9566	2.90	867	7774		743	1792	4.43	8208	747	58
3	849	9740	2.88	850	7682		788	2058	4.42	7942	739	57
4	873	9913	2.90	833	7590		832	2323	4.43	7677	730	56
5	896	9.77 0087	2.88	816	7498		877	2589	4.42	7411	722	55
6	920	0260		799	7406		921	2854		7146	713	54
7	943	0433		782	7314		966	3119	4.43	6881	705	53
8	967	0606		765	7222	1.55	.73 010	3385	4.42	6615	697	52
9	990	0779		748	7129	1.53	055	3650		6350	688	51
10	.59 014	9.77 0952	2.88	.80 730	9.90 7037	1.53	.73 100	9.86 3915	4.42	0.13 6085	1.3680	50
11	037	1125		713	6945	1.55	144	4180		5820	672	49
12	061	1298	2.87	696	6852	1.53	189	4445		5555	663	48
13	084	1470	2.88	679	6760	1.55	234	4710		5290	655	47
14	108	1643	2.87	662	6667	1.53	278	4975		5025	647	46
15	131	1815		644	6575	1.55	323	5240		4760	638	45
16	154	1987		627	6482		368	5505		4495	630	44
17	178	2159		610	6389		413	5770		4230	622	43
18	201	2331		593	6296	1.53	457	6035		3965	613	42
19	225	2503		576	6204	1.55	502	6300	4.40	3700	605	41
20	.59 248	9.77 2675	2.87	.80 558	9.90 6111	1.55	.73 547	9.86 6564	4.42	0.13 3436	1.3597	40
21	272	2847	2.85	541	6018		592	6829		3171	588	39
22	295	3018	2.87	524	5925		637	7094	4.40	2906	580	38
23	318	3190	2.85	507	5832		681	7358	4.42	2642	572	37
24	342	3361	2.87	489	5739	1.57	726	7623	4.40	2377	564	36
25	365	3533	2.85	472	5645	1.55	771	7887	4.42	2113	555	35
26	389	3704		455	5552		816	8152	4.40	1848	547	34
27	412	3875		438	5459		861	8416		1584	539	33
28	436	4046		420	5366	1.57	906	8680	4.42	1320	531	32
29	459	4217		403	5272	1.55	951	8945	4.40	1055	522	31
30	.59 482	9.77 4388	2.83	.80 386	9.90 5179	1.57	.73 996	9.86 9209	4.40	0.13 0791	1.3514	30
31	506	4558	2.85	368	5085	1.55	.74 041	9473		0527	506	29
32	529	4729	2.83	351	4992	1.57	086	9737		0263	498	28
33	552	4899	2.85	334	4898		131	9.87 0001		0.12 9999	490	27
34	576	5070	2.83	316	4804	1.55	176	0265		9735	481	26
35	599	5240		299	4711	1.57	221	0529		9471	473	25
36	622	5410		282	4617		267	0793		9207	465	24
37	646	5580		264	4523		312	1057		8943	457	23
38	669	5750		247	4429		357	1321		8679	449	22
39	693	5920		230	4335		402	1585		8415	440	21
40	.59 716	9.77 6090	2.82	.80 212	9.90 4241	1.57	.74 447	9.87 1849	4.38	0.12 8151	1.3432	20
41	739	6259	2.83	195	4147		492	2112	4.40	7888	424	19
42	763	6429	2.82	178	4053		538	2376		7624	416	18
43	786	6598	2.83	160	3959	1.58	583	2640	4.38	7360	408	17
44	809	6768	2.82	143	3864	1.57	628	2903	4.40	7097	400	16
45	832	6937		125	3770		674	3167	4.38	6833	392	15
46	856	7106		108	3676	1.58	719	3430	4.40	6570	384	14
47	879	7275		091	3581	1.57	764	3694	4.38	6306	375	13
48	902	7444		073	3487	1.58	810	3957		6043	367	12
49	926	7613	2.80	056	3392	1.57	855	4220	4.40	5780	359	11
50	.59 949	9.77 7781	2.82	.80 038	9.90 3298	1.58	.74 900	9.87 4484	4.38	0.12 5516	1.3351	10
51	972	7950		021	3203		946	4747		5253	343	9
52	995	8119	2.80	003	3108	1.57	991	5010		4990	335	8
53	.60 019	8287		.79 986	3014	1.58	.75 037	5273	4.40	4727	327	7
54	042	8455	2.82	968	2919		082	5537	4.38	4463	319	6
55	065	8624	2.80	951	2824		128	5800		4200	311	5
56	089	8792		934	2729		173	6063		3937	303	4
57	112	8960		916	2634		219	6326		3674	295	3
58	135	9128	2.78	899	2539		264	6589		3411	287	2
59	158	9295	2.80	881	2444		310	6852	4.37	3148	278	1
60	.60 182	9.77 9463		.79 864	9.90 2349		.75 355	9.87 7114		0.12 2886	1.3270	0
126°	Cosines. Nat.	Cosines. Log.	Cosines. Dif.	Sines. Nat.	Sines. Log.	Sines. Dif.	Cotangents. Nat.	Cotangents. Log.	Dif.	Tangents. Log.	Tangents. Nat.	53°

37°	Sines.			Cosines.			Tangents.			Cotangents.		142°
	Nat.	Log.	Dif.	Nat.	Log.	Dif.	Nat.	Log.	Dif.	Log.	Nat.	
0′	.60 182	9.77 9463	2.80	.79 864	9.90 2349	1.60	.75 355	9.87 7114	4.88	0.12 2886	1.3270	60′
1	205	9631	2.78	846	2253	1.58	401	7377		2623	262	59
2	228	9798	2.80	829	2158		447	7640		2360	254	58
3	251	9966	2.78	811	2063	1.60	492	7903	4.87	2097	246	57
4	274	9.78 0133		793	1967	1.58	538	8165	4.88	1835	238	56
5	298	0300		776	1872	1.60	584	8428		1572	230	55
6	321	0467		758	1776	1.58	629	8691	4.37	1309	222	54
7	344	0634		741	1681	1.60	675	8953	4.38	1047	214	53
8	367	0801		723	1585	1.58	721	9216	4.37	0784	206	52
9	390	0968	2.77	706	1490	1.60	767	9478	4.38	0522	198	51
10	.60 414	9.78 1134	2.78	.79 688	9.90 1394	1.60	.75 812	9.87 9741	4.37	0.12 0259	1.3190	50
11	437	1301		671	1298		858	9.88 0003		0.11 9997	182	49
12	460	1468	2.77	653	1202		904	0265	4.38	9735	175	48
13	483	1634		635	1106		950	0528	4.37	9472	167	47
14	506	1800		618	1010		996	0790		9210	159	46
15	529	1966		600	0914		.76 042	1052		8948	151	45
16	553	2132		583	0818		088	1314	4.38	8686	143	44
17	576	2298		565	0722		134	1577	4.37	8423	135	43
18	599	2464		547	0626	1.62	180	1839		8161	127	42
19	622	2630		530	0529	1.60	226	2101		7899	119	41
20	.60 645	9.78 2796	2.75	.79 512	9.90 0433	1.60	.76 272	9.88 2363	4.37	0.11 7637	1.3111	40
21	668	2961	2.77	494	0337	1.62	318	2625		7375	103	39
22	691	3127	2.75	477	0240	1.60	364	2887	4.35	7113	095	38
23	714	3292	2.77	459	0144	1.62	410	3148	4.37	6852	087	37
24	738	3458	2.75	441	0047	1.60	456	3410		6590	079	36
25	761	3623		424	9.89 9951	1.62	502	3672		6328	072	35
26	784	3788		406	9854		548	3934		6066	064	34
27	807	3953		388	9757		594	4196	4.35	5804	056	33
28	830	4118	2.73	371	9660	1.60	640	4457	4.37	5543	048	32
29	853	4282	2.75	353	9564	1.62	686	4719	4.35	5281	040	31
30	.60 876	9.78 4447	2.75	.79 335	9.89 9467	1.62	.76 733	9.88 4980	4.37	0.11 5020	1.3032	30
31	899	4612	2.73	318	9370		779	5242		4758	024	29
32	922	4776	2.75	300	9273		825	5504	4.35	4496	017	28
33	945	4941	2.73	282	9176	1.63	871	5765		4235	009	27
34	968	5105		264	9078	1.62	918	6026	4.37	3974	001	26
35	991	5269		247	8981		964	6288	4.35	3712	1.2993	25
36	.61 015	5433		229	8884		.77 010	6549	4.37	3451	985	24
37	038	5597		211	8787	1.63	057	6811	4.35	3189	977	23
38	061	5761		193	8689	1.62	103	7072		2928	970	22
39	084	5925		176	8592	1.63	149	7333		2667	962	21
40	.61 107	9.78 6089	2.72	.79 158	9.89 8494	1.62	.77 196	9.88 7594	4.35	0.11 2406	1.2954	20
41	130	6252	2.73	140	8397	1.63	242	7855		2145	946	19
42	153	6416	2.72	122	8299	1.62	289	8116	4.37	1884	938	18
43	176	6579		105	8202	1.63	335	8378	4.35	1622	931	17
44	199	6742	2.73	087	8104		382	8639		1361	923	16
45	222	6906	2.72	069	8006		428	8900		1100	915	15
46	245	7069		051	7908		475	9161	4.33	0839	907	14
47	268	7232		033	7810		521	9421	4.35	0579	900	13
48	291	7395	2.70	016	7712		568	9682		0318	892	12
49	314	7557	2.72	.78 998	7614		615	9943		0057	884	11
50	.61 337	9.78 7720	2.72	.78 980	9.89 7516	1.63	.77 661	9.89 0204	4.35	0.10 9796	1.2876	10
51	360	7883	2.70	962	7418		708	0465	4.38	9535	869	9
52	383	8045	2.72	944	7320		754	0725	4.35	9275	861	8
53	406	8208	2.70	926	7222	1.65	801	0986		9014	853	7
54	429	8370		908	7123	1.63	848	1247	4.33	8753	846	6
55	451	8532		891	7025	1.65	895	1507	4.35	8493	838	5
56	474	8694		873	6926	1.63	941	1768	4.33	8232	830	4
57	497	8856		855	6828	1.65	988	2028	4.35	7972	822	3
58	520	9018		837	6729	1.63	.78 035	2289	4.33	7711	815	2
59	543	9180		819	6631	1.65	082	2549	4.35	7451	807	1
60	.61 566	9.78 9342		.78 801	9.89 6532		.78 129	9.89 2810		0.10 7190	1.2799	0
127°	Nat.	Log.	Dif.	Nat.	Log.	Dif.	Nat.	Log.	Dif.	Log.	Nat.	52°
	Cosines.			Sines.			Cotangents.			Tangents.		

38°	Sines.			Cosines.			Tangents.			Cotangents.		141°
	Nat.	Log.	Dif.	Nat.	Log.	Dif.	Nat.	Log.	Dif.	Log.	Nat.	
0′	.61 566	9.78 9342	2.70	.78 801	9.89 6532	1.65	.78 129	9.89 2810	4.33	0.10 7190	1.2799	60′
1	589	9504	2.68	783	6433	1.63	175	3070	4.35	6930	792	59
2	612	9665	2.70	765	6335	1.65	222	3331	4.33	6669	784	58
3	635	9827	2.68	747	6236		269	3591		6409	776	57
4	658	9988		729	6137		316	3851		6149	769	56
5	681	9.79 0149		711	6038		363	4111	4.35	5889	761	55
6	704	0310		694	5939		410	4372	4.33	5628	753	54
7	726	0471		676	5840		457	4632		5368	746	53
8	749	0632		658	5741	1.67	504	4892		5108	738	52
9	772	0793		640	5641	1.65	551	5152		4848	731	51
10	.61 795	9.79 0954	2.68	.78 622	9.89 5542	1.65	.78 598	9.89 5412	4.33	0.10 4588	1.2723	50
11	818	1115	2.67	604	5443	1.67	645	5672		4328	715	49
12	841	1275	2.68	586	5343	1.65	692	5932		4068	708	48
13	864	1436	2.67	568	5244		739	6192		3808	700	47
14	887	1596	2.68	550	5145	1.67	786	6452		3548	693	46
15	909	1757	2.67	532	5045		834	6712	4.32	3288	685	45
16	932	1917		514	4945	1.65	881	6971	4.33	3029	677	44
17	955	2077		496	4846	1.67	928	7231		2769	670	43
18	978	2237		478	4746		975	7491		2509	662	42
19	.62 001	2397		460	4646		.79 022	7751	4.32	2249	655	41
20	.62 024	9.79 2557	2.65	.78 442	9.89 4546	1.67	.79 070	9.89 8010	4.33	0.10 1990	1.2647	40
21	046	2716	2.67	424	4446		117	8270		1730	640	39
22	069	2876	2.65	405	4346		164	8530	4.32	1470	632	38
23	092	3035	2.67	387	4246		212	8789	4.33	1211	624	37
24	115	3195	2.65	369	4146		259	9049	4.32	0951	617	36
25	138	3354	2.67	351	4046		306	9308	4.33	0692	609	35
26	160	3514	2.65	333	3946		354	9568	4.32	0432	602	34
27	183	3673		315	3846	1.68	401	9827	4.33	0173	594	33
28	206	3832		297	3745	1.67	449	9.90 0087	4.32	0.09 9913	587	32
29	229	3991		279	3645	1.68	496	0346		9654	579	31
30	.62 251	9.79 4150	2.63	.78 261	9.89 3544	1.67	.79 544	9.90 0605	4.32	0.09 9395	1.2572	30
31	274	4308	2.65	243	3444	1.68	591	0864	4.33	9136	564	29
32	297	4467		225	3343	1.67	639	1124	4.32	8876	557	28
33	320	4626	2.63	206	3243	1.68	686	1383		8617	549	27
34	342	4784		188	3142		734	1642		8358	542	26
35	365	4942	2.65	170	3041		781	1901		8099	534	25
36	388	5101	2.63	152	2940		829	2160	4.33	7840	527	24
37	411	5259		134	2839	1.67	877	2420	4.32	7580	519	23
38	433	5417		116	2739	1.68	924	2679		7321	512	22
39	456	5575		098	2638	1.70	972	2938		7062	504	21
40	.62 479	9.79 5733	2.63	.78 079	9.89 2536	1.68	.80 020	9.90 3197	4.32	0.09 6803	1.2497	20
41	502	5891		061	2435		067	3456	4.30	6544	489	19
42	524	6049	2.62	043	2334		115	3714	4.32	6286	482	18
43	547	6206	2.63	025	2233		163	3973		6027	475	17
44	570	6364	2.62	007	2132	1.70	211	4232		5768	467	16
45	592	6521	2.63	.77 988	2030	1.68	258	4491		5509	460	15
46	615	6679	2.62	970	1929	1.70	306	4750	4.30	5250	452	14
47	638	6836		952	1827	1.68	354	5008	4.32	4992	445	13
48	660	6993		934	1726	1.70	402	5267		4733	437	12
49	683	7150		916	1624	1.68	450	5526		4474	430	11
50	.62 706	9.79 7307	2.62	.77 897	9.89 1523	1.70	.80 498	9.90 5785	4.30	0.09 4215	1.2423	10
51	728	7464		879	1421		546	6043	4.32	3957	415	9
52	751	7621	2.60	861	1319		594	6302	4.30	3698	408	8
53	774	7777	2.62	843	1217		642	6560	4.32	3440	401	7
54	796	7934		824	1115		690	6819	4.30	3181	393	6
55	819	8091	2.60	806	1013		738	7077	4.32	2923	386	5
56	842	8247		788	0911		786	7336	4.30	2664	378	4
57	864	8403	2.62	769	0809		834	7594	4.32	2406	371	3
58	887	8560	2.60	751	0707		882	7853	4.30	2147	364	2
59	909	8716		733	0605		930	8111		1889	356	1
60	.62 932	9.79 8872		.77 715	9.89 0503		.80 978	9.90 8369		0.09 1631	1.2349	0
128°	Nat.	Log.	Dif.	Nat.	Log.	Dif.	Nat.	Log.	Dif.	Log.	Nat.	51°
	Cosines.			Sines.			Cotangents.			Tangents.		

39°	Sines. Nat.	Sines. Log.	Sines. Dif.	Cosines. Nat.	Cosines. Log.	Cosines. Dif.	Tangents. Nat.	Tangents. Log.	Dif.	Cotangents. Log.	Cotangents. Nat.	140°
0′	.62 932	9.79 8872	2.60	.77 715	9.89 0503	1.72	.80 978	9.90 8369	4.32	0.09 1631	1.2349	60′
1	955	9028		696	0400	1.70	.81 027	8628	4.30	1372	342	59
2	977	9184	2.58	678	0298	1.72	075	8886		1114	334	58
3	.63 000	9339	2.60	660	0195	1.70	123	9144		0856	327	57
4	022	9495		641	0093	1.72	171	9402		0598	320	56
5	045	9651	2.58	623	9.88 9990	1.70	220	9660		0340	312	55
6	068	9806	2.60	605	9888	1.72	268	9918	4.32	0082	305	54
7	090	9962	2.58	586	9785		316	9.91 0177	4.30	0.08 9823	298	53
8	113	9.80 0117		568	9682		364	0435		9565	290	52
9	135	0272		550	9579	1.70	413	0693		9307	283	51
10	.63 158	9.80 0427	2.58	.77 531	9.88 9477	1.72	.81 461	9.91 0951	4.30	0.08 9049	1.2276	50
11	180	0582		513	9374		510	1209		8791	268	49
12	203	0737		494	9271		558	1467		8533	261	48
13	225	0892		476	9168	1.73	606	1725	4.28	8275	254	47
14	248	1047	2.57	458	9064	1.72	655	1982	4.30	8018	247	46
15	271	1201	2.58	439	8961		703	2240		7760	239	45
16	293	1356		421	8858		752	2498		7502	232	44
17	316	1511	2.57	402	8755	1.73	800	2756		7244	225	43
18	338	1665		384	8651	1.72	849	3014	4.28	6986	218	42
19	361	1819		366	8548	1.73	898	3271	4.30	6729	210	41
20	.63 383	9.80 1973	2.58	.77 347	9.88 8444	1.72	.81 946	9.91 3529	4.30	0.08 6471	1.2203	40
21	406	2128	2.57	329	8341	1.73	995	3787	4.28	6213	196	39
22	428	2282		310	8237	1.72	.82 044	4044	4.30	5956	189	38
23	451	2436	2.55	292	8134	1.73	092	4302		5698	181	37
24	473	2589	2.57	273	8030		141	4560	4.28	5440	174	36
25	496	2743		255	7926		190	4817	4.30	5183	167	35
26	518	2897	2.55	236	7822		238	5075	4.28	4925	160	34
27	540	3050	2.57	218	7718		287	5332	4.30	4668	153	33
28	563	3204	2.55	199	7614		336	5590	4.28	4410	145	32
29	585	3357	2.57	181	7510		385	5847		4153	138	31
30	.63 608	9.80 3511	2.55	.77 162	9.88 7406	1.73	.82 434	9.91 6104	4.30	0.08 3896	1.2131	30
31	630	3664		144	7302		483	6362	4.28	3638	124	29
32	653	3817		125	7198	1.75	531	6619	4.30	3381	117	28
33	675	3970		107	7093	1.73	580	6877	4.28	3123	109	27
34	698	4123		088	6989		629	7134		2866	102	26
35	720	4276	2.53	070	6885	1.75	678	7391		2609	095	25
36	742	4428	2.55	051	6780	1.73	727	7648	4.30	2352	088	24
37	765	4581		033	6676	1.75	776	7906	4.28	2094	081	23
38	787	4734	2.53	014	6571		825	8163		1837	074	22
39	810	4886	2.55	.76 996	6466	1.73	874	8420		1580	066	21
40	.63 832	9.80 5039	2.53	.76 977	9.88 6362	1.75	.82 923	9.91 8677	4.28	0.08 1323	1.2059	20
41	854	5191		959	6257		972	8934		1066	052	19
42	877	5343		940	6152		.83 022	9191		0809	045	18
43	899	5495		921	6047		071	9448		0552	038	17
44	922	5647		903	5942		120	9705		0295	031	16
45	944	5799		884	5837		169	9962		0038	024	15
46	966	5951		866	5732		218	9.92 0219		0.07 9781	017	14
47	989	6103	2.52	847	5627		268	0476		9524	009	13
48	.64 011	6254	2.53	828	5522	1.77	317	0733		9267	002	12
49	033	6406	2.52	810	5416	1.75	366	0990		9010	1.1995	11
50	.64 056	9.80 6557	2.53	.76 791	9.88 5311	1.77	.83 415	9.92 1247	4.27	0.07 8753	1.1988	10
51	078	6709	2.52	772	5205	1.75	465	1503	4.28	8497	981	9
52	100	6860		754	5100	1.77	514	1760		8240	974	8
53	123	7011	2.53	735	4994	1.75	564	2017		7983	967	7
54	145	7163	2.52	717	4889	1.77	613	2274	4.27	7726	960	6
55	167	7314		698	4783		662	2530	4.28	7470	953	5
56	190	7465	2.50	679	4677	1.75	712	2787		7213	946	4
57	212	7615	2.52	661	4572	1.77	761	3044	4.27	6956	939	3
58	234	7766		642	4466		811	3300	4.28	6700	932	2
59	256	7917	2.50	623	4360		860	3557		6443	925	1
60	.64 279	9.80 8067		.76 604	9.88 4254		.83 910	9.92 3814		0.07 6186	1.1918	0
129°	Nat.	Log.	Dif.	Nat.	Log.	Dif.	Nat.	Log.	Dif.	Log.	Nat.	50°
	Cosines.			Sines.			Cotangents.			Tangents.		

40°	Sines.			Cosines.			Tangents.			Cotangents.		139°
	Nat.	Log.	Dif.	Nat.	Log.	Dif.	Nat.	Log.	Dif.	Log.	Nat.	
0′	.64 279	9.80 8067	2.52	.76 604	9.88 4254	1.77	.83 910	9.92 3814	4.27	0.07 6186	1.1918	60′
1	301	8218	2.50	586	4148		960	4070	4.28	5930	910	59
2	323	8368	2.52	567	4042		.84 009	4327	4.27	5673	903	58
3	346	8519	2.50	548	3936	1.78	059	4583	4.28	5417	896	57
4	368	8669		530	3829	1.77	108	4840	4.27	5160	889	56
5	390	8819		511	3723		158	5096		4904	882	55
6	412	8969		492	3617	1.78	208	5352	4.28	4648	875	54
7	435	9119		473	3510	1.77	258	5609	4.27	4391	868	53
8	457	9269		455	3404	1.78	307	5865	4.28	4135	861	52
9	479	9419		436	3297	1.77	357	6122	4.27	3878	854	51
10	.64 501	9.80 9569	2.48	.76 417	9.88 3191	1.78	.84 407	9.92 6378	4.27	0.07 3622	1.1847	50
11	524	9718	2.50	398	3084		457	6634		3366	840	49
12	546	9868	2.48	380	2977	1.77	507	6890	4.28	3110	833	48
13	568	9.81 0017	2.50	361	2871	1.78	556	7147	4.27	2853	826	47
14	590	0167	2.48	342	2764		606	7403		2597	819	46
15	612	0316		323	2657		656	7659		2341	812	45
16	635	0465		304	2550		706	7915		2085	806	44
17	657	0614		286	2443		756	8171		1829	799	43
18	679	0763		267	2336		806	8427	4.28	1573	792	42
19	701	0912		248	2229	1.80	856	8684	4.27	1316	785	41
20	.64 723	9.81 1061	2.48	.76 229	9.88 2121	1.78	.84 906	9.92 8940	4.27	0.07 1060	1.1778	40
21	746	1210	2.47	210	2014		956	9196		0804	771	39
22	768	1358	2.48	192	1907	1.80	.85 006	9452		0548	764	38
23	790	1507	2.47	173	1799	1.78	057	9708		0292	757	37
24	812	1655	2.48	154	1692	1.80	107	9964		0036	750	36
25	834	1804	2.47	135	1584	1.78	157	9.93 0220	4.25	0.06 9780	743	35
26	856	1952		116	1477	1.80	207	0475	4.27	9525	736	34
27	878	2100		097	1369		257	0731		9269	729	33
28	901	2248		078	1261		308	0987		9013	722	32
29	923	2396		059	1153	1.78	358	1243		8757	715	31
30	.64 945	9.81 2544	2.47	.76 041	9.88 1046	1.80	.85 408	9.93 1499	4.27	0.06 8501	1.1708	30
31	967	2692		022	0938		458	1755	4.25	8245	702	29
32	989	2840		003	0830		509	2010	4.27	7990	695	28
33	.65 011	2988	2.45	.75 984	0722	1.82	559	2266		7734	688	27
34	033	3135	2.47	965	0613	1.80	609	2522		7478	681	26
35	055	3283	2.45	946	0505		660	2778	4.25	7222	674	25
36	077	3430	2.47	927	0397		710	3033	4.27	6967	667	24
37	100	3578	2.45	908	0289	1.82	761	3289		6711	660	23
38	122	3725		880	0180	1.80	811	3545	4.25	6455	653	22
39	144	3872		870	0072	1.82	862	3800	4.27	6200	647	21
40	.65 166	9.81 4019	2.45	.75 851	9.87 9963	1.80	.85 912	9.93 4056	4.25	0.06 5944	1.1640	20
41	188	4166		832	9855	1.82	963	4311	4.27	5689	633	19
42	210	4313		813	9746		.86 014	4567	4.25	5433	626	18
43	232	4460		794	9637	1.80	064	4822	4.27	5178	619	17
44	254	4607	2.43	775	9529	1.82	115	5078	4.25	4922	612	16
45	276	4753	2.45	756	9420		166	5333	4.27	4667	606	15
46	298	4900	2.43	738	9311		216	5589	4.25	4411	599	14
47	320	5046	2.45	719	9202		267	5844	4.27	4156	592	13
48	342	5193	2.43	700	9093		318	6100	4.25	3900	585	12
49	364	5339		680	8984		368	6355	4.27	3645	578	11
50	.65 386	9.81 5485	2.45	.75 661	9.87 8875	1.82	.86 419	9.93 6611	4.25	0.06 3389	1.1571	10
51	408	5632	2.43	642	8766	1.83	470	6866		3134	565	9
52	430	5778		623	8656	1.82	521	7121	4.27	2879	558	8
53	452	5924	2.42	604	8547		572	7377	4.25	2623	551	7
54	474	6069	2.43	585	8438	1.83	623	7632		2368	544	6
55	496	6215		566	8328	1.82	674	7887		2113	538	5
56	518	6361		547	8219	1.83	725	8142	4.27	1858	531	4
57	540	6507	2.42	528	8109		776	8398	4.25	1602	524	3
58	562	6652	2.43	509	7999	1.82	827	8653		1347	517	2
59	584	6798	2.42	490	7890	1.83	878	8908		1092	510	1
60	.65 606	9.81 6943		.75 471	9.87 7780		.86 929	9.93 9163		0.06 0837	1.1504	0
130°	Nat.	Log.	Dif.	Nat.	Log.	Dif.	Nat.	Log.	Dif.	Log.	Nat.	49°
	Cosines.			Sines.			Cotangents.			Tangents.		

41°	Sines. Nat.	Sines. Log.	Sines. Dif.	Cosines. Nat.	Cosines. Log.	Cosines. Dif.	Tangents. Nat.	Tangents. Log.	Dif.	Cotangents. Log.	Cotangents. Nat.	138°
0′	.65 606	9.81 6943	2.42	.75 471	9.87 7780	1.88	.86 929	9.93 9163	4.25	0.06 0837	1.1504	60′
1	628	7088		452	7670		960	9418		0582	497	59
2	650	7233	2.43	433	7560		.87 031	9673		0327	490	58
3	672	7379	2.42	414	7450		082	9928		0072	483	57
4	694	7524	2.40	395	7340		183	9.94 0183	4.27	0.05 9817	477	56
5	716	7668	2.42	375	7230		184	0439	4.25	9561	470	55
6	738	7813		356	7120		236	0694		9306	463	54
7	759	7958		337	7010	1.85	287	0949		9051	456	53
8	781	8103	2.40	318	6899	1.83	338	1204		8796	450	52
9	803	8247	2.42	299	6789	1.85	369	1459	4.23	8541	443	51
10	.65 825	9.81 8392	2.40	.75 280	9.87 6678	1.83	.87 441	9.94 1713	4.25	0.05 8287	1.1436	50
11	847	8536	2.42	261	6568	1.85	492	1968		8032	430	49
12	869	8681	2.40	241	6457	1.83	543	2223		7777	423	48
13	891	8825		222	6347	1.85	595	2478		7522	416	47
14	913	8969		203	6236		646	2733		7267	410	46
15	935	9113		184	6125		698	2988		7012	403	45
16	956	9257		165	6014	1.83	740	3243		6757	396	44
17	978	9401		146	5904	1.85	801	3498	4.23	6502	389	43
18	.66 000	9545		126	5793		852	3752	4.25	6248	383	42
19	022	9689	2.38	107	5682		904	4007		5993	376	41
20	.66 044	9.81 9832	2.40	.75 088	9.87 5571	1.87	.87 955	9.94 4262	4.25	0.05 5738	1.1369	40
21	066	9976		069	5459	1.85	.88 007	4517	4.23	5483	363	39
22	088	9.82 0120	2.38	050	5348		059	4771	4.25	5229	356	38
23	109	0263		080	5237		110	5026		4974	349	37
24	131	0406	2.40	011	5126	1.87	162	5281	4.23	4719	343	36
25	153	0550	2.39	.74 992	5014	1.85	214	5535	4.25	4465	336	35
26	175	0693		973	4903	1.87	265	5790		4210	329	34
27	197	0836		953	4791	1.85	317	6045	4.23	3955	323	33
28	218	0979		934	4680	1.87	369	6299	4.25	3701	316	32
29	240	1122		915	4568		421	6554	4.23	3446	310	31
30	.66 262	9.82 1265	2.37	.74 896	9.87 4456	1.87	.88 473	9.94 6808	4.25	0.05 3192	1.1303	30
31	284	1407	2.38	876	4344		524	7063		2937	296	29
32	306	1550		857	4232	1.85	576	7318	4.23	2682	290	28
33	327	1693	2.37	838	4121	1.87	628	7572	4.25	2428	283	27
34	349	1835		818	4009	1.88	680	7827	4.23	2173	276	26
35	371	1977	2.38	799	3896	1.87	732	8081		1919	270	25
36	393	2120	2.37	780	3784		784	8335	4.25	1665	263	24
37	414	2262		760	3672		836	8590	4.23	1410	257	23
38	436	2404		741	3560		888	8844	4.25	1156	250	22
39	458	2546		722	3448	1.88	940	9099	4.23	0901	243	21
40	.66 480	9.82 2688	2.37	.74 703	9.87 3335	1.87	.88 992	9.94 9353	4.25	0.05 0647	1.1237	20
41	501	2830		683	3223	1.88	.89 045	9608	4.23	0392	230	19
42	523	2972		664	3110	1.87	097	9862		0138	224	18
43	545	3114	2.35	644	2998	1.88	149	9.95 0116	4.25	0.04 9884	217	17
44	566	3255	2.37	625	2885		201	0371	4.23	9629	211	16
45	588	3397		606	2772		253	0625		9375	204	15
46	610	3539	2.35	586	2659	1.87	306	0879		9121	197	14
47	632	3680		567	2547	1.88	358	1133	4.25	8867	191	13
48	653	3821	2.37	548	2434		410	1388	4.23	8612	184	12
49	675	3963	2.35	528	2321		463	1642		8358	178	11
50	.66 697	9.82 4104	2.35	.74 509	9.87 2208	1.88	.89 515	9.95 1896	4.23	0.04 8104	1.1171	10
51	718	4245		489	2095	1.90	567	2150	4.25	7850	165	9
52	740	4386		470	1981	1.88	620	2405	4.23	7595	158	8
53	762	4527		451	1868		672	2659		7341	152	7
54	783	4668	2.33	431	1755	1.90	725	2913		7087	145	6
55	805	4808	2.35	412	1641	1.88	777	3167		6833	139	5
56	827	4949		392	1528	1.90	830	3421		6579	132	4
57	848	5090	2.33	373	1414	1.88	883	3675		6325	126	3
58	870	5230	2.35	353	1301	1.90	935	3929		6071	119	2
59	891	5371	2.33	334	1187		988	4183		5817	113	1
60	.66 913	9.82 5511		.74 314	9.87 1073		.90 040	9.95 4437		0.04 5563	1.1106	0
131°	Nat.	Log.	Dif.	Nat.	Log.	Dif.	Nat.	Log.	Dif.	Log.	Nat.	48°
	Cosines.			Sines.			Cotangents.			Tangents.		

42°	Sines.			Cosines.			Tangents.			Cotangents.		137°
	Nat.	Log.	Dif.	Nat.	Log.	Dif.	Nat.	Log.	Dif.	Log.	Nat.	
0′	.66 918	9.82 5511	2.88	.74 314	9.87 1073	1.88	.90 040	9.95 4437	4.28	0.04 5563	1.1106	60′
1	935	5651		295	0960	1.90	093	4691	4.25	5309	100	59
2	956	5791		276	0846		146	4946	4.23	5054	093	58
3	978	5931		256	0732		199	5200		4800	087	57
4	990	6071		237	0618		251	5454		4546	080	56
5	.67 021	6211		217	0504		304	5708	4.22	4292	074	55
6	043	6351		198	0390		357	5961	4.23	4039	067	54
7	064	6491		178	0276	1.92	410	6215		3785	061	53
8	086	6631	2.32	159	0161	1.90	463	6469		3531	054	52
9	107	6770	2.33	139	0047		516	6723		3277	048	51
10	.67 129	9.82 6910	2.32	.74 120	9.86 9933	1.92	.90 569	9.95 6977	4.23	0.04 3023	1.1041	50
11	151	7049	2.33	100	9818	1.90	621	7231		2769	035	49
12	172	7189	2.32	080	9704	1.92	674	7485		2515	028	48
13	194	7328		061	9589		727	7739		2261	022	47
14	215	7467		041	9474	1.90	781	7993		2007	016	46
15	237	7606		022	9360	1.92	834	8247	4.22	1753	009	45
16	258	7745		002	9245		887	8500	4.23	1500	003	44
17	280	7884		.73 983	9130		940	8754		1246	1.0996	43
18	301	8023		963	9015		993	9008		0992	990	42
19	323	8162		944	8900		.91 046	9262		0738	983	41
20	.67 344	9.82 8301	2.30	.73 924	9.86 8785	1.92	.91 099	9.95 9516	4.22	0.04 0484	1.0977	40
21	366	8439	2.32	904	8670		153	9769	4.23	0231	971	39
22	387	8578	2.30	885	8555		206	9.96 0023		0.03 9977	964	38
23	409	8716	2.32	865	8440	1.93	259	0277	4.22	9723	958	37
24	430	8855	2.30	846	8324	1.92	313	0530	4.23	9470	951	36
25	452	8993		826	8209	1.93	366	0784		9216	945	35
26	473	9131		806	8093	1.92	419	1038		8962	939	34
27	495	9269		787	7978	1.93	473	1292	4.22	8708	932	33
28	516	9407		767	7862	1.92	526	1545	4.23	8455	926	32
29	538	9545		747	7747	1.93	580	1799	4.22	8201	919	31
30	.67 559	9.82 9683	2.30	.73 728	9.86 7631	1.93	.91 633	9.96 2052	4.23	0.03 7948	1.0913	30
31	580	9821		708	7515		687	2306		7694	907	29
32	602	9959		688	7399		740	2560	4.22	7440	900	28
33	623	9.83 0097	2.28	669	7283		794	2813	4.23	7187	894	27
34	645	0234	2.30	649	7167		847	3067	4.22	6933	888	26
35	666	0372	2.28	629	7051		901	3320	4.23	6680	881	25
36	688	0509		610	6935		955	3574		6426	875	24
37	709	0646	2.30	590	6819		.92 008	3828	4.22	6172	869	23
38	730	0784	2.28	570	6703	1.95	062	4081	4.23	5919	862	22
39	752	0921		551	6586	1.93	116	4335	4.22	5665	856	21
40	.67 773	9.83 1058	2.28	.73 531	9.86 6470	1.95	.92 170	9.96 4588	4.23	0.03 5412	1.0850	20
41	795	1195		511	6353	1.93	224	4842	4.22	5158	843	19
42	816	1332		491	6237	1.95	277	5095	4.23	4905	837	18
43	837	1469		472	6120	1.93	331	5349	4.22	4651	831	17
44	859	1606	2.27	452	6004	1.95	385	5602		4398	824	16
45	880	1742	2.28	432	5887		439	5855	4.23	4145	818	15
46	901	1879	2.27	413	5770		493	6109	4.22	3891	812	14
47	923	2015	2.28	393	5653		547	6362	4.23	3638	805	13
48	944	2152	2.27	373	5536		601	6616	4.22	3384	799	12
49	965	2288	2.28	353	5419		655	6869	4.23	3131	793	11
50	.67 987	9.83 2425	2.27	.73 333	9.86 5302	1.95	.92 709	9.96 7123	4.22	0.03 2877	1.0786	10
51	.68 008	2561		314	5185		763	7376		2624	780	9
52	029	2697		294	5068	1.97	817	7629	4.23	2371	774	8
53	051	2833		274	4950	1.95	872	7883	4.22	2117	768	7
54	072	2969		254	4833		926	8136		1864	761	6
55	093	3105		234	4716	1.97	980	8389	4.23	1611	1.0755	5
56	115	3241		215	4598	1.95	.93 034	8643	4.22	1357	749	4
57	136	3377	2.25	195	4481	1.97	088	8896		1104	742	3
58	157	3512	2.27	175	4363		143	9149	4.23	0851	736	2
59	179	3648	2.25	155	4245		197	9403	4.22	0597	730	1
60	.68 200	9.83 3783		.73 135	9.86 4127		.93 252	9.96 9656		0.03 0344	1.0724	0
132°	Nat.	Log.	Dif.	Nat.	Log.	Dif.	Nat.	Log.	Dif.	Log.	Nat.	47°
	Cosines.			Sines.			Cotangents.			Tangents.		

43°	Sines.			Cosines.			Tangents.			Cotangents.		136°
	Nat.	Log.	Dif.	Nat.	Log.	Dif.	Nat.	Log.	Dif.	Log.	Nat.	
0′	.68 200	9.83 3783	2.27	.73 135	9.86 4127	1.95	.93 252	9.96 9656	4.22	0.03 0344	1.0724	60′
1	221	3919	2.25	116	4010	1.97	306	9909		0091	717	59
2	242	4054		096	3892		360	9.97 0162	4.23	0.02 9838	711	58
3	264	4189	2.27	076	3774		415	0416	4.22	9584	705	57
4	285	4325	2.25	056	3656		469	0669		9331	699	56
5	306	4460		036	3538	1.98	524	0922		9078	692	55
6	327	4595		016	3419	1.97	578	1175	4.23	8825	686	54
7	349	4730		.72 996	3301		633	1429	4.22	8571	680	53
8	370	4865	2.23	976	3183	1.98	688	1682		8318	674	52
9	391	4999	2.25	957	3064	1.97	742	1935		8065	668	51
10	.68 412	9.83 5134	2.25	.72 937	9.86 2946	1.98	.93 797	9.97 2188	4.22	0.02 7812	1.0661	50
11	434	5269	2.23	917	2827	1.97	852	2441	4.23	7559	655	49
12	455	5403	2.25	897	2709	1.98	906	2695	4.22	7305	649	48
13	476	5538	2.23	877	2590		961	2948		7052	643	47
14	497	5672	2.25	857	2471	1.97	.94 016	3201		6799	637	46
15	518	5807	2.23	837	2353	1.98	071	3454		6546	630	45
16	539	5941		817	2234		125	3707		6293	624	44
17	561	6075		797	2115		180	3960		6040	618	43
18	582	6209		777	1996		235	4213		5787	612	42
19	603	6343		757	1877		290	4466	4.23	5534	606	41
20	.68 624	9.83 6477	2.23	.72 737	9.86 1758	2.00	.94 345	9.97 4720	4.22	0.02 5280	1.0599	40
21	645	6611		717	1638	1.98	400	4973		5027	593	39
22	666	6745	2.22	697	1519		455	5226		4774	587	38
23	688	6878	2.23	677	1400	2.00	510	5479		4521	581	37
24	709	7012		657	1280	1.98	565	5732		4268	575	36
25	730	7146	2.22	637	1161	2.00	620	5985		4015	569	35
26	751	7279		617	1041	1.98	676	6238		3762	562	34
27	772	7412	2.23	597	0922	2.00	731	6491		3509	556	33
28	793	7546	2.22	577	0802		786	6744		3256	550	32
29	814	7679		557	0682		841	6997		3003	544	31
30	.68 835	9.83 7812	2.22	.72 537	9.86 0562	2.00	.94 896	9.97 7250	4.22	0.02 2750	1.0538	30
31	857	7945		517	0442		952	7503		2497	532	29
32	878	8078		497	0322		.95 007	7756		2244	526	28
33	899	8211		477	0202		062	8009		1991	519	27
34	920	8344		457	0082		118	8262		1738	513	26
35	941	8477		437	9.85 9962		173	8515		1485	507	25
36	962	8610	2.20	417	9842	2.02	229	8768		1232	501	24
37	983	8742	2.22	397	9721	2.00	284	9021		0979	495	23
38	.69 004	8875	2.20	377	9601	2.02	340	9274		0726	489	22
39	025	9007	2.22	357	9480	2.00	395	9527		0473	483	21
40	.69 046	9.83 9140	2.20	.72 337	9.85 9360	2.02	.95 451	9.97 9780	4.22	0.02 0220	1.0477	20
41	067	9272		317	9239	2.00	506	9.98 0033		0.01 9967	470	19
42	088	9404		297	9119	2.02	562	0286	4.20	9714	464	18
43	109	9536		277	8998		618	0538	4.22	9462	458	17
44	130	9668		257	8877		673	0791		9209	452	16
45	151	9800		236	8756		729	1044		8956	446	15
46	172	9932		216	8635		785	1297		8703	440	14
47	193	9.84 0064		196	8514		841	1550		8450	434	13
48	214	0196		176	8393		897	1803		8197	428	12
49	235	0328	2.18	156	8272		952	2056		7944	422	11
50	.69 256	9.84 0459	2.20	.72 136	9.85 8151	2.03	.96 008	9.98 2309	4.22	0.01 7691	1.0416	10
51	277	0591	2.18	116	8029	2.02	064	2562	4.20	7438	410	9
52	298	0722	2.20	095	7908	2.03	120	2814	4.22	7186	404	8
53	319	0854	2.18	075	7786	2.02	176	3067		6933	398	7
54	340	0985		055	7665	2.03	232	3320		6680	392	6
55	361	1116		035	7543	2.02	288	3573		6427	385	5
56	382	1247		015	7422	2.03	344	3826		6174	379	4
57	403	1378		.71 995	7300		400	4079		5921	373	3
58	424	1509		974	7178		457	4332	4.20	5668	367	2
59	445	1640		954	7056		513	4584	4.22	5416	361	1
60	.69 466	9.84 1771		.71 934	9.85 6934		.96 569	9.98 4837		0.01 5163	1.0355	0
133°	Nat.	Log.	Dif.	Nat.	Log.	Dif.	Nat.	Log.	Dif.	Log.	Nat.	46°
	Cosines.			Sines.			Cotangents.			Tangents.		

VII. TRIGONOMETRIC FUNCTIONS.

44°	Sines.			Cosines.			Tangents.			Cotangents.		135°
	Nat.	Log.	Dif.	Nat.	Log.	Dif.	Nat.	Log.	Dif.	Log.	Nat.	
0'	.69 466	9.84 1771	2.18	.71 934	9.85 6934	2.08	.96 569	9.98 4837	4.22	0.01 5163	1.0355	60'
1	487	1902		914	6812		625	5090		4910	349	59
2	508	2033	2.17	894	6690		681	5343		4657	343	58
3	529	2163	2.18	873	6568		738	5596	4.20	4404	337	57
4	549	2294	2.17	853	6446	2.05	794	5848	4.22	4152	331	56
5	570	2424	2.16	833	6323	2.03	850	6101		3899	325	55
6	591	2555	2.17	813	6201	2.05	907	6354		3646	319	54
7	612	2685		792	6078	2.03	963	6607		3393	313	53
8	633	2815	2.18	772	5956	2.05	.97 020	6860	4.20	3140	307	52
9	654	2946	2.17	752	5833	2.08	076	7112	4.22	2888	301	51
10	.69 675	9.84 3076	2.17	.71 732	9.85 5711	2.05	.97 183	9.98 7365	4.22	0.01 2635	1.0295	50
11	696	3206		711	5588		189	7618		2382	289	49
12	717	3336		691	5465		246	7871	4.20	2129	283	48
13	737	3466	2.15	671	5342		302	8123	4.22	1877	277	47
14	758	3595	2.17	650	5219		359	8376		1624	271	46
15	779	3725		630	5096		416	8629		1371	265	45
16	800	3855	2.15	610	4973		472	8882	4.20	1118	259	44
17	821	3984	2.17	590	4850		529	9134	4.22	0866	253	43
18	842	4114	2.15	569	4727	2.07	586	9387		0613	247	42
19	862	4243		549	4603	2.05	643	9640		0360	241	41
20	.69 883	9.84 4372	2.17	.71 529	9.85 4480	2.07	.97 700	9.98 9893	4.20	0.01 0107	1.0235	40
21	904	4502	2.15	508	4356	2.05	756	9.99 0145	4.22	0.00 9855	230	39
22	925	4631		488	4233	2.07	813	0398		9602	224	38
23	946	4760		468	4109	2.05	870	0651	4.20	9349	218	37
24	966	4889		447	3986	2.07	927	0903	4.22	9097	212	36
25	987	5018		427	3862		984	1156		8844	206	35
26	.70 008	5147		407	3738		.98 041	1409		8591	200	34
27	029	5276		386	3614		098	1662	4.20	8338	194	33
28	049	5405	2.18	366	3490		155	1914	4.22	8086	188	32
29	070	5533	2.15	345	3366		213	2167		7833	182	31
30	.70 091	9.84 5662	2.18	.71 325	9.85 3242	2.07	.98 270	9.99 2420	4.20	0.00 7580	1.0176	30
31	112	5790	2.15	305	3118		327	2672	4.22	7328	170	29
32	132	5919	2.18	284	2994	2.08	384	2925		7075	164	28
33	153	6047		264	2869	2.07	441	3178		6822	158	27
34	174	6175	2.15	243	2745	2.08	499	3431	4.20	6569	152	26
35	195	6304	2.18	223	2620	2.07	556	3683	4.22	6317	147	25
36	215	6432		203	2496	2.08	613	3936		6064	141	24
37	236	6560		182	2371	2.07	671	4189	4.20	5811	135	23
38	257	6688		162	2247	2.08	728	4441	4.22	5559	129	22
39	277	6816		141	2122		786	4694		5306	123	21
40	.70 298	9.84 6944	2.12	.71 121	9.85 1997	2.08	.98 843	9.99 4947	4.20	0.00 5053	1.0117	20
41	319	7071	2.13	100	1872		901	5199	4.22	4801	111	19
42	339	7199		080	1747		958	5452		4548	105	18
43	360	7327	2.12	059	1622		.99 016	5705	4.20	4295	099	17
44	381	7454	2.13	039	1497		073	5957	4.22	4043	094	16
45	.70 401	7582	2.12	019	1372	2.10	131	6210		3790	088	15
46	422	7709		.70 998	1246	2.08	189	6463	4.20	3537	082	14
47	443	7836	2.13	978	1121		247	6715	4.22	3285	076	13
48	463	7964	2.12	957	0996	2.10	304	6968		3032	070	12
49	484	8091		937	0870	2.08	362	7221	4.20	2779	064	11
50	.70 505	9.84 8218	2.12	.70 916	9.85 0745	2.10	.99 420	9.99 7473	4.22	0.00 2527	1.0058	10
51	525	8345		896	0619		478	7726		2274	052	9
52	546	8472		875	0493	2.08	536	7979	4.20	2021	047	8
53	567	8599		855	0368	2.10	594	8231	4.22	1769	041	7
54	587	8726	2.10	834	0242		652	8484		1516	035	6
55	608	8852	2.12	813	0116		710	8737	4.20	1263	029	5
56	628	8979		793	9.84 9990		768	8989	4.22	1011	023	4
57	649	9106	2.10	772	9864		826	9242		0758	017	3
58	670	9232	2.12	752	9738	2.12	884	9495	4.20	0505	012	2
59	690	9359	2.10	731	9611	2.10	942	9747	4.22	0253	006	1
60	.70 711	9.84 9485		.70 711	9.84 9485		1.0000	0.00 0000		0.00 0000	1.0000	0
134°	Nat.	Log.	Dif.	Nat.	Log.	Dif.	Nat.	Log.	Dif.	Log.	Nat.	45°
		Cosines.			Sines.			Cotangents.		Tangents.		

VIII. NATURAL LOGARITHMS. 105

Num.	Log.	Num.	Log.	Num.	Log.	Num.	Log.	Num.	Log.
.00	∞	.50	9.30 6853	1.00	0.00 0000	1.50	0.40 5465	2.00	0.69 3147
.01	5.39 4830	.51	9.32 6655	.01	0.00 9950	.51	0.41 2110	.01	8135
.02	6.08 7977	.52	9.34 6074	.02	0.01 9803	.52	8710	.02	0.70 3098
.03	6.49 3442	.53	9.36 5122	.03	0.02 9559	.53	0.42 5268	.03	8036
.04	6.78 1124	.54	9.38 3814	.04	0.03 9221	.54	0.43 1782	.04	0.71 2950
.05	7.00 4268	.55	9.40 2163	.05	0.04 8790	.55	8255	.05	7840
.06	7.18 6589	.56	9.42 0182	.06	0.05 8269	.56	0.44 4686	.06	0.72 2706
.07	7.34 0740	.57	9.43 7881	.07	0.06 7659	.57	0.45 1076	.07	7549
.08	7.47 4271	.58	9.45 5273	.08	0.07 6961	.58	7425	.08	0.73 2368
.09	7.59 2054	.59	9.47 2367	.09	0.08 6178	.59	0.46 3734	.09	7164
.10	7.69 7415	.60	9.48 9174	1.10	0.09 5310	1.60	0.47 0004	2.10	0.74 1937
.11	7.79 2725	.61	9.50 5704	.11	0.10 4360	.61	6234	.11	6688
.12	7.87 9736	.62	9.52 1964	.12	0.11 3329	.62	0.48 2426	.12	0.75 1416
.13	7.95 9779	.63	9.53 7965	.13	0.12 2218	.63	8580	.13	6122
.14	8.03 3887	.64	9.55 3713	.14	0.13 1028	.64	0.49 4696	.14	0.76 0806
.15	8.10 2880	.65	9.56 9217	.15	9762	.65	0.50 0775	.15	5468
.16	8.16 7419	.66	9.58 4485	.16	0.14 8420	.66	6818	.16	0.77 0108
.17	8.22 8043	.67	9.59 9522	.17	0.15 7004	.67	0.51 2824	.17	4727
.18	8.28 5202	.68	9.61 4338	.18	0.16 5514	.68	8794	.18	9325
.19	8.33 9269	.69	9.62 8936	.19	0.17 3953	.69	0.52 4729	.19	0.78 3902
.20	8.39 0562	.70	9.64 3325	1.20	0.18 2322	1.70	0.53 0628	2.20	0.78 8457
.21	8.43 9352	.71	9.65 7510	.21	0.19 0620	.71	6493	.21	0.79 2993
.22	8.48 5872	.72	9.67 1496	.22	8851	.72	0.54 2324	.22	7507
.23	8.53 0324	.73	9.68 5289	.23	0.20 7014	.73	8121	.23	0.80 2002
.24	8.57 2884	.74	9.69 8895	.24	0.21 5111	.74	0.55 3885	.24	6476
.25	8.61 3706	.75	9.71 2318	.25	0.22 3144	.75	9616	.25	0.81 0930
26	8.65 2926	.76	9.72 5563	.26	0.23 1112	.76	0.56 5314	.26	5365
.27	8.69 0667	.77	9.73 8635	.27	9017	.77	0.57 0980	.27	9780
.28	8.72 7034	.78	9.75 1539	.28	0.24 6860	.78	6613	.28	0.82 4175
.29	8.76 2126	.79	9.76 4278	.29	0.25 4642	.79	0.58 2216	.29	8552
.30	8.79 6027	.80	9.77 6856	1.30	0.26 2364	1.80	0.58 7787	2.30	0.83 2909
.31	8.82 8817	.81	9.78 9279	.31	0.27 0027	.81	0.59 3327	.31	7248
.32	8.86 0566	.82	9.80 1549	.32	7632	.82	8837	.32	0.84 1567
.33	8.89 1337	.83	9.81 3670	.33	0.28 5179	.83	0.60 4316	.33	5868
.34	8.92 1190	.84	9.82 5647	.34	0.29 2670	.84	9766	.34	0.85 0151
.35	8.95 0178	.85	9.83 7481	.35	0.30 0105	.85	0.61 5186	.35	4415
.36	8.97 8349	.86	9.84 9177	.36	7485	.86	0.62 0576	.36	8662
.37	9.00 5748	.87	9.86 0738	.37	0.31 4811	.87	5938	.37	0.86 2890
.38	9.03 2416	.88	9.87 2167	.38	0.32 2083	.88	0.63 1272	.38	7100
.39	9.05 8391	.89	9.88 3466	.39	9304	.89	6577	.39	0.87 1293
.40	9.08 3709	.90	9.89 4639	1.40	0.33 6472	1.90	0.64 1854	2.40	0.87 5469
.41	9.10 8402	.91	9.90 5689	.41	0.34 3590	.91	7103	.41	9627
.42	9.13 2499	.92	9.91 6618	.42	0.35 0657	.92	0.65 2325	.42	0.88 3768
.43	9.15 6030	.93	9.92 7429	.43	7674	.93	7520	.43	7891
.44	9.17 9019	.94	9.93 8125	.44	0.36 4643	.94	0.66 2688	.44	0.89 1998
.45	9.20 1492	.95	9.94 8707	.45	0.37 1564	.95	7829	.45	6088
.46	9.22 3471	.96	9.95 9178	.46	8436	.96	0.67 2944	.46	0.90 0161
.47	9.24 4977	.97	9.96 9541	.47	0.38 5262	.97	8034	.47	4218
.48	9.26 6031	.98	9.97 9797	.48	0.39 2042	.98	0.68 3097	.48	8259
.49	9.28 6650	.99	9.98 9950	.49	8776	.99	8135	.49	0.91 2283
Num.	Log.	Num.	Log.	Num.	Log.	Num.	Log.	Num.	Log.

VIII. NATURAL LOGARITHMS.

Num.	Log.	Num.	Log.	Num.	Log.	Num.	Log.	Num.	Log.
2.50	0.91 6291	3.00	1.09 8612	3.50	1.25 2763	4.00	1.38 6294	4.50	1.50 4077
.51	0.92 0283	.01	1.10 1940	.51	5616	.01	8791	.51	6297
.52	4259	.02	5257	.52	8461	.02	1.39 1282	.52	8512
.53	8219	.03	8563	.53	1.26 1298	.03	3766	.53	1.51 0722
.54	0.93 2164	.04	1.11 1858	.54	4127	.04	6245	.54	2927
.55	6093	.05	5142	.55	6948	.05	8717	.55	5127
.56	0.94 0007	.06	8415	.56	9761	.06	1.40 1183	.56	7323
.57	3906	.07	1.12 1678	.57	1.27 2566	.07	3643	.57	9513
.58	7789	.08	4930	.58	5363	.08	6097	.58	1.52 1699
.59	0.95 1658	.09	8171	.59	8152	.09	8545	.59	3880
2.60	0.95 5511	3.10	1.13 1402	3.60	1.28 0934	4.10	1.41 0987	4.60	1.52 6056
.61	9350	.11	4623	.61	3708	.11	3423	.61	8228
.62	0.96 3174	.12	7833	.62	6474	.12	5853	.62	1.53 0395
.63	6984	.13	1.14 1033	.63	9233	.13	8277	.63	2557
.64	0.97 0779	.14	4223	.64	1.29 1984	.14	1.42 0696	.64	4714
.65	4560	.15	7402	.65	4727	.15	3108	.65	6867
.66	8326	.16	1.15 0572	.66	7463	.16	5515	.66	9015
.67	0.98 2078	.17	3732	.67	1.30 0192	.17	7916	.67	1.54 1159
.68	5817	.18	6881	.68	2913	.18	1.43 0311	.68	3298
.69	9541	.19	1.16 0021	.69	5626	.19	2701	.69	5433
2.70	0.99 3252	3.20	1.16 3151	3.70	1.30 8333	4.20	1.43 5085	4.70	1.54 7563
.71	6949	.21	6271	.71	1.31 1032	.21	7463	.71	9688
.72	1.00 0632	.22	9381	.72	3724	.22	9835	.72	1.55 1809
.73	4302	.23	1.17 2482	.73	6408	.23	1.44 2202	.73	3925
.74	7958	.24	5573	.74	9086	.24	4563	.74	6037
.75	1.01 1601	.25	8655	.75	1.32 1756	.25	6919	.75	8145
.76	5231	.26	1.18 1727	.76	4419	.26	9269	.76	1.56 0248
.77	8847	.27	4790	.77	7075	.27	1.45 1614	.77	2346
.78	1.02 2451	.28	7843	.78	9724	.28	3953	.78	4441
.79	6042	.29	1.19 0888	.79	1.33 2366	.29	6287	.79	6530
2.80	1.02 9619	3.30	1.19 3922	3.80	1.33 5001	4.30	1.45 8615	4.80	1.56 8616
.81	1.03 3184	.31	6948	.81	7629	.31	1.46 0938	.81	1.57 0697
.82	6737	.32	9965	.82	1.34 0250	.32	3255	.82	2774
.83	1.04 0277	.33	1.20 2972	.83	2865	.33	5568	.83	4846
.84	3804	.34	5971	.84	5472	.34	7874	.84	6915
.85	7319	.35	8960	.85	8073	.35	1.47 0176	.85	8979
.86	1.05 0822	.36	1.21 1941	.86	1.35 0667	.36	2472	.86	1.58 1038
.87	4312	.37	4913	.87	3255	.37	4763	.87	3094
.88	7790	.38	7876	.88	5835	.38	7049	.88	5145
.89	1.06 1257	.39	1.22 0830	.89	8409	.39	9329	.89	7192
2.90	1.06 4711	3.40	1.22 3775	3.90	1.36 0977	4.40	1.48 1605	4.90	1.58 9235
.91	8153	.41	6712	.91	3537	.41	3875	.91	1.59 1274
.92	1.07 1584	.42	9641	.92	6092	.42	6140	.92	3309
.93	5002	.43	1.23 2560	.93	8639	.43	8400	.93	5339
.94	8410	.44	5471	.94	1.37 1181	.44	1.49 0654	.94	7365
.95	1.08 1805	.45	8374	.95	3716	.45	2904	.95	9388
.96	5189	.46	1.24 1269	.96	6244	.46	5149	.96	1.60 1406
.97	8562	.47	4155	.97	8766	.47	7388	.97	3420
.98	1.09 1923	.48	7032	.98	1.38 1282	.48	9623	.98	5430
.99	5273	.49	9902	.99	3791	.49	1.50 1853	.99	7436

Num.	Log.	Num.	Log.	Num.	Log.	Num.	Log.	Num.	Log.
5.00	1.60 9438	5.50	1.70 4748	6.00	1.79 1759	6.50	1.87 1802	7.00	1.94 5910
.01	1.61 1436	.51	6565	.01	3425	.51	3339	.01	7338
.02	3430	.52	8378	.02	5087	.52	4874	.02	8763
.03	5420	.53	1.71 0188	.03	6747	.53	6407	.03	1.95 0187
.04	7406	.54	1995	.04	8404	.54	7937	.04	1608
.05	9388	.55	3798	.05	1.80 0058	.55	9465	.05	3028
.06	1.62 1366	.56	5598	.06	1710	.56	1.88 0991	.06	4445
.07	3341	.57	7395	.07	3359	.57	2514	.07	5860
.08	5311	.58	9189	.08	5005	.58	4035	.08	7274
.09	7278	.59	1.72 0979	.09	6648	.59	5553	.09	8685
5.10	1.62 9241	5.60	1.72 2767	6.10	1.80 8289	6.60	1.88 7070	7.10	1.96 0095
.11	1.63 1199	.61	4551	.11	9927	.61	8584	.11	1502
.12	3154	.62	6332	.12	1.81 1562	.62	1.89 0095	.12	2908
.13	5106	.63	8109	.13	3195	.63	1605	.13	4311
.14	7053	.64	9884	.14	4825	.64	3112	.14	5713
.15	8997	.65	1.73 1656	.15	6452	.65	4617	.15	7112
.16	1.64 0937	.66	3424	.16	8077	.66	6119	.16	8510
.17	2873	.67	5189	.17	9699	.67	7620	.17	9906
.18	4805	.68	6951	.18	1.82 1318	.68	9118	.18	1.97 1299
.19	6734	.69	8710	.19	2935	.69	1.90 0614	.19	2691
5.20	1.64 8659	5.70	1.74 0466	6.20	1.82 4549	6.70	1.90 2108	7.20	1.97 4081
.21	1.65 0580	.71	2219	.21	6161	.71	3599	.21	5469
.22	2497	.72	3969	.22	7770	.72	5088	.22	6855
.23	4411	.73	5716	.23	9376	.73	6575	.23	8239
.24	6321	.74	7459	.24	1.83 0980	.74	8060	.24	9621
.25	8228	.75	9200	.25	2581	.75	9543	.25	1.98 1001
.26	1.66 0131	.76	1.75 0937	.26	4180	.76	1.91 1023	.26	2380
.27	2030	.77	2672	.27	5776	.77	2501	.27	3756
.28	3926	.78	4404	.28	7370	.78	3977	.28	5131
.29	5818	.79	6132	.29	8961	.79	5451	.29	6504
5.30	1.66 7707	5.80	1.75 7858	6.30	1.84 0550	6.80	1.91 6923	7.30	1.98 7874
.31	9592	.81	9581	.31	2136	.81	8392	.31	9243
.32	1.67 1473	.82	1.76 1300	.32	3719	.82	9859	.32	1.99 0610
.33	3351	.83	3017	.33	5300	.83	1.92 1325	.33	1976
.34	5226	.84	4731	.34	6879	.84	2788	.34	3339
.35	7097	.85	6442	.35	8455	.85	4249	.35	4700
.36	8964	.86	8150	.36	1.85 0028	.86	5707	.36	6060
.37	1.68 0828	.87	9855	.37	1599	.87	7164	.37	7418
.38	2688	.88	1.77 1557	.38	3168	.88	8619	.38	8774
.39	4545	.89	3256	.39	4734	.89	1.93 0071	.39	2.00 0128
5.40	1.68 6399	5.90	1.77 4952	6.40	1.85 6298	6.90	1.93 1521	7.40	2.00 1480
.41	8249	.91	6646	.41	7859	.91	2970	.41	2830
.42	1.69 0096	.92	8336	.42	9418	.92	4416	.42	4179
.43	1939	.93	1.78 0024	.43	1.86 0975	.93	5860	.43	5526
.44	3779	.94	1709	.44	2529	.94	7302	.44	6871
.45	5616	.95	3391	.45	4080	.95	8742	.45	8214
.46	7449	.96	5070	.46	5629	.96	1.94 0179	.46	9555
.47	9279	.97	6747	.47	7176	.97	1615	.47	2.01 0895
.48	1.70 1105	.98	8421	.48	8721	.98	3049	.48	2233
.49	2928	.99	1.79 0091	.49	1.87 0263	.99	4481	.49	3569

Num. Log. Num. Log. Num. Log. Num. Log. Num. Log.

Num.	Log.	Num.	Log.	Num.	Log.	Num.	Log.	Num.	Log.
7.50	2.01 4903	8.00	2.07 9442	8.50	2.14 0066	9.00	2.19 7225	9.50	2.25 1292
.51	6235	.01	2.08 0691	.51	1242	.01	8335	.51	2344
.52	7566	.02	1938	.52	2416	.02	9444	.52	3395
.53	8895	.03	3185	.53	3589	.03	2.20 0552	.53	4445
.54	2.02 0222	.04	4429	.54	4761	.04	1659	.54	5493
.55	1548	.05	5672	.55	5931	.05	2765	.55	6541
.56	2871	.06	6914	.56	7100	.06	3869	.56	7588
.57	4193	.07	8153	.57	8268	.07	4972	.57	8633
.58	5513	.08	9392	.58	9434	.08	6074	.58	9678
.59	6832	.09	2.09 0629	.59	2.15 0599	.09	7175	.59	2.26 0721
7.60	2.02 8148	8.10	2.09 1864	8.60	2.15 1762	9.10	2.20 8274	9.60	2.26 1763
.61	9463	.11	3098	.61	2924	.11	9373	.61	2804
.62	2.03 0776	.12	4330	.62	4085	.12	2.21 0470	.62	3844
.63	2088	.13	5561	.63	5245	.13	1566	.63	4883
.64	3398	.14	6790	.64	6403	.14	2660	.64	5921
.65	4706	.15	8018	.65	7559	.15	3754	.65	6958
.66	6012	.16	9244	.66	8715	.16	4846	.66	7994
.67	7317	.17	2.10 0469	.67	9869	.17	5937	.67	9028
.68	8620	.18	1692	.68	2.16 1022	.18	7027	.68	2.27 0062
.69	9921	.19	2914	.69	2173	.19	8116	.69	1094
7.70	2.04 1220	8.20	2.10 4134	8.70	2.16 3323	9.20	2.21 9203	9.70	2.27 2126
.71	2518	.21	5353	.71	4472	.21	2.22 0290	.71	3156
.72	3814	.22	6570	.72	5619	.22	1375	.72	4186
.73	5109	.23	7786	.73	6765	.23	2459	.73	5214
.74	6402	.24	9000	.74	7910	.24	3542	.74	6241
.75	7693	.25	2.11 0213	.75	9054	.25	4624	.75	7267
.76	8982	.26	1425	.76	2.17 0196	.26	5704	.76	8292
.77	2.05 0270	.27	2635	.77	1337	.27	6783	.77	9316
.78	1556	.28	3843	.78	2476	.28	7862	.78	2.28 0339
.79	2841	.29	5050	.79	3615	.29	8939	.79	1361
7.80	2.05 4124	8.30	2.11 6256	8.80	2.17 4752	9.30	2.23 0014	9.80	2.28 2382
.81	5405	.31	7460	.81	5887	31	1089	.81	3402
.82	6685	.32	8662	.82	7022	.32	2163	.82	4421
.83	7963	.33	9863	.83	8155	.33	3235	.83	5439
.84	9239	.34	2.12 1063	.84	9287	.34	4306	.84	6456
.85	2.06 0514	.35	2262	.85	2.18 0417	.35	5376	.85	7471
.86	1787	.36	3458	.86	1547	.36	6445	.86	8486
.87	3058	.37	4654	.87	2675	.37	7513	.87	9500
.88	4328	.38	5848	.88	3802	.38	8580	.88	2.29 0513
.89	5596	.39	7041	.89	4927	.39	9645	.89	1524
7.90	2.06 6863	8.40	2.12 8232	8.90	2.18 6051	9.40	2.24 0710	9.90	2.29 2535
.91	8128	.41	9421	.91	7174	.41	1773	.91	3544
.92	9391	.42	2.13 0610	.92	8296	.42	2835	.92	4553
.93	2.07 0653	.43	1797	.93	9416	.43	3896	.93	5560
.94	1913	.44	2982	.94	2.19 0536	.44	4956	.94	6567
.95	3172	.45	4166	.95	1654	.45	6015	.95	7573
.96	4429	.46	5349	.96	2770	.46	7072	.96	8577
.97	5684	.47	6531	.97	3886	.47	8129	.97	9581
.98	6938	.48	7710	.98	5000	.48	9184	.98	2.30 0583
.99	8191	.49	8889	.99	6113	.49	2.25 0239	.99	1585
Num.	Log.	Num.	Log.	Num.	Log.	Num.	Log.	Num.	Log.

VIII. NATURAL LOGARITHMS.

Num.	Log.	Num.	Log.	Num.	Log.	Num.	Log.	Num.	Log.
0	∞	50	3.91 2023	100	4.60 5170	150	5.01 0635	200	5.29 8317
1	0.00 0000	51	3.93 1826	01	4.61 5121	51	7280	01	5.30 3305
2	0.69 3147	52	3.95 1244	02	4.62 4973	52	5.02 3881	02	8268
3	1.09 8612	53	3.97 0292	03	4.63 4729	53	5.03 0438	03	5.31 3206
4	1.38 6294	54	3.98 8984	04	4.64 4391	54	6953	04	8120
5	1.60 9438	55	4.00 7333	05	4.65 3960	55	5.04 3425	05	5.32 3010
6	1.79 1759	56	4.02 5352	06	4.66 3439	56	9856	06	7876
7	1.94 5910	57	4.04 3051	07	4.67 2829	57	5.05 6246	07	5.33 2719
8	2.07 9442	58	4.06 0443	08	4.68 2131	58	5.06 2595	08	7538
9	2.19 7225	59	4.07 7537	09	4.69 1348	59	8904	09	5.34 2334
10	2.30 2585	60	4.09 4345	110	4.70 0480	160	5.07 5174	210	5.34 7108
11	2.39 7895	61	4.11 0874	11	9530	61	5.08 1404	11	5.35 1858
12	2.48 4907	62	4.12 7134	12	4.71 8499	62	7596	12	6586
13	2.56 4949	63	4.14 3135	13	4.72 7388	63	5.09 3750	13	5.36 1292
14	2.63 9057	64	4.15 8883	14	4.73 6198	64	9866	14	5976
15	2.70 8050	65	4.17 4387	15	4.74 4932	65	5.10 5945	15	5.37 0638
16	2.77 2589	66	4.18 9655	16	4.75 3590	66	5.11 1988	16	5278
17	2.83 3213	67	4.20 4693	17	4.76 2174	67	7994	17	9897
18	2.89 0372	68	4.21 9508	18	4.77 0685	68	5.12 3964	18	5.38 4495
19	2.94 4439	69	4.23 4107	19	9123	69	9899	19	9072
20	2.99 5732	70	4.24 8495	120	4.78 7492	170	5.13 5798	220	5.39 3628
21	3.04 4522	71	4.26 2680	21	4.79 5791	71	5.14 1664	21	8163
22	3.09 1042	72	4.27 6666	22	4.80 4021	72	7494	22	5.40 2677
23	3.13 5494	73	4.29 0459	23	4.81 2184	73	5.15 3292	23	7172
24	3.17 8054	74	4.30 4065	24	4.82 0282	74	9055	24	5.41 1646
25	3.21 8876	75	4.31 7488	25	8314	75	5.16 4786	25	6100
26	3.25 8097	76	4.33 0733	26	4.83 6282	76	5.17 0484	26	5.42 0535
27	3.29 5837	77	4.34 3805	27	4.84 4187	77	6150	27	4950
28	3.33 2205	78	4.35 6709	28	4.85 2030	78	5.18 1784	28	9346
29	3.36 7296	79	4.36 9448	29	9812	79	7386	29	5.43 3722
30	3.40 1197	80	4.38 2027	130	4.86 7534	180	5.19 2957	230	5.43 8079
31	3.43 3987	81	4.39 4449	31	4.87 5197	81	8497	31	5.44 2418
32	3.46 5736	82	4.40 6719	32	4.88 2802	82	5.20 4007	32	6737
33	3.49 6508	83	4.41 8841	33	4.89 0349	83	9486	33	5.45 1038
34	3.52 6361	84	4.43 0817	34	7840	84	5.21 4936	34	5321
35	3.55 5348	85	4.44 2651	35	4.90 5275	85	5.22 0356	35	9586
36	3.58 3519	86	4.45 4347	36	4.91 2655	86	5747	36	5.46 3832
37	3.61 0918	87	4.46 5908	37	9981	87	5.23 1109	37	8060
38	3.63 7586	88	4.47 7337	38	4.92 7254	88	6442	38	5.47 2271
39	3.66 3562	89	4.48 8636	39	4.93 4474	89	5.24 1747	39	6464
40	3.68 8879	90	4.49 9810	140	4.94 1642	190	5.24 7024	240	5.48 0639
41	3.71 3572	91	4.51 0860	41	8760	91	5.25 2273	41	4797
42	3.73 7670	92	4.52 1789	42	4.95 5827	92	7495	42	8938
43	3.76 1200	93	4.53 2599	43	4.96 2845	93	5.26 2690	43	5.49 3061
44	3.78 4190	94	4.54 3295	44	9813	94	7858	44	7168
45	3.80 6662	95	4.55 3877	45	4.97 6734	95	5.27 3000	45	5.50 1258
46	3.82 8641	96	4.56 4348	46	4.98 3607	96	8115	46	5332
47	3.85 0148	97	4.57 4711	47	4.99 0433	97	5.28 3204	47	9388
48	3.87 1201	98	4.58 4967	48	7212	98	8267	48	5.51 3429
49	3.89 1820	99	4.59 5120	49	5.00 3946	99	5.29 3305	49	7463
Num.	Log.	Num.	Log.	Num.	Log.	Num.	Log.	Num.	Log.

VIII. NATURAL LOGARITHMS.

Num.	Log.	Num.	Log.	Num.	Log.	Num.	Log.	Num.	Log.
250	5.52 1461	300	5.70 3782	350	5.85 7933	400	5.99 1465	450	6.10 9248
51	5453	01	7110	51	5.86 0786	01	3961	51	6.11 1467
52	9429	02	5.71 0427	52	3631	02	6452	52	3682
53	5.53 3389	03	3733	53	6468	03	8937	53	5892
54	7334	04	7028	54	9297	04	6.00 1415	54	8097
55	5.54 1264	05	5.72 0312	55	5.87 2118	05	3887	55	6.12 0297
56	5177	06	3585	56	4931	06	6353	56	2493
57	9076	07	6848	57	7736	07	8813	57	4683
58	5.55 2960	08	5.73 0100	58	5.88 0533	08	6.01 1267	58	6869
59	6828	09	3341	59	3322	09	3715	59	9050
260	5.56 0682	310	5.73 6572	360	5.88 6104	410	6.01 6157	460	6.13 1226
61	4520	11	9793	61	8878	11	8593	61	3398
62	8345	12	5.74 3003	62	5.89 1644	12	6.02 1023	62	5565
63	5.57 2154	13	6203	63	4403	13	3448	63	7727
64	5949	14	9393	64	7154	14	5866	64	9885
65	9730	15	5.75 2573	65	9897	15	8279	65	6.14 2037
66	5.58 3496	16	5742	66	5.90 2633	16	6.03 0685	66	4186
67	7249	17	8902	67	5362	17	3086	67	6329
68	5.59 0987	18	5.76 2051	68	8083	18	5481	68	8468
69	4711	19	5191	69	5.91 0797	19	7871	69	6.15 0603
270	5.59 8422	320	5.76 8321	370	5.91 3503	420	6.04 0255	470	6.15 2733
71	5.60 2119	21	5.77 1441	71	6202	21	2633	71	4858
72	5802	22	4552	72	8894	22	5005	72	6979
73	9472	23	7652	73	5.92 1578	23	7372	73	9005
74	5.61 3128	24	5.78 0744	74	4256	24	9733	74	6.16 1207
75	6771	25	3825	75	6926	25	6.05 2089	75	3315
76	5.62 0401	26	6897	76	9589	26	4439	76	5418
77	4018	27	9960	77	5.93 2245	27	6784	77	7516
78	7621	28	5.79 3014	78	4894	28	9123	78	9611
79	5.63 1212	29	6058	79	7536	29	6.06 1457	79	6.17 1701
280	5.63 4790	330	5.79 9093	380	5.94 0171	430	6.06 3785	480	6.17 3786
81	8355	31	5.80 2118	81	2799	31	6108	81	5867
82	5.64 1907	32	5135	82	5421	32	8426	82	7944
83	5447	33	8142	83	8035	33	6.07 0738	83	6.18 0017
84	8974	34	5.81 1141	84	5.95 0643	34	3045	84	2085
85	5.65 2489	35	4131	85	3243	35	5346	85	4149
86	5992	36	7111	86	5837	36	7642	86	6209
87	9482	37	5.82 0083	87	8425	37	9933	87	8264
88	5.66 2960	38	3046	88	5.96 1005	38	6.08 2219	88	6.19 0315
89	6427	39	6000	89	3579	39	4499	89	2362
290	5.66 9881	340	5.82 8946	390	5.96 6147	440	6.08 6775	490	6.19 4405
91	5.67 3323	41	5.83 1882	91	8708	41	9045	91	6444
92	6754	42	4811	92	5.97 1262	42	6.09 1310	92	8479
93	5.68 0173	43	7730	93	3810	43	3570	93	6.20 0509
94	3580	44	5.84 0642	94	6351	44	5825	94	2536
95	6975	45	3544	95	8886	45	8074	95	4558
96	5.69 0359	46	6439	96	5.98 1414	46	6.10 0319	96	6576
97	3732	47	9325	97	3936	47	2550	97	8590
98	7093	48	5.85 2202	98	6452	48	4793	98	6.21 0600
99	5.70 0444	49	5072	99	8961	49	7023	99	2606
Num.	Log.	Num.	Log.	Num.	Log.	Num.	Log.	Num.	Log.

Num.	Log.	Num.	Log.	Num.	Log.	Num.	Log.	Num.	Log.
500	6.21 4608	550	6.30 9918	600	6.39 6930	650	6.47 6972	700	6.55 1080
01	6606	51	6.31 1735	01	8595	51	8510	01	2508
02	8600	52	3548	02	6.40 0257	52	6.48 0045	02	3933
03	6.22 0590	53	5358	03	1917	53	1577	03	5357
04	2576	54	7165	04	3574	54	3107	04	6778
05	4558	55	8968	05	5228	55	4635	05	8198
06	6537	56	6.32 0768	06	6880	56	6161	06	9615
07	8511	57	2565	07	8529	57	7684	07	6.56 1031
08	6.23 0481	58	4359	08	6.41 0175	58	9205	08	2444
09	2448	59	6149	09	1818	59	6.49 0724	09	3856
510	6.23 4411	560	6.32 7937	610	6.41 3459	660	6.49 2240	710	6.56 5265
11	6370	61	9721	11	5097	61	3754	11	6672
12	8325	62	6.33 1502	12	6732	62	5266	12	8078
13	6.24 0276	63	3280	13	8365	63	6775	13	9481
14	2223	64	5054	14	9995	64	8282	14	6.57 0883
15	4167	65	6826	15	6.42 1622	65	9787	15	2283
16	6107	66	8594	16	3247	66	6.50 1290	16	3680
17	8043	67	6.34 0359	17	4869	67	2790	17	5076
18	9975	68	2121	18	6488	68	4288	18	6470
19	6.25 1904	69	3880	19	8105	69	5784	19	7861
520	6.25 3829	570	6.34 5636	620	6.42 9719	670	6.50 7278	720	6.57 9251
21	5750	71	7389	21	6.43 1331	71	8769	21	6.58 0639
22	7668	72	9139	22	2940	72	6.51 0258	22	2025
23	9581	73	6.35 0886	23	4547	73	1745	23	3409
24	6.26 1492	74	2629	24	6150	74	3230	24	4791
25	3398	75	4370	25	7752	75	4713	25	6172
26	5301	76	6108	26	9350	76	6193	26	7550
27	7201	77	7842	27	6.44 0947	77	7671	27	8926
28	9096	78	9574	28	2540	78	9147	28	6.59 0301
29	6.27 0988	79	6.36 1302	29	4131	79	6.52 0621	29	1674
530	6.27 2877	580	6.36 3028	630	6.44 5720	680	6.52 2093	730	6.59 3045
31	4762	81	4751	31	7306	81	3562	31	4413
32	6643	82	6470	32	8889	82	5030	32	5781
33	8521	83	8187	33	6.45 0470	83	6495	33	7146
34	6.28 0396	84	9901	34	2049	84	7958	34	8509
35	2267	85	6.37 1612	35	3625	85	9419	35	9870
36	4134	86	3320	36	5199	86	6.53 0878	36	6.60 1230
37	5998	87	5025	37	6770	87	2334	37	2588
38	7859	88	6727	38	8338	88	3789	38	3944
39	9716	89	8426	39	9904	89	5241	39	5298
540	6.29 1569	590	6.38 0123	640	6.46 1468	690	6.53 6692	740	6.60 6650
41	3419	91	1816	41	3029	91	8140	41	8001
42	5266	92	3507	42	4588	92	9586	42	9349
43	7109	93	5194	43	6145	93	6.54 1030	43	6.61 0696
44	8949	94	6879	44	7699	94	2472	44	2041
45	6.30 0786	95	8561	45	9250	95	3912	45	3384
46	2619	96	6.39 0241	46	6.47 0800	96	5350	46	4726
47	4449	97	1917	47	2346	97	6785	47	6065
48	6275	98	3591	48	3891	98	8219	48	7403
49	8098	99	5262	49	5433	99	9651	49	8739
Num.	Log.	Num.	Log.	Num.	Log.	Num.	Log.	Num.	Log.

VIII. NATURAL LOGARITHMS.

Num.	Log.	Num.	Log.	Num.	Log.	Num.	Log.	Num.	Log.
750	6.62 0073	800	6.68 4612	850	6.74 5236	900	6.80 2395	950	6.85 6462
51	1406	01	5861	51	6412	01	3505	51	7514
52	2736	02	7109	52	7587	02	4615	52	8565
53	4065	03	8355	53	8760	03	5723	53	9615
54	5392	04	9599	54	9931	04	6829	54	6.86 0664
55	6718	05	6.69 0842	55	6.75 1101	05	7935	55	1711
56	8041	06	2084	56	2270	06	9039	56	2758
57	9363	07	3324	57	3438	07	6.81 0142	57	3803
58	6.63 0683	08	4562	58	4604	08	1244	58	4848
59	2002	09	5799	59	5769	09	2345	59	5891
760	6.63 3318	810	6.69 7034	860	6.75 6932	910	6.81 3445	960	6.86 6933
61	4633	11	8268	61	8095	11	4543	61	7974
62	5947	12	9500	62	9255	12	5640	62	9014
63	7258	13	6.70 0731	63	6.76 0415	13	6736	63	6.87 0053
64	8568	14	1960	64	1573	14	7831	64	1091
65	9876	15	3188	65	2730	15	8924	65	2128
66	6.64 1182	16	4414	66	3885	16	6.82 0016	66	3164
67	2487	17	5639	67	5039	17	1107	67	4198
.68	3790	18	6862	68	6192	18	2197	68	5232
69	5091	19	8084	69	7343	19	3286	69	6265
770	6.64 6391	820	6.70 9304	870	6.76 8493	920	6.82 4374	970	6.87 7296
71	7688	21	6.71 0523	71	9642	21	5460	71	8326
72	8985	22	1740	72	6.77 0789	22	6545	72	9356
73	6.65 0279	23	2956	73	1936	23	7629	73	6.88 0384
74	1572	24	4171	74	3080	24	8712	74	1411
75	2863	25	5383	75	4224	25	9794	75	2437
76	4153	26	6595	76	5366	26	6.83 0874	76	3463
77	5440	27	7805	77	6507	27	1954	77	4487
78	6727	28	9013	78	7647	28	3032	78	5510
79	8011	29	6.72 0220	79	8785	29	4109	79	6532
780	6.65 9294	830	6.72 1426	880	6.77 9922	930	6.83 5185	980	6.88 7553
81	6.66 0575	31	2630	81	6.78 1058	31	6259	81	8572
82	1855	32	3832	82	2192	32	7333	82	9591
83	3133	33	5034	83	3325	33	8405	83	6.89 0609
84	4409	34	6233	84	4457	34	9476	84	1626
85	5684	35	7432	85	5588	35	6.84 0547	85	2642
86	6957	36	8629	86	6717	36	1615	86	3656
87	8228	37	9824	87	7845	37	2683	87	4670
88	9498	38	6.73 1018	88	8972	38	3750	88	5683
89	6.67 0766	39	2211	89	6.79 0097	39	4815	89	6694
790	6.67 2033	840	6.73 3402	890	6.79 1221	940	6.84 5880	990	6.89 7705
91	3298	41	4592	91	2344	41	6943	91	8715
92	4561	42	5780	92	3466	42	8005	92	9723
93	5823	43	6967	93	4587	43	9066	93	6.90 0731
94	7083	44	8152	94	5706	44	6.85 0126	94	1737
95	8342	45	9337	95	6824	45	1185	95	2743
96	9599	46	6.74 0519	96	7940	46	2243	96	3747
97	6.68 0855	47	1701	97	9056	47	3299	97	4751
98	2109	48	2881	98	6.80 0170	48	4355	98	5753
99	3361	49	4059	99	1283	49	5409	99	6755
Num.	Log.	Num.	Log.	Num.	Log.	Num.	Log.	Num.	Log.

Num.	Log.	Num.	Log.	Num.	Log.	Num.	Log.	Num.	Log.
1000	6.90 7755	1050	6.95 6545	1100	7.00 3065	1150	7.04 7517	1200	7.09 0077
01	8755	51	7497	01	3974	51	8386	01	0910
02	9753	52	8448	02	4882	52	9255	02	1742
03	6.91 0751	53	9399	03	5789	53	7.05 0123	03	2574
04	1747	54	6.96 0348	04	6695	54	0989	04	3405
05	2743	55	1296	05	7601	55	1856	05	4235
06	3737	56	2243	06	8505	56	2721	06	5064
07	4731	57	3190	07	9409	57	3586	07	5893
08	5723	58	4136	08	7.01 0312	58	4450	08	6721
09	6715	59	5080	09	1214	59	5313	09	7549
1010	6.91 7706	1060	6.96 6024	1110	7.01 2115	1160	7.05 6175	1210	7.09 8376
11	8695	61	6967	11	3016	61	7037	11	9202
12	9684	62	7909	12	3915	62	7898	12	7.10 0027
13	6.92 0672	63	8850	13	4814	63	8758	13	0852
14	1658	64	9791	14	5712	64	9618	14	1676
15	2644	65	6.97 0730	15	6610	65	7.06 0476	15	2499
16	3629	66	1669	16	7506	66	1334	16	3322
17	4612	67	2606	17	8402	67	2192	17	4144
18	5595	68	3543	18	9297	68	3048	18	4965
19	6577	69	4479	19	7.02 0191	69	3904	23	9062
1020	6.92 7558	1070	6.97 5414	1120	7.02 1084	1170	7.06 4759	1229	7.11 3956
21	8538	71	6348	21	1976	71	5613	31	5582
22	9517	72	7281	22	2868	72	6467	37	7.12 0444
23	6.93 0495	73	8214	23	3759	73	7320	49	7.13 0099
24	1472	74	9145	24	4649	74	8172	59	8073
25	2448	75	6.98 0076	25	5538	75	9023	77	7.15 2269
26	3423	76	1006	26	6427	76	9874	79	3834
27	4397	77	1935	27	7315	77	7.07 0724	83	6956
28	5370	78	2863	28	8201	78	1573	89	7.16 1622
29	6343	79	3790	29	9088	79	2422	91	3172
1030	6.93 7314	1080	6.98 4716	1130	7.02 9973	1180	7.07 3270	1297	7.16 7809
31	8284	81	5642	31	7.03 0857	81	4117	1301	7.17 0888
32	9254	82	6566	32	1741	82	4963	03	2425
33	6.94 0222	83	7490	33	2624	83	5809	07	5490
34	1190	84	8413	34	3506	84	6654	19	7.18 4629
35	2157	85	9335	35	4388	85	7498	21	6144
36	3122	86	6.99 0257	36	5269	86	8342	27	7.19 0676
37	4087	87	1177	37	6148	87	9184	61	7.21 5975
38	5051	88	2096	38	7028	88	7.08 0026	67	7.22 0374
39	6014	89	3015	39	7906	89	0868	73	4753
1040	6.94 6976	1090	6.99 3933	1140	7.03 8784	1190	7.08 1709	1381	7.23 0563
41	7937	91	4850	41	9660	91	2549	99	7.24 3513
42	8897	92	5766	42	7.04 0536	92	3388	1409	7.25 0636
43	9856	93	6681	43	1412	93	4226	23	7.26 0523
44	6.95 0815	94	7596	44	2286	94	5064	27	3330
45	1772	95	8510	45	3160	95	5901	29	4730
46	2729	96	9422	46	4033	96	6738	33	7525
47	3684	97	7.00 0334	47	4905	97	7574	39	7.27 1704
48	4639	98	1246	48	5777	98	8409	47	7248
49	5593	99	2156	49	6647	99	9243	51	7.28 0008
Num.	Log.	Num.	Log.	Num.	Log.	Num.	Log.	Num.	Log.

Num.	Log.	Num.	Log.	Num.	Log.	Num.	Log.	Num.	Log.
1453	7.28 1386	1823	7.50 8230	2221	7.70 5713	2621	7.87 1311	3001	8.00 6701
59	5507	31	7.51 2618	37	7.71 2891	33	5879	11	8.01 0028
71	7.29 3698	47	7.52 1318	39	3785	47	7.88 1182	19	2681
81	7.30 0473	61	8869	43	5570	57	4953	23	4005
83	1822	67	7.53 2088	51	9130	59	5705	37	8625
87	4516	71	4228	67	7.72 6213	63	7209	41	9942
89	5860	73	5297	69	7094	71	7.89 0208	49	8.02 2569
93	8543	77	7430	73	8856	77	2452	61	6497
99	7.31 2553	79	8495	81	7.73 2369	83	4691	67	8455
1511	7.32 0527	89	7.54 3803	87	4996	87	6181	79	8.03 2360
1523	7.32 8437	1901	7.55 0135	2293	7.73 7616	2689	7.89 6925	3083	8.03 3658
31	7.33 3676	07	3287	97	9359	93	8411	89	5603
43	7.34 1484	13	6428	2309	7.74 4570	99	7.90 0637	3109	8.04 2056
49	5365	31	7.56 5793	11	5436	2707	3596	19	5268
53	7944	33	6828	33	7.75 4910	11	5073	21	5909
59	7.35 1800	49	7.57 5072	39	7479	13	5810	37	8.05 1022
67	6918	51	6097	41	8333	19	8019	63	9276
71	9468	73	7.58 7311	47	7.76 0893	29	7.91 1691	67	8.06 0540
79	7.36 4547	79	7.59 0347	51	2596	31	2423	69	1171
83	7077	87	4381	57	5145	41	6078	81	4951
1597	7.37 5882	1993	7.59 7396	2371	7.77 1067	2749	7.91 8992	3187	8.06 6835
1601	8384	97	9401	77	3594	53	7.92 0447	91	8090
07	7.38 2124	99	7.60 0402	81	5276	67	5519	3203	8.07 1843
09	3368	2003	2401	83	6115	77	9126	09	3715
13	5851	11	6387	89	8630	89	7.93 3438	17	6205
19	9564	17	9367	93	7.78 0303	91	4155	21	7447
21	7.39 0799	27	7.61 4312	99	2807	97	6303	29	9928
27	4493	29	5298	2411	7797	2801	7732	51	8.08 6718
37	7.40 0621	39	7.62 0215	17	7.79 0282	03	8446	53	7333
57	7.41 2764	53	7057	23	2762	19	7.94 4137	57	8562
1663	7.41 6378	2063	7.63 1917	2437	7.79 8523	2833	7.94 9091	3259	8.08 9176
67	8781	69	4821	41	7.80 0163	37	7.95 0502	71	8.09 2851
69	9980	81	7.64 0604	47	2618	43	2615	99	8.10 1375
93	7.43 4257	83	1564	59	7510	51	5425	3301	1981
97	6617	87	3483	67	7.81 0758	57	7527	07	3797
99	7795	89	4441	73	3187	61	8926	13	5609
1709	7.44 3664	99	9216	77	4803	79	7.96 5198	19	7419
21	7.45 0661	2111	7.65 4917	2503	7.82 5245	87	7973	23	8623
23	1822	13	5864	21	7.83 2411	97	7.97 1431	29	8.11 0427
33	7609	29	7.66 3408	31	6370	2903	3500	31	1028
1741	7.46 2215	2131	7.66 4347	2539	7.83 9526	2909	7.97 5565	3343	8.11 4624
47	5655	37	7158	43	7.84 1100	17	8311	47	5820
53	9084	41	9028	49	3456	27	7.98 1733	59	9399
59	7.47 2501	43	9962	51	4241	39	5825	61	9994
77	7.48 2682	53	7.67 4617	57	6590	53	7.99 0577	71	8.12 2965
83	6053	61	8326	79	7.85 5157	57	1931	73	3558
87	8294	79	7.68 6621	91	9799	63	3958	89	8290
89	9412	2203	7.69 7575	93	7.86 0571	69	5980	91	8880
1801	7.49 6097	07	9389	2609	6722	71	6654	3407	8.13 3587
11	7.50 1634	13	7.70 2104	17	9784	99	8.00 6034	13	5347
Num.	Log.	Num.	Log.	Num.	Log.	Num.	Log.	Num.	Log.

VIII. NATURAL LOGARITHMS.

Num.	Log.	Num.	Log.	Num.	Log.	Num.	Log.	Num.	Log.
3433	8.14 1190	3823	8.24 8791	4241	8.35 2554	4663	8.44 7414	5099	8.53 6800
49	5840	33	8.25 1403	43	3026	73	9557	5101	7192
57	8156	47	5049	53	5380	79	8.45 0840	07	8367
61	9313	51	6088	59	6790	91	3401	13	9542
63	9891	53	6607	61	7259	4703	5956	19	8.54 0714
67	8.15 1045	63	9199	71	9603	21	9776	47	6169
69	1622	77	8.26 2817	73	8.36 0071	23	8.46 0199-	53	7334
91	7944	81	3848	83	2409	29	1469	67	8.55 0048
99	8.16 0232	89	5907	89	3809	33	2315	71	0821
3511	3656	3907	8.27 0525	97	5672	51	6110	79	2367
3517	8.16 5364	3911	8.27 1548	4327	8.37 2630	4759	8.46 7793	5189	8.55 4296
27	8203	17	3081	37	4938	83	8.47 2823	97	5837
29	8770	19	3592	39	5399	87	3659	5209	8143
33	9903	23	4612	49	7701	89	4077	27	8.56 1593
39	8.17 1599	29	6140	57	9539	93	4912	31	2358
41	2164	31	6649	63	8.38 0915	99	6103	33	2740
47	3857	43	9697	73	3205	4801	6580	37	3504
57	6673	47	8.28 0711	91	7312	13	9076	61	8076
59	7235	67	5765	97	8678	17	9907	73	8.57 0355
71	8.18 0601	89	8.29 1296	4409	8.39 1403	31	8.48 2809	79	1492
3581	8.18 3397	4001	8.29 4300	4421	8.39 4121	4861	8.48 8999	5281	8.57 1871
83	3956	03	4799	23	4573	71	8.49 1055	97	4896
93	6743	07	5798	41	8635	77	2286	5303	6028
3607	8.19 0632	13	7294	47	9985	89	4743	09	7159
13	2294	19	8788	51	8.40 0884	4903	7603	23	9792
17	3400	21	9286	57	2231	09	8826	33	8.58 1669
23	5058	27	8.30 0777	63	3576	19	8.50 0861	47	4291
31	7263	49	6225	81	7602	31	3297	51	5039
37	8914	51	6719	83	8048	33	3703	81	8.59 0630
43	8.20 0563	57	8199	93	8.41 0276	37	4513	87	1744
3659	8.20 4945	4073	8.31 2135	4507	8.41 3387	4943	8.50 5728	5393	8.59 2857
71	8219	79	3607	13	4717	51	7345	99	3969
73	8764	91	6545	17	5603	57	8556	5407	5450
77	9852	93	7033	19	6046	67	8.51 0571	13	6559
91	8.21 3653	99	8498	23	6931	69	0974	17	7297
97	5277	4111	8.32 1422	47	8.42 2223	73	1779	19	7667
3701	6358	27	5306	49	2663	87	4590	31	9879
09	8518	29	5791	61	5297	93	5792	37	8.60 0983
19	8.22 1210	33	6759	67	6612	99	6993	41	1718
27	3359	39	8209	83	8.43 0109	5003	7793	43	2086
3733	8.22 4967	4153	8.33 1586	4591	8.43 1853	5009	8.51 8992	5449	8.60 3187
39	6573	57	2549	97	3159	11	9391	71	7217
61	8.23 2440	59	3030	4603	4464	21	8.52 1384	77	8313
67	4034	77	7349	21	8366	23	1783	79	8678
69	4565	4201	8.34 3078	37	8.44 1823	39	4963	83	9408
79	7215	11	5455	39	2254	51	7342	5501	8.61 2685
93	8.24 0913	17	6879	43	3116	59	8924	03	3049
97	1967	19	7353	49	4407	77	8.53 2476	07	3775
3803	3546	29	9721	51	4838	81	3263	19	5952
21	8267	31	8.35 0194	57	6127	87	4444	21	6314
Num.	Log.	Num.	Log.	Num.	Log.	Num.	Log.	Num.	Log.

Num.	Log.	Num.	Log.	Num.	Log.	Num.	Log.	Num.	Log.
5527	8.61 7400	5953	8.69 1651	6373	8.75 9826	6841	8.83 0689	7307	8.89 6588
31	8124	81	6343	79	8.76 0767	57	3025	09	6862
57	8.62 2814	87	7346	89	2333	63	3900	21	8502
63	3893	6007	8.70 0681	97	3584	69	4774	31	9867
79	4971	11	1346	6421	7329	71	5065	33	8.90 0140
73	5689	29	4336	27	8263	83	6810	49	2320
81	7123	37	5662	49	8.77 1680	99	7681	51	2592
91	8913	43	6656	51	1990	6907	8.84 0291	69	5037
5623	8.63 4621	47	7318	69	4777	11	0870	93	8289
39	7462	53	8309	73	5395	17	1737	7411	8.91 0721
5641	8.63 7817	6067	8.71 0620	6481	8.77 6630	6947	8.84 6065	7417	8.91 1530
47	8880	73	1608	91	8172	49	6353	33	3685
51	9588	79	2595	6521	8.78 2783	59	7791	51	6104
53	9942	89	4239	29	4009	61	8078	57	6908
57	8.64 0649	91	4568	47	6762	67	8940	59	7177
59	1002	6101	6208	51	7373	71	9514	77	9587
69	2768	13	8173	53	7678	77	8.85 0374	81	8.92 0122
83	5235	21	9481	63	9203	83	1234	87	0923
89	6290	31	8.72 1113	69	8.79 0117	91	2379	89	1191
93	6993	33	1439	71	0421	97	3237	99	2525
5701	8.64 8397	6143	8.72 3069	6577	8.79 1334	7001	8.85 3808	7507	8.92 3591
11	8.65 0149	51	4370	81	1942	13	5521	17	4922
17	1199	63	6319	99	4673	19	6376	23	5720
37	4692	73	7940	6607	5885	27	7515	29	6518
41	5389	97	8.73 1821	19	7700	39	9221	37	7580
43	5737	99	2143	37	8.80 0415	43	9789	41	8110
49	6781	6203	2788	53	2823	57	8.86 1775	47	8905
79	8.66 1986	11	4077	59	3725	69	3474	49	9170
83	2678	17	5043	61	4025	79	4888	59	8.93 0494
91	4060	21	5686	73	5825	7103	8273	61	0759
5801	8.66 5786	6229	8.73 6971	6679	8.80 6724	7109	8.86 9117	7573	8.93 2345
07	6819	47	9857	89	8220	21	8.87 0803	77	2873
13	7852	57	8.74 1456	91	8519	27	1646	83	3664
21	9227	63	2415	6701	8.81 0012	29	1926	89	4455
27	8.67 0258	69	3372	03	0310	51	5007	91	4719
39	2315	71	3691	09	1205	59	6126	7603	6298
43	3000	77	4647	19	2695	77	8637	07	6824
49	4026	87	6239	33	4776	87	8.88 0029	21	8663
51	4368	99	8146	37	5370	93	0864	39	8.94 1022
57	5393	6301	8464	61	8926	7207	2808	43	1545
5861	8.67 6076	6311	8.75 0049	6763	8.81 9222	7211	8.88 3363	7649	8.94 2330
67	7099	17	1000	79	8.82 1585	13	3640	69	4942
69	7440	23	1949	81	1880	19	4472	73	5463
79	9142	29	2898	91	3353	29	5856	81	6505
81	9482	37	4161	93	3648	37	6962	87	7286
97	8.68 2199	43	5107	6803	5119	43	7791	91	7806
5903	3216	53	6682	23	8055	47	8343	99	8846
23	6598	59	7626	27	8641	53	9170	7703	9365
27	7273	61	7941	29	8934	83	8.89 3298	17	8.95 1181
39	9296	67	8884	33	9519	97	5219	23	1958
Num.	Log.	Num.	Log.	Num.	Log.	Num.	Log.	Num.	Log.

Num.	Log.	Num.	Log.	Num.	Log.	Num.	Log.	Num.	Log.
7727	8.95 2476	8221	9.01 4447	8681	9.06 8892	9127	9.11 8992	9539	9.16 3144
41	4286	31	5663	89	9813	33	9650	47	3982
53	5835	33	5906	93	9.07 0273	37	9.12 0087	51	4401
57	6351	37	6391	99	0963	51	1618	87	8163
59	6609	43	7120	8707	1883	57	2274	9601	9623
89	8.96 0468	63	9543	13	2571	61	2711	13	9.17 0872
93	0981	69	9.02 0269	19	3260	73	4020	19	1496
7817	4056	73	0752	31	4635	81	4891	23	1911
23	4823	87	2443	37	5322	87	5545	29	2535
29	5590	91	2926	41	5780	99	6850	31	2742
7841	8.96 7122	8293	9.02 3167	8747	9.07 6466	9203	9.12 7285	9643	9.17 3988
53	7651	97	3649	53	7152	09	7937	49	4610
67	8.97 0432	8311	5335	61	8065	21	9239	61	5852
73	1194	17	6057	79	9.08 0118	27	9889	77	7507
77	1702	29	7499	83	0573	39	9.13 1189	79	7714
79	1956	53	9.03 0376	8803	2848	41	1405	89	8747
83	2464	63	1572	07	3302	57	3135	97	9572
7901	4745	69	2290	19	4664	77	5293	9719	9.18 1838
07	5504	77	3245	21	4891	81	5725	21	2044
19	7020	87	4438	31	6024	83	5940	33	3277
7927	8.97 8030	8389	9.03 4677	8837	9.08 6703	9293	9.13 7017	9739	9.18 3894
33	8787	8419	8246	39	6929	9311	8952	43	4304
37	9291	23	8721	49	8060	19	9811	49	4920
49	8.98 0801	29	9433	61	9415	23	9.14 0240	67	6765
51	1053	31	9671	63	9641	37	1740	69	6969
63	2561	43	9.04 1093	67	9.09 0092	41	2169	81	8197
93	6321	47	1567	87	2345	43	2383	87	8810
8009	8321	61	3223	93	3020	49	3025	91	9219
11	8571	67	3932	8923	6387	71	5375	9803	9.19 0444
17	9320	8501	7939	29	7060	77	6015	11	1259
8039	8.99 2060	8513	9.04 9350	8933	9.09 7508	9391	9.14 7507	9817	9.19 1871
53	3800	21	9.05 0260	41	8403	97	8146	29	3092
59	4545	27	0993	51	9521	9403	8784	33	3499
69	5785	37	2165	63	9.10 0860	13	9847	39	4109
81	7271	39	2399	69	1520	19	9.15 0484	51	5328
87	8013	43	2868	71	1752	21	0697	57	5937
89	8260	63	5206	99	4869	31	1757	59	6140
93	8755	73	6373	9001	5091	33	1969	71	7356
8101	9743	81	7306	07	5757	37	2393	83	8571
11	9.00 0976	97	9169	11	6201	39	2605	87	8976
8117	9.00 1716	8599	9.05 9401	9013	9.10 6423	9461	9.15 4933	9901	9.20 0391
23	2455	8609	9.06 0563	29	8197	63	5145	07	0997
47	5405	23	2188	41	9525	67	5567	23	2611
61	7122	27	2652	43	9746	73	6201	29	3215
67	7857	29	2884	49	9.11 0410	79	6834	31	3416
71	8347	41	4274	59	1514	91	8099	41	4423
79	9325	47	4968	67	2397	97	8731	49	5227
91	9.01 0791	63	6816	91	5040	9511	9.16 0204	67	7035
8209	2986	69	7509	9103	6359	21	1255	73	7637
19	4204	77	8431	09	7018	33	2515	10000	9.21 0340

Num. Log. Num. Log. Num. Log. Num. Log. Num. Log.

118 IX. PRIME AND COMPOSITE NUMBERS.

Num.	1	3	7	9	Num.	1	3	7	9
0	000 000 0000	477 121 2547	845 098 0400	3^2	50	3·167	701 567 9851	$3 \cdot 13^2$	706 717 7823
1	041 392 6852	113 943 3523	230 448 9214	278 753 6010	51	7·73	$3^3 \cdot 19$	11·47	3·173
2	3·7	361 727 8360	3^3	462 397 9979	52	716 837 7233	718 501 6889	17·31	23^2
3	491 361 6938	3·11	568 201 7241	3·13	53	$3^2 \cdot 59$	13·41	3·179	$7^2 \cdot 11$
4	612 783 8567	633 468 4556	672 097 8579	7^2	54	733 197 2651	3·181	737 987 3263	$3^2 \cdot 61$
5	3·17	724 275 8696	3·19	770 852 0116	55	19·29	7·79	745 855 1952	13·43
6	785 329 8350	$3^2 \cdot 7$	826 074 8027	3·23	56	3·11·17	750 508 3949	$3^4 \cdot 7$	755 112 2664
7	851 258 3487	863 322 8601	7·11	897 627 0913	57	756 636 1082	3·191	761 175 8132	3·193
8	3^4	919 078 0924	3·29	949 390 0066	58	7·83	11·53	768 638 1012	19·31
9	7·13	3·31	986 771 7343	$3^2 \cdot 11$	59	3·197	773 054 6934	3·199	777 426 8224
10	004 321 3738	012 837 2247	029 383 7777	037 426 4979	60	778 874 4720	$3^2 \cdot 67$	783 188 6011	3·7·29
11	3·37	053 078 4435	$3^2 \cdot 13$	7·17	61	13·47	787 460 4745	790 285 1640	791 690 0490
12	11^2	3·41	103 803 7210	3·43	62	$3^3 \cdot 23$	7·89	3·11·19	17·37
13	117 271 2957	7·19	136 720 5672	143 014 8003	63	800 029 3592	3·211	$7^2 \cdot 13$	$3^2 \cdot 71$
14	3·47	11·13	$3 \cdot 7^2$	173 186 2684	64	806 858 0295	808 210 9729	810 904 2807	11·59
15	178 976 9473	$3^2 \cdot 17$	195 899 6524	3·53	65	3·7·31	814 913 1813	$3^2 \cdot 73$	818 885 4146
16	7·23	212 187 6044	222 716 4711	13^2	66	820 201 4595	3·13·17	23·29	3·223
17	$3^2 \cdot 19$	238 046 1031	3·59	252 853 0310	67	11·61	828 015 0642	830 588 6687	7·97
18	257 678 5749	3·61	11·17	$3^3 \cdot 7$	68	3·227	834 420 7037	3·229	13·53
19	281 033 3672	285 557 3090	294 466 2262	298 853 0764	69	839 478 0474	$3^2 \cdot 7 \cdot 11$	17·41	3·233
20	3·67	7·29	$3^2 \cdot 23$	11·19	70	845 718 0180	19·37	7·101	850 646 2352
21	324 282 4553	3·71	7·31	3·73	71	$3^2 \cdot 79$	23·31	3·239	856 728 8904
22	13·17	348 304 8630	356 025 8572	359 835 4823	72	7·103	3·241	861 534 4109	3^6
23	3·7·11	367 355 9210	3·79	378 397 9009	73	17·43	865 103 9746	11·67	868 644 4384
24	382 017 0426	3^5	13·19	3·83	74	3·13·19	870 988 8138	$3^2 \cdot 83$	7·107
25	399 673 7215	11·23	409 933 1233	7·37	75	875 639 9370	3·251	879 095 8795	3·11·23
26	$3^2 \cdot 29$	419 955 7485	3·89	429 752 2800	76	881 384 6568	7·109	13·59	885 926 3398
27	432 969 2909	3·7·13	442 479 7691	$3^2 \cdot 31$	77	3·257	888 179 4939	3·7·37	19·41
28	448 706 3199	451 786 4355	7·41	17^2	78	11·71	$3^3 \cdot 29$	895 974 7324	3·263
29	3·97	466 867 6204	$3^3 \cdot 11$	13·23	79	7·113	13·61	901 458 3214	17·47
30	7·43	3·101	487 138 3755	3·103	80	$3^2 \cdot 89$	11·73	3·269	907 948 5216
31	492 760 3890	495 544 3375	501 059 2622	11·29	81	909 020 8542	3·271	19·43	$3^2 \cdot 7 \cdot 13$
32	3·107	17·19	3·109	7·47	82	914 343 1571	915 399 8352	917 505 5096	918 554 5306
33	519 827 9938	$3^2 \cdot 37$	527 629 9000	3·113	83	3·277	$7^2 \cdot 17$	$3^3 \cdot 31$	923 761 9008
34	11·31	7^3	540 329 4748	542 825 4270	84	29^2	3·281	$7 \cdot 11^2$	3·283
35	$3^3 \cdot 13$	547 774 7054	3·7·17	555 094 4486	85	23·37	930 949 0312	932 980 8219	933 993 1638
36	19^2	$3 \cdot 11^2$	564 666 0643	$3^2 \cdot 41$	86	3·7·41	936 010 7957	$3 \cdot 17^2$	11·79
37	7·53	571 708 8318	13·29	578 639 2100	87	13·67	$3^2 \cdot 97$	942 999 5934	3·293
38	3·127	583 198 7740	$3^2 \cdot 43$	589 949 6018	88	944 975 0084	945 960 7036	947 923 6198	7·127
39	17·23	3·131	598 790 5068	3·7·19	89	$3^4 \cdot 11$	19·47	3·13·23	29·31
40	603 144 3726	13·31	11·37	611 723 3080	90	17·53	3·7·43	957 607 2871	$3^2 \cdot 101$
41	3·137	7·59	3·139	622 214 0230	91	959 518 3770	11·83	7·131	963 315 5114
42	624 282 0958	$3^2 \cdot 47$	7·61	3·11·13	92	3·307	13·71	$3^2 \cdot 103$	968 015 7140
43	634 477 2702	636 487 8964	19·23	642 464 5202	93	$7^2 \cdot 19$	3·311	971 739 5900	3·313
44	$3^2 \cdot 7^2$	646 403 7262	3·149	652 246 3410	94	973 589 6234	23·41	976 349 9700	13·73
45	11·41	3·151	659 916 2001	$3^3 \cdot 17$	95	3·317	979 092 9006	3·11·29	7·137
46	663 700 9254	665 580 9910	669 316 8806	7·67	96	31^2	$3^2 \cdot 107$	985 426 4741	3·17·19
47	3·157	11·43	$3^2 \cdot 53$	680 335 5134	97	987 219 2299	7·139	989 894 5637	11·89
48	13·37	3·7·23	687 528 9612	3·163	98	$3^2 \cdot 109$	992 553 5178	3·7·47	23·43
49	691 081 4921	17·29	7·71	698 100 5456	99	996 073 6545	3·331	998 695 1583	$3^3 \cdot 37$
Num.	log 2 = .301 029 9957.				Num.	log 5 = .698 970 0043.			

Num.	1	3	7	9	Num.	1	3	7	9
100	7·11·13	17·59	19·53	003 891 1662	150	19·79	3^2·167	11·137	3·503
01	3·337	005 609 4454	3^2·113	008 174 1840	51	179 264 4643	17·89	37·41	7^2·31
02	009 025 7421	3·11·31	13·79	3·7^3	52	3^2·13^2	182 699 9033	3·509	11·139
03	013 258 6653	014 100 3215	17·61	016 615 5476	53	184 975 1907	3·7·73	29·53	3^4·19
04	3·347	7·149	3·349	020 775 4882	54	23·67	188 365 9261	7·13·17	190 051 4178
05	021 602 7160	3^4·13	7·151	3·353	55	3·11·47	191 171 4557	3^2·173	192 846 1152
06	025 715 8889	026 533 2645	11·97	028 977 7052	56	7·223	3·521	195 068 9965	3·523
07	3^2·7·17	29·37	3·359	13·83	57	196 176 1850	11^2·13	19·83	198 382 1300
08	23·47	3·19^2	036 229 5441	3^2·11^2	58	3·17·31	199 480 9149	3·23^2	7·227
09	037 824 7506	038 620 1619	040 206 6276	7·157	59	37·43	3^3·59	203 304 9161	3·13·41
110	3·367	042 575 5124	3^3·41	044 931 5461	160	204 391 3810	7·229	206 015 8768	206 556 0441
11	11·101	3·7·53	048 053 1781	3·373	61	3^2·179	207 634 8674	3·7^2·11	209 246 8468
12	19·59	050 379 7563	7^2·23	052 693 9419	62	209 783 0148	3·541	211 387 5529	3^2·181
13	3·13·29	11·103	3·379	17·67	63	7·233	23·71	214 048 6794	11·149
14	7·163	3^2·127	31·37	3·383	64	3·547	31·53	3^3·61	17·97
15	061 075 8236	061 829 3073	13·89	19·61	65	13·127	3·19·29	219 322 5084	3·7·79
16	3^3·43	065 579 7147	3·389	7·167	66	11·151	220 892 2492	221 935 5998	222 456 3367
17	068 556 8951	3·17·23	11·107	3^2·131	67	3·557	7·239	3·13·43	23·73
18	072 249 8976	7·13^2	074 450 7190	29·41	68	41^2	3^2·11·17	7·241	3·563
19	3·397	076 640 4437	3^2·7·19	11·109	69	19·89	228 656 9581	229 681 8423	230 193 3789
120	079 543 0074	3·401	17·71	3·13·31	170	3^5·7	13·131	3·569	232 742 0627
21	7·173	083 860 8009	085 290 5782	23·53	71	29·59	3·571	17·101	3^2·191
22	3·11·37	087 426 4570	3·409	089 551 6829	72	235 780 8708	236 285 2774	11·157	7·13·19
23	090 258 0529	3^2·137	092 369 6996	3·7·59	73	3·577	238 798 5627	3^2·193	37·47
24	17·73	11·113	29·43	096 562 4864	74	240 798 7711	3·7·83	242 292 9050	3·11·53
25	3^2·139	7·179	3·419	100 025 7301	75	17·103	243 781 9161	7·251	245 265 8395
26	13·97	3·421	7·181	3^3·47	76	3·587	41·43	3·19·31	29·61
27	31·41	19·67	106 190 8973	106 870 5445	77	7·11·23	3^2·197	249 687 4278	3·593
28	3·7·61	108 226 6564	3^2·11·13	110 252 9174	78	13·137	251 151 8432	252 124 5525	252 610 8406
29	110 926 2428	3·431	112 939 9701	3·433	79	3^2·199	11·163	3·599	7·257
130	114 277 2966	114 944 4157	116 275 5876	7·11·17	180	255 513 7128	3·601	13·139	3^3·67
31	3·19·23	13·101	3·439	120 244 7055	81	257 918 4508	7^2·37	23·79	17·107
32	120 902 8176	3^3·7^2	122 870 9229	3·443	82	3·607	260 786 6687	3^2·7·29	31·59
33	11^3	31·43	7·191	13·103	83	262 688 8448	3·13·47	11·167	3·613
34	3^2·149	17·79	3·449	19·71	84	7·263	19·97	266 466 8954	43^2
35	7·193	3·11·41	23·59	3^2·151	85	3·617	17·109	3·619	11·13^2
36	133 858 1252	29·47	135 768 5146	37^2	86	269 746 8781	3^4·23	271 144 8179	3·7·89
37	3·457	137 670 5372	3^4·17	7·197	87	272 073 7875	272 537 7774	273 464 2726	273 926 7801
38	140 193 6786	3·461	19·73	3·463	88	3^2·11·19	7·269	3·17·37	276 231 9579
39	13·107	7·199	11·127	145 817 7145	89	31·61	3·631	7·271	3^2·211
140	3·467	23·61	3·7·67	148 910 9031	190	278 982 1100	11·173	280 350 6980	23·83
41	17·83	3^2·157	13·109	3·11·43	91	3·7^2·13	281 714 9700	3^3·71	19·101
42	7^2·29	153 204 9001	154 423 9731	155 032 2288	92	17·113	3·641	41·47	3·643
43	3^3·53	156 246 1904	3·479	158 060 7989	93	285 782 2788	286 231 8540	13·149	7·277
44	11·131	3·13·37	160 468 5811	3^2·7·23	94	3·647	29·67	3·11·59	289 811 8891
45	161 667 4124	162 265 6143	31·47	164 055 2919	95	290 257 2694	3^2·7·31	19·103	3·653
46	3·487	7·11·19	3^2·163	13·113	96	37·53	13·151	7·281	11·179
47	167 612 6727	3·491	7·211	3·17·29	97	3^3·73	295 127 0853	3·659	296 445 7942
48	170 555 0585	171 141 1510	172 310 9685	172 894 6978	98	7·283	3·661	298 197 8671	3^2·13·17
49	3·7·71	174 059 8077	3·499	175 801 6328	99	11·181	299 507 2987	300 378 0049	300 812 7941
Num.	log 2 = .301 029 9957.				Num.	log 5 = .698 970 0043.			

Num.	1	3	7	9	Num.	1	3	7	9
200	3·23·29	301 680 9493	$3^{2}\cdot 223$	$7^{2}\cdot 41$	250	41·61	398 460 8496	23·109	13·193
01	303 412 0706	3·11·61	304 705 8982	3·673	51	$3^{4}\cdot 31$	7·359	3·839	11·229
02	43·47	$7\cdot 17^{2}$	306 858 7487	307 282 0470	52	401 572 8457	$3\cdot 29^{2}$	$7\cdot 19^{2}$	$3^{2}\cdot 281$
03	3·677	19·107	3·7·97	309 417 2258	53	403 292 1452	17·149	43·59	404 662 7000
04	13·157	$3^{2}\cdot 227$	23·89	3·683	54	$3\cdot 7\cdot 11^{2}$	405 346 3002	$3^{2}\cdot 283$	406 369 8855
05	7·293	312 388 9494	$11^{2}\cdot 17$	29·71	55	406 710 4586	3·23·37	407 730 7280	3·853
06	$3^{2}\cdot 229$	314 499 2280	3·13·53	315 760 4907	56	13·197	11·233	17·151	7·367
07	19·109	3·691	31·67	$3^{3}\cdot 7\cdot 11$	57	3·857	31·83	3·859	411 451 3421
08	318 272 0802	318 689 2699	319 522 4491	319 938 4400	58	29·89	$3^{2}\cdot 7\cdot 41$	13·199	3·863
09	3·17·41	7·13·23	$3^{2}\cdot 233$	322 012 4386	59	413 467 4180	413 802 5168	$7^{2}\cdot 53$	23·113
210	11·191	3·701	$7^{2}\cdot 43$	3·19·37	260	$3^{2}\cdot 17^{2}$	19·137	3·11·79	416 474 0791
11	324 488 2338	324 899 4971	29·73	13·163	61	7·373	3·13·67	417 803 7226	$3^{3}\cdot 97$
12	3·7·101	11·193	3·709	328 175 6614	62	418 467 0209	43·61	37·71	11·239
13	328 583 4497	$3^{3}\cdot 79$	329 804 5222	3·23·31	63	3·877	420 450 8591	$3^{2}\cdot 293$	7·13·29
14	330 616 6678	331 022 1710	19·113	7·307	64	19·139	3·881	422 753 9413	3·883
15	$3^{2}\cdot 239$	333 044 0298	3·719	17·127	65	11·241	7·379	424 391 5544	424 719 8878
16	334 654 7669	3·7·103	11·197	$3^{2}\cdot 241$	66	3·887	425 371 1064	3·7·127	17·157
17	13·167	41·53	7·311	338 257 2302	67	426 673 8880	$3^{5}\cdot 11$	427 648 8712	3·19·47
18	3·727	37·59	3^{7}	11·199	68	7·383	428 620 6727	429 267 6664	429 590 6022
19	7·313	3·17·43	13^{3}	3·733	69	$3^{2}\cdot 13\cdot 23$	430 236 8584	3·29·31	431 202 8846
220	31·71	343 014 4972	343 802 8382	47^{2}	270	37·73	3·17·53	432 488 2558	$3^{2}\cdot 7\cdot 43$
21	3·11·67	344 981 4139	3·739	7·317	71	433 129 5176	433 449 7938	11·13·19	434 409 2076
22	346 548 5585	$3^{2}\cdot 13\cdot 19$	17·131	3·743	72	3·907	7·389	$3^{3}\cdot 101$	436 003 5857
23	23·97	7·11·29	349 665 9841	350 054 0936	73	436 321 7001	3·911	7·17·23	3·11·83
24	$3^{3}\cdot 83$	350 829 2736	3·7·107	13·173	74	437 909 0355	13·211	41·67	439 174 7898
25	352 375 4950	3·751	37·61	$3^{2}\cdot 251$	75	3·7·131	439 806 2114	3·919	31·89
26	7·17·19	31·73	355 451 5201	355 834 4059	76	11·251	$3^{2}\cdot 307$	442 009 1591	3·13·71
27	3·757	356 599 4857	$3^{2}\cdot 11\cdot 23$	43·53	77	17·163	47·59	443 575 6798	7·397
28	358 125 2858	3·761	359 266 1046	3·7·109	78	$3^{3}\cdot 103$	$11^{2}\cdot 23$	3·929	445 448 5148
29	29·79	360 404 0547	361 160 9952	$11^{2}\cdot 19$	79	445 759 8365	$3\cdot 7^{2}\cdot 19$	446 692 4664	$3^{2}\cdot 311$
230	3·13·59	$7^{2}\cdot 47$	3·769	363 423 9829	280	447 313 1088	447 623 0978	7·401	53^{2}
31	363 799 0455	$3^{2}\cdot 257$	7·331	3·773	81	3·937	29·97	$3^{2}\cdot 313$	450 095 0759
32	11·211	23·101	13·179	17·137	82	7·13·31	3·941	11·257	3·23·41
33	$3^{2}\cdot 7\cdot 37$	367 914 7888	3·19·41	369 030 2218	83	19·149	452 246 5745	452 859 8858	17·167
34	369 401 4187	3·11·71	370 513 0896	$3^{4}\cdot 29$	84	3·947	453 776 8597	3·13·73	7·11·37
35	371 252 0291	13·181	372 359 5925	7·337	85	454 997 2173	$3^{2}\cdot 317$	455 910 2404	3·953
36	3·787	17·139	$3^{2}\cdot 263$	23·103	86	456 517 8578	7·409	47·61	19·151
37	374 931 5540	3·7·113	376 029 1817	3·13·61	87	$3^{2}\cdot 11\cdot 29$	$13^{2}\cdot 17$	3·7·137	459 241 6649
38	376 750 8954	377 124 0423	7·11·31	378 216 1497	88	43·67	$3\cdot 31^{2}$	460 446 7380	$3^{3}\cdot 107$
39	3·797	378 942 6986	3·17·47	380 030 2480	89	$7^{2}\cdot 59$	11·263	461 948 4952	13·223
240	7^{4}	$3^{3}\cdot 89$	29·83	3·11·73	290	3·967	462 847 0358	$3^{2}\cdot 17\cdot 19$	463 743 7212
41	382 197 2104	19·127	383 276 6504	41·59	91	41·71	3·971	464 936 4201	3·7·139
42	$3^{2}\cdot 269$	384 353 4141	3·809	7·347	92	23·127	37·79	466 422 7224	29·101
43	11·13·17	3·811	386 855 5202	$3^{2}\cdot 271$	93	3·977	7·419	3·11·89	468 199 5861
44	387 567 7704	7·349	388 633 9604	31·79	94	17·173	$3^{3}\cdot 109$	7·421	3·983
45	3·19·43	11·223	$3^{3}\cdot 7\cdot 13$	390 758 5287	95	13·227	470 263 4470	470 851 8245	11·269
46	23·107	3·821	392 169 1405	3·823	96	$3^{2}\cdot 7\cdot 47$	471 731 6515	3·23·43	472 610 1976
47	7·353	393 224 1164	393 926 0066	37·67	97	472 902 6518	3·991	13·229	$3^{2}\cdot 331$
48	3·827	13·191	3·829	19·131	98	11·271	19·157	29·103	$7^{2}\cdot 61$
49	47·53	$3^{2}\cdot 277$	11·227	$3\cdot 7^{2}\cdot 17$	99	3·997	41·73	$3^{4}\cdot 37$	476 976 4658
Num.	log 2 = .301 029 9957.				Num.	log 5 = .698 970 0043.			

Num.	1	3	7	9	Num.	1	3	7	9
300	477 265 9954	3·7·11·13	31·97	3·17·59	350	3^2·389	31·113	3·7·167	11^2·29
01	478 710 7555	23·131	7·431	479 863 1180	51	545 430 8295	3·1171	546 172 8683	3^2·17·23
02	3·19·53	480 438 1472	3·1009	13·233	52	7·503	13·271	547 405 4597	547 651 6584
03	7·433	3^2·337	482 444 7919	3·1013	53	3·11·107	548 143 6874	3^3·131	548 880 5026
04	483 016 4201	17·179	11·277	484 157 4244	54	549 125 9268	3·1181	549 861 1885	3·7·13^2
05	3^3·113	43·71	3·1019	7·19·23	55	53·67	11·17·19	551 083 8652	551 327 9880
06	485 863 8296	3·1021	486 713 7760	3^2·11·31	56	3·1187	7·509	3·29·41	43·83
07	37·83	7·439	17·181	488 409 6889	57	552 789 8502	3^2·397	7^2·73	3·1193
08	3·13·79	488 973 5247	3^2·7^3	489 817 9083	58	554 004 8210	554 246 8082	17·211	37·97
09	11·281	3·1031	19·163	3·1033	59	3^3·7·19	555 457 2172	3·11·109	59·61
310	7·443	29·107	13·239	492 620 7220	360	13·277	3·1201	557 146 1428	3^2·401
11	3·17·61	11·283	3·1039	494 015 8748	61	23·157	557 867 9616	558 348 5088	7·11·47
12	494 293 7687	3^2·347	53·59	3·7·149	62	3·17·71	559 068 8840	3^2·13·31	19·191
13	31·101	13·241	496 514 5187	43·73	63	560 026 2499	3·7·173	560 743 8011	3·1213
14	3^2·349	7·449	3·1049	47·67	64	11·331	561 459 1712	7·521	41·89
15	23·137	3·1051	7·11·41	3^5·13	65	3·1217	13·281	3·23·53	563 362 4095
16	29·109	500 099 1919	500 648 0684	500 922 2802	66	7·523	3^2·11·37	19·193	3·1223
17	3·7·151	19·167	3^2·353	11·17^2	67	564 784 8845	565 020 9283	565 493 6299	13·283
18	502 563 6691	3·1061	503 382 0085	3·1063	68	3^2·409	29·127	3·1229	7·17·31
19	503 926 8042	31·103	23·139	7·457	69	567 144 0452	3·1231	567 849 4506	3^3·137
320	3·11·97	505 556 9887	3·1069	506 369 7171	370	568 319 0851	7·23^2	11·337	569 256 8388
21	13^2·19	3^3·7·17	507 451 0609	3·29·37	71	3·1237	47·79	3^2·7·59	570 426 1784
22	507 990 7248	11·293	7·461	509 068 0450	72	61^2	3·17·73	571 359 8928	3·11·113
23	3^2·359	53·61	3·13·83	41·79	73	7·13·41	572 057 9899	37·101	572 755 4652
24	7·463	3·23·47	17·191	3^2·19^2	74	3·29·43	19·197	3·1249	23·163
25	512 016 9695	512 284 0638	512 817 7566	513 084 8605	75	11^2·31	3^3·139	13·17^2	3·7·179
26	3·1087	13·251	3^3·11^2	7·467	76	575 303 3334	53·71	575 995 6202	576 226 1874
27	514 680 5441	3·1091	29·113	3·1093	77	3^2·419	7^3·11	3·1259	577 376 8919
28	17·193	7^2·67	19·173	11·13·23	78	19·199	3·13·97	7·541	3^2·421
29	3·1097	37·89	3·7·157	518 382 8155	79	17·223	578 982 8427	579 440 5971	29·131
330	518 645 5248	3^2·367	519 434 1949	3·1103	380	3·7·181	580 126 8254	3^4·47	13·293
31	7·11·43	520 221 4359	31·107	521 007 2524	81	37·103	3·31·41	11·347	3·19·67
32	3^4·41	521 530 8418	3·1109	522 313 7952	82	582 177 0877	582 404 2980	43·89	7·547
33	522 574 6327	3·11·101	47·71	3^2·7·53	83	3·1277	583 538 8193	3·1279	11·349
34	13·257	524 136 8766	524 655 7124	17·197	84	23·167	3^2·7·61	585 122 1868	3·1283
35	3·1117	7·479	3^2·373	526 210 0086	85	585 573 5186	585 799 0090	7·19·29	17·227
36	526 468 5125	3·19·59	7·13·37	3·1123	86	3^3·11·13	586 924 7081	3·1289	53·73
37	527 758 7525	528 016 8412	11·307	31·109	87	7^2·79	3·1291	588 495 8010	3^2·431
38	3·7^2·23	17·199	3·1129	530 071 5688	88	588 943 6427	11·353	13^2·23	589 837 9431
39	530 327 7898	3^2·13·29	43·79	3·11·103	89	3·1297	17·229	3^2·433	7·557
340	19·179	41·83	532 372 1886	7·487	390	47·83	3·1301	591 843 4112	3·1303
41	3^2·379	533 136 2883	3·17·67	13·263	91	592 287 8160	7·13·43	592 953 5715	593 175 2635
42	11·311	3·7·163	23·149	3^3·127	92	3·1307	593 618 3081	3·7·11·17	594 282 0288
43	47·73	535 673 8034	7·491	19·181	93	594 503 0436	3^2·19·23	31·127	3·13·101
44	3·31·37	11·313	3^2·383	537 693 1944	94	7·563	595 826 7771	596 267 1264	11·359
45	7·17·29	3·1151	538 699 8795	3·1153	95	3^2·439	59·67	3·1319	37·107
46	539 201 5993	539 452 4915	539 953 8417	540 204 2998	96	17·233	3·1321	598 462 2005	3^4·7^2
47	3·13·89	23·151	3·19·61	7^2·71	97	11·19^2	29·137	41·97	23·173
48	59^2	3^4·43	11·317	3·1163	98	3·1327	7·569	3^2·443	600 864 0363
49	542 949 8488	7·499	13·269	543 943 9425	99	13·307	3·11^3	7·571	3·31·43
Num.	log 2 = .301 029 9957.				Num.	log 5 = .698 970 0043.			

Num.	1	3	7	9	Num.	1	3	7	9
400	602 168 5514	602 385 5901	602 819 8424	19·211	450	7·643	3·19·79	653 687 5581	3²·167
01	3·7·191	603 469 1507	3·13·103	604 118 0062	51	13·347	654 465 8835	654 650 0906	655 042 8413
02	604 334 0731	3³·149	604 981 6296	3·17·79	52	3·11·137	655 426 5877	3²·503	7·647
03	29·139	37·109	11·367	7·577	53	23·197	3·1511	13·349	3·17·89
04	3²·449	13·311	3·19·71	607 847 7768	54	19·239	7·11·59	657 724 9542	657 915 9868
05	607 562 2482	3·7·193	608 205 0077	3²·11·41	55	3·37·41	29·157	3·7²·31	47·97
06	31·131	17·239	7²·83	13·313	56	659 060 0722	3²·13²	659 681 0116	3·1523
07	3·23·59	609 914 4101	3³·151	610 553 7059	57	7·653	17·269	23·199	19·241
08	7·11·53	3·1361	61·67	3·29·47	58	3²·509	661 149 8572	3·11·139	13·353
09	611 829 4795	612 041 7446	17·241	612 677 9168	59	661 907 2928	3·1531	662 474 5086	3²·7·73
410	3·1367	11·373	3·37²	7·587	460	43·107	663 040 9749	17·271	11·419
11	613 947 4768	3²·457	23·179	3·1373	61	3·29·53	7·659	3⁵·19	31·149
12	13·317	7·19·31	615 634 4689	615 844 8829	62	664 785 9085	3·23·67	7·661	3·1543
13	3⁵·17	616 265 4058	3·7·197	616 895 4264	63	11·421	41·113	666 237 0950	666 424 8725
14	41·101	3·1381	11·13·29	3²·461	64	3·7·13·17	666 798 6887	3·1549	667 359 5462
15	7·593	618 361 9811	618 780 0245	618 988 9204	65	667 546 8305	3²·11·47	668 106 2879	3·1553
16	3·19·73	23·181	3²·463	11·379	66	59·79	668 665 4155	13·359	7·23·29
17	43·97	3·13·107	620 864 4758	3·7·199	67	3³·173	669 595 7810	3·1559	670 153 0452
18	37·113	47·89	53·79	59·71	68	31·151	3·7·223	43·109	3²·521
19	3·11·127	7·599	3·1399	13·17·19	69	671 265 4829	13·19²	7·11·61	37·127
420	623 352 6815	3²·467	7·601	3·23·61	470	3·1567	672 374 9767	3²·523	17·277
21	624 385 2414	11·383	625 008 6010	625 209 5254	71	7·673	3·1571	53·89	3·11²·13
22	3²·7·67	41·103	3·1409	626 237 6851	72	674 084 0004	674 217 9456	29·163	674 709 8140
23	626 443 0258	3·17·83	19·223	3³·157	73	3·19·83	675 186 5045	3·1579	7·677
24	627 468 2725	627 673 0818	31·137	7·607	74	11·431	3²·17·31	47·101	3·1583
25	3·13·109	628 695 8827	3²·11·43	629 307 6401	75	676 785 0804	7²·97	67·71	677 515 7048
26	629 511 5342	3·7²·29	17·251	3·1423	76	3²·23²	11·433	3·7·227	19·251
27	630 529 5714	630 732 8928	7·13·47	11·389	77	13·367	3·37·43	17·281	3⁴·59
28	3·1427	631 748 0744	3·1429	632 356 0462	78	7·683	679 700 3809	680 063 4275	680 244 8870
29	7·613	3⁴·53	633 165 8537	3·1433	79	3·1597	680 607 4290	3²·13·41	681 150 7499
430	11·17·23	13·331	59·73	31·139	480	681 331 7060	3·1601	11·19·23	3·7·229
31	3²·479	19·227	3·1439	7·617	81	17·283	682 415 8617	682 776 6468	61·79
32	29·149	3·11·131	636 186 6952	3²·13·37	82	3·1607	7·13·53	3·1609	11·439
33	61·71	7·619	637 189 4221	637 860 6501	83	684 087 0875	3²·179	7·691	3·1613
34	3·1447	43·101	3³·7·23	638 889 4077	84	47·103	29·167	37·131	13·373
35	19·229	3·1451	639 187 5500	3·1453	85	3²·7²·11	23·211	3·1619	43·113
36	7²·89	639 785 2130	11·397	17·257	86	686 725 0211	3·1621	31·157	3²·541
37	3·31·47	640 779 4778	3·1459	29·151	87	687 618 1296	11·443	688 152 7556	7·17·41
38	13·337	3²·487	41·107	3·7·11·19	88	3·1627	19·257	3³·181	689 220 0878
39	642 563 4871	23·191	643 156 4656	53·83	89	67·73	3·7·233	59·83	3·23·71
440	3³·163	7·17·37	3·13·113	644 840 0988	490	13²·29	690 461 8932	7·701	690 998 0821
41	11·401	3·1471	7·631	3²·491	91	3·1637	17³	3·11·149	691 876 8226
42	645 520 5149	645 716 9394	19·233	43·103	92	7·19·37	3²·547	13·379	3·31·53
43	3·7·211	11·13·31	3²·17·29	23·193	93	692 935 0025	693 111 1155	693 408 1272	11·449
44	647 480 7732	3·1481	648 067 1294	3·1483	94	3⁴·61	693 990 6105	3·17·97	7²·101
45	648 457 5943	61·73	649 042 6341	7³·13	95	694 692 0268	3·13·127	695 218 9189	3²·19·29
46	3·1487	649 626 8368	3·1489	41·109	96	11²·41	7·709	696 094 1600	696 266 0967
47	17·263	3²·7·71	11²·37	3·1493	97	3·1657	696 618 4592	3²·7·79	13·383
48	651 374 9489	651 568 7389	7·641	67²	98	17·293	3·11·151	697 839 8682	3·1663
49	3²·499	652 536 4166	3·1499	11·409	99	7·23·31	698 361 5661	19·263	698 883 1366
Num.	log 2 = .301 029 9957.				Num.	log 5 = .698 970 0043.			

Num.	1	3	7	9	Num.	1	3	7	9
500	3·1667	699 230 5029	3·1669	699 751 0317	550	740 441 6450	740 599 5128	740 915 0765	7·787
01	699 924 4027	3^2·557	29·173	3·7·239	51	3·11·167	37·149	3^2·613	741 860 3941
02	700 790 2214	700 963 1782	11·457	47·107	52	742 017 7471	3·7·263	742 489 4646	3·19·97
03	3^2·13·43	7·719	3·23·73	702 344 8584	53	742 803 6585	11·503	7^2·113	29·191
04	71^2	3·41^2	7^2·103	3^3·11·17	54	3·1847	23·241	3·43^2	31·179
05	703 377 3685	31·163	13·389	704 064 6794	55	7·13·61	3^2·617	744 840 8968	3·17·109
06	3·7·241	61·83	3^2·563	37·137	56	67·83	745 309 0599	19·293	745 777 2179
07	11·461	3·19·89	705 607 1634	3·1693	57	3^2·619	746 089 0481	3·11·13^2	7·797
08	705 949 1949	13·17·23	706 461 7376	7·727	58	746 712 0225	3·1861	37·151	3^5·23
09	3·1697	11·463	3·1699	707 485 0120	59	747 489 4923	7·17·47	29·193	11·509
510	707 655 8235	3^6·7	708 165 8579	3·13·131	560	3·1867	13·431	3^2·7·89	71·79
11	19·269	708 675 7927	7·17·43	709 185 1296	61	31·181	3·1871	41·137	3·1873
12	3^2·569	47·109	3·1709	23·223	62	7·11·73	749 968 0885	17·331	13·433
13	7·733	3·29·59	11·467	3^2·571	63	3·1877	43·131	3·1879	751 202 0946
14	53·97	37·139	711 554 1083	19·271	64	751 356 0997	3^2·11·19	751 817 7877	3·7·269
15	3·17·101	712 060 1425	3^3·191	7·11·67	65	752 125 3078	752 278 9855	752 586 1787	752 739 6939
16	13·397	3·1721	713 238 4615	3·1723	66	3^2·17·37	7·809	3·1889	753 506 4570
17	713 574 5878	7·739	31·167	714 245 9110	67	53·107	3·31·61	7·811	3^2·631
18	3·11·157	71·73	3·7·13·19	715 083 6707	68	13·19·23	754 577 6560	11^2·47	755 035 9338
19	29·179	3^2·577	715 752 7168	3·1733	69	3·7·271	755 341 1688	3^3·211	41·139
520	7·743	11^2·43	41·127	716 754 3574	570	755 951 0410	3·1901	13·439	3·11·173
21	3^3·193	13·401	3·37·47	17·307	71	756 712 1608	29·197	757 168 1922	7·19·43
22	23·227	3·1741	718 252 5001	3^2·7·83	72	3·1907	59·97	3·23·83	17·337
23	718 584 7200	718 750 7847	719 082 5789	13^2·31	73	11·521	3^2·7^2·13	758 684 8499	3·1913
24	3·1747	7^2·107	3^2·11·53	29·181	74	758 987 5469	759 138 8163	7·821	759 592 8066
25	59·89	3·17·103	7·751	3·1753	75	3^4·71	11·523	3·19·101	13·443
26	721 068 3018	19·277	23·229	11·479	76	7·823	3·17·113	73·79	3^2·641
27	3·7·251	722 057 7718	3·1759	722 551 6620	77	29·199	23·251	53·109	761 852 8945
28	722 716 1675	3^2·587	17·311	3·41·43	78	3·41·47	762 153 1923	3^2·643	7·827
29	11·13·37	67·79	724 029 9729	7·757	79	762 753 5649	3·1931	11·17·31	3·1933
530	3^2·19·31	724 521 6271	3·29·61	725 012 7258	580	763 502 8655	7·829	763 951 8260	37·157
31	47·113	3·7·11·23	13·409	3^3·197	81	3·13·149	764 400 8280	3·7·277	11·23^2
32	17·313	726 156 4062	7·761	73^2	82	764 997 5993	3^2·647	765 445 0181	3·29·67
33	3·1777	726 971 5837	3^2·593	19·281	83	7^3·17	19·307	13·449	766 338 4753
34	7^2·109	3·13·137	728 110 1841	3·1783	84	3^2·11·59	766 635 8868	3·1949	767 081 6214
35	728 434 9510	53·101	11·487	23·233	85	767 230 0981	3·1951	767 675 2240	3^3·7·31
36	3·1787	31·173	3·1789	7·13·59	86	767 971 7214	11·13·41	768 416 0882	768 564 1095
37	41·131	3^3·199	19·283	3·11·163	87	3·19·103	7·839	3^2·653	769 303 4602
38	730 862 9920	7·769	731 346 9755	17·317	88	769 451 1794	3·37·53	7·29^2	3·13·151
39	3^2·599	731 830 4203	3·7·257	732 313 8275	89	43·137	71·83	770 631 1278	17·347
540	11·491	3·1801	732 956 8096	3^2·601	590	3·7·281	771 072 7882	3·11·179	19·311
41	7·773	733 438 0271	733 758 8356	733 919 1510	91	23·257	3^4·73	61·97	3·1973
42	3·13·139	11·17·29	3^4·67	61·89	92	31·191	772 541 7326	772 834 9272	7^2·11^2
43	734 879 6028	3·1811	735 359 8830	3·7^2·37	93	3^2·659	17·349	3·1979	773 713 3253
44	735 678 7250	735 838 3848	13·419	736 316 8079	94	13·457	3·7·283	19·313	3^2·661
45	3·23·79	7·19·41	3·17·107	53·103	95	11·541	774 735 8626	7·23·37	59·101
46	43·127	3^2·607	7·11·71	3·1823	96	3·1987	67·89	3^3·13·17	47·127
47	738 066 7148	13·421	738 542 7409	738 701 3004	97	7·853	3·11·181	43·139	3·1993
48	3^3·7·29	739 018 2459	3·31·59	11·499	98	776 773 8024	31·193	777 209 2581	53·113
49	17^2·19	3·1831	23·239	3^2·13·47	99	3·1997	13·461	3·1999	7·857
Num.	log 2 = .301 029 9957.				Num.	log 5 = .698 970 0043.			

NUM.	1	3	7	9	NUM.	1	3	7	9
600	17·353	3^2·23·29	778 657 6819	3·2003	650	3·11·197	7·929	3^3·241	23·283
01	778 946 7280	7·859	11·547	13·463	51	17·383	3·13·167	7^3·19	3·41·53
02	3^3·223	19·317	3·7^2·41	780 245 2839	52	814 814 2002	11·593	61·107	814 846 6656
03	37·163	3·2011	780 821 1759	3^2·11·61	53	3·7·311	47·139	3·2179	13·503
04	7·863	781 252 5942	781 539 9686	23·263	54	31·211	3^2·727	816 042 8409	3·37·59
05	3·2017	781 970 0789	3^2·673	73·83	55	816 807 5994	816 440 1680	79·83	7·937
06	11·19·29	3·43·47	782 978 9949	3·7·17^2	56	3^8	817 102 4048	3·11·199	817 499 2619
07	13·467	783 403 2811	59·103	783 892 1434	57	817 081 4672	3·7·313	818 027 8410	3^2·17·43
08	3·2027	7·11·79	3·2029	784 545 9741	58	818 291 8908	29·227	7·941	11·599
09	784 688 5995	3^2·677	7·13·67	3·19·107	59	3·13^3	19·347	3^2·733	819 478 1284
610	785 401 0250	17·359	31·197	41·149	660	7·23·41	3·31·71	820 004 8068	3·2203
11	3^2·7·97	786 254 8958	3·2039	29·211	61	11·601	17·389	13·509	820 792 3811
12	786 822 8705	3·13·157	11·557	3^3·227	62	3·2207	37·179	3·47^2	7·947
13	787 531 8161	787 672 9647	17·19^2	7·877	63	19·349	3^2·11·67	821 971 8176	3·2213
14	3·23·89	788 860 5158	3^2·683	11·13·43	64	29·229	7·13·73	17^2·23	61·109
15	788 945 7270	3·7·293	47·131	3·2053	65	3^2·739	823 017 5284	3·7·317	823 409 0149
16	61·101	789 792 1677	7·881	31·199	66	823 580 4387	3·2221	59·113	3^3·13·19
17	3·11^2·17	790 496 2770	3·29·71	37·167	67	7·953	824 821 1249	11·607	824 711 4485
18	7·883	3^3·229	23·269	3·2063	68	3·17·131	41·163	3^2·743	825 861 1960
19	41·151	11·563	792 181 4961	792 821 6364	69	825 491 0209	3·23·97	37·181	3·7·11·29
620	3^2·13·53	792 001 7812	3·2069	7·887	670	826 139 6179	826 269 2194	19·353	826 657 7919
21	793 161 5202	3·19·109	793 580 8674	3^2·691	71	3·2237	7^2·137	3·2239	827 304 6411
22	793 800 2018	7^2·127	13·479	794 418 8309	72	11·13·47	3^4·83	7·31^2	3·2243
23	3·31·67	23·271	3^4·7·11	17·367	73	53·127	828 208 6145	828 466 5474	23·293
24	79^2	3·2081	795 671 5059	3·2083	74	3^2·7·107	11·613	3·13·173	17·397
25	7·19·47	13^2·37	796 866 1550	11·569	75	43·157	3·2251	29·233	3^2·751
26	3·2087	796 782 4117	3·2089	797 198 2698	76	830 010 9359	830 189 3874	67·101	7·967
27	797 336 8008	3^2·17·41	797 752 1287	3·7·13·23	77	3·37·61	13·521	3^3·251	831 165 6339
28	11·571	61·103	798 443 4604	19·331	78	831 293 7444	3·7·17·19	11·617	3·31·73
29	3^3·233	7·29·31	3·2099	799 271 6088	79	831 988 7805	832 061 6146	7·971	13·523
630	799 409 4796	3·11·191	7·17·53	3^2·701	680	3·2267	832 700 4710	3·2269	11·619
31	800 098 1602	59·107	800 510 8769	71·89	81	7^2·139	3^2·757	17·401	3·2273
32	3·7^2·43	800 923 1816	3^2·19·37	801 335 0957	82	19·359	833 975 3713	834 229 9020	834 357 1127
33	13·487	3·2111	801 883 7071	3·2113	83	3^3·11·23	834 611 4207	3·43·53	7·977
34	17·373	802 294 7114	11·577	7·907	84	835 119 5904	3·2281	41·167	3^2·761
35	3·29·73	802 978 8553	3·13·163	803 388 8250	85	13·17·31	7·11·89	836 184 1495	19^3
36	803 525 8956	3^2·7·101	803 934 8499	3·11·193	86	3·2287	836 518 9989	3^2·7·109	836 893 5164
37	23·277	804 343 9185	7·911	804 752 6022	87	837 019 9485	3·29·79	13·23^2	3·2293
38	3^2·709	13·491	3·2129	805 432 8861	88	7·983	837 777 7696	71·97	83^2
39	7·11·83	3·2131	805 976 8507	3^4·79	89	3·2297	61·113	3·11^2·19	838 780 1449
640	37·173	19·337	43·149	13·17·29	690	67·103	3^2·13·59	839 289 4560	3·7^2·47
41	3·2137	11^2·53	3^2·23·31	7^2·131	91	839 540 8930	31·223	839 917 7757	11·17·37
42	807 602 6699	3·2141	808 006 2990	3·2143	92	3^2·769	7·23·43	3·2309	13^2·41
43	59·109	7·919	41·157	47·137	93	29·239	3·2311	7·991	3^3·257
44	3·19·113	17·379	3·7·307	809 492 3709	94	11·631	53·131	841 797 2089	841 922 8117
45	809 627 0419	3^3·239	11·587	3·2153	95	3·7·331	17·409	3^2·773	842 046 8365
46	7·13·71	23·281	29·223	810 837 1511	96	842 671 6338	3·11·211	843 045 8105	3·23·101
47	3^2·719	811 105 6070	3·17·127	11·19·31	97	843 295 0827	19·367	843 668 7280	7·997
48	811 642 0215	3·2161	13·499	3^2·7·103	98	3·13·179	844 042 0420	3·17·137	29·241
49	812 311 6001	43·151	73·89	67·97	99	844 539 8021	3^3·7·37	844 911 8780	3·2333
NUM.	log 2 = .301 029 9957.				NUM.	log 5 = .698 970 0043.			

IX. PRIME AND COMPOSITE NUMBERS.

Num.	1	3	7	9	Num.	1	3	7	9
700	845 160 0777	47·149	7²·11·13	43·163	750	13·577	3·41·61	875 466 4159	3·2503
01	3²·19·41	845 908 6399	3·2339	846 275 9424	51	7·29·37	11·683	876 044 5502	73·103
02	7·17·59	3·2341	846 769 9535	3²·11·71	52	3·23·109	876 891 0618	3·13·193	876 737 2971
03	79·89	13·541	31·227	647 510 9652	53	17·443	3⁵·31	877 193 5153	3·7·359
04	3·2347	847 757 6884	3⁵·29	7·19·53	54	877 428 9408	19·397	877 774 3500	877 889 4254
05	11·641	3·2351	848 620 1174	3·13·181	55	3²·839	7·13·83	3·11·229	879 464 8458
06	23·307	7·1009	37·191	849 357 9817	56	878 579 2851	3·2521	7·23·47	3²·29²
07	3·2357	11·643	3·7·337	849 971 9128	57	67·113	879 267 9566	879 497 2872	11·13·53
08	73·97	3²·787	19·373	3·17·139	58	3·7·19²	879 841 0560	3³·281	880 184 5528
09	7·1013	41·173	47·151	31·229	59	880 208 9914	3·2531	71·107	3·17·149
710	3³·263	851 441 8147	3·23·103	851 808 5142	760	11·691	880 934 9905	881 218 4168	7·1087
11	13·547	3·2371	11·647	3⁵·7·113	61	3·43·59	23·331	3·2539	19·401
12	852 540 9858	17·419	852 906 7588	853 028 6147	62	882 011 9616	3²·7·11²	29·263	3·2543
13	3·2377	7·1019	3²·13·61	11²·59	63	13·587	17·449	7·1091	883 036 5100
14	37·193	3·2381	7·1021	3·2383	64	3³·283	883 263 8596	3·2549	883 604 6609
15	854 366 7780	23·311	17·421	854 852 8624	65	7·1093	3·2551	13·19·31	3²·23·37
16	3·7·11·31	13·19·29	3·2389	67·107	66	47·163	79·97	11·17·41	884 738 7378
17	71·101	3²·797	855 942 9462	3·2393	67	3·2557	884 965 1982	3²·853	7·1097
18	43·167	11·653	856 547 6449	7·13·79	68	885 417 7651	3·13·197	885 756 8311	3·11·233
19	3²·17·47	856 910 0603	3·2399	23·313	69	885 982 6114	7²·157	43·179	886 434 8196
720	19·379	3·7⁴	857 754 5221	3⁴·89	770	3·17·151	886 650 9079	3·7·367	13·593
21	857 995 4056	858 115 9322	7·1031	858 477 0416	71	11·701	3²·857	887 448 5002	3·31·83
22	3·29·83	31·233	3²·11·73	859 078 2247	72	7·1103	857 786 0848	888 010 9122	59·131
23	7·1033	3·2411	859 558 5726	3·19·127	73	3²·859	11·19·37	3·2579	71·109
24	13·557	859 918 4852	860 155 2613	11·659	74	888 797 0675	3·29·89	61·127	3³·7·41
25	3·2417	860 517 6775	3·41·59	7·17·61	75	23·337	889 460 7840	889 698 7014	889 805 7519
26	53·137	3²·269	13²·43	3·2423	76	3·13·199	7·1109	3²·863	17·457
27	11·661	7·1039	19·383	29·251	77	19·409	3·2591	7·11·101	3·2593
28	3²·809	862 310 8100	3·7·347	37·197	78	31·251	43·181	13·599	891 481 7038
29	23·317	3·11·13·17	863 144 8468	3²·811	79	3·7²·53	891 704 6762	3·23·113	11·709
730	7³·149	67·109	863 780 1073	863 857 9619	780	29·269	3³·17²	37·211	3·19·137
31	3·2437	71·103	3²·271	13·563	81	73·107	13·601	898 040 1120	7·1117
32	864 570 4069	3·2441	17·431	3·7·349	82	3²·11·79	893 373 3302	3·2609	893 706 2031
33	865 163 2195	865 251 6850	11·23·29	41·179	83	41·191	3·7·373	17·461	3²·13·67
34	3·2447	7·1049	3·31·79	866 228 2474	84	894 371 4589	11·23·31	7·19·59	47·167
35	866 346 4227	3²·19·43	7·1051	3·11·223	85	3·2617	895 035 5975	3⁴·97	29·271
36	17·433	37·199	53·139	867 408 5565	86	7·1123	3·2621	895 809 1502	3·43·61
37	3⁴·7·13	73·101	3·2459	47·157	87	17·463	896 140 2514	896 300 8455	896 471 1005
38	11²·61	3·23·107	83·89	3²·821	88	3·37·71	896 601 5266	3·11·239	7³·23
39	19·389	868 620 7062	13·569	7²·151	89	13·607	3²·877	53·149	3·2633
740	3·2467	11·673	3²·823	31·239	790	897 682 0618	7·1129	898 011 7388	11·719
41	869 576 8133	3·7·353	870 229 2790	3·2473	*91	3³·293	41·193	3·7·13·29	898 670 8430
42	41·181	13·571	7·1061	17·19·23	92	89²	3·19·139	899 108 8582	3²·881
43	3·2477	871 164 1828	3·37·67	43·173	93	7·11·103	899 437 4548	899 656 8908	17·467
44	7·1063	3²·827	11·677	3·13·191	94	3·2647	13²·47	3²·883	900 812 4970
45	872 214 5684	29·257	872 564 1431	872 660 6072	95	900 421 7535	3·11·241	73·109	3·7·379
46	3²·829	17·439	3·19·131	7·11·97	96	19·419	901 076 7157	31·257	13·613
47	31·241	3·47·53	873 727 8806	3³·277	97	3·2657	7·17·67	3·2659	79·101
48	873 959 6547	7·1069	874 307 8331	874 429 6306	98	23·347	3²·887	7²·163	3·2663
49	3·11·227	59·127	3²·7²·17	875 003 3536	99	61·131	902 709 8130	11·727	19·421

Num.	log 2 = .301 029 9957.	Num.	log 5 = .698 970 0043.

Num.	1	3	7	9	Num.	1	3	7	9
800	3^2·7·127	53·151	3·17·157	903 578 2967	850	929 470 0102	11·773	47·181	67·127
01	903 686 7817	3·2671	904 011 8886	3^6·11	51	3·2837	930 082 6384	3·17·167	7·1217
02	13·617	71·113	23·349	7·31·37	52	930 400 5653	3^2·947	930 796 2630	3·2843
03	3·2677	29·277	3^2·19·47	905 202 0287	53	19·449	7·23·53	931 305 2814	931 407 0136
04	11·17·43	3·7·383	13·619	3·2683	54	3^2·13·73	931 610 4064	3·7·11·37	83·103
05	83·97	905 957 6991	7·1151	906 261 1558	55	17·503	3·2851	43·199	3^3·317
06	3·2687	11·733	3·2689	906 819 7155	56	7·1223	932 025 9440	13·659	11·19·41
07	7·1153	3^3·13·23	41·197	3·2693	57	3·2857	933 132 8287	3^2·953	23·373
08	907 465 1068	59·137	907 787 4481	907 894 8354	58	933 587 9020	3·2861	31·277	3·7·409
09	3^2·29·31	908 109 5404	3·2699	7·13·89	59	11^2·71	13·661	934 346 9267	934 447 9480
810	908 588 6822	3·37·73	11^2·67	3^2·17·53	860	3·47·61	7·1229	3·19·151	934 952 7078
11	909 074 4014	7·19·61	909 395 5460	23·353	61	79·109	3^3·11·29	7·1231	3·13^2·17
12	3·2707	909 716 4532	3^3·7·43	11·739	62	37·233	935 658 8861	935 659 7980	935 960 4690
13	47·173	3·2711	79·103	3·2713	63	3^2·7·137	89·97	3·2879	53·163
14	7·1163	17·479	910 907 7168	29·281	64	936 564 0051	3·43·67	936 865 4590	3^2·31^2
15	3·11·13·19	31·263	3·2719	41·199	65	41·211	17·509	11·787	7·1237
16	911 743 8779	3^2·907	912 062 5556	3·7·389	66	3·2887	937 668 8144	3^4·107	937 969 0030
17	912 275 2105	11·743	13·17·37	912 700 2082	67	13·23·29	3·7^2·59	938 369 5975	3·11·263
18	3^4·101	7^2·167	3·2729	19·431	68	938 569 7562	19·457	7·17·73	938 969 7972
19	913 336 9259	3·2731	7·1171	3^2·911	69	3·2897	939 169 6796	3·13·223	939 469 8308
820	59·139	13·631	29·283	914 290 2557	870	7·11·113	3^2·967	939 668 5445	3·2903
21	3·7·17·23	43·191	3^2·11·83	914 818 9804	71	31·281	940 167 7140	23·379	940 466 6777
22	914 924 0482	3·2741	19·433	3·13·211	72	3^3·17·19	11·13·61	3·2909	7·29·43
23	915 452 0017	915 558 1154	915 769 0600	7·11·107	73	941 063 9882	3·41·71	941 362 8857	3^2·971
24	3·41·67	916 085 2998	3·2749	73·113	74	941 561 1202	7·1249	941·859 1265	13·673
25	37·223	3^2·7·131	23·359	3·2753	75	3·2917	942 156 9285	3^2·7·139	19·461
26	11·751	917 137 7528	7·1181	917 452 9919	76	942 553 6803	3·23·127	11·797	3·37·79
27	3^2·919	917 663 0248	3·31·89	17·487	77	7^2·179	31·283	67·131	943 445 0490
28	7^2·13^2	3·11·251	918 397 8385	3^3·307	78	3·2927	943 642 8828	3·29·101	11·17·47
29	918 606 9151	918 711 6654	918 921 0901	43·193	79	59·149	3^2·977	19·463	3·7·419
830	3·2767	19^2·23	3^2·13·71	7·1187	880	13·677	944 680 7019	944 827 9968	23·383
31	919 653 2828	3·17·163	919 966 7015	3·47·59	81	3^2·11·89	7·1259	3·2939	945 419 3426
32	53·157	7·29·41	11·757	920 592 8021	82	945 517 6221	3·17·173	7·13·97	3^4·109
33	3·2777	13·641	3·7·397	31·269	83	946 009 8848	11^2·73	946 304 8550	946 403 1889
34	19·439	3^4·103	17·491	3·11^2·23	84	3·7·421	37·239	3^2·983	946 894 1051
35	7·1193	921 842 4614	61·137	13·643	85	53·167	3·13·227	17·521	3·2953
36	3^2·929	922 802 0968	3·2789	922 678 5679	86	947 482 7806	947 580 7498	947 776 7085	7^2·181
37	11·761	3·2791	923 088 5154	3^2·7^2·19	87	3·2957	19·467	3·11·269	13·683
38	17^2·29	83·101	923 606 0480	923 710 1944	88	83·107	3^3·7·47	948 755 1602	3·2963
39	3·2797	7·11·109	3^3·311	37·227	89	17·523	949 048 2028	7·31·41	11·809
840	31·271	3·2801	7·1201	3·2803	890	3^2·23·43	29·307	3·2969	59·151
41	13·647	47·179	19·443	925 200 5005	91	7·19·67	3·2971	37·241	3^2·991
42	3·7·401	925 460 8007	3·53^2	925 770 0538	92	11·811	950 510 8980	79·113	950 802 8280
43	925 879 0893	3^2·937	11·13·59	3·29·97	93	3·13·229	950 997 8840	3^3·331	7·1277
44	23·367	926 406 7898	926 702 4942	7·17·71	94	951 886 0940	3·11·271	23·389	3·19·157
45	3^3·313	79·107	3·2819	11·769	95	951 671 5571	7·1279	13^2·53	17^2·31
46	927 421 6951	3·7·13·31	927 729 5598	3^2·941	96	3·29·103	952 458 8004	3·7^2·61	952 744 0240
47	43·197	37·229	7^2·173	61·139	97	952 840 5567	3^2·997	47·191	3·41·73
48	3·11·257	17·499	3^2·23·41	13·653	98	7·1283	13·691	11·19·43	89·101
49	7·1213	3·19·149	29·293	3·2833	99	3^5·37	17·23^2	3·2999	954 194 2518
Num.	log 2 = .301 029 9957.				Num.	log 5 = .698 970 0043.			

Num.	1	3	7	9	Num.	1	3	7	9
900	954 290 7617	3·3001	954 580 1627	$3^2\cdot7\cdot11\cdot13$	950	3·3167	13·17·43	3·3169	37·257
01	954 772 9897	954 869 8711	71·127	29·311	51	978 226 1817	$3^2\cdot7\cdot151$	31·307	3·19·167
02	3·31·97	7·1289	$3^2\cdot17\cdot59$	955 639 6580	52	978 682 5652	89·107	7·1361	13·733
03	11·821	3·3011	7·1291	3·23·131	53	$3^3\cdot353$	979 229 5980	$3\cdot11\cdot17^2$	979 502 8488
04	956 216 4692	956 812 5808	83·109	956 600 5882	54	7·29·47	3·3181	979 800 9226	$3^2\cdot1061$
05	3·7·431	11·823	3·3019	957 080 2597	55	980 048 8451	41·233	19·503	$11^2\cdot79$
06	13·17·41	$3^2\cdot19\cdot53$	957 463 6157	3·3023	56	3·3187	73·131	$3^2\cdot1063$	7·1367
07	47·193	43·211	29·313	7·1297	57	17·563	3·3191	61·157	3·31·103
08	$3^2\cdot1009$	31·293	3·13·233	61·149	58	11·13·67	$7\cdot37^2$	981 682 7274	43·223
09	958 611 6578	3·7·433	11·827	$3^3\cdot337$	59	3·23·139	53·181	3·7·457	29·331
910	19·479	959 184 5427	7·1301	959 470 7021	960	982 816 4697	$3^2\cdot11\cdot97$	13·739	3·3203
11	3·3037	13·701	$3^2\cdot1013$	11·829	61	7·1373	982 858 9428	59·163	983 129 9247
12	7·1303	3·3041	960 828 0505	3·17·179	62	$3^2\cdot1069$	983 810 4858	3·3209	983 581 1867
13	23·397	900 618 4576	960 808 6249	13·19·37	63	983 071 8929	$3\cdot13^2\cdot19$	23·419	$3^4\cdot7\cdot17$
14	3·11·277	41·223	3·3049	7·1307	64	31·311	984 212 1608	11·877	984 482 8064
15	961 468 5554	$3^4\cdot113$	901 758 2142	3·43·71	65	3·3217	$7^2\cdot197$	$3^2\cdot29\cdot37$	13·743
16	961 942 8881	$7^2\cdot11\cdot17$	89·103	53·173	66	985 022 0821	3·3221	7·1381	3·11·293
17	$3^2\cdot1019$	962 511 8985	3·7·19·23	67·137	67	19·509	17·569	985 740 7411	985 880 4899
18	962 889 9674	3·3061	963 178 7164	$3^2\cdot1021$	68	3·7·461	23·421	3·3229	986 278 9559
19	7·13·101	29·317	17·541	963 740 6189	69	11·881	$3^3\cdot359$	986 637 8956	3·53·61
920	3·3067	963 929 4220	$3^3\cdot11\cdot31$	964 212 4780	970	89·109	31·313	17·571	7·19·73
21	61·151	3·37·83	13·709	3·7·439	71	$3^2\cdot13\cdot83$	11·883	3·41·79	987 621 5821
22	964 778 0220	23·401	965 060 5206	11·839	72	987 710 9481	3·7·463	71·137	$3^2\cdot23\cdot47$
23	3·17·181	7·1319	3·3079	965 624 9671	73	37·263	988 246 7284	7·13·107	988 514 8658
24	965 718 9702	$3^2\cdot13\cdot79$	7·1321	3·3083	74	3·17·191	988 692 7025	$3^3\cdot19^2$	988 960 0704
25	$11\cdot29^2$	19·487	966 470 2687	47·197	75	$7^2\cdot199$	3·3251	11·887	3·3253
26	$3^3\cdot7^3$	59·157	3·3089	13·23·31	76	43·227	13·751	989 761 1877	989 850 1096
27	73·127	3·11·281	967 407 5566	$3^2\cdot1031$	77	3·3257	29·337	3·3259	7·11·127
28	967 504 7727	967 098 8505	37·251	7·1327	78	990 883 2589	$3^2\cdot1087$	990 649 5888	3·13·251
29	3·19·163	968 155 9871	$3^2\cdot1033$	17·547	79	990 827 0506	7·1399	97·101	41·239
930	71·131	3·7·443	41·227	3·29·107	980	$3^4\cdot11^2$	991 859 0026	3·7·467	17·577
31	968 996 3266	67·139	$7\cdot11^3$	969 869 8117	81	991 718 2757	3·3271	991 978 7910	$3^2\cdot1091$
32	3·13·239	969 555 6842	3·3109	19·491	82	7·23·61	11·19·47	31·317	992 509 8851
33	7·31·43	$3^2\cdot17\cdot61$	970 207 8588	3·11·283	83	3·29·113	992 686 0892	$3^2\cdot1093$	992 950 9606
34	970 898 8721	970 486 8488	13·719	970 765 1598	84	13·757	3·17·193	43·229	$3\cdot7^2\cdot67$
35	$3^2\cdot1039$	47·199	3·3119	$7^2\cdot191$	85	993 480 8191	59·167	993 744 7566	993 832 8666
36	11·23·37	3·3121	17·19·29	$3^3\cdot347$	86	3·19·173	7·1409	3·11·13·23	71·139
37	971 765 9879	7·13·103	972 068 9160	83·113	87	994 801 1519	$3^2\cdot1097$	7·17·83	3·37·89
38	3·53·59	11·853	$3^2\cdot7\cdot149$	41·229	88	41·241	994 888 7954	995 064 5342	11·29·31
39	972 711 8405	3·31·101	972 989 2269	3·13·241	89	$3^2\cdot7\cdot157$	13·761	3·3299	19·521
940	7·17·79	973 266 4861	23·409	97^2	990	995 679 0605	3·3301	995 942 1680	$3^3\cdot367$
41	3·3137	973 728 0587	3·43·73	974 004 7969	91	11·17·53	23·431	47·211	7·13·109
42	974 097 0088	$3^3\cdot349$	11·857	3·7·449	92	3·3307	996 642 9914	$3^2\cdot1103$	996 905 5107
43	974 557 7449	974 649 8844	974 888 9550	974 925 9801	93	996 992 9819	3·7·11·43	19·523	3·3313
44	$3^2\cdot1049$	7·19·71	3·47·67	11·859	94	997 480 0788	61·163	$7^3\cdot29$	997 779 4809
45	13·727	3·23·137	$7^2\cdot193$	$3^2\cdot1051$	95	3·31·107	37·269	3·3319	23·433
46	975 987 0425	976 028 8401	976 212 8771	17·557	96	7·1423	$3^5\cdot41$	998 504 4588	3·3323
47	3·7·11·41	976 487 5878	$3^6\cdot13$	976 762 5233	97	$13^2\cdot59$	998 825 8190	11·907	17·587
48	19·499	3·29·109	53·179	3·3163	98	$3^2\cdot1109$	67·149	3·3329	7·1427
49	977 811 9784	11·863	977 586 4380	7·23·59	99	97·103	3·3331	13·769	$3^2\cdot11\cdot101$
Num.	log 2 = .301 029 9957.				Num.	log 5 = .698 970 0043.			

Num.	1	3	7	9	Num.	1	3	7	9
1000	73·137	7·1429	000 803 6098	000 890 6692	1050	021 280 6585	3^3·389	7·19·79	3·31·113
01	3·47·71	17·19·31	3^3·7·53	43·233	51	23·457	021 726 6644	13·809	67·157
02	11·911	3·13·257	37·271	3·3343	52	3^2·7·167	17·619	3·11^2·29	022 387 1257
03	7·1433	79·127	001 603 9241	001 690 4542	53	022 469 6128	3·3511	41·257	3^2·1171
04	3·3347	11^2·83	3·17·197	13·773	54	83·127	13·811	53·199	7·11·137
05	19·23^2	3^2·1117	89·113	3·7·479	55	3·3517	61·173	3^3·17·23	023 622 7899
06	002 641 1490	29·347	002 900 0086	002 986 3409	56	59·179	3·7·503	023 951 7074	3·13·271
07	3^3·373	7·1439	3·3359	003 417 4452	57	11·31^2	97·109	7·1511	71·149
08	17·593	3·3361	7·11·131	3^2·19·59	58	3·3527	19·557	3·3529	024 854 9453
09	003 934 2062	004 020 2783	23·439	004 278 3722	59	7·17·89	3^2·11·107	025 182 9843	3·3533
1010	3·7·13·37	004 450 3580	3^2·1123	11·919	1060	025 346 8845	23·461	025 592 5689	103^2
11	004 794 1104	3·3371	67·151	3·3373	61	3^4·131	025 638 1642	3·3539	7·37·41
12	29·349	53·191	13·19·41	7·1447	62	13·19·43	3·3541	026 410 6806	3^2·1181
13	3·11·307	005 738 0427	3·31·109	005 995 1231	63	026 574 1162	7^3·31	11·967	026 900 8089
14	006 080 7827	3^2·7^2·23	73·139	3·17·199	64	3·3547	29·367	3^2·7·13^2	23·463
15	006 508 8278	11·13·71	7·1451	006 850 9603	65	027 390 8847	3·53·67	027 684 9658	3·11·17·19
16	3^2·1129	007 021 9256	3·3389	007 278 2473	66	7·1523	027 879 4092	028 042 2051	47·227
17	7·1453	3·3391	007 619 7745	3^3·13·29	67	3·3557	13·821	3·3559	59·181
18	007 790 4874	17·599	61·167	23·443	68	11·971	3^2·1187	028 655 8094	3·7·509
19	3·43·79	008 802 0242	3^2·11·103	7·31·47	69	029 018 8295	17^2·37	19·563	13·823
1020	101^2	3·19·179	59·173	3·41·83	1070	3^2·29·41	7·11·139	3·43·83	029 748 9186
21	000 008 2702	7·1459	17·601	11·929	71	029 830 0198	3·3571	7·1531	3^3·397
22	3·3407	009 578 8608	3·7·487	53·193	72	71·151	030 816 3060	17·631	030 559 2453
23	13·787	3^3·379	29·353	3·3413	73	3·7^2·73	030 721 1294	3^2·1193	030 963 8424
24	7^2·11·19	010 427 1727	010 596 7862	37·277	74	23·467	3·3581	11·977	3·3583
25	3^2·17·67	010 850 9574	3·13·263	011 105 0298	75	13·827	031 520 6458	31·347	7·29·53
26	31·331	3·11·311	011 443 5620	3^2·7·163	76	3·17·211	47·229	3·37·97	11^2·89
27	011 612 7292	011 697 2881	43·239	19·541	77	032 256 0259	3^4·7·19	13·829	3·3593
28	3·23·149	7·13·113	3^4·127	012 373 1672	78	032 650 0460	41·263	7·23·67	032 981 1931
29	41·251	3·47·73	7·1471	3·3433	79	3^2·11·109	43·251	3·59·61	033 853 5412
1030	012 879 8872	012 968 6998	11·937	13^2·61	1080	7·1543	3·13·277	101·107	3^2·1201
31	3·7·491	013 885 0177	3·19·181	17·607	81	19·569	11·983	29·373	31·349
32	013 721 7781	3^2·31·37	23·449	3·11·313	82	3·3607	79·137	3^3·401	7^2·13·17
33	014 142 8615	014 226 4294	014 394 5168	7^2·211	83	034 668 5558	3·23·157	034 909 0734	3·3613
34	3^3·383	014 646 5247	3·3449	79·131	84	37·293	7·1549	035 309 6402	19·571
35	11·941	3·7·17·29	015 238 9702	3^2·1151	85	3·3617	035 540 8030	3·7·11·47	035 789 8381
36	13·797	43·241	7·1481	015 736 8745	86	035 860 6187	3^2·17·71	036 109 6671	3·3623
37	3·3457	11·23·41	3^2·1153	97·107	87	7·1553	83·131	73·149	11·23·43
38	7·1483	3·3461	13·17·47	3·3463	88	3^3·13·31	036 748 6292	3·19·191	036 987 9078
39	016 657 3448	19·547	37·281	016 991 5762	89	037 067 7580	3·3631	17·641	3^2·7·173
1040	3·3467	101·103	3·3469	7·1487	1090	11·991	037 546 0121	13·839	037 784 0418
41	29·359	3^2·13·89	11·947	3·23·151	91	3·3637	7·1559	3^2·1213	61·179
42	17·613	7·1489	018 150 8785	018 242 6675	92	67·163	3·11·331	7^2·223	3·3643
43	3^2·19·61	018 409 2074	3·7^2·71	11·13·73	93	17·643	13·29^2	038 608 2121	038 977 6223
44	53·197	3·59^2	31·337	3^5·43	94	3·7·521	31·353	3·41·89	039 374 4558
45	7·1493	019 240 9504	019 407 1080	019 490 1630	95	47·233	3^2·1217	039 091 6616	3·13·281
46	3·11·317	019 656 2258	3^2·1163	19^2·29	96	97·113	19·577	11·997	7·1567
47	37·283	3·3491	020 286 0489	3·7·499	97	3^2·23·53	040 325 8792	3·3659	040 562 7551
48	47·223	11·953	020 651 2080	17·617	98	79·139	3·7·523	040 879 1245	3^3·11·37
49	3·13·269	7·1499	3·3499	021 147 9857	99	29·379	041 116 2280	7·1571	17·647
Num.	log 2 = .301 020 9957.				Num.	log 5 = .698 970 0043.			

Num.	1	3	7	9	Num.	1	3	7	9
1100	3·19·193	041 511 1130	3^2·1223	101·109	1150	7·31·53	060 811 1198	37·311	17·677
01	7·11^2·13	3·3671	23·479	3·3673	51	3^2·1279	29·397	3·11·349	061 414 7783
02	103·107	73·151	042 457 8746	41·269	52	41·281	3·23·167	061 716 2932	3^3·7·61
03	3·3677	11·17·59	3·13·283	7·19·83	53	13·887	19·607	83·139	11·1049
04	61·181	3^3·409	043 244 3540	3·29·127	54	3·3847	7·17·97	3^2·1283	062 544 3818
05	43·257	7·1579	043 637 3096	043 715 8581	55	062 619 5889	3·3851	7·13·127	3·3853
06	3^2·1229	13·23·37	3·7·17·31	044 108 8874	56	11·1051	31·373	43·269	23·503
07	044 186 6508	3·3691	11·19·53	3^2·1231	57	3·7·19·29	71·163	3·17·227	063 671 0539
08	7·1583	044 657 8832	044 814 0475	13·853	58	37·313	3^4·11·13	063 971 0070	3·3863
09	3·3697	045 049 0130	3^4·137	11·1009	59	67·173	064 195 8350	064 345 6572	7·1657
1110	17·653	3·3701	29·383	3·7·23^2	1160	3^2·1289	41·283	3·53·73	13·19·47
11	41·271	045 831 8143	045 987 6057	046 065 7302	61	17·683	3·7^2·79	065 093 9894	3^2·1291
12	3·11·337	7^2·227	3·3709	31·359	62	065 243 5012	59·197	7·11·151	29·401
13	046 534 1628	3^2·1237	7·37·43	3·47·79	63	3·3877	065 691 7261	3^3·431	103·113
14	13·857	11·1013	71·157	047 235 9155	64	7·1663	3·3881	19·613	3·11·353
15	3^3·7·59	19·587	3·3719	047 625 2776	65	61·191	43·271	066 586 7965	89·131
16	047 703 1081	3·61^2	13·859	3^2·17·73	66	3·13^2·23	107·109	3·3889	7·1667
17	048 092 0518	048 169 7988	048 325 2509	7·1597	67	11·1061	3^2·1297	067 331 2802	3·17·229
18	3·3727	53·211	3^2·11·113	67·167	68	067 480 0239	7·1669	13·29·31	067 777 3586
19	19^2·31	3·7·13·41	049 101 6782	3·3733	69	3^3·433	11·1063	3·7·557	068 148 7409
1120	23·487	17·659	7·1601	11·1019	1170	068 222 9793	3·47·83	23·509	3^2·1301
21	3·37·101	049 721 8222	3·3739	13·863	71	7^2·239	13·17·53	068 816 4299	068 890 5543
22	7^2·229	3^2·29·43	103·109	3·19·197	72	3·3907	19·617	3^2·1303	37·317.
23	11·1021	47·239	17·661	050 727 6712	73	069 335 0348	3·3911	11^2·97	3·7·13·43
24	3^2·1249	050 882 2107	3·23·163	7·1607	74	59·199	069 779 0609	17·691	31·379
25	051 191 1247	3·11^2·31	051 422 6661	3^4·139	75	3·3917	7·23·73	3·3919	11·1069
26	051 576 9585	7·1609	19·593	59·191	76	19·619	3^2·1307	7·41^2	3·3923
27	3·13·17^2	052 039 5070	3^2·7·179	052 270 5967	77	79·149	61·193	071 034 6751	071 108 4218
28	29·389	3·3761	052 578 5250	3·53·71	78	3^2·7·11·17	071 255 8777	3·3929	071 476 9677
29	7·1613	23·491	11·13·79	053 040 0066	79	13·907	3·3931	47·251	3^3·19·23
1130	3·3767	89·127	3·3769	43·263	1180	071 918 8104	11·29·37	072 139 5682	7^2·241
31	053 501 0024	3^3·419	053 731 3150	3·7^3·11	81	3·31·127	072 360 2040	3^2·13·101	53·223
32	053 884 7904	13^2·67	47·241	054 191 5768	82	072 654 2173	3·7·563	072 874 5908	3·3943
33	3^2·1259	7·1619	3·3779	17·23·29	83	073 021 4544	073 094 8045	7·19·89	073 315 0206
34	11·1031	3·19·199	7·1621	3^2·13·97	84	3·3947	13·911	3·11·359	17^2·41
35	055 034 1287	055 110 6879	41·277	37·307	85	7·1693	3^3·439	71·167	3·59·67
36	3·7·541	11·1033	3^3·421	055 722 2065	86	29·409	074 194 5804	074 340 9424	11·13·83
37	83·137	3·17·223	31·367	3·3793	87	3^2·1319	31·383	3·37·107	7·1697
38	19·599	056 256 7859	59·193	7·1627	88	109^2	3·17·233	075 072 2027	3^2·1321
39	3·3797	056 638 0974	3·29·131	056 866 7537	89	11·23·47	7·1699	075 437 4616	73·163
1140	13·877	3^2·7·181	11·17·61	3·3803	1190	3·3967	075 656 4386	3^5·7^2	075 875 2953
41	057 323 7054	101·113	7^2·233	19·601	91	43·277	3·11·19^2	17·701	3·29·137
42	3^5·47	057 780 1768	3·13·293	11·1039	92	7·13·131	076 385 5440	076 531 2198	79·151
43	7·23·71	3·37·103	058 312 1211	3^2·31·41	93	3·41·97	076 749 6406	3·23·173	076 967 9522
44	17·673	058 539 6979	058 691 6828	107^2	94	077 040 6983	3^2·1327	13·919	3·7·569
45	3·11·347	13·881	3^2·19·67	7·1637	95	17·19·37	077 476 9195	11·1087	077 694 6650
46	73·157	3·3821	059 449 8125	3·3823	96	3^3·443	7·1709	3·3989	078 057 6670
47	059 601 2798	7·11·149	23·499	13·883	97	078 130 4808	3·13·307	7·29·59	3^2·11^3
48	3·43·89	060 055 8648	3·7·547	060 282 2294	98	078 493 0682	23·521	078 710 5058	19·631
49	060 357 8246	3^2·1277	060 584 5314	3·3833	99	3·7·571	67·179	3^2·31·43	13^2·71
Num.	log 2 = .301 029 9957.				Num.	log 5 = .698 970 0043.			

IX. PRIME AND COMPOSITE NUMBERS.

Num.	1	3	7	9	Num.	1	3	7	9
1200	11·1091	3·4001	079 434 5106	3·4003	1250	3^3·463	097 014 2312	3·11·379	7·1787
01	079 579 1670	41·293	61·197	7·17·101	51	097 292 0241	3·43·97	097 500 2592	3^2·13·107
02	3·4007	11·1093	3·19·211	23·523	52	19·659	7·1789	097 647 0774	11·17·67
03	53·227	3^2·7·191	080 518 2605	3·4013	53	3·4177	83·151	3^2·7·199	098 262 9024
04	080 602 5564	080 784 6864	7·1721	080 951 0044	54	098 382 1678	3·37·113	098 539 8980	3·47·89
05	3^3·13·103	17·709	3·4019	31·389	55	7·11·163	098 747 5288	29·433	19·661
06	7·1723	3·4021	11·1097	3^4·149	56	3·53·79	17·739	3·59·71	099 800 7262
07	081 743 2499	081 815 2006	13·929	47·257	57	13·967	3^2·11·127	099 577 0609	3·7·599
08	3·4027	43·281	3^2·17·79	7·11·157	58	23·547	099 784 1966	41·307	099 991 2335
09	107·113	3·29·139	082 677 6906	3·37·109	59	3^2·1399	7^2·257	3·13·17·19	43·293
1210	082 821 2609	7^2·13·19	083 036 5424	083 108 2792	1260	100 405 0116	3·4201	7·1801	3^3·467
11	3·11·367	083 251 7172	3·7·577	083 406 7855	61	100 749 5257	100 818 3957	11·31·37	101 024 9404
12	17·23·31	3^3·449	67·181	3·13·311	62	3·7·601	13·971	3^2·23·61	73·173
13	7·1193	11·1103	53·229	61·199	63	17·743	3·4211	101 643 9855	3·11·383
14	3^2·19·71	084 825 9050	3·4049	084 540 5821	64	101 781 4313	47·269	101 987 5186	7·13·139
15	29·419	3·4051	084 826 4167	3^2·7·193	65	3·4217	102 193 5090	3·4219	102 399 3999
16	084 969 2885	085 040 7067	23^3	43·283	66	11·1151	3^3·7·67	53·239	3·41·103
17	3·4057	7·37·47	3^3·11·41	19·641	67	102 810 8009	19·23·29	7·1811	31·409
18	13·937	3·31·131	7·1741	3·17·239	68	3^2·1409	11·1153	3·4229	103 427 8974
19	73·167	89·137	086 253 0238	11·1109	69	7^3·37	3·4231	103 701 1196	3^2·17·83
1220	3·7^2·83	086 466 0118	3·13·313	29·421	1270	13·977	103 906 2081	97·131	71·179
21	086 751 2312	3^2·23·59	19·643	3·4073	71	3·19·223	104 248 0470	3^4·157	7·23·79
22	11^2·101	17·719	087 310 9122	7·1747	72	104 521 2526	3·4241	11·13·89	3·4243
23	3^4·151	13·941	3·4079	087 745 9348	73	29·439	7·17·107	47·271	105 135 8876
24	087 816 6979	3·7·11·53	37·331	3^2·1361	74	3·31·137	105 271 6831	3·7·607	11·19·61
25	088 171 5399	088 242 4335	7·17·103	13·23·41	75	41·311	3^2·13·109	105 748 5555	3·4253
26	3·61·67	088 506 7283	3^2·29·47	088 809 1665	76	7·1823	105 952 7602	17·751	113^2
27	7·1753	3·4091	089 002 2553	3·4093	77	3^3·11·43	53·241	3·4259	13·983
28	080 233 7314	71·173	11·1117	089 516 5442	78	106 564 5348	3·4261	19·673	3^2·7^2·29
29	3·17·241	19·647	3·4009	7^2·251	79	106 904 4959	11·1163	67·191	107 176 0891
1230	089 940 4185	3^2·1367	31·397	3·11·373	1280	3·17·251	7·31·59	3^2·1423	107 515 2257
31	13·947	7·1759	109·113	97·127	81	23·557	3·4271	7·1831	3·4273
32	3^2·37^2	090 716 4485	3·7·587	090 927 8526	82	107 921 9002	107 989 6423	101·127	108 192 8051
33	11·19·59	3·4111	13^2·73	3^3·457	83	3·7·13·47	41·313	3·11·389	37·347
34	7·41·43	091 420 7290	091 561 4481	53·233	84	105 598 8460	3^2·1427	29·443	3·4283
35	3·23·179	11·1123	3^2·1373	17·727	85	71·181	109 004 5075	13·23·43	7·11·167
36	47·263	3·13·317	83·149	3·7·19·31	86	3^2·1429	19·677	3·4289	17·757
37	89·139	092 475 0129	092 615 3909	092 685 5629	87	61·211	3·7·613	79·163	3^5·53
38	3·4127	7·29·61	3·4129	13·953	88	11·1171	13·991	7^2·263	110 219 2237
39	098 106 8570	3^6·17	7^2·11·23	3·4133	89	3·4297	110 358 9827	3^4·1433	110 556 0428
1240	098 456 7075	79·157	19·653	098 786 7846	1290	7·19·97	3·11·17·23	110 825 8101	3·13·331
41	3^2·7·197	098 876 7554	3·4139	11·1129	91	110 959 8811	37·349	111 161 6596	111 228 8982
42	094 156 5018	3·41·101	17^2·43	3^2·1381	92	3·59·73	111 863 3443	3·31·139	7·1847
43	31·401	094 575 9836	094 715 0848	7·1777	93	67·193	3^3·479	17·761	3·19·227
44	3·11·13·29	23·541	3^8·461	59·211	94	111 967 6372	7·43^2	11^2·107	23·563
45	095 204 2331	3·7·593	095 418 4044	3·4153	95	3^2·1439	112 370 3655	3·7·617	112 571 4899
46	17·733	11^2·103	7·13·137	37·337	96	13·997	3·29·149	112 639 5108	3^2·11·131
47	3·4157	095 970 0228	3·4159	096 179 7847	97	7·17·109	113 040 4181	19·683	113 241 2324
48	7·1783	3^2·19·73	096 458 1117	3·23·181	98	3·4327	113 375 0571	3^3·13·37	31·419
49	096 597 2084	13·31^2	096 805 7098	29·431	99	11·1181	3·61·71	41·317	3·7·619
Num.	log 2 = .301 029 9957.				Num.	log 5 = .698 970 0043.			

Num.	1	3	7	9	Num.	1	3	7	9
1300	113 976 7583	114 043 5625	114 177 1402	114 243 9187	1350	23·587	3·7·643	13·1039	3^2·19·79
01	3·4337	7·11·13^2	3·4339	47·277	51	59·229	130 751 7708	7·1931	11·1229
02	29·449	3^2·1447	7·1861	3·43·101	52	3·4507	131 073 0480	3^4·167	83·163
03	83·157	115 044 3958	115 177 6655	13·17·59	53	7·1933	3·13·347	131 522 4289	3·4513
04	3^4·7·23	115 377 4943	3·4349	115 577 2811	54	11·1231	29·467	19·23·31	17·797
05	31·421	3·19·229	11·1187	3^2·1451	55	3·4517	132 035 4388	3·4519	7·13·149
06	37·353	116 042 9268	73·179	7·1867	56	71·191	3^2·11·137	132 483 6250	3·4523
07	3·4357	17·769	3^2·1453	11·29·41	57	41·331	7^2·277	132 803 6160	37·367
08	103·127	3·7^2·89	23·569	3·4363	58	3^3·503	17^2·47	3·7·647	107·127
09	13·19·53	117 039 1679	7·1871	117 238 1421	59	133 251 4125	3·23·197	133 443 0075	3^2·1511
1310	3·11·397	117 370 7410	3·17·257	117 569 5685	1360	7·29·67	61·223	11·1237	31·439
11	7·1873	3^2·31·47	13·1009	3·4373	61	3·13·349	133 953 8445	3^2·17·89	134 145 2199
12	117 966 9855	11·1193	118 165 4852	19·691	62	53·257	3·19·239	134 400 2500	3·7·11·59
13	3^2·1459	23·571	3·29·151	7·1877	63	43·317	134 591 4347	13·1049	23·593
14	17·773	3·13·337	118 826 6029	3^3·487	64	3·4547	7·1949	3·4549	135 100 8838
15	118 958 7778	7·1879	59·223	119 222 8969	65	11·17·73	3^2·37·41	7·1951	3·29·157
16	3·41·107	119 354 8818	3^2·7·11·19	13·1013	66	19·719	13·1051	79·173	135 736 7435
17	119 618 7498	3·4391	119 816 5459	3·23·191	67	3^2·7^2·31	11^2·113	3·47·97	136 054 3496
18	7^2·269	120 014 2521	120 146 0062	11^2·109	68	136 117 8420	3·4561	136 308 2078	3^4·13^2
19	3·4397	79·167	3·53·83	67·197	69	136 435 1705	136 498 0082	136 625 4558	7·19·103
1320	43·307	3^4·163	47·281	3·7·17·37	1370	3·4567	71·193	3^2·1523	137 005 7764
21	11·1201	73·181	121 132 8900	121 198 6026	71	137 069 1308	3·7·653	11·29·43	3·17·269
22	3^2·13·113	7·1889	3·4409	121 527 0165	72	137 385 7648	137 449 0638	7·37·53	137 638 9050
23	101·131	3·11·401	7·31·61	3^2·1471	73	3·23·199	31·443	3·19·241	11·1249
24	121 920 7856	17·19·41	13·1019	122 183 1001	74	7·13·151	3^3·509	59·233	3·4583
25	3·7·631	29·457	3^3·491	122 510 7706	75	138 334 2821	17·809	138 523 7878	138 586 8707
26	89·149	3·4421	122 772 7201	3·4423	76	3^2·11·139	138 713 1099	3·13·353	7^2·281
27	23·577	13·1021	11·17·71	7^2·271	77	47·293	3·4591	23·599	3^2·1531
28	3·19·233	37·359	3·43·103	97·137	78	139 280 7327	7·11·179	17·811	139 532 7716
29	123 557 6580	3^2·7·211	123 753 6688	3·11·13·31	79	3·4597	13·1061	3^3·7·73	139 847 6146
1330	47·283	53·251	7·1901	124 145 4251	1380	37·373	3·43·107	140 099 3249	3·4603
31	3^3·17·29	124 275 9320	3·23·193	19·701	81	7·1973	19·727	41·337	13·1063
32	7·11·173	3·4441	124 732 8977	3^2·1481	82	3·17·271	23·601	3·11·419	140 790 7766
33	124 862 7284	67·199	125 058 1512	125 123 2726	83	140 853 5818	3^2·29·53	101·137	3·7·659
34	3·4447	11·1213	3^2·1483	7·1907	84	141 167 4060	109·127	61·227	11·1259
35	13^2·79	3·4451	19^2·37	3·61·73	85	3^6·19	7·1979	3·31·149	141 731 8948
36	31·431	7·23·83	126 033 9461	29·461	86	83·167	3·4621	7^2·283	3^2·23·67
37	3·4457	43·311	3·7^3·13	17·787	87	11·13·97	142 170 3568	142 295 5863	142 358 1758
38	126 488 5707	3^2·1487	11·1217	3·4463	88	3·7·661	142 483 3237	3^2·1543	17·19·43
39	7·1913	59·227	127 007 5574	127 072 8871	89	29·479	3·11·421	13·1069	3·41·113
1340	3^2·1489	13·1031	3·41·109	11·23·53	1390	143 046 0483	143 108 5228	143 233 4547	7·1987
41	127 461 1625	3·17·263	127 655 4198	3^3·7·71	91	3·4637	143 420 7851	3·4639	31·449
42	127 784 6764	31·433	29·463	13·1033	92	143 670 4385	3^2·7·13·17	19·733	3·4643
43	3·11^2·37	7·19·101	3^2·1493	89·151	93	143 982 2922	144 044 6371	7·11·181	53·263
44	128 431 5811	3·4481	7·17·113	3·4483	94	3^2·1549	73·191	3·4649	13·29·37
45	128 754 5727	11·1223	128 948 2524	43·313	95	7·1993	3·4651	17·821	3^3·11·47
46	3·7·641	129 141 6458	3·67^2	129 335 3529	96	23·607	144 978 7380	145 103 1381	61·229
47	19·709	3^3·499	129 593 2284	3·4493	97	3·4657	89·157	3^2·1553	7·1997
48	13·17·61	97·139	129 915 3575	7·41·47	98	11·31·41	3·59·79	71·197	3·4663
49	3^2·1499	103·131	3·11·409	130 301 5978	99	17·823	7·1999	146 034 9626	146 097 0135
Num.	log 2 = .301 029 9957.				Num.	log 5 = .698 970 0043.			

Num.	1	3	7	9	Num.	1	3	7	9
1400	3·13·359	11·19·67	3·7·23·29	146 407 1358	1450	17·853	161 457 8470	89·163	11·1319
01	146 469 1381	3^4·173	107·131	3·4673	51	3·7·691	23·631	3^2·1613	161 936 7052
02	7·2003	37·379	13^2·83	147 026 7152	52	13·1117	3·47·103	73·199	3·29·167
03	3^2·1559	147 150 5252	3·4679	101·139	53	11·1321	162 355 2786	162 474 7904	7·31·67
04	19·739	3·31·151	11·1277	3^2·7·223	54	3·37·131	162 654 0041	3·13·373	162 833 1439
05	147 707 2338	13·23·47	147 892 6448	17·827	55	162 892 8407	3^3·7^2·11	163 071 8820	3·23·211
06	3·43·109	7^3·41	3^3·521	11·1279	56	163 191 2019	163 250 8495	7·2081	17·857
07	148 324 9680	3·4691	7·2011	3·13·19^2	57	3^2·1619	13·19·59	3·43·113	61·239
08	148 633 4985	148 695 1798	148 818 5146	73·193	58	7·2083	3·4861	29·503	3^2·1621
09	3·7·11·61	17·829	3·37·127	23·613	59	164 085 0575	164 144 5825	11·1327	13·1123
1410	59·239	3^2·1567	149 434 6663	3·4703	1460	3·31·157	17·859	3^3·541	7·2087
11	103·137	11·1283	19·743	7·2017	61	19·769	3·4871	47·311	3·11·443
12	3^3·523	29·487	3·17·277	71·199	62	164 977 0771	7·2089	165 155 2614	165 214 6399
13	13·1087	3·7·673	67·211	3^2·1571	63	3·4877	165 333 3726	3·7·17·41	165 511 4108
14	79·179	150 541 5414	7·43·47	150 725 7466	64	11^4	3^2·1627	97·151	3·19·257
15	3·53·89	150 848 5067	3^2·11^2·13	151 032 5818	65	7^2·13·23	165 926 5496	166 045 0879	107·137
16	7^2·17^2	3·4721	31·457	3·4723	66	3^4·181	11·31·43	3·4889	166 400 5086
17	37·383	151 461 7871	151 584 3394	11·1289	67	17·863	3·67·73	13·1129	3^2·7·233
18	3·29·163	13·1091	3·4729	7·2027	68	53·277	166 814 7988	19·773	37·397
19	23·617	3^2·19·83	152 196 5828	3·4733	69	3·59·83	7·2099	3^2·23·71	167 287 7899
1420	11·1291	7·2029	152 502 3805	13·1093	1470	61·241	3·13^2·29	7·11·191	3·4903
21	3^2·1579	61·233	3·7·677	59·241	71	47·313	167 701 2350	167 819 2899	41·359
22	152 930 1364	3·11·431	41·347	3^3·17·31	72	3·7·701	167 996 3121	3·4909	11·13·103
23	7·19·107	43·331	23·619	29·491	73	168 232 2205	3^2·1637	168 409 0835	3·17^3
24	3·47·101	153 601 4743	3^2·1583	153 784 3865	74	168 526 9462	23·641	168 703 6802	7^3·43
25	153 845 3401	3·4751	53·269	3·7^2·97	75	3^2·11·149	168 880 3424	3·4919	169 056 9327
26	13·1097	17·839	11·1297	19·751	76	29·509	3·7·19·37	169 292 2740	3^3·547
27	3·67·71	7·2039	3·4759	109·131	77	169 409 8981	11·17·79	7·2111	169 645 0491
28	154 758 6192	3^3·23^2	7·13·157	3·11·433	78	3·13·379	169 762 5709	3^2·31·53	23·643
29	31·461	155 123 3987	17·29^2	79·181	79	7·2113	3·4931	170 173 6788	3·4933
1430	3^2·7·227	155 427 1886	3·19·251	41·349	1480	19^2·41	113·131	13·17·67	59·251
31	11·1301	3·13·367	103·139	3^2·37·43	81	3·4937	170 643 0228	3·11·449	7·29·73
32	155 973 3447	156 033 9919	156 155 2609	7·23·89	82	170 877 5078	3^5·61	171 053 2876	3·4943
33	3·17·281	11·1303	3^5·59	13·1103	83	171 170 4349	7·13·163	37·401	11·19·71
34	156 579 4358	3·7·683	156 761 0983	3·4783	84	3^2·17·97	171 521 6875	3·7^2·101	31·479
35	113·127	31·463	7^2·293	83·173	85	171 755 6981	3·4951	83·179	3^2·13·127
36	3·4787	53·271	3·4789	157 426 5448	86	7·11·193	89·167	172 223 3414	172 281 7615
37	7·2053	3^2·1597	11·1307	3·4793	87	3·4957	107·139	3^3·19·29	172 573 7438
38	73·197	19·757	157 970 2436	158 030 6126	88	23·647	3·11^2·41	172 807 1884	3·7·709
39	3^3·13·41	37·389	3·4799	7·11^2·17	89	172 923 8686	53·281	173 098 8178	47·317
1440	158 392 6504	3·4801	158 573 5562	3^2·1601	1490	3·4967	7·2129	3·4969	17·877
41	158 694 1192	7·29·71	13·1109	158 935 1418	91	13·31·37	3^2·1657	7·2131	3·4973
42	3·11·19·23	159 055 6085	3^2·7·229	47·307	92	43·347	173 856 1890	11·23·59	174 030 7180
43	159 296 4207	3·17·283	159 476 9565	3·4813	93	3^3·7·79	109·137	3·13·383	174 321 5278
44	7·2063	11·13·101	159 777 6729	159 837 7911	94	67·223	3·17·293	174 554 0345	3^2·11·151
45	3·4817	97·149	3·61·79	19·761	95	174 670 2415	19·787	174 844 4987	7·2137
46	160 198 3261	3^2·1607	17·23·37	3·7·13·53	96	3·4987	13·1151	3^2·1663	175 192 7884
47	29·499	41·353	31·467	160 738 5681	97	11·1361	3·7·23·31	17·881	3·4993
48	3^2·1609	7·2069	3·11·439	161 038 4124	98	71·211	175 598 7795	7·2141	13·1153
49	43·337	3·4831	7·19·109	3^4·179	99	3·19·263	11·29·47	3·4999	53·283
Num.	log 2 = .301 029 9957.				Num.	log 5 = .698 970 0043.			

Num.	1	3	7	9	Num.	1	3	7	9
1500	7·2143	$3^2\cdot1667$	43·349	3·5003	1550	3·5167	37·419	$3^2\cdot1723$	13·1193
01	17·893	176 467 4846	176 583 1808	23·653	51	190 639 7976	3·5171	59·263	3·7·739
02	$3^2\cdot1669$	83·181	3·5009	7·19·113	52	11·17·83	$19^2\cdot43$	191 087 5580	53·293
03	176 987 8748	3·5011	11·1367	$3^3\cdot557$	53	3·31·167	$7^2\cdot317$	3·5179	41·379
04	$13^2\cdot89$	$7^2\cdot307$	41·367	101·149	54	191 478 9604	$3^2\cdot11\cdot157$	7·2221	3·71·73
05	3·29·173	177 628 0616	$3^2\cdot7\cdot239$	$11\cdot37^2$	55	191 758 8214	103·151	47·331	191 981 6806
06	177 858 8085	3·5021	13·19·61	3·5023	56	$3^2\cdot7\cdot13\cdot19$	79·197	3·5189	192 260 7186
07	7·2153	178 199 0991	178 314 0848	17·887	57	23·677	3·29·179	37·421	$3^3\cdot577$
08	3·11·457	178 487 7810	3·47·107	79·191	58	192 505 8276	192 651 0707	11·13·109	7·17·131
09	178 718 0191	$3^3\cdot13\cdot43$	31·487	3·7·719	59	3·5197	31·503	$3^2\cdot1733$	19·821
1510	179 005 7076	11·1373	179 178 2292	29·521	1560	193 152 4369	3·7·743	193 319 4304	$3\cdot11^2\cdot43$
11	$3^2\cdot23\cdot73$	7·17·127	3·5039	13·1163	61	67·233	13·1201	7·23·97	193 658 2249
12	179 580 5184	$3\cdot71^2$	7·2161	$3^2\cdot41^2$	62	3·41·127	17·919	3·5209	193 981 1912
13	179 867 6818	37·409	180 089 8109	180 097 1890	63	$7^2\cdot11\cdot29$	$3^4\cdot193$	19·823	3·13·401
14	$3\cdot7^2\cdot103$	19·797	$3^4\cdot11\cdot17$	180 383 9656	64	194 264 5160	194 820 0458	194 481 0826	194 486 5905
15	109·139	3·5051	23·659	3·31·163	65	$3^2\cdot37\cdot47$	11·1423	3·17·307	7·2237
16	180 727 8477	59·257	29·523	7·11·197	66	194 819 4896	3·23·227	194 985 8484	$3^2\cdot1741$
17	3·13·389	181 071 4578	3·5059	43·353	67	195 090 7106	7·2239	61·257	195 816 3601
18	17·19·47	$3^2\cdot7\cdot241$	181 471 9929	3·61·83	68	3·5227	195 429 1425	$3^3\cdot7\cdot83$	29·541
19	11·1381	181 643 5878	7·13·167	181 815 0150	69	13·17·71	3·5231	11·1427	3·5233
1520	$3^3\cdot563$	23·661	3·37·137	67·227	1570	7·2243	41·383	113·139	23·683
21	7·41·53	3·11·461	182 329 0406	$3^2\cdot19\cdot89$	71	3·5237	19·827	$3\cdot13^2\cdot31$	11·1429
22	31·491	13·1171	182 614 8477	97·157	72	79·199	$3^2\cdot1747$	196 645 6868	$3\cdot7^2\cdot107$
23	3·5077	182 785 4421	$3^2\cdot1693$	$7^2\cdot311$	73	196 750 8811	196 811 5427	196 921 9448	196 977 1854
24	183 018 4631	3·5081	79·193	3·13·17·23	74	$3^3\cdot11\cdot53$	7·13·173	3·29·181	197 252 9830
25	101·151	7·2179	11·19·73	183 526 0730	75	19·829	3·59·89	7·2251	$3^2\cdot17\cdot103$
26	3·5087	183 639 9042	3·7·727	183 810 5951	76	197 583 7000	11·1433	197 749 0670	13·1213
27	183 867 4772	$3^2\cdot1697$	184 088 0786	3·11·463	77	3·7·751	197 914 3038	$3^2\cdot1753$	31·509
28	7·37·59	17·29·31	184 322 2656	184 879 0807	78	43·367	3·5261	198 299 6090	3·19·277
29	$3^2\cdot1699$	41·373	3·5099	184 663 0440	79	198 409 6885	17·929	198 574 6181	7·37·61
1530	11·13·107	3·5101	184 890 0822	$3^7\cdot7$	1580	3·23·229	198 739 5401	3·11·479	198 904 8995
31	61·251	185 060 2825	$17^2\cdot53$	185 230 4162	81	97·163	$3^2\cdot7\cdot251$	199 124 1146	3·5273
32	3·5107	7·11·199	$3^2\cdot13\cdot131$	185 518 8242	82	13·1217	199 288 8281	$7^2\cdot17\cdot19$	11·1439
33	185 570 4836	3·19·269	$7^2\cdot313$	3·5113	83	$3^2\cdot1759$	71·223	3·5279	47·337
34	$23^2\cdot29$	67·229	103·149	186 080 0801	84	7·31·73	3·5281	13·23·53	$3^3\cdot587$
35	3·7·17·43	13·1181	3·5119	186 302 9404	85	$11^2\cdot131$	83·191	101·157	200 275 7991
36	186 419 4892	$3^3\cdot569$	$11^2\cdot127$	3·47·109	86	3·17·311	29·547	$3^2\cdot41\cdot43$	7·2267
37	19·809	186 758 0272	186 871 6144	$7\cdot13^3$	87	59·269	3·11·13·37	200 768 4448	3·67·79
38	$3^2\cdot1709$	187 041 0400	3·23·223	11·1399	88	200 877 6457	7·2269	201 041 8055	201 096 5650
39	187 266 8382	3·7·733	89·173	$3^2\cdot29\cdot59$	89	3·5297	23·691	3·7·757	13·1223
1540	187 548 9209	73·211	7·31·71	19·811	1590	201 424 4870	$3^3\cdot19\cdot31$	201 588 2811	3·5303
41	3·11·467	187 887 1784	$3^3\cdot571$	17·907	91	7·2273	201 752 0628	11·1447	201 915 7527
42	7·2203	3·53·97	188 281 4795	3·37·139	92	$3^2\cdot29\cdot61$	202 024 8951	3·5309	17·937
43	13·1187	11·23·61	43·359	188 619 1672	93	89·179	3·47·113	202 406 5726	$3^2\cdot7\cdot11\cdot23$
44	3·5147	188 731 6714	3·19·271	7·2207	94	19·839	107·149	37·431	41·389
45	188 956 5925	$3^2\cdot17\cdot101$	13·29·41	3·5153	95	3·13·409	7·43·53	$3^4\cdot197$	203 005 6747
46	189 237 5802	$7\cdot47^2$	189 406 0855	31·499	96	11·1451	3·17·313	7·2281	3·5323
47	$3^4\cdot191$	189 574 5255	3·7·11·67	23·673	97	203 332 1097	203 386 4917	13·1229	$19\cdot29^2$
48	113·137	3·13·397	17·911	$3^2\cdot1721$	98	3·7·761	11·1453	$3\cdot73^2$	59·271
49	7·2213	190 185 5200	190 247 6330	11·1409	99	203 875 6288	$3^2\cdot1777$	17·941	3·5333
Num.	log 2 = .301 029 9957.				Num.	log 5 = .698 970 0043.			

Num.	1	3	7	9	Num.	1	3	7	9
1600	204 147 1252	13·1231	204 309 9449	7·2287	1650	29·569	3·5501	17·971	3·5503
01	$3^3\cdot593$	67·239	3·19·281	83·193	51	11·19·79	$7^2\cdot337$	83·199	217 983 7592
02	37·433	$3\cdot7^2\cdot109$	11·31·47	$3^2\cdot13\cdot137$	52	3·5507	13·31·41	3·7·787	218 246 5797
03	17·23·41	205 014 7926	7·29·79	43·373	53	61·271	$3^2\cdot11\cdot167$	23·719	3·37·149
04	3·5347	61·263	$3^2\cdot1783$	11·1459	54	7·17·139	71·233	218 719 2600	13·19·67
05	7·2293	3·5351	205 664 4074	3·53·101	55	$3^3\cdot613$	218 876 7151	3·5519	29·571
06	205 772 5821	205 826 6594	205 934 7987	205 988 8508	56	219 086 5572	3·5521	219 243 8722	$3^2\cdot7\cdot263$
07	3·11·487	206 096 9447	3·23·233	7·2297	57	73·227	219 401 1804	$11^2\cdot137$	59·281
08	13·1237	$3^2\cdot1787$	206 475 0618	3·31·173	58	3·5527	7·23·103	$3^2\cdot19\cdot97$	53·313
09	206 583 0848	$7\cdot11^2\cdot19$	206 744 9441	17·947	59	47·353	3·5531	7·2371	3·11·503
1610	$3^2\cdot1789$	206 906 7929	3·7·13·59	89·181	1660	13·1277	220 186 5679	220 291 1657	17·977
11	207 122 4977	3·41·131	71·227	$3^4\cdot199$	61	$3\cdot7^2\cdot113$	37·449	3·29·191	220 604 8578
12	$7^3\cdot47$	23·701	207 553 5650	127^2	62	11·1511	$3^2\cdot1847$	13·1279	3·23·241
13	3·19·283	13·17·73	$3^2\cdot11\cdot163$	207 876 0216	63	220 918 3686	220 970 5875	127·131	7·2377
14	207 930 4875	3·5381	67·241	3·7·769	64	$3^2\cdot43^2$	11·17·89	3·31·179	221 388 1583
15	31·521	29·557	107·151	11·13·113	65	221 440 8208	3·7·13·61	221 596 7857	$3^3\cdot617$
16	3·5387	7·2309	3·17·317	19·23·37	66	221 701 0644	19·877	7·2381	79·211
17	103·157	$3^3\cdot599$	7·2311	3·5393	67	3·5557	222 013 7502	$3^2\cdot17\cdot109$	13·1283
18	11·1471	209 059 0841	209 166 8667	209 220 0231	68	7·2383	3·67·83	11·37·41	3·5563
19	$3^2\cdot7\cdot257$	209 327 3159	3·5399	97·167	69	222 482 8571	222 534 8984	59·283	222 690 4647
1620	17·953	3·11·491	19·853	$3^2\cdot1801$	1670	3·19·293	222 794 4811	3·5569	$7^2\cdot11\cdot31$
21	13·29·43	31·523	209 970 5167	$7^2\cdot331$	71	17·983	$3^3\cdot619$	73·229	3·5573
22	3·5407	210 131 1682	$3^3\cdot601$	210 291 7608	72	23·727	7·2389	43·389	223 469 9812
23	210 345 2778	3·7·773	13·1249	3·5413	73	$3^2\cdot11\cdot13^2$	29·577	3·7·797	19·881
24	109·149	37·439	7·11·211	210 826 6387	74	223 781 8964	3·5581	223 937 0208	$3^2\cdot1861$
25	3·5417	210 933 5354	3·5419	71·229	75	7·2393	11·1523	13·1289	224 248 1010
26	7·23·101	$3^2\cdot13\cdot139$	211 307 4667	3·11·17·29	76	3·37·151	224 351 7450	$3^6\cdot23$	41·409
27	53·307	211 467 6244	41·397	73·223	77	31·541	3·5591	19·883	3·7·17·47
28	$3^5\cdot67$	19·857	3·61·89	7·13·179	78	97·173	13·1291	224 973 0904	103·163
29	11·1481	3·5431	43·379	$3^2\cdot1811$	79	3·29·193	7·2399	3·11·509	107·157
1630	212 214 2474	7·17·137	23·709	47·347	1680	53·317	$3^2\cdot1867$	7^5	3·13·431
31	3·5437	11·1483	$3^2\cdot7^2\cdot37$	212 693 5424	81	225 593 5482	17·23·43	67·251	$11^2\cdot139$
32	19·859	3·5441	29·563	3·5443	82	$3^3\cdot7\cdot89$	225 903 4449	3·71·79	226 058 8104
33	7·2333	213 065 9621	$17\cdot31^2$	213 225 4728	83	226 109 9200	3·31·181	113·149	$3^2\cdot1871$
34	3·13·419	59·277	3·5449	213 491 1988	84	11·1531	226 419 4486	17·991	7·29·83
35	83·197	$3^2\cdot23\cdot79$	11·1487	3·7·19·41	85	3·41·137	19·887	$3^2\cdot1873$	23·733
36	213 809 8446	213 862 9304	13·1259	214 022 1487	86	13·1297	3·7·11·73	101·167	3·5623
37	$3^2\cdot17\cdot107$	7·2339	3·53·103	11·1489	87	227 140 8254	47·359	7·2411	227 346 7139
38	214 340 4108	3·43·127	7·2341	$3^3\cdot607$	88	3·17·331	227 449 6205	3·13·433	227 603 9357
39	37·443	$13^2\cdot97$	19·863	$23^2\cdot31$	89	7·19·127	$3^2\cdot1877$	61·277	3·43·131
1640	3·7·11·71	47·349	$3^2\cdot1823$	61·269	1690	227 912 4018	227 963 7915	11·29·53	37·457
41	215 135 0455	3·5471	215 293 7982	3·13·421	91	$3^2\cdot1879$	13·1301	3·5639	7·2417
42	215 399 6011	11·1493	215 558 2571	7·2347	92	228 426 0255	3·5641	228 579 9942	$3^4\cdot11\cdot19$
43	3·5477	215 716 8552	3·5479	17·967	93	228 682 6007	7·41·59	228 836 4875	13·1303
44	41·401	$3^4\cdot7\cdot29$	216 086 0924	3·5483	94	3·5647	228 990 8108	$3^2\cdot7\cdot269$	17·997
45	216 192 8024	216 245 0077	7·2351	109·151	95	11·23·67	3·5651	31·547	3·5653
46	$3^2\cdot31\cdot59$	101·163	3·11·499	43·383	96	7·2423	229 502 6621	$19^2\cdot47$	71·239
47	7·13·181	$3\cdot17^2\cdot19$	216 878 1417	$3^2\cdot1831$	97	3·5657	11·1543	3·5659	229 912 1088
48	216 983 5594	53·311	217 141 0379	11·1499	98	229 963 2620	$3^3\cdot17\cdot37$	230 116 6868	3·7·809
49	3·23·239	217 299 6590	$3^3\cdot13\cdot47$	7·2357	99	13·1307	230 270 0574	23·739	89·191
Num.	log 2 = .301 029 9957.				Num.	log 5 = .698 970 0043.			

Num.	1	3	7	9	Num.	1	3	7	9
1700	3^2·1889	7^2·347	3·5669	73·233	1750	11·37·43	23·761	7·41·61	243 261 8427
01	230 729 8446	3·53·107	7·11·13·17	3^2·31·61	51	3·13·449	83·211	3·5839	243 509 8126
02	230 985 0717	29·587	231 138 1860	231 189 1455	52	7·2503	3^3·11·59	17·1031	3·5843
03	3·7·811	231 291 1464	3^3·631	11·1549	53	47·373	89·197	13·19·71	244 004 8281
04	231 495 0764	3·13·19·23	231 647 9612	3·5683	54	3^2·1949	53·331	3·5849	7·23·109
05	17^2·59	231 800 7921	37·461	7·2437	55	244 801 8602	3·5851	97·181	3^2·1951
06	3·11^2·47	113·151	3·5689	13^2·101	56	17·1033	7·13·193	11·1597	244 747 0428
07	43·397	3^2·7·271	232 411 5784	3·5693	57	3·5857	244 845 9090	3^4·7·31	244 994 1661
08	19·29·31	11·1553	7·2441	23·743	58	245 043 5739	3·5861	43·409	3·11·13·41
09	3^4·211	232 618 2026	3·41·139	232 970 7123	59	7^2·359	73·241	245 438 6340	245 487 9018
1710	7^2·349	3·5701	233 173 8554	3^2·1901	1760	3·5867	29·607	3·5869	245 734 6935
11	71·241	109·157	233 427 6507	17·19·53	61	11·1601	3^2·19·103	79·223	3·7·839
12	3·13·439	233 579 8567	3^2·11·173	7·2447	62	67·263	246 079 8412	246 178 4045	17^2·61
13	37·463	3·5711	233 934 7967	3·29·197	63	3^3·653	7·11·229	3·5879	31·569
14	61·281	7·31·79	13·1319	11·1559	64	13·23·59	3·5881	7·2521	3^2·37·53
15	3·5717	17·1009	3·7·19·43	234 491 0742	65	19·929	127·139	246 916 9170	246 966 1066
16	131^2	3^2·1907	234 694 4071	3·59·97	66	3·7·29^2	17·1039	3^2·13·151	247 211 9707
17	7·11·223	13·1321	89·193	41·419	67	41·431	3·43·137	11·1607	3·71·83
18	3^2·23·83	235 098 9901	3·17·337	235 250 6116	68	247 506 8241	247 555 9469	23·769	7^2·19^2
19	235 801 1408	3·11·521	29·593	3^3·7^2·13	69	3·5897	13·1361	3·17·347	11·1609
1720	103·167	235 604 1808	235 705 1587	235 755 6346	1770	31·571	3^2·7·281	248 144 9878	3·5903
21	3·5737	7·2459	3^2·1913	67·257	71	89·199	248 292 1226	7·2531	13·29·47
22	17·1013	3·5741	7·23·107	3·5743	72	3^2·11·179	37·479	3·19·311	248 684 2400
23	236 310 4824	19·907	11·1567	236 512 0697	73	7·17·149	3·23·257	248 880 1660	3^5·73
24	3·7·821	43·401	3·5749	47·367	74	113·157	11·1613	249 124 9408	249 173 8894
25	13·1327	3^5·71	236 965 2091	3·11·523	75	3·61·97	41·433	3^2·1973	7·43·59
26	41·421	61·283	31·557	7·2467	76	249 467 4143	3·31·191	109·163	3·5923
27	3^2·19·101	23·751	3·13·443	37·467	77	13·1367	7·2539	29·613	23·773
28	11·1571	3·7·823	59·293	3^2·17·113	78	3·5927	250 005 0255	3·7^2·11^2	250 151 5351
29	237 820 1108	237 870 8415	7^2·353	238 020 9987	79	250 200 8597	3^3·659	13·37^2	3·17·349
1730	3·73·79	11^3·13	3^3·641	19·911	1780	7·2543	19·937	250 590 7587	11·1619
31	7·2473	3·29·199	238 472 6569	3·23·251	81	3^2·1979	47·379	3·5939	103·173
32	238 572 9617	17·1019	238 723 8754	13·31·43	82	71·251	3·13·457	251 078 2645	3^2·7·283
33	3·53·109	238 873 7870	3·5779	7·2477	83	11·1621	17·1049	251 821 8128	251 870 5055
34	239 074 1882	3^2·41·47	11·19·83	3·5783	84	3·19·313	7·2549	3^3·661	13·1373
35	239 824 5006	7·37·67	17·1021	239 524 7082	85	251 662 5500	3·11·541	7·2551	3·5953
36	3^3·643	97·179	3·7·827	11·1579	86	53·337	251 954 8962	17·1051	107·167
37	29·599	3·5791	239 974 8011	3^2·1931	87	3·7·23·37	61·293	3·59·101	19·941
38	7·13·191	240 124 7802	240 224 6541	240 274 6075	88	252 391 8082	3^2·1987	31·577	3·67·89
39	3·11·17·31	240 374 4970	3^2·1933	127·137	89	252 634 6157	29·617	11·1627	7·2557
1740	240 574 2070	3·5801	13^2·103	3·7·829	1790	3^4·13·17	252 925 8117	3·47·127	253 071 3365
41	23·757	11·1583	240 978 8516	241 023 2192	91	253 119 8880	3·7·853	19·23·41	3^2·11·181
42	3·5807	7·19·131	3·37·157	29·601	92	253 302 2398	253 410 7048	7·13·197	253 556 0672
43	241 822 8020	3^2·13·149	7·47·53	3·5813	93	3·43·139	79·227	3^2·1993	253 798 2299
44	107·163	241 621 1806	73·239	241 770 5426	94	7·11·233	3·5981	131·137	3·31·193
45	3^2·7·277	31·563	3·11·23^2	13·17·79	95	29·619	13·1381	254 238 7827	254 282 1505
46	19·919	3·5821	242 218 8202	3^3·647	96	3·5987	11·23·71	3·53·113	7·17·151
47	242 317 7687	101·173	242 466 8862	7·11·227	97	254 572 2442	3^2·1997	254 717 2184	3·13·461
48	3·5827	242 615 9576	3^2·29·67	242 764 9778	98	254 813 8410	7^2·367	254 959 7347	255 007 0218
49	242 814 6398	3·7^3·17	242 963 5918	3·19·307	99	3^2·1999	19·947	3·7·857	41·439
Num.	log 2 = .301 029 9957.				Num.	log 5 = .698 970 0043.			

Num.	1	3	7	9	Num.	1	3	7	9
1800	47·383	3·17·353	11·1637	3^3·23·29	1850	3·7·881	267 242 1468	3·31·199	83·223
01	7·31·83	255 556 0490	43·419	37·487	51	107·173	3^2·11^2·17	267 570 6266	3·6173
02	3·6007	67·269	3^2·2003	11^2·149	52	267 064 4317	267 711 8267	97·191	7·2647
03	13·19·73	3·6011	17·1061	3·7·859	53	3^2·29·71	43·431	3·37·167	268 086 3044
04	256 260 6065	256 308 7491	256 405 0168	256 453 1449	54	268 183 1589	3·7·883	17·1091	3^4·229
05	3·11·547	7·2579	3·13·463	256 693 0980	55	13·1427	268 414 1446	7·11·241	67·277
06	256 741 7926	3^4·223	7·29·89	3·19·317	56	3·23·269	19·977	3^2·2063	31·599
07	17·1063	11·31·53	257 126 8580	101·179	57	7^2·379	3·41·151	13·1429	3·11·563
08	3^2·7^2·41	13^2·107	3·6029	257 414 5588	58	17·1093	269 115 8269	269 209 2989	29·641
09	79·229	3·37·163	257 606 5864	3^2·2011	59	3·6197	269 849 4698	3·6199	7·2657
1810	23·787	43·421	19·953	7·13·199	1860	11·19·89	3^3·13·53	23·809	3·6203
11	3·6037	59·307	3^3·11·61	258 134 2250	61	37·503	7·2659	269 900 6087	43·433
12	258 182 1604	3·7·863	258 325 9847	3·6043	62	3^2·2069	11·1693	3·7·887	13·1433
13	258 421 7579	258 469 6616	7·2591	11·17·97	63	31·601	3·6211	270 376 0052	3^2·19·109
14	3·6047	258 709 1006	3·23·263	258 852 7006	64	7·2663	103·181	29·643	17·1097
15	7·2593	3^2·2017	67·271	3·6053	65	3·6217	23·811	3^3·691	47·397
16	11·13·127	41·443	37·491	259 331 0249	66	270 934 9129	3·6221	11·1697	3·7^2·127
17	3^3·673	17·1069	3·73·83	7^3·53	67	271 167 5789	71·263	19·983	271 358 6221
18	259 617 7068	3·11·19·29	13·1399	3^2·43·47	68	3·13·479	7·17·157	3·6229	11·1699
19	259 856 5739	7·23·113	31·587	260 047 5250	69	271 632 5375	3^2·31·67	7·2671	3·23·271
1820	3·6067	109·167	3^2·7·17^2	131·139	1870	271 864 8302	59·317	13·1439	53·353
21	260 333 7944	3·13·467	260 476 8588	3·6073	71	3^5·7·11	272 143 4176	3·17·367	272 282 6448
22	7·19·137	260 619 8752	11·1657	260 762 8449	72	97·193	3·79^2	61·307	3^2·2081
23	3·59·103	260 858 1320	3·6079	13·23·61	73	272 560 9689	11·13·131	41·457	7·2677
24	17·29·37	3^2·2027	71·257	3·7·11·79	74	3·6247	272 839 1052	3^2·2083	272 978 1091
25	261 286 6051	261 334 2588	261 429 4156	19·31^2	75	17·1103	3·7·19·47	273 163 8784	3·13^2·37
26	3^2·2029	7·2609	3·6089	261 714 7758	76	73·257	29·647	7^2·383	137^2
27	11^2·151	3·6091	7^2·373	3^3·677	77	3·6257	273 533 6802	3·11·569	89·211
28	101·181	47·389	262 142 4049	262 189 9590	78	7·2683	3^2·2087	273 857 4854	3·6263
29	3·7·13·67	11·1663	3^2·19·107	29·631	79	19·23·43	273 996 1188	274 088 5414	11·1709
1830	262 474 8210	3·6101	262 617 1815	3·17·359	1880	3^2·2089	274 227 1460	3·6269	7·2687
31	262 712 0626	262 759 4954	13·1409	7·2617	81	13·1447	3·6271	31·607	3^3·17·41
32	3·31·197	73·251	3·41·149	263 188 7712	82	11·29·59	7·2689	67·281	19·991
33	23·797	3^3·7·97	11·1667	3·6113	83	3·6277	37·509	3^2·7·13·23	275 057 8461
34	263 423 0109	13·17·83	7·2621	59·311	84	83·227	3·11·571	47·401	3·61·103
35	3^2·2039	263 707 0646	3·29·211	11·1669	85	7·2693	17·1109	109·173	275 518 6605
36	7·43·61	3·6121	264 088 2260	3^2·13·157	86	3·6287	13·1451	3·19·331	275 748 8845
37	264 132 7972	19·967	17·23·47	264 321 8778	87	113·167	3^4·233	43·439	3·7·29·31
38	3·11·557	31·593	3^4·227	7·37·71	88	79·239	23·821	11·17·101	13·1453
39	53·347	3·6131	264 747 0084	3·6133	89	3^2·2099	7·2699	3·6299	276 488 8250
1840	264 841 4258	7·11·239	79·233	41·449	1890	41·461	3·6301	7·37·73	3^2·11·191
41	3·17·19^2	265 124 5599	3·7·877	113·163	91	276 714 4946	276 760 4226	276 852 2688	276 898 1772
42	13^2·109	3^2·23·89	265 454 6856	3·6143	92	3·7·17·53	127·149	3^3·701	23·823
43	7·2633	265 596 0231	103·179	265 737 3648	93	11·1721	3·6311	29·653	3·59·107
44	3^3·683	265 831 5668	3·11·13·43	19·971	94	13·31·47	19·997	277 540 4551	7·2707
45	266 019 9089	3·6151	266 161 1122	3^2·7·293	95	3·6317	11·1723	3·71·89	277 815 4266
46	266 255 2228	37·499	59·313	11·23·73	96	67·283	3^2·7^2·43	13·1459	3·6323
47	3·47·131	7^2·13·29	3^2·2053	17·1087	97	61·311	278 136 0067	7·2711	278 278 8258
48	266 725 4670	3·61·101	7·19·139	3·6163	98	3^3·19·37	41·463	3·6329	17·1117
49	11·41^2	267 007 9697	53·349	13·1423	99	7·2713	3·13·487	11^2·157	3^2·2111
Num.	log 2 = .301 029 9957.				Num.	log 5 = .698 970 0043.			

Num.	1	3	7	9	Num.	1	3	7	9
1900	278 776 4580	31·613	83·229	278 959 2707	1950	290 056 6823	3^2·11·197	290 190 4840	3·7·929
01	3·6337	279 050 6452	3^2·2113	7·11·13·19	51	109·179	13·19·79	29·673	131·149
02	23·827	3·17·373	53·359	3·6343	52	3^4·241	7·2789	3·23·283	59·331
03	279 461 6098	7·2719	279 598 5009	79·241	53	290 724 4800	3·17·383	7·2791	3^2·13·167
04	3·11·577	137·139	3·7·907	43·443	54	290 946 7847	290 991 2320	11·1777	113·173
05	279 917 7770	3^2·29·73	17·19·59	3·6353	55	3·7^3·19	291 218 4008	3^2·41·53	291 346 6467
06	7^2·389	11·1733	23·829	280 327 9187	56	31·631	3·6521	17·1151	3·11·593
07	3^2·13·163	280 419 0088	3·6359	280 555 6080	57	291 613 0169	23^2·37	291 746 1408	7·2797
08	280 601 1315	3·6361	280 737 6785	3^3·7·101	58	3·61·107	291 879 2289	3·6529	19·1031
09	17·1123	61·313	13^2·113	71·269	59	11·13·137	3^2·7·311	292 189 5926	3·47·139
1910	3·6367	7·2729	3^2·11·193	97·197	1960	17·1153	292 322 5899	7·2801	292 455 4465
11	29·659	3·23·277	7·2731	3·6373	61	3^2·2179	11·1783	3·13·503	23·853
12	281 510 6015	13·1471	31·617	11·37·47	62	7·2803	3·31·211	19·1033	3^3·727
13	3·7·911	19^2·53	3·6379	281 919 2424	63	67·293	29·677	73·269	41·479
14	281 964 6288	3^3·709	41·467	3·13·491	64	3·6547	13·1511	3^2·37·59	7^2·401
15	11·1741	107·179	282 327 4992	7^2·17·23	65	43·457	3·6551	11·1787	3·6553
16	3^2·2129	282 463 4996	3·6389	29·661	66	293 605 6082	7·53^2	71·277	13·17·89
17	19·1009	3·7·11·83	127·151	3^2·2131	67	3·79·83	103·191	3·7·937	11·1789
18	282 871 2458	282 916 5268	7·2741	31·619	68	294 047 1618	3^9	294 179 5418	3·6563
19	3·6397	17·1129	3^5·79	73·263	69	7·29·97	47·419	294 400 0849	294 444 1802
1920	7·13·211	3·37·173	283 459 5364	3·19·337	1970	3^2·11·199	17·19·61	3·6569	294 664 5895
21	283 549 9720	283 595 1828	11·1747	283 730 7808	71	23·857	3·6571	294 840 8364	3^2·7·313
22	3·43·149	47·409	3·13·17·29	7·41·67	72	13·37·41	11^2·163	295 061 0446	109·181
23	284 001 8679	3^2·2137	284 137 8450	3·11^2·53	73	3·6577	7·2819	3^3·17·43	295 325 1470
24	71·271	7·2749	19·1013	284 408 1725	74	19·1039	3·6581	7^2·13·31	3·29·227
25	3^3·23·31	13·1481	3·7^2·131	284 633 7332	75	295 589 0890	295 633 0637	23·859	295 764 9612
26	11·17·103	3·6421	284 814 0074	3^2·2141	76	3·7·941	295 852 8706	3·11·599	53·373
27	7·2753	284 949 8214	37·521	13·1483	77	17·1163	3^2·13^3	296 160 4185	3·19·347
28	3·6427	11·1753	3^2·2143	285 309 7131	78	131·151	73·271	47·421	7·11·257
29	101·191	3·59·109	23·839	3·7·919	79	3^3·733	296 511 6247	3·6599	13·1523
1930	285 579 8107	97·199	43·449	285 759 7825	1980	296 687 1288	3·7·23·41	29·683	3^2·31·71
31	3·41·157	7·31·89	3·47·137	285 984 6425	81	11·1801	296 950 2895	7·19·149	297 081 7377
32	139^2	3^2·19·113	7·11·251	3·17·379	82	3·6607	43·461	3^2·2203	79·251
33	13·1487	286 299 2509	61·317	83·233	83	7·2833	3·11·601	83·239	3·17·389
34	3^2·7·307	23·29^2	3·6449	11·1759	84	297 563 5571	297 607 3824	89·223	23·863
35	37·523	3·6451	13·1489	3^4·239	85	3·13·509	297 826 1426	3·6619	7·2837
36	19·1019	17^2·67	107·181	7·2767	86	298 001 1114	3^2·2207	298 132 2918	3·37·179
37	3·11·587	287 196 8785	3^2·2153	287 331 3627	87	31·641	7·17·167	11·13·139	103·193
38	287 376 1816	3·7·13·71	287 510 6108	3·23·281	88	3^2·47^2	59·337	3·7·947	298 612 9478
39	287 600 2064	11·41·43	7·17·163	19·1021	89	298 656 6174	3·19·349	101·197	3^3·11·67
1940	3·29·223	287 868 8887	3·6469	13·1493	1990	7·2843	13·1531	17·1171	43·463
41	7·47·59	3^3·719	288 182 1806	3·6473	91	3·6637	299 136 6937	3^2·2213	299 267 5316
42	288 271 5883	288 316 3102	288 405 7402	288 450 4483	92	11·1811	3·29·229	299 441 9208	3·7·13·73
43	3^2·17·127	288 539 8507	3·11·19·31	7·2777	93	19·1049	31·643	299 659 8089	127·157
44	288 718 6008	3·6481	288 852 6142	3^2·2161	94	3·17^2·23	7^2·11·37	3·61·109	299 921 1303
45	53·367	7^2·397	289 075 8780	11·29·61	95	71·281	3^3·739	7·2851	3·6653
46	3·13·499	289 209 7826	3^3·7·103	289 343 6451	96	300 182 2946	300 225 8068	41·487	19·1051
47	289 388 2568	3·6491	289 522 0648	3·43·151	97	3^2·7·317	300 443 8020	3·6659	300 573 7469
48	7·11^2·23	289 655 8305	13·1499	289 789 5556	98	13·29·53	3·6661	11·23·79	3^2·2221
49	3·73·89	101·193	3·67·97	17·31·37	99	300 834 5192	300 877 9660	300 964 8466	7·2857
Num.	log 2 = .301 029 9957.				Num.	log 5 = .698 970 0043.			

X. SQUARES.

0	0	1	2	3	4	5	6	7	8	9
0	0	1	4	9	16	25	36	49	64	81
1	100	121	144	169	196	225	256	289	324	361
2	400	441	484	529	576	625	676	729	784	841
3	900	961	1024	1089	1156	1225	1296	1369	1444	1521
4	1600	1681	1764	1849	1936	2025	2116	2209	2304	2401
5	2500	2601	2704	2809	2916	3025	3136	3249	3364	3481
6	3600	3721	3844	3969	4096	4225	4356	4489	4624	4761
7	4900	5041	5184	5329	5476	5625	5776	5929	6084	6241
8	6400	6561	6724	6889	7056	7225	7396	7569	7744	7921
9	8100	8281	8464	8649	8836	9025	9216	9409	9604	9801
10	1 0000	1 0201	1 0404	1 0609	1 0816	1 1025	1 1236	1 1449	1 1664	1 1881
11	2100	2321	2544	2769	2996	3225	3456	3689	3924	4161
12	4400	4641	4884	5129	5376	5625	5876	6129	6384	6641
13	6900	7161	7424	7689	7956	8225	8496	8769	9044	9321
14	9600	9881	2 0164	2 0449	2 0736	2 1025	2 1316	2 1609	2 1904	2 2201
15	2 2500	2 2801	3104	3409	3716	4025	4336	4649	4964	5281
16	5600	5921	6244	6569	6896	7225	7556	7889	8224	8561
17	8900	9241	9584	9929	3 0276	3 0625	3 0976	3 1329	3 1684	3 2041
18	3 2400	3 2761	3 3124	3 3489	3856	4225	4596	4969	5344	5721
19	6100	6481	6864	7249	7636	8025	8416	8809	9204	9601
20	4 0000	4 0401	4 0804	4 1209	4 1616	4 2025	4 2436	4 2849	4 3264	4 3681
21	4100	4521	4944	5369	5796	6225	6656	7089	7524	7961
22	8400	8841	9284	9729	5 0176	5 0625	5 1076	5 1529	5 1984	5 2441
23	5 2900	5 3361	5 3824	5 4289	4756	5225	5696	6169	6644	7121
24	7600	8081	8564	9049	9536	6 0025	6 0516	6 1009	6 1504	6 2001
25	6 2500	6 3001	6 3504	6 4009	6 4516	5025	5536	6049	6564	7081
26	7600	8121	8644	9169	9696	7 0225	7 0756	7 1289	7 1824	7 2361
27	7 2900	7 3441	7 3984	7 4529	7 5076	5625	6176	6729	7284	7841
28	8400	8961	9524	8 0089	8 0656	8 1225	8 1796	8 2369	8 2944	8 3521
29	8 4100	8 4681	8 5264	5849	6436	7025	7616	8209	8804	9401
30	9 0000	9 0601	9 1204	9 1809	9 2416	9 3025	9 3636	9 4249	9 4864	9 5481
31	6100	6721	7344	7969	8596	9225	9856	10 0489	10 1124	10 1761
32	10 2400	10 3041	10 3684	10 4329	10 4976	10 5625	10 6276	6929	7584	8241
33	8900	9561	11 0224	11 0889	11 1556	11 2225	11 2896	11 3569	11 4244	11 4921
34	11 5600	11 6281	6964	7649	8336	9025	9716	12 0409	12 1104	12 1801
35	12 2500	12 3201	12 3904	12 4609	12 5316	12 6025	12 6736	7449	8164	8881
36	9600	13 0321	13 1044	13 1769	13 2496	13 3225	13 3956	13 4689	13 5424	13 6161
37	13 6900	7641	8384	9129	9876	14 0625	14 1376	14 2129	14 2884	14 3641
38	14 4400	14 5161	14 5924	14 6689	14 7456	8225	8996	9769	15 0544	15 1321
39	15 2100	15 2881	15 3664	15 4449	15 5236	15 6025	15 6816	15 7609	8404	9201
40	16 0000	16 0801	16 1604	16 2409	16 3216	16 4025	16 4836	16 5649	16 6464	16 7281
41	8100	8921	9744	17 0569	17 1396	17 2225	17 3056	17 3889	17 4724	17 5561
42	17 6400	17 7241	17 8084	8929	9776	18 0625	18 1476	18 2329	18 3184	18 4041
43	18 4900	18 5761	18 6624	18 7489	18 8356	9225	19 0096	19 0969	19 1844	19 2721
44	19 3600	19 4481	19 5364	19 6249	19 7136	19 8025	8916	9809	20 0704	20 1601
45	20 2500	20 3401	20 4304	20 5209	20 6116	20 7025	20 7936	20 8849	9764	21 0681
46	21 1600	21 2521	21 3444	21 4369	21 5296	21 6225	21 7156	21 8089	21 9024	9961
47	22 0900	22 1841	22 2784	22 3729	22 4676	22 5625	22 6576	22 7529	22 8484	22 9441
48	23 0400	23 1361	23 2324	23 3289	23 4256	23 5225	23 6196	23 7169	23 8144	23 9121
49	24 0100	24 1081	24 2064	24 3049	24 4036	24 5025	24 6016	24 7009	24 8004	24 9001
50	0	1	2	3	4	5	6	7	8	9

X. SQUARES.

50	0	1	2	3	4	5	6	7	8	9
50	25 0000	25 1001	25 2004	25 3009	25 4016	25 5025	25 6036	25 7049	25 8064	25 9081
51	26 0100	26 1121	26 2144	26 3169	26 4196	26 5225	26 6256	26 7289	26 8324	26 9361
52	27 0400	27 1441	27 2484	27 3529	27 4576	27 5625	27 6676	27 7729	27 8784	27 9841
53	28 0900	28 1961	28 3024	28 4089	28 5156	28 6225	28 7296	28 8369	28 9444	29 0521
54	29 1600	29 2681	29 3764	29 4849	29 5936	29 7025	29 8116	29 9209	30 0304	30 1401
55	30 2500	30 3601	30 4704	30 5809	30 6916	30 8025	30 9136	31 0249	31 1364	31 2481
56	31 3600	31 4721	31 5844	31 6969	31 8096	31 9225	32 0356	32 1489	32 2624	32 3761
57	32 4900	32 6041	32 7184	32 8329	32 9476	33 0625	33 1776	33 2929	33 4084	33 5241
58	33 6400	33 7561	33 8724	33 9889	34 1056	34 2225	34 3396	34 4569	34 5744	34 6921
59	34 8100	34 9281	35 0464	35 1649	35 2836	35 4025	35 5216	35 6409	35 7604	35 8801
60	36 0000	36 1201	36 2404	36 3609	36 4816	36 6025	36 7236	36 8449	36 9664	37 0881
61	37 2100	37 3321	37 4544	37 5769	37 6996	37 8225	37 9456	38 0689	38 1924	38 3161
62	38 4400	38 5641	38 6884	38 8129	38 9376	39 0625	39 1876	39 3129	39 4384	39 5641
63	39 6900	39 8161	39 9424	40 0689	40 1956	40 3225	40 4496	40 5769	40 7044	40 8321
64	40 9600	41 0881	41 2164	41 3449	41 4736	41 6025	41 7316	41 8609	41 9904	42 1201
65	42 2500	42 3801	42 5104	42 6409	42 7716	42 9025	43 0336	43 1649	43 2964	43 4281
66	43 5600	43 6921	43 8244	43 9569	44 0896	44 2225	44 3556	44 4889	44 6224	44 7561
67	44 8900	45 0241	45 1584	45 2929	45 4276	45 5625	45 6976	45 8329	45 9684	46 1041
68	46 2400	46 3761	46 5124	46 6489	46 7856	46 9225	47 0596	47 1969	47 3344	47 4721
69	47 6100	47 7481	47 8864	48 0249	48 1636	48 3025	48 4416	48 5809	48 7204	48 8601
70	49 0000	49 1401	49 2804	49 4209	49 5616	49 7025	49 8436	49 9849	50 1264	50 2681
71	50 4100	50 5521	50 6944	50 8369	50 9796	51 1225	51 2656	51 4089	51 5524	51 6961
72	51 8400	51 9841	52 1284	52 2729	52 4176	52 5625	52 7076	52 8529	52 9984	53 1441
73	53 2900	53 4361	53 5824	53 7289	53 8756	54 0225	54 1696	54 3169	54 4644	54 6121
74	54 7600	54 9081	55 0564	55 2049	55 3536	55 5025	55 6516	55 8009	55 9504	56 1001
75	56 2500	56 4001	56 5504	56 7009	56 8516	57 0025	57 1536	57 3049	57 4564	57 6081
76	57 7600	57 9121	58 0644	58 2169	58 3696	58 5225	58 6756	58 8289	58 9824	59 1361
77	59 2900	59 4441	59 5984	59 7529	59 9076	60 0625	60 2176	60 3729	60 5284	60 6841
78	60 8400	60 9961	61 1524	61 3089	61 4656	61 6225	61 7796	61 9369	62 0944	62 2521
79	62 4100	62 5681	62 7264	62 8849	63 0436	63 2025	63 3616	63 5209	63 6804	63 8401
80	64 0000	64 1601	64 3204	64 4809	64 6416	64 8025	64 9636	65 1249	65 2864	65 4481
81	65 6100	65 7721	65 9344	66 0969	66 2596	66 4225	66 5856	66 7489	66 9124	67 0761
82	67 2400	67 4041	67 5684	67 7329	67 8976	68 0625	68 2276	68 3929	68 5584	68 7241
83	68 8900	69 0561	69 2224	69 3889	69 5556	69 7225	69 8896	70 0569	70 2244	70 3921
84	70 5600	70 7281	70 8964	71 0649	71 2336	71 4025	71 5716	71 7409	71 9104	72 0801
85	72 2500	72 4201	72 5904	72 7609	72 9316	73 1025	73 2736	73 4449	73 6164	73 7881
86	73 9600	74 1321	74 3044	74 4769	74 6496	74 8225	74 9956	75 1689	75 3424	75 5161
87	75 6900	75 8641	76 0384	76 2129	76 3876	76 5625	76 7376	76 9129	77 0884	77 2641
88	77 4400	77 6161	77 7924	77 9689	78 1456	78 3225	78 4996	78 6769	78 8544	79 0321
89	79 2100	79 3881	79 5664	79 7449	79 9236	80 1025	80 2816	80 4609	80 6404	80 8201
90	81 0000	81 1801	81 3604	81 5409	81 7216	81 9025	82 0836	82 2649	82 4464	82 6281
91	82 8100	82 9921	83 1744	83 3569	83 5396	83 7225	83 9056	84 0889	84 2724	84 4561
92	84 6400	84 8241	85 0084	85 1929	85 3776	85 5625	85 7476	85 9329	86 1184	86 3041
93	86 4900	86 6761	86 8624	87 0489	87 2356	87 4225	87 6096	87 7969	87 9844	88 1721
94	88 3600	88 5481	88 7364	88 9249	89 1136	89 3025	89 4916	89 6809	89 8704	90 0601
95	90 2500	90 4401	90 6304	90 8209	91 0116	91 2025	91 3936	91 5849	91 7764	91 9681
96	92 1600	92 3521	92 5444	92 7369	92 9296	93 1225	93 3156	93 5089	93 7024	93 8961
97	94 0900	94 2841	94 4784	94 6729	94 8676	95 0625	95 2576	95 4529	95 6484	95 8441
98	96 0400	96 2361	96 4324	96 6289	96 8256	97 0225	97 2196	97 4169	97 6144	97 8121
99	98 0100	98 2081	98 4064	98 6049	98 8036	99 0025	99 2016	99 4009	99 6004	99 8001
100	0	1	2	3	4	5	6	7	8	9

XI. CUBES.

0	.0	.1	.2	.3	.4	.5	.6	.7	.8	.9
0	0.000	.001	.008	.027	.064	.125	.216	.343	.512	.729
1	1.000	1.331	1.728	2.197	2.744	3.375	4.096	4.913	5.832	6.859
2	8.000	9.261	10.648	12.167	13.824	15.625	17.576	19.683	21.952	24.389
3	27.000	29.791	32.768	35.937	39.304	42.875	46.656	50.653	54.872	59.319
4	64.000	68.921	74.088	79.507	85.184	91.125	97.336	103.823	110.592	117.649
5	125.000	132.651	140.608	148.877	157.464	166.375	175.616	185.193	195.112	205.379
6	216.000	226.981	238.328	250.047	262.144	274.625	287.496	300.763	314.432	328.509
7	343.000	357.911	373.248	389.017	405.224	421.875	438.976	456.533	474.552	493.039
8	512.000	531.441	551.368	571.787	592.704	614.125	636.056	658.503	681.472	704.969
9	729.000	753.571	778.688	804.357	830.584	857.375	884.736	912.673	941.192	970.299
10	1 000.00	1 030.30	1 061.21	1 092.73	1 124.86	1 157.63	1 191.02	1 225.04	1 259.71	1 295.03
11	331.00	367.63	404.93	442.90	481.54	520.88	560.90	601.61	643.03	685.16
12	728.00	771.56	815.85	860.87	906.62	953.13	2 000.38	2 048.38	2 097.15	2 146.69
13	2 197.00	2 248.09	2 299.97	2 352.64	2 406.10	2 460.38	515.46	571.35	628.07	685.62
14	744.00	803.22	863.29	924.21	985.98	3 048.63	3 112.14	3 176.52	3 241.79	3 307.95
15	3 375.00	3 442.95	3 511.81	3 581.58	3 652.26	723.88	796.42	869.89	944.31	4 019.68
16	4 096.00	4 173.28	4 251.53	4 330.75	4 410.94	4 492.13	4 574.30	4 657.46	4 741.63	826.81
17	913.00	5 000.21	5 088.45	5 177.72	5 268.02	5 359.38	5 451.78	5 545.23	5 639.75	5 735.34
18	5 832.00	929.74	6 028.57	6 128.49	6 229.50	6 331.63	6 434.86	6 539.20	6 644.67	6 751.27
19	6 859.00	6 967.87	7 077.89	7 189.06	7 301.38	7 414.88	7 529.54	7 645.37	7 762.39	7 880.60
20	8 000.00	8 120.60	8 242.41	8 365.43	8 489.66	8 615.13	8 741.82	8 869.74	8 998.91	9 129.33
21	9 261.00	9 393.93	9 528.13	9 663.60	9 800.34	9 938.38	10 077.7	10 218.3	10 360.2	10 503.5
22	10 648.0	10 793.9	10 941.0	11 089.6	11 239.4	11 390.6	11 543.2	11 697.1	11 852.4	12 009.0
23	12 167.0	12 326.4	12 487.2	12 649.3	12 812.9	12 977.9	13 144.3	13 312.1	13 481.3	13 651.9
24	13 824.0	13 997.5	14 172.5	14 348.9	14 526.8	14 706.1	14 886.9	15 069.2	15 253.0	15 438.2
25	15 625.0	15 813.3	16 003.0	16 194.3	16 387.1	16 581.4	16 777.2	16 974.6	17 173.5	17 374.0
26	17 576.0	17 779.6	17 984.7	18 191.4	18 399.7	18 609.6	18 821.1	19 034.2	19 248.8	19 465.1
27	19 683.0	19 902.5	20 123.6	20 346.4	20 570.8	20 796.9	21 024.6	21 253.9	21 485.0	21 717.6
28	21 952.0	22 188.0	22 425.8	22 665.2	22 906.3	23 149.1	23 393.7	23 639.9	23 887.9	24 137.6
29	24 389.0	24 642.2	24 897.1	25 153.8	25 412.2	25 672.4	25 934.3	26 198.1	26 463.6	26 730.9
30	27 000.0	27 270.9	27 543.6	27 818.1	28 094.5	28 372.6	28 652.6	28 934.4	29 218.1	29 503.6
31	29 791.0	30 080.2	30 371.3	30 664.3	30 959.1	31 255.9	31 554.5	31 855.0	32 157.4	32 461.8
32	32 768.0	33 076.2	33 386.2	33 698.3	34 012.2	34 328.1	34 646.0	34 965.8	35 287.6	35 611.3
33	35 937.0	36 264.7	36 594.4	36 926.0	37 259.7	37 595.4	37 933.1	38 272.8	38 614.5	38 958.2
34	39 304.0	39 651.8	40 001.7	40 353.6	40 707.6	41 063.6	41 421.7	41 781.9	42 144.2	42 508.5
35	42 875.0	43 243.6	43 614.2	43 987.0	44 361.9	44 738.9	45 118.0	45 499.3	45 882.7	46 268.3
36	46 656.0	47 045.9	47 437.9	47 832.1	48 228.5	48 627.1	49 027.9	49 430.9	49 836.0	50 243.4
37	50 653.0	51 064.8	51 478.8	51 895.1	52 313.6	52 734.4	53 157.4	53 582.6	54 010.2	54 439.9
38	54 872.0	55 306.3	55 743.0	56 181.9	56 623.1	57 066.6	57 512.5	57 960.6	58 411.1	58 863.9
39	59 319.0	59 776.5	60 236.3	60 698.5	61 163.0	61 629.9	62 099.1	62 570.8	63 044.8	63 521.2
40	64 000.0	64 481.2	64 964.8	65 450.8	65 939.3	66 430.1	66 923.4	67 419.1	67 917.3	68 417.9
41	68 921.0	69 426.5	69 934.5	70 445.0	70 957.9	71 473.4	71 991.3	72 511.7	73 034.6	73 560.1
42	74 088.0	74 618.5	75 151.4	75 687.0	76 225.0	76 765.6	77 308.8	77 854.5	78 402.8	78 953.6
43	79 507.0	80 063.0	80 621.6	81 182.7	81 746.5	82 312.9	82 881.9	83 453.5	84 027.7	84 604.5
44	85 184.0	85 766.1	86 350.9	86 938.3	87 528.4	88 121.1	88 716.5	89 314.6	89 915.4	90 518.8
45	91 125.0	91 733.9	92 345.4	92 959.7	93 576.7	94 196.4	94 818.8	95 444.0	96 071.9	96 702.6
46	97 336.0	97 972.2	98 611.1	99 252.8	99 897.3	100 545	101 195	101 848	102 503	103 162
47	103 823	104 487	105 154	105 824	106 496	107 172	107 850	108 531	109 215	109 902
48	110 592	111 285	111 980	112 679	113 380	114 084	114 791	115 501	116 214	116 930
49	117 649	118 371	119 095	119 823	120 554	121 287	122 024	122 763	123 506	124 251
50	.0	.1	.2	.3	.4	.5	.6	.7	.8	.9

XI. CUBES.

50	.0	.1	.2	.3	.4	.5	.6	.7	.8	.9
50	125 000	125 752	126 506	127 264	128 024	128 788	129 554	130 324	131 097	131 872
51	132 651	133 433	134 218	135 006	135 797	136 591	137 388	138 188	138 992	139 798
52	140 608	141 421	142 237	143 056	143 878	144 703	145 532	146 363	147 198	148 036
53	148 877	149 721	150 569	151 419	152 273	153 130	153 991	154 854	155 721	156 591
54	157 464	158 340	159 220	160 103	160 989	161 879	162 771	163 667	164 567	165 469
55	166 375	167 284	168 197	169 112	170 031	170 954	171 880	172 809	173 741	174 677
56	175 616	176 558	177 504	178 454	179 406	180 362	181 321	182 284	183 250	184 220
57	185 193	186 169	187 149	188 133	189 119	190 109	191 103	192 100	193 101	194 105
58	195 112	196 123	197 137	198 155	199 177	200 202	201 230	202 262	203 297	204 336
59	205 379	206 425	207 475	208 528	209 585	210 645	211 709	212 776	213 847	214 922
60	216 000	217 082	218 167	219 256	220 349	221 445	222 545	223 649	224 756	225 867
61	226 981	228 099	229 221	230 346	231 476	232 608	233 745	234 885	236 029	237 177
62	238 328	239 483	240 642	241 804	242 971	244 141	245 314	246 492	247 673	248 858
63	250 047	251 240	252 436	253 636	254 840	256 048	257 259	258 475	259 694	260 917
64	262 144	263 375	264 609	265 848	267 090	268 336	269 586	270 840	272 098	273 359
65	274 625	275 894	277 168	278 445	279 726	281 011	282 300	283 593	284 890	286 191
66	287 496	288 805	290 118	291 434	292 755	294 080	295 408	296 741	298 078	299 418
67	300 763	302 112	303 464	304 821	306 182	307 547	308 916	310 289	311 666	313 047
68	314 432	315 821	317 215	318 612	320 014	321 419	322 829	324 243	325 661	327 083
69	328 509	329 939	331 374	332 813	334 255	335 702	337 154	338 609	340 068	341 532
70	343 000	344 472	345 948	347 429	348 914	350 403	351 896	353 393	354 895	356 401
71	357 911	359 425	360 944	362 467	363 994	365 526	367 062	368 602	370 146	371 695
72	373 248	374 805	376 367	377 933	379 503	381 078	382 657	384 241	385 828	387 420
73	389 017	390 618	392 223	393 833	395 447	397 065	398 688	400 316	401 947	403 583
74	405 224	406 869	408 518	410 172	411 831	413 494	415 161	416 833	418 509	420 190
75	421 875	423 565	425 259	426 958	428 661	430 369	432 081	433 798	435 520	437 245
76	438 976	440 711	442 451	444 195	445 944	447 697	449 455	451 218	452 985	454 757
77	456 533	458 314	460 100	461 890	463 685	465 484	467 289	469 097	470 911	472 729
78	474 552	476 380	478 212	480 049	481 890	483 737	485 588	487 443	489 304	491 169
79	493 039	494 914	496 793	498 677	500 566	502 460	504 358	506 262	508 170	510 082
80	512 000	513 922	515 850	517 782	519 718	521 660	523 607	525 558	527 514	529 475
81	531 441	533 412	535 387	537 368	539 353	541 343	543 338	545 339	547 343	549 353
82	551 368	553 388	555 412	557 442	559 476	561 516	563 560	565 609	567 664	569 723
83	571 787	573 856	575 930	578 010	580 094	582 183	584 277	586 376	588 480	590 590
84	592 704	594 823	596 948	599 077	601 212	603 351	605 496	607 645	609 800	611 960
85	614 125	616 295	618 470	620 650	622 836	625 026	627 222	629 423	631 629	633 840
86	636 056	638 277	640 504	642 736	644 973	647 215	649 462	651 714	653 972	656 235
87	658 503	660 776	663 055	665 339	667 628	669 922	672 221	674 526	676 836	679 151
88	681 472	683 798	686 129	688 465	690 807	693 154	695 506	697 864	700 227	702 595
89	704 969	707 348	709 732	712 122	714 517	716 917	719 323	721 734	724 151	726 573
90	729 000	731 433	733 871	736 314	738 763	741 218	743 677	746 143	748 613	751 089
91	753 571	756 058	758 551	761 048	763 552	766 061	768 575	771 095	773 621	776 152
92	778 688	781 230	783 777	786 330	788 889	791 453	794 023	796 598	799 179	801 765
93	804 357	806 954	809 558	812 166	814 781	817 400	820 026	822 657	825 294	827 936
94	830 584	833 238	835 897	838 562	841 232	843 909	846 591	849 278	851 971	854 670
95	857 375	860 085	862 801	865 523	868 251	870 984	873 723	876 467	879 218	881 974
96	884 736	887 504	890 277	893 056	895 841	898 632	901 429	904 231	907 039	909 853
97	912 673	915 499	918 330	921 167	924 010	926 859	929 714	932 575	935 441	938 314
98	941 192	944 076	946 966	949 862	952 764	955 672	958 585	961 505	964 430	967 362
99	970 299	973 242	976 191	979 147	982 108	985 075	988 048	991 027	994 012	997 003
100	.0	.1	.2	.3	.4	.5	.6	.7	.8	.9

142 XII. SQUARE ROOTS.

0	0	1	2	3	4	5	6	7	8	9
0	0.0000	1.0000	1.4142	1.7321	2.0000	2.2361	2.4495	2.6458	2.8284	3.0000
1	3.1623	3166	4641	6056	7417	8730	*0000	*1231	*2426	*3589
2	4.4721	5826	6904	7958	8990	*0000	*0990	*1962	*2915	*3852
3	5.4772	5678	6569	7446	8310	9161	*0000	*0828	*1644	*2450
4	6.3246	4031	4807	5574	6332	7082	7823	8557	9282	*0000
5	7.0711	1414	2111	2801	3485	4162	4833	5498	6158	6811
6	7460	8102	8740	9373	*0000	*0623	*1240	*1854	*2462	*3066
7	8.3666	4261	4853	5440	6023	6603	7178	7750	8318	8882
8	9443	*0000	*0554	*1104	*1652	*2195	*2736	*3274	*3808	*4340
9	9.4868	5394	5917	6437	6954	7468	7980	8489	8995	9499
10	10.0000	0499	0995	1489	1980	2470	2956	3441	3923	4403
11	4881	5357	5830	6301	6771	7238	7703	8167	8628	9087
12	9545	*0000	*0454	*0905	*1355	*1803	*2250	*2694	*3137	*3578
13	11.4018	4455	4891	5326	5758	6190	6619	7047	7473	7898
14	8322	8743	9164	9583	*0000	*0416	*0830	*1244	*1655	*2066
15	12.2474	2882	3288	3693	4097	4499	4900	5300	5698	6095
16	6491	6886	7279	7671	8062	8452	8841	9228	9615	*0000
17	13.0384	0767	1149	1529	1909	2288	2665	3041	3417	3791
18	4164	4536	4907	5277	5647	6015	6382	6748	7113	7477
19	7840	8203	8564	8924	9284	9642	*0000	*0357	*0712	*1067
20	14.1421	1774	2127	2478	2829	3178	3527	3875	4222	4568
21	4914	5258	5602	5945	6287	6629	6969	7309	7648	7986
22	8324	8661	8997	9332	9666	*0000	*0333	*0665	*0997	*1327
23	15.1658	1987	2315	2643	2971	3297	3623	3948	4272	4596
24	4919	5242	5563	5885	6205	6525	6844	7162	7480	7797
25	8114	8430	8745	9060	9374	9687	*0000	*0312	*0624	*0935
26	16.1245	1555	1864	2173	2481	2788	3095	3401	3707	4012
27	4317	4621	4924	5227	5529	5831	6132	6433	6733	7033
28	7332	7631	7929	8226	8523	8819	9115	9411	9706	*0000
29	17.0294	0587	0880	1172	1464	1756	2047	2337	2627	2916
30	17.3205	3494	3781	4069	4356	4642	4929	5214	5499	5784
31	6068	6352	6635	6918	7200	7482	7764	8045	8326	8606
32	8885	9165	9444	9722	*0000	*0278	*0555	*0831	*1108	*1384
33	18.1659	1934	2209	2483	2757	3030	3303	3576	3848	4120
34	4391	4662	4932	5203	5472	5742	6011	6279	6548	6815
35	7083	7350	7617	7883	8149	8414	8680	8944	9209	9473
36	9737	*0000	*0263	*0526	*0788	*1050	*1311	*1572	*1833	*2094
37	19.2354	2614	2873	3132	3391	3649	3907	4165	4422	4679
38	4936	5192	5448	5704	5959	6214	6469	6723	6977	7231
39	7484	7737	7990	8242	8494	8746	8997	9249	9499	9750
40	20.0000	0250	0499	0749	0998	1246	1494	1742	1990	2237
41	2485	2731	2978	3224	3470	3715	3961	4206	4450	4695
42	4939	5183	5426	5670	5913	6155	6398	6640	6882	7123
43	7364	7605	7846	8087	8327	8567	8806	9045	9284	9523
44	9762	*0000	*0238	*0476	*0713	*0950	*1187	*1424	*1660	*1896
45	21.2132	2368	2603	2838	3073	3307	3542	3776	4009	4243
46	4476	4709	4942	5174	5407	5639	5870	6102	6333	6564
47	6795	7025	7256	7486	7715	7945	8174	8403	8632	8861
48	9089	9317	9545	9773	*0000	*0227	*0454	*0681	*0907	*1133
49	22.1359	1585	1811	2036	2261	2486	2711	2935	3159	3383
50	0	1	2	3	4	5	6	7	8	9

Differences.

	500	490	480	470
1	50	49	48	47
2	100	98	96	94
3	150	147	144	141
4	200	196	192	188
5	250	245	240	235
6	300	294	288	282
7	350	343	336	329
8	400	392	384	376
9	450	441	432	423
	460	450	440	430
1	46	45	44	43
2	92	90	88	86
3	138	135	132	129
4	184	180	176	172
5	230	225	220	215
6	276	270	264	258
7	322	315	308	301
8	368	360	352	344
9	414	405	396	387
	420	410	400	390
1	42	41	40	39
2	84	82	80	78
3	126	123	120	117
4	168	164	160	156
5	210	205	200	195
6	252	246	240	234
7	294	287	280	273
8	336	328	320	312
9	378	369	360	351
	380	370	360	350
1	38	37	36	35
2	76	74	72	70
3	114	111	108	105
4	152	148	144	140
5	190	185	180	175
6	228	222	216	210
7	266	259	252	245
8	304	296	288	280
9	342	333	324	315
	340	330	320	310
1	34	33	32	31
2	68	66	64	62
3	102	99	96	93
4	136	132	128	124
5	170	165	160	155
6	204	198	192	186
7	238	231	224	217
8	272	264	256	248
9	306	297	288	279
	300	290	280	270
1	30	29	28	27
2	60	58	56	54
3	90	87	84	81
4	120	116	112	108
5	150	145	140	135
6	180	174	168	162
7	210	203	196	189
8	240	232	224	216
9	270	261	252	243
	260	250	240	230
1	26	25	24	23
2	52	50	48	46
3	78	75	72	69
4	104	100	96	92
5	130	125	120	115
6	156	150	144	138
7	182	175	168	161
8	208	200	192	184
9	234	225	216	207

Differences.

50	0	1	2	3	4	5	6	7	8	9
50	22.3607	3830	4054	4277	4499	4722	4944	5167	5389	5610
51	5832	6053	6274	6495	6716	6936	7156	7376	7596	7816
52	8035	8254	8473	8692	8910	9129	9347	9565	9783	*0000
53	23.0217	0434	0651	0868	1084	1301	1517	1733	1948	2164
54	2379	2594	2809	3024	3238	3452	3666	3880	4094	4307
55	4521	4734	4947	5160	5372	5584	5797	6008	6220	6432
56	6643	6854	7065	7276	7487	7697	7908	8118	8328	8537
57	8747	8956	9165	9374	9583	9792	*0000	*0208	*0416	*0624
58	24.0832	1039	1247	1454	1661	1868	2074	2281	2487	2693
59	2899	3105	3311	3516	3721	3926	4131	4336	4540	4745
60	24.4949	5153	5357	5561	5764	5967	6171	6374	6577	6779
61	6982	7184	7386	7588	7790	7992	8193	8395	8596	8797
62	8998	9199	9399	9600	9800	*0000	*0200	*0400	*0599	*0799
63	25.0998	1197	1396	1595	1794	1992	2190	2389	2587	2784
64	2982	3180	3377	3574	3772	3969	4165	4362	4558	4755
65	4951	5147	5343	5539	5734	5930	6125	6320	6515	6710
66	6905	7099	7294	7488	7682	7876	8070	8263	8457	8650
67	8844	9037	9230	9422	9615	9808	*0000	*0192	*0384	*0576
68	26.0768	0960	1151	1343	1534	1725	1916	2107	2298	2488
69	2679	2869	3059	3249	3439	3629	3818	4008	4197	4386
70	26.4575	4764	4953	5141	5330	5518	5707	5895	6083	6271
71	6458	6646	6833	7021	7208	7395	7582	7769	7955	8142
72	8328	8514	8701	8887	9072	9258	9444	9629	9815	*0000
73	27.0185	0370	0555	0740	0924	1109	1293	1477	1662	1846
74	2029	2213	2397	2580	2764	2947	3130	3313	3496	3679
75	3861	4044	4226	4408	4591	4773	4955	5136	5318	5500
76	5681	5862	6043	6225	6405	6586	6767	6948	7128	7308
77	7489	7669	7849	8029	8209	8388	8568	8747	8927	9106
78	9285	9464	9643	9821	*0000	*0179	*0357	*0535	*0713	*0891
79	28.1069	1247	1425	1603	1780	1957	2135	2312	2489	2666
80	28.2843	3019	3196	3373	3549	3725	3901	4077	4253	4429
81	4605	4781	4956	5132	5307	5482	5657	5832	6007	6182
82	6356	6531	6705	6880	7054	7228	7402	7576	7750	7924
83	8097	8271	8444	8617	8791	8964	9137	9310	9482	9655
84	9828	*0000	*0172	*0345	*0517	*0689	*0861	*1033	*1204	*1376
85	29.1548	1719	1890	2062	2233	2404	2575	2746	2916	3087
86	3258	3428	3598	3769	3939	4109	4279	4449	4618	4788
87	4958	5127	5296	5466	5635	5804	5973	6142	6311	6479
88	6648	6816	6985	7153	7321	7489	7658	7825	7993	8161
89	8329	8496	8664	8831	8998	9166	9333	9500	9666	9833
90	30.0000	0167	0333	0500	0666	0832	0998	1164	1330	1496
91	1662	1828	1993	2159	2324	2490	2655	2820	2985	3150
92	3315	3480	3645	3809	3974	4138	4302	4467	4631	4795
93	4959	5123	5287	5450	5614	5778	5941	6105	6268	6431
94	6594	6757	6920	7083	7246	7409	7571	7734	7896	8058
95	8221	8383	8545	8707	8869	9031	9192	9354	9516	9677
96	9839	*0000	*0161	*0322	*0483	*0644	*0805	*0966	*1127	*1288
97	31.1448	1609	1769	1929	2090	2250	2410	2570	2730	2890
98	3050	3209	3369	3528	3688	3847	4006	4166	4325	4484
99	4643	4802	4960	5119	5278	5436	5595	5753	5911	6070
100	0	1	2	3	4	5	6	7	8	9

Differences.

	220	215	210	208
1	22	22	21	21
2	44	43	42	42
3	66	65	63	62
4	88	86	84	83
5	110	108	105	104
6	132	129	126	125
7	154	151	147	146
8	176	172	168	166
9	198	194	189	187
	206	204	202	200
1	21	20	20	20
2	41	41	40	40
3	62	61	61	60
4	82	82	81	80
5	103	102	101	100
6	124	122	121	120
7	144	143	141	140
8	165	163	162	160
9	185	184	182	180
	198	196	194	192
1	20	20	19	19
2	40	39	39	38
3	59	59	58	58
4	79	78	78	77
5	99	98	97	96
6	119	118	116	115
7	139	137	136	134
8	158	157	155	154
9	178	176	175	173
	190	188	186	184
1	19	19	19	18
2	38	38	37	37
3	57	56	56	55
4	76	75	74	74
5	95	94	93	92
6	114	113	112	110
7	133	132	130	129
8	152	150	149	147
9	171	169	167	166
	182	180	178	176
1	18	18	18	18
2	36	36	36	35
3	55	54	53	53
4	73	72	71	70
5	91	90	89	88
6	109	108	107	106
7	127	126	125	123
8	146	144	142	141
9	164	162	160	158
	174	172	170	168
1	17	17	17	17
2	35	34	34	34
3	52	52	51	50
4	70	69	68	67
5	87	86	85	84
6	104	103	102	101
7	122	120	119	118
8	139	138	136	134
9	157	155	153	151
	166	164	162	160
1	17	16	16	16
2	33	33	32	32
3	50	49	49	48
4	66	66	65	64
5	83	82	81	80
6	100	98	97	96
7	116	115	113	112
8	133	131	130	128
9	149	148	146	144

Differences.

0	.0	.1	.2	.3	.4	.5	.6	.7	.8	.9
0	0.0000	3162	4472	5477	6325	7071	7746	8367	8944	9487
1	1.0000	0488	0954	1402	1832	2247	2649	3038	3416	3784
2	4142	4491	4832	5166	5492	5811	6125	6432	6733	7029
3	7321	7607	7889	8166	8439	8708	8974	9235	9494	9748
4	2.0000	0248	0494	0736	0976	1213	1448	1679	1909	2136
5	2361	2583	2804	3022	3238	3452	3664	3875	4083	4290
6	4495	4698	4900	5100	5298	5495	5690	5884	6077	6268
7	6458	6646	6833	7019	7203	7386	7568	7749	7928	8107
8	8284	8460	8636	8810	8983	9155	9326	9496	9665	9833
9	3.0000	0166	0332	0496	0659	0822	0984	1145	1305	1464
10	3.1623	1780	1937	2094	2249	2404	2558	2711	2863	3015
11	3166	3317	3466	3615	3764	3912	4059	4205	4351	4496
12	4641	4785	4928	5071	5214	5355	5496	5637	5777	5917
13	6056	6194	6332	6469	6606	6742	6878	7014	7148	7283
14	7417	7550	7683	7815	7947	8079	8210	8341	8471	8601
15	8730	8859	8987	9115	9243	9370	9497	9623	9749	9875
16	4.0000	0125	0249	0373	0497	0620	0743	0866	0988	1110
17	1231	1352	1473	1593	1713	1833	1952	2071	2190	2308
18	2426	2544	2661	2778	2895	3012	3128	3243	3359	3474
19	3589	3704	3818	3932	4045	4159	4272	4385	4497	4609
20	4.4721	4833	4944	5056	5166	5277	5387	5497	5607	5717
21	5826	5935	6043	6152	6260	6368	6476	6583	6690	6797
22	6904	7011	7117	7223	7329	7434	7539	7645	7749	7854
23	7958	8062	8166	8270	8374	8477	8580	8683	8785	8888
24	8990	9092	9193	9295	9396	9497	9598	9699	9800	9900
25	5.0000	0100	0200	0299	0398	0498	0596	0695	0794	0892
26	0990	1088	1186	1284	1381	1478	1575	1672	1769	1865
27	1962	2058	2154	2249	2345	2440	2536	2631	2726	2820
28	2915	3009	3104	3198	3292	3385	3479	3572	3666	3759
29	3852	3944	4037	4129	4222	4314	4406	4498	4589	4681
30	5.4772	4863	4955	5046	5136	5227	5317	5408	5498	5588
31	5678	5767	5857	5946	6036	6125	6214	6303	6391	6480
32	6569	6657	6745	6833	6921	7009	7096	7184	7271	7359
33	7446	7533	7619	7706	7793	7879	7966	8052	8138	8224
34	8310	8395	8481	8566	8652	8737	8822	8907	8992	9076
35	9161	9245	9330	9414	9498	9582	9666	9749	9833	9917
36	6.0000	0083	0166	0249	0332	0415	0498	0581	0663	0745
37	0828	0910	0992	1074	1156	1237	1319	1400	1482	1563
38	1644	1725	1806	1887	1968	2048	2129	2209	2290	2370
39	2450	2530	2610	2690	2769	2849	2929	3008	3087	3166
40	6.3246	3325	3403	3482	3561	3640	3718	3797	3875	3953
41	4031	4109	4187	4265	4343	4420	4498	4576	4653	4730
42	4807	4885	4962	5038	5115	5192	5269	5345	5422	5498
43	5574	5651	5727	5803	5879	5955	6030	6106	6182	6257
44	6332	6408	6483	6558	6633	6708	6783	6858	6933	7007
45	7082	7157	7231	7305	7380	7454	7528	7602	7676	7750
46	7823	7897	7971	8044	8118	8191	8264	8337	8411	8484
47	8557	8629	8702	8775	8848	8920	8993	9065	9138	9210
48	9282	9354	9426	9498	9570	9642	9714	9785	9857	9929
49	7.0000	0071	0143	0214	0285	0356	0427	0498	0569	0640
50	.0	.1	.2	.3	.4	.5	.6	.7	.8	.9

Differences.

	250	245	240	235
1	25	25	24	24
2	50	49	48	47
3	75	74	72	71
4	100	98	96	94
5	125	123	120	118
6	150	147	144	141
7	175	172	168	165
8	200	196	192	188
9	225	221	216	212
	230	225	220	215
1	23	23	22	22
2	46	45	44	43
3	69	68	66	65
4	92	90	88	86
5	115	113	110	108
6	138	135	132	129
7	161	158	154	151
8	184	180	176	172
9	207	203	198	194
	210	205	200	195
1	21	21	20	20
2	42	41	40	39
3	63	62	60	59
4	84	82	80	78
5	105	103	100	98
6	126	123	120	117
7	147	144	140	137
8	168	164	160	156
9	189	185	180	176
	190	185	180	175
1	19	19	18	18
2	38	37	36	35
3	57	56	54	53
4	76	74	72	70
5	95	93	90	88
6	114	111	108	105
7	133	130	126	123
8	152	148	144	140
9	171	167	162	158
	170	165	160	155
1	17	17	16	16
2	34	33	32	31
3	51	50	48	47
4	68	66	64	62
5	85	83	80	78
6	102	99	96	93
7	119	116	112	109
8	136	132	128	124
9	153	149	144	140
	150	145	140	135
1	15	15	14	14
2	30	29	28	27
3	45	44	42	41
4	60	58	56	54
5	75	73	70	68
6	90	87	84	81
7	105	102	98	95
8	120	116	112	108
9	135	131	126	122
	130	125	120	115
1	13	13	12	12
2	26	25	24	23
3	39	38	36	35
4	52	50	48	46
5	65	63	60	58
6	78	75	72	69
7	91	88	84	81
8	104	100	96	92
9	117	113	108	104

Differences.

XII. SQUARE ROOTS. 145

50	.0	.1	.2	.3	.4	.5	.6	.7	.8	.9
50	7.0711	0781	0852	0922	0993	1063	1134	1204	1274	1344
51	1414	1484	1554	1624	1694	1764	1833	1903	1972	2042
52	2111	2180	2250	2319	2388	2457	2526	2595	2664	2732
53	2801	2870	2938	3007	3075	3144	3212	3280	3348	3417
54	3485	3553	3621	3689	3756	3824	3892	3959	4027	4095
55	4162	4229	4297	4364	4431	4498	4565	4632	4699	4766
56	4833	4900	4967	5033	5100	5166	5233	5299	5366	5432
57	5498	5565	5631	5697	5763	5829	5895	5961	6026	6092
58	6158	6223	6289	6354	6420	6485	6551	6616	6681	6746
59	6811	6877	6942	7006	7071	7136	7201	7266	7330	7395
60	7.7460	7524	7589	7653	7717	7782	7846	7910	7974	8038
61	8102	8166	8230	8294	8358	8422	8486	8549	8613	8677
62	8740	8804	8867	8930	8994	9057	9120	9183	9246	9310
63	9373	9436	9498	9561	9624	9687	9750	9812	9875	9937
64	8.0000	0062	0125	0187	0250	0312	0374	0436	0498	0561
65	0623	0685	0747	0808	0870	0932	0994	1056	1117	1179
66	1240	1302	1363	1425	1486	1548	1609	1670	1731	1792
67	1854	1915	1976	2037	2098	2158	2219	2280	2341	2401
68	2462	2523	2583	2644	2704	2765	2825	2885	2946	3006
69	3066	3126	3187	3247	3307	3367	3427	3487	3546	3606
70	8.3666	3726	3785	3845	3905	3964	4024	4083	4143	4202
71	4261	4321	4380	4439	4499	4558	4617	4676	4735	4794
72	4853	4912	4971	5029	5088	5147	5206	5264	5323	5381
73	5440	5499	5557	5615	5674	5732	5790	5849	5907	5965
74	6023	6081	6139	6197	6255	6313	6371	6429	6487	6545
75	6603	6660	6718	6776	6833	6891	6948	7006	7063	7121
76	7178	7235	7293	7350	7407	7464	7521	7579	7636	7693
77	7750	7807	7864	7920	7977	8034	8091	8148	8204	8261
78	8318	8374	8431	8487	8544	8600	8657	8713	8769	8826
79	8882	8938	8994	9051	9107	9163	9219	9275	9331	9387
80	8.9443	9499	9554	9610	9666	9722	9778	9833	9889	9944
81	9.0000	0056	0111	0167	0222	0277	0333	0388	0443	0499
82	0554	0609	0664	0719	0774	0830	0885	0940	0995	1049
83	1104	1159	1214	1269	1324	1378	1433	1488	1542	1597
84	1652	1706	1761	1815	1869	1924	1978	2033	2087	2141
85	2195	2250	2304	2358	2412	2466	2520	2574	2628	2682
86	2736	2790	2844	2898	2952	3005	3059	3113	3167	3220
87	3274	3327	3381	3434	3488	3541	3595	3648	3702	3755
88	3808	3862	3915	3968	4021	4074	4128	4181	4234	4287
89	4340	4393	4446	4499	4552	4604	4657	4710	4763	4816
90	9.4868	4921	4974	5026	5079	5131	5184	5237	5289	5341
91	5394	5446	5499	5551	5603	5656	5708	5760	5812	5864
92	5917	5969	6021	6073	6125	6177	6229	6281	6333	6385
93	6437	6488	6540	6592	6644	6695	6747	6799	6850	6902
94	6954	7005	7057	7108	7160	7211	7263	7314	7365	7417
95	7468	7519	7570	7622	7673	7724	7775	7826	7877	7929
96	7980	8031	8082	8133	8184	8234	8285	8336	8387	8438
97	8489	8539	8590	8641	8691	8742	8793	8843	8894	8944
98	8995	9045	9096	9146	9197	9247	9298	9348	9398	9448
99	9499	9549	9599	9649	9700	9750	9800	9850	9900	9950
100	.0	.1	.2	.3	.4	.5	.6	.7	.8	.9

Differences.

	114	112	110	108
1	11	11	11	11
2	23	22	22	22
3	34	34	33	32
4	46	45	44	43
5	57	56	55	54
6	68	67	66	65
7	80	78	77	76
8	91	90	88	86
9	103	101	99	97

	106	104	102	100
1	11	10	10	10
2	21	21	20	20
3	32	31	31	30
4	42	42	41	40
5	53	52	51	50
6	64	62	61	60
7	74	73	71	70
8	85	83	82	80
9	95	94	92	90

	98	96	94	92	90
1	10	10	9	9	9
2	20	19	19	18	18
3	29	29	28	28	27
4	39	38	38	37	36
5	49	48	47	46	45
6	59	58	56	55	54
7	69	67	66	64	63
8	78	77	75	74	72
9	88	86	85	83	81

	88	86	84	82	80
1	9	9	8	8	8
2	18	17	17	16	16
3	26	26	25	25	24
4	35	34	34	33	32
5	44	43	42	41	40
6	53	52	50	49	48
7	62	60	59	57	56
8	70	69	67	66	64
9	79	77	76	74	72

	78	76	74	72	70
1	8	8	7	7	7
2	16	15	15	14	14
3	23	23	22	22	21
4	31	30	30	29	28
5	39	38	37	36	35
6	47	46	44	43	42
7	55	53	52	50	49
8	62	61	59	58	56
9	70	68	67	65	63

	68	66	64	62	60
1	7	7	6	6	6
2	14	13	13	12	12
3	20	20	19	19	18
4	27	26	26	25	24
5	34	33	32	31	30
6	41	40	38	37	36
7	48	46	45	43	42
8	54	53	51	50	48
9	61	59	58	56	54

	58	56	54	52	50
1	6	6	5	5	5
2	12	11	11	10	10
3	17	17	16	16	15
4	23	22	22	21	20
5	29	28	27	26	25
6	35	34	32	31	30
7	41	39	38	36	35
8	46	45	43	42	40
9	52	50	49	47	45

Differences.

0	0	1	2	3	4	5	6	7	8	9
0	0.0000	1.0000	1.2599	1.4422	1.5874	1.7100	1.8171	1.9129	*0000	*0801
1	2.1544	2240	2894	3513	4101	4662	5198	5713	6207	6684
2	7144	7589	8020	8439	8845	9240	9625	*0000	*0366	*0723
3	3.1072	1414	1748	2075	2396	2711	3019	3322	3620	3912
4	4200	4482	4760	5034	5303	5569	5830	6088	6342	6593
5	6840	7084	7325	7563	7798	8030	8259	8485	8709	8930
6	9149	9365	9579	9791	*0000	*0207	*0412	*0615	*0817	*1016
7	4.1213	1408	1602	1793	1983	2172	2358	2543	2727	2908
8	3089	3267	3445	3621	3795	3968	4140	4310	4480	4647
9	4814	4979	5144	5307	5468	5629	5789	5947	6104	6261
10	4.6416	6570	6723	6875	7027	7177	7326	7475	7622	7769
11	7914	8059	8203	8346	8488	8629	8770	8910	9049	9187
12	9324	9461	9597	9732	9866	*0000	*0133	*0265	*0397	*0528
13	5.0658	0788	0916	1045	1172	1299	1426	1551	1676	1801
14	1925	2048	2171	2293	2415	2536	2656	2776	2896	3015
15	3133	3251	3368	3485	3601	3717	3832	3947	4061	4175
16	4288	4401	4514	4626	4737	4848	4959	5069	5178	5288
17	5397	5505	5613	5721	5828	5934	6041	6147	6252	6357
18	6462	6567	6671	6774	6877	6980	7083	7185	7287	7388
19	7489	7590	7690	7790	7890	7989	8088	8186	8285	8383
20	5.8480	8578	8675	8771	8868	8964	9059	9155	9250	9345
21	9439	9533	9627	9721	9814	9907	*0000	*0092	*0185	*0277
22	6.0368	0459	0550	0641	0732	0822	0912	1002	1091	1180
23	1269	1358	1446	1534	1622	1710	1797	1885	1972	2058
24	2145	2231	2317	2403	2488	2573	2658	2743	2828	2912
25	2996	3080	3164	3247	3330	3413	3496	3579	3661	3743
26	3825	3907	3988	4070	4151	4232	4312	4393	4473	4553
27	4633	4713	4792	4872	4951	5030	5108	5187	5265	5343
28	5421	5499	5577	5654	5731	5808	5885	5962	6039	6115
29	6191	6267	6343	6419	6494	6569	6644	6719	6794	6869
30	6.6943	7018	7092	7166	7240	7313	7387	7460	7533	7606
31	7679	7752	7824	7897	7969	8041	8113	8185	8256	8328
32	8399	8470	8541	8612	8683	8753	8824	8894	8964	9034
33	9104	9174	9244	9313	9382	9451	9521	9589	9658	9727
34	9795	9864	9932	*0000	*0068	*0136	*0203	*0271	*0338	*0406
35	7.0473	0540	0607	0674	0740	0807	0873	0940	1006	1072
36	1138	1204	1269	1335	1400	1466	1531	1596	1661	1726
37	1791	1855	1920	1984	2048	2112	2177	2240	2304	2368
38	2432	2495	2558	2622	2685	2748	2811	2874	2936	2999
39	3061	3124	3186	3248	3310	3372	3434	3496	3558	3619
40	7.3681	3742	3803	3864	3925	3986	4047	4108	4169	4229
41	4290	4350	4410	4470	4530	4590	4650	4710	4770	4829
42	4889	4948	5007	5067	5126	5185	5244	5302	5361	5420
43	5478	5537	5595	5654	5712	5770	5828	5886	5944	6001
44	6059	6117	6174	6232	6289	6346	6403	6460	6517	6574
45	6631	6688	6744	6801	6857	6914	6970	7026	7082	7138
46	7194	7250	7306	7362	7418	7473	7529	7584	7639	7695
47	7750	7805	7860	7915	7970	8025	8079	8134	8188	8243
48	8297	8352	8406	8460	8514	8568	8622	8676	8730	8784
49	8837	8891	8944	8998	9051	9105	9158	9211	9264	9317
50	0	1	2	3	4	5	6	7	8	9

Differences.

	250	245	240	235
1	25	25	24	24
2	50	49	48	47
3	75	74	72	71
4	100	98	96	94
5	125	123	120	118
6	150	147	144	141
7	175	172	168	165
8	200	196	192	188
9	225	221	216	212
	230	225	220	215
1	23	23	22	22
2	46	45	44	43
3	69	68	66	65
4	92	90	88	86
5	115	113	110	108
6	138	135	132	129
7	161	158	154	151
8	184	180	176	172
9	207	203	198	194
	210	205	200	195
1	21	21	20	20
2	42	41	40	39
3	63	62	60	59
4	84	82	80	78
5	105	103	100	98
6	126	123	120	117
7	147	144	140	137
8	168	164	160	156
9	189	185	180	176
	190	185	180	175
1	19	19	18	18
2	38	37	36	35
3	57	56	54	53
4	76	74	72	70
5	95	93	90	88
6	114	111	108	105
7	133	130	126	123
8	152	148	144	140
9	171	167	162	158
	170	165	160	155
1	17	17	16	16
2	34	33	32	31
3	51	50	48	47
4	68	66	64	62
5	85	83	80	78
6	102	99	96	93
7	119	116	112	109
8	136	132	128	124
9	153	149	144	140
	150	145	140	135
1	15	15	14	14
2	30	29	28	27
3	45	44	42	41
4	60	58	56	54
5	75	73	70	68
6	90	87	84	81
7	105	102	98	95
8	120	116	112	108
9	135	131	126	122
	130	125	120	115
1	13	13	12	12
2	26	25	24	23
3	39	38	36	35
4	52	50	48	46
5	65	63	60	58
6	78	75	72	69
7	91	88	84	81
8	104	100	96	92
9	117	113	108	104

Differences.

XIII. CUBE ROOTS. 147

50	0	1	2	3	4	5	6	7	8	9
50	7.9370	9423	9476	9528	9581	9634	9686	9739	9791	9843
51	9896	9948	*0000	*0052	*0104	*0156	*0208	*0260	*0311	*0363
52	8.0415	0466	0517	0569	0620	0671	0723	0774	0825	0876
53	0927	0978	1028	1079	1130	1180	1231	1281	1332	1382
54	1433	1483	1533	1583	1633	1683	1733	1783	1833	1882
55	1932	1982	2031	2081	2130	2180	2229	2278	2327	2377
56	2426	2475	2524	2573	2621	2670	2719	2768	2816	2865
57	2913	2962	3010	3059	3107	3155	3203	3251	3300	3348
58	3396	3443	3491	3539	3587	3634	3682	3730	3777	3825
59	3872	3919	3967	4014	4061	4108	4155	4202	4249	4296
60	8.4343	4390	4437	4484	4530	4577	4623	4670	4716	4763
61	4809	4856	4902	4948	4994	5040	5086	5132	5178	5224
62	5270	5316	5362	5408	5453	5499	5544	5590	5635	5681
63	5726	5772	5817	5862	5907	5952	5997	6043	6088	6132
64	6177	6222	6267	6312	6357	6401	6446	6490	6535	6579
65	6624	6668	6713	6757	6801	6845	6890	6934	6978	7022
66	7066	7110	7154	7198	7241	7285	7329	7373	7416	7460
67	7503	7547	7590	7634	7677	7721	7764	7807	7850	7893
68	7937	7980	8023	8066	8109	8152	8194	8237	8280	8323
69	8366	8408	8451	8493	8536	8578	8621	8663	8706	8748
70	8.8790	8833	8875	8917	8959	9001	9043	9085	9127	9169
71	9211	9253	9295	9337	9378	9420	9462	9503	9545	9587
72	9628	9670	9711	9752	9794	9835	9876	9918	9959	*0000
73	9.0041	0082	0123	0164	0205	0246	0287	0328	0369	0410
74	0450	0491	0532	0572	0613	0654	0694	0735	0775	0816
75	0856	0896	0937	0977	1017	1057	1098	1138	1178	1218
76	1258	1298	1338	1378	1418	1458	1498	1537	1577	1617
77	1657	1696	1736	1775	1815	1855	1894	1933	1973	2012
78	2052	2091	2130	2170	2209	2248	2287	2326	2365	2404
79	2443	2482	2521	2560	2599	2638	2677	2716	2754	2793
80	9.2832	2870	2909	2948	2986	3025	3063	3102	3140	3179
81	3217	3255	3294	3332	3370	3408	3447	3485	3523	3561
82	3599	3637	3675	3713	3751	3789	3827	3865	3902	3940
83	3978	4016	4053	4091	4129	4166	4204	4241	4279	4316
84	4354	4391	4429	4466	4503	4541	4578	4615	4652	4690
85	4727	4764	4801	4838	4875	4912	4949	4986	5023	5060
86	5097	5134	5171	5207	5244	5281	5317	5354	5391	5427
87	5464	5501	5537	5574	5610	5647	5683	5719	5756	5792
88	5828	5865	5901	5937	5973	6010	6046	6082	6118	6154
89	6190	6226	6262	6298	6334	6370	6406	6442	6477	6513
90	9.6549	6585	6620	6656	6692	6727	6763	6799	6834	6870
91	6905	6941	6976	7012	7047	7082	7118	7153	7188	7224
92	7259	7294	7329	7364	7400	7435	7470	7505	7540	7575
93	7610	7645	7680	7715	7750	7785	7819	7854	7889	7924
94	7959	7993	8028	8063	8097	8132	8167	8201	8236	8270
95	8305	8339	8374	8408	8443	8477	8511	8546	8580	8614
96	8648	8683	8717	8751	8785	8819	8854	8888	8922	8956
97	8990	9024	9058	9092	9126	9160	9194	9227	9261	9295
98	9329	9363	9396	9430	9464	9497	9531	9565	9598	9632
99	9666	9699	9733	9766	9800	9833	9866	9900	9933	9967
100	0	1	2	3	4	5	6	7	8	9

Differences.

	110	105	100	95
1	11	11	10	10
2	22	21	20	19
3	33	32	30	29
4	44	42	40	38
5	55	53	50	48
6	66	63	60	57
7	77	74	70	67
8	88	84	80	76
9	99	95	90	86

	92	90	88	86	84
1	9	9	9	9	8
2	18	18	18	17	17
3	28	27	26	26	25
4	37	36	35	34	34
5	46	45	44	43	42
6	55	54	53	52	50
7	64	63	62	60	59
8	74	72	70	69	67
9	83	81	79	77	76

	82	80	78	76	74
1	8	8	8	8	7
2	16	16	16	15	15
3	25	24	23	23	22
4	33	32	31	30	30
5	41	40	39	38	37
6	49	48	47	46	44
7	57	56	55	53	52
8	66	64	62	61	59
9	74	72	70	68	67

	72	70	68	66	64
1	7	7	7	7	6
2	14	14	14	13	13
3	22	21	20	20	19
4	29	28	27	26	26
5	36	35	34	33	32
6	43	42	41	40	38
7	50	49	48	46	45
8	58	56	54	53	51
9	65	63	61	59	58

	62	60	58	56	54
1	6	6	6	6	5
2	12	12	12	11	11
3	19	18	17	17	16
4	25	24	23	22	22
5	31	30	29	28	27
6	37	36	35	34	32
7	43	42	41	39	38
8	50	48	46	45	43
9	56	54	52	50	49

	52	50	48	46	44
1	5	5	5	5	4
2	10	10	10	9	9
3	16	15	14	14	13
4	21	20	19	18	18
5	26	25	24	23	22
6	31	30	29	28	26
7	36	35	34	32	31
8	42	40	38	37	35
9	47	45	43	41	40

	42	40	38	36	34
1	4	4	4	4	3
2	8	8	8	7	7
3	13	12	11	11	10
4	17	16	15	14	14
5	21	20	19	18	17
6	25	24	23	22	20
7	29	28	27	25	24
8	34	32	30	29	27
9	38	36	34	32	31

Differences.

0	.0	.1	.2	.3	.4	.5	.6	.7	.8	.9
0	0.0000	4642	5848	6694	7368	7937	8434	8879	9283	9655
1	1.0000	0323	0627	0914	1187	1447	1696	1935	2164	2386
2	2599	2806	3006	3200	3389	3572	3751	3925	4095	4260
3	4422	4581	4736	4888	5037	5183	5326	5467	5605	5741
4	5874	6005	6134	6261	6386	6510	6631	6751	6869	6985
5	7100	7213	7325	7435	7544	7652	7758	7863	7967	8070
6	8171	8272	8371	8469	8566	8663	8758	8852	8945	9038
7	9129	9220	9310	9399	9487	9574	9661	9747	9832	9916
8	2.0000	0083	0165	0247	0328	0408	0488	0567	0646	0724
9	0801	0878	0954	1029	1105	1179	1253	1327	1400	1472
10	2.1544	1616	1687	1758	1828	1898	1967	2036	2104	2172
11	2240	2307	2374	2440	2506	2572	2637	2702	2766	2831
12	2894	2958	3021	3084	3146	3208	3270	3331	3392	3453
13	3513	3573	3633	3693	3752	3811	3870	3928	3986	4044
14	4101	4159	4216	4272	4329	4385	4441	4497	4552	4607
15	4662	4717	4771	4825	4879	4933	4987	5040	5093	5146
16	5198	5251	5303	5355	5407	5458	5510	5561	5612	5662
17	5713	5763	5813	5863	5913	5962	6012	6061	6110	6159
18	6207	6256	6304	6352	6400	6448	6495	6543	6590	6637
19	6684	6731	6777	6824	6870	6916	6962	7008	7053	7099
20	2.7144	7189	7234	7279	7324	7369	7413	7457	7501	7545
21	7589	7633	7677	7720	7763	7806	7850	7892	7935	7978
22	8020	8063	8105	8147	8189	8231	8273	8314	8356	8397
23	8439	8480	8521	8562	8603	8643	8684	8724	8765	8805
24	8845	8885	8925	8965	9004	9044	9083	9123	9162	9201
25	9240	9279	9318	9357	9395	9434	9472	9511	9549	9587
26	9625	9663	9701	9738	9776	9814	9851	9888	9926	9963
27	3.0000	0037	0074	0111	0147	0184	0221	0257	0293	0330
28	0366	0402	0438	0474	0510	0546	0581	0617	0652	0688
29	0723	0758	0794	0829	0864	0899	0934	0968	1003	1038
30	3.1072	1107	1141	1176	1210	1244	1278	1312	1346	1380
31.	1414	1448	1481	1515	1548	1582	1615	1648	1682	1715
32	1748	1781	1814	1847	1880	1913	1945	1978	2010	2043
33	2075	2108	2140	2172	2204	2237	2269	2301	2332	2364
34	2396	2428	2460	2491	2523	2554	2586	2617	2648	2679
35	2711	2742	2773	2804	2835	2866	2897	2927	2958	2989
36	3019	3050	3080	3111	3141	3171	3202	3232	3262	3292
37	3322	3352	3382	3412	3442	3472	3501	3531	3561	3590
38	3620	3649	3679	3708	3737	3767	3796	3825	3854	3883
39	3912	3941	3970	3999	4028	4056	4085	4114	4142	4171
40	3.4200	4228	4256	4285	4313	4341	4370	4398	4426	4454
41	4482	4510	4538	4566	4594	4622	4650	4677	4705	4733
42	4760	4788	4815	4843	4870	4898	4925	4952	4980	5007
43	5034	5061	5088	5115	5142	5169	5196	5223	5250	5277
44	5303	5330	5357	5384	5410	5437	5463	5490	5516	5543
45	5569	5595	5622	5648	5674	5700	5726	5752	5778	5804
46	5830	5856	5882	5908	5934	5960	5986	6011	6037	6063
47	6088	6114	6139	6165	6190	6216	6241	6267	6292	6317
48	6342	6368	6393	6418	6443	6468	6493	6518	6543	6568
49	6593	6618	6643	6668	6692	6717	6742	6766	6791	6816
50	.0	.1	.2	.3	.4	.5	.6	.7	.8	.9

Differences.

	84	83	82	81	80
1	8	8	8	8	8
2	17	17	16	16	16
3	25	25	25	24	24
4	34	33	33	32	32
5	42	42	41	41	40
6	50	50	49	49	48
7	59	58	57	57	56
8	67	66	66	65	64
9	76	75	74	73	72
	79	78	77	76	75
1	8	8	8	8	8
2	16	16	15	15	15
3	24	23	23	23	23
4	32	31	31	30	30
5	40	39	39	38	38
6	47	47	46	46	45
7	55	55	54	53	53
8	63	62	62	61	60
9	71	70	69	68	68
	74	73	72	71	70
1	7	7	7	7	7
2	15	15	14	14	14
3	22	22	22	21	21
4	30	29	29	28	28
5	37	37	36	36	35
6	44	44	43	43	42
7	52	51	50	50	49
8	59	58	58	57	56
9	67	66	65	64	63
	69	68	67	66	65
1	7	7	7	7	7
2	14	14	13	13	13
3	21	20	20	20	20
4	28	27	27	26	26
5	35	34	34	33	33
6	41	41	40	40	39
7	48	48	47	46	46
8	55	54	54	53	52
9	62	61	60	59	59
	64	63	62	61	60
1	6	6	6	6	6
2	13	13	12	12	12
3	19	19	19	18	18
4	26	25	25	24	24
5	32	32	31	31	30
6	38	38	37	37	36
7	45	44	43	43	42
8	51	50	50	49	48
9	58	57	56	55	54
	59	58	57	56	55
1	6	6	6	6	6
2	12	12	11	11	11
3	18	17	17	17	17
4	24	23	23	22	22
5	30	29	29	28	28
6	35	35	34	34	33
7	41	41	40	39	39
8	47	46	46	45	44
9	53	52	51	50	50
	54	53	52	51	50
1	5	5	5	5	5
2	11	11	10	10	10
3	16	16	16	15	15
4	22	21	21	20	20
5	27	27	26	26	25
6	32	32	31	31	30
7	38	37	36	36	35
8	43	42	42	41	40
9	49	48	47	46	45

Differences.

50	.0	.1	.2	.3	.4	.5	.6	.7	.8	.9
50	3.6840	6865	6889	6914	6938	6963	6987	7011	7036	7060
51	7084	7109	7133	7157	7181	7205	7229	7253	7277	7301
52	7325	7349	7373	7397	7421	7444	7468	7492	7516	7539
53	7563	7586	7610	7634	7657	7681	7704	7728	7751	7774
54	7798	7821	7844	7867	7891	7914	7937	7960	7983	8006
55	8030	8053	8076	8099	8121	8144	8167	8190	8213	8236
56	8259	8281	8304	8327	8349	8372	8395	8417	8440	8462
57	8485	8508	8530	8552	8575	8597	8620	8642	8664	8687
58	8709	8731	8753	8775	8798	8820	8842	8864	8886	8908
59	8930	8952	8974	8996	9018	9040	9061	9083	9105	9127
60	3.9149	9170	9192	9214	9235	9257	9279	9300	9322	9343
61	9365	9386	9408	9429	9451	9472	9494	9515	9536	9558
62	9579	9600	9621	9643	9664	9685	9706	9727	9748	9770
63	9791	9812	9833	9854	9875	9896	9916	9937	9958	9979
64	4.0000	0021	0042	0062	0083	0104	0125	0145	0166	0187
65	0207	0228	0248	0269	0290	0310	0331	0351	0372	0392
66	0412	0433	0453	0474	0494	0514	0534	0555	0575	0595
67	0615	0636	0656	0676	0696	0716	0736	0756	0776	0797
68	0817	0837	0857	0876	0896	0916	0936	0956	0976	0996
69	1016	1035	1055	1075	1095	1114	1134	1154	1174	1193
70	4.1213	1232	1252	1272	1291	1311	1330	1350	1369	1389
71	1408	1428	1447	1466	1486	1505	1524	1544	1563	1582
72	1602	1621	1640	1659	1679	1698	1717	1736	1755	1774
73	1793	1812	1832	1851	1870	1889	1908	1927	1946	1964
74	1983	2002	2021	2040	2059	2078	2097	2115	2134	2153
75	2172	2190	2209	2228	2246	2265	2284	2302	2321	2340
76	2358	2377	2395	2414	2432	2451	2469	2488	2506	2525
77	2543	2562	2580	2598	2617	2635	2653	2672	2690	2708
78	2727	2745	2763	2781	2799	2818	2836	2854	2872	2890
79	2908	2927	2945	2963	2981	2999	3017	3035	3053	3071
80	4.3089	3107	3125	3142	3160	3178	3196	3214	3232	3250
81	3267	3285	3303	3321	3339	3356	3374	3392	3409	3427
82	3445	3462	3480	3498	3515	3533	3551	3568	3586	3603
83	3621	3638	3656	3673	3691	3708	3726	3743	3760	3778
84	3795	3813	3830	3847	3865	3882	3899	3917	3934	3951
85	3968	3986	4003	4020	4037	4054	4072	4089	4106	4123
86	4140	4157	4174	4191	4208	4225	4242	4259	4276	4293
87	4310	4327	4344	4361	4378	4395	4412	4429	4446	4463
88	4480	4496	4513	4530	4547	4564	4580	4597	4614	4631
89	4647	4664	4681	4698	4714	4731	4748	4764	4781	4797
90	4.4814	4831	4847	4864	4880	4897	4913	4930	4946	4963
91	4979	4996	5012	5029	5045	5062	5078	5094	5111	5127
92	5144	5160	5176	5193	5209	5225	5241	5258	5274	5290
93	5307	5323	5339	5355	5371	5388	5404	5420	5436	5452
94	5468	5484	5501	5517	5533	5549	5565	5581	5597	5613
95	5629	5645	5661	5677	5693	5709	5725	5741	5757	5773
96	5789	5804	5820	5836	5852	5868	5884	5900	5915	5931
97	5947	5963	5979	5994	6010	6026	6042	6057	6073	6089
98	6104	6120	6136	6151	6167	6183	6198	6214	6229	6245
99	6261	6276	6292	6307	6323	6338	6354	6369	6385	6400
100	.0	.1	.2	.3	.4	.5	.6	.7	.8	.9

Differences.

	49	48	47	46	45
1	5	5	5	5	5
2	10	10	9	9	9
3	15	14	14	14	14
4	20	19	19	18	18
5	25	24	24	23	23
6	29	29	28	28	27
7	34	34	33	32	32
8	39	38	38	37	36
9	44	43	42	41	41
	44	43	42	41	40
1	4	4	4	4	4
2	9	9	8	8	8
3	13	13	13	12	12
4	18	17	17	16	16
5	22	22	21	21	20
6	26	26	25	25	24
7	31	30	29	29	28
8	35	34	34	33	32
9	40	39	38	37	36
	39	38	37	36	35
1	4	4	4	4	4
2	8	8	7	7	7
3	12	11	11	11	11
4	16	15	15	14	14
5	20	19	19	18	18
6	23	23	22	22	21
7	27	27	26	25	25
8	31	30	30	29	28
9	35	34	33	32	32
	34	33	32	31	30
1	3	3	3	3	3
2	7	7	6	6	6
3	10	10	10	9	9
4	14	13	13	12	12
5	17	17	16	16	15
6	20	20	19	19	18
7	24	23	22	22	21
8	27	26	26	25	24
9	31	30	29	28	27
	29	28	27	26	25
1	3	3	3	3	3
2	6	6	5	5	5
3	9	8	8	8	8
4	12	11	11	10	10
5	15	14	14	13	13
6	17	17	16	16	15
7	20	20	19	18	18
8	23	22	22	21	20
9	26	25	24	23	23
	24	23	22	21	20
1	2	2	2	2	2
2	5	5	4	4	4
3	7	7	7	6	6
4	10	9	9	8	8
5	12	12	11	11	10
6	14	14	13	13	12
7	17	16	15	15	14
8	19	18	18	17	16
9	22	21	20	19	18
	19	18	17	16	15
1	2	2	2	2	2
2	4	4	3	3	3
3	6	5	5	5	5
4	8	7	7	6	6
5	10	9	9	8	8
6	11	11	10	10	9
7	13	13	12	11	11
8	15	14	14	13	12
9	17	16	15	14	14

Differences.

150 XIII. CUBE ROOTS.

0	0	1	2	3	4	5	6	7	8	9
.0	0.0000	2154	2714	3107	3420	3684	3915	4121	4309	4481
.1	4642	4791	4932	5066	5192	5313	5429	5540	5646	5749
.2	5848	5944	6037	6127	6214	6300	6383	6463	6542	6619
.3	6694	6768	6840	6910	6980	7047	7114	7179	7243	7306
.4	7368	7429	7489	7548	7606	7663	7719	7775	7830	7884
.5	7937	7990	8041	8093	8143	8193	8243	8291	8340	8387
.6	8434	8481	8527	8573	8618	8662	8707	8750	8794	8837
.7	8879	8921	8963	9004	9045	9086	9126	9166	9205	9244
.8	9283	9322	9360	9398	9435	9473	9510	9546	9583	9619
.9	9655	9691	9726	9761	9796	9830	9865	9899	9933	9967
1.0	1.0000	0033	0066	0099	0132	0164	0196	0228	0260	0291
1.1	0323	0354	0385	0416	0446	0477	0507	0537	0567	0597
1.2	0627	0656	0685	0714	0743	0772	0801	0829	0858	0886
1.3	0914	0942	0970	0997	1025	1052	1079	1106	1133	1160
1.4	1187	1213	1240	1266	1292	1319	1344	1370	1396	1422
1.5	1447	1473	1498	1523	1548	1573	1598	1623	1647	1672
1.6	1696	1720	1745	1769	1793	1817	1840	1864	1888	1911
1.7	1935	1958	1981	2005	2028	2051	2074	2096	2119	2142
1.8	2164	2187	2209	2232	2254	2276	2298	2320	2342	2364
1.9	2386	2407	2429	2450	2472	2493	2515	2536	2557	2578
2.0	1.2599	2620	2641	2662	2683	2703	2724	2745	2765	2785
2.1	2806	2826	2846	2866	2887	2907	2927	2947	2966	2986
2.2	3006	3026	3045	3065	3084	3104	3123	3142	3162	3181
2.3	3200	3219	3238	3257	3276	3295	3314	3333	3351	3370
2.4	3389	3407	3426	3444	3463	3481	3499	3518	3536	3554
2.5	3572	3590	3608	3626	3644	3662	3680	3698	3715	3733
2.6	3751	3768	3786	3803	3821	3838	3856	3873	3890	3908
2.7	3925	3942	3959	3976	3993	4010	4027	4044	4061	4078
2.8	4095	4111	4128	4145	4161	4178	4195	4211	4228	4244
2.9	4260	4277	4293	4309	4326	4342	4358	4374	4390	4406
3.0	1.4422	4439	4454	4470	4486	4502	4518	4534	4550	4565
3.1	4581	4597	4612	4628	4643	4659	4674	4690	4705	4721
3.2	4736	4751	4767	4782	4797	4812	4828	4843	4858	4873
3.3	4888	4903	4918	4933	4948	4963	4978	4993	5007	5022
3.4	5037	5052	5066	5081	5096	5110	5125	5139	5154	5168
3.5	5183	5197	5212	5226	5241	5255	5269	5283	5298	5312
3.6	5326	5340	5355	5369	5383	5397	5411	5425	5439	5453
3.7	5467	5481	5495	5508	5522	5536	5550	5564	5577	5591
3.8	5605	5619	5632	5646	5659	5673	5687	5700	5714	5727
3.9	5741	5754	5767	5781	5794	5808	5821	5834	5848	5861
4.0	1.5874	5887	5900	5914	5927	5940	5953	5966	5979	5992
4.1	6005	6018	6031	6044	6057	6070	6083	6096	6109	6121
4.2	6134	6147	6160	6173	6185	6198	6211	6223	6236	6249
4.3	6261	6274	6287	6299	6312	6324	6337	6349	6362	6374
4.4	6386	6399	6411	6424	6436	6448	6461	6473	6485	6497
4.5	6510	6522	6534	6546	6558	6571	6583	6595	6607	6619
4.6	6631	6643	6655	6667	6679	6691	6703	6715	6727	6739
4.7	6751	6763	6774	6786	6798	6810	6822	6833	6845	6857
4.8	6869	6880	6892	6904	6915	6927	6939	6950	6962	6973
4.9	6985	6997	7008	7020	7031	7043	7054	7066	7077	7088
5.0	0	1	2	3	4	5	6	7	8	9

Differences.

	140	135	130	125
1	14	14	13	13
2	28	27	26	25
3	42	41	39	38
4	56	54	52	50
5	70	68	65	63
6	84	81	78	75
7	98	95	91	88
8	112	108	104	100
9	126	122	117	113

	120	115	110	105
1	12	12	11	11
2	24	23	22	21
3	36	35	33	32
4	48	46	44	42
5	60	58	55	53
6	72	69	66	63
7	84	81	77	74
8	96	92	88	84
9	108	104	99	95

	100	95	90	85
1	10	10	9	9
2	20	19	18	17
3	30	29	27	26
4	40	38	36	34
5	50	48	45	43
6	60	57	54	51
7	70	67	63	60
8	80	76	72	68
9	90	86	81	77

	80	75	70	65	60
1	8	8	7	7	6
2	16	15	14	13	12
3	24	23	21	20	18
4	32	30	28	26	24
5	40	38	35	33	30
6	48	45	42	39	36
7	56	53	49	46	42
8	64	60	56	52	48
9	72	68	63	59	54

	56	55	54	53	52
1	6	6	5	5	5
2	11	11	11	11	10
3	17	17	16	16	16
4	22	22	22	21	21
5	28	28	27	27	26
6	34	33	32	32	31
7	39	39	38	37	36
8	45	44	43	42	42
9	50	50	49	48	47

	51	50	49	48	47
1	5	5	5	5	5
2	10	10	10	10	9
3	15	15	15	14	14
4	20	20	20	19	19
5	26	25	25	24	24
6	31	30	29	29	28
7	36	35	34	34	33
8	41	40	39	38	38
9	46	45	44	43	42

	46	45	44	43	42
1	5	5	4	4	4
2	9	9	9	9	8
3	14	14	13	13	13
4	18	18	18	17	17
5	23	23	22	22	21
6	28	27	26	26	25
7	32	32	31	30	29
8	37	36	35	34	34
9	41	41	40	39	38

Differences.

5.0	0	1	2	3	4	5	6	7	8	9
5.0	1.7100	7111	7123	7134	7145	7157	7168	7179	7190	7202
5.1	7213	7224	7235	7247	7258	7269	7280	7291	7303	7314
5.2	7325	7336	7347	7358	7369	7380	7391	7402	7413	7424
5.3	7435	7446	7457	7468	7479	7490	7501	7512	7522	7533
5.4	7544	7555	7566	7577	7587	7598	7609	7620	7630	7641
5.5	7652	7662	7673	7684	7694	7705	7716	7726	7737	7748
5.6	7758	7769	7779	7790	7800	7811	7821	7832	7842	7853
5.7	7863	7874	7884	7894	7905	7915	7926	7936	7946	7957
5.8	7967	7977	7988	7998	8008	8018	8029	8039	8049	8059
5.9	8070	8080	8090	8100	8110	8121	8131	8141	8151	8161
6.0	1.8171	8181	8191	8201	8211	8222	8232	8242	8252	8262
6.1	8272	8282	8292	8302	8311	8321	8331	8341	8351	8361
6.2	8371	8381	8391	8400	8410	8420	8430	8440	8450	8459
6.3	8469	8479	8489	8498	8508	8518	8528	8537	8547	8557
6.4	8566	8576	8586	8595	8605	8615	8624	8634	8643	8653
6.5	8663	8672	8682	8691	8701	8710	8720	8729	8739	8748
6.6	8758	8767	8777	8786	8796	8805	8814	8824	8833	8843
6.7	8852	8861	8871	8880	8889	8899	8908	8917	8927	8936
6.8	8945	8955	8964	8973	8982	8992	9001	9010	9019	9029
6.9	9038	9047	9056	9065	9074	9084	9093	9102	9111	9120
7.0	1.9129	9138	9148	9157	9166	9175	9184	9193	9202	9211
7.1	9220	9229	9238	9247	9256	9265	9274	9283	9292	9301
7.2	9310	9319	9328	9337	9345	9354	9363	9372	9381	9390
7.3	9399	9408	9416	9425	9434	9443	9452	9461	9469	9478
7.4	9487	9496	9504	9513	9522	9531	9539	9548	9557	9566
7.5	9574	9583	9592	9600	9609	9618	9626	9635	9644	9652
7.6	9661	9670	9678	9687	9695	9704	9713	9721	9730	9738
7.7	9747	9755	9764	9772	9781	9789	9798	9806	9815	9823
7.8	9832	9840	9849	9857	9866	9874	9883	9891	9899	9908
7.9	9916	9925	9933	9941	9950	9958	9967	9975	9983	9992
8.0	2.0000	0008	0017	0025	0033	0042	0050	0058	0066	0075
8.1	0083	0091	0100	0108	0116	0124	0132	0141	0149	0157
8.2	0165	0173	0182	0190	0198	0206	0214	0223	0231	0239
8.3	0247	0255	0263	0271	0279	0288	0296	0304	0312	0320
8.4	0328	0336	0344	0352	0360	0368	0376	0384	0392	0400
8.5	0408	0416	0424	0432	0440	0448	0456	0464	0472	0480
8.6	0488	0496	0504	0512	0520	0528	0536	0543	0551	0559
8.7	0567	0575	0583	0591	0599	0606	0614	0622	0630	0638
8.8	0646	0653	0661	0669	0677	0685	0692	0700	0708	0716
8.9	0724	0731	0739	0747	0755	0762	0770	0778	0785	0793
9.0	2.0801	0809	0816	0824	0832	0839	0847	0855	0862	0870
9.1	0878	0885	0893	0901	0908	0916	0923	0931	0939	0946
9.2	0954	0961	0969	0977	0984	0992	0999	1007	1014	1022
9.3	1029	1037	1045	1052	1060	1067	1075	1082	1090	1097
9.4	1105	1112	1120	1127	1134	1142	1149	1157	1164	1172
9.5	1179	1187	1194	1201	1209	1216	1224	1231	1238	1246
9.6	1253	1261	1268	1275	1283	1290	1297	1305	1312	1319
9.7	1327	1334	1341	1349	1356	1363	1371	1378	1385	1392
9.8	1400	1407	1414	1422	1429	1436	1443	1451	1458	1465
9.9	1472	1480	1487	1494	1501	1508	1516	1523	1530	1537
10.0	0	1	2	3	4	5	6	7	8	9

Differences.

	41	40	39	38	37
1	4	4	4	4	4
2	8	8	8	8	7
3	12	12	12	11	11
4	16	16	16	15	15
5	21	20	20	19	19
6	25	24	23	23	22
7	29	28	27	27	26
8	33	32	31	30	30
9	37	36	35	34	33
	36	35	34	33	32
1	4	4	3	3	3
2	7	7	7	7	6
3	11	11	10	10	10
4	14	14	14	13	13
5	18	18	17	17	16
6	22	21	20	20	19
7	25	25	24	23	22
8	29	28	27	26	26
9	32	32	31	30	29
	31	30	29	28	27
1	3	3	3	3	3
2	6	6	6	6	5
3	9	9	9	8	8
4	12	12	12	11	11
5	16	15	15	14	14
6	19	18	17	17	16
7	22	21	20	20	19
8	25	24	23	22	22
9	28	27	26	25	24
	26	25	24	23	22
1	3	3	2	2	2
2	5	5	5	5	4
3	8	8	7	7	7
4	10	10	10	9	9
5	13	13	12	12	11
6	16	15	14	14	13
7	18	18	17	16	15
8	21	20	19	18	18
9	23	23	22	21	20
	21	20	19	18	17
1	2	2	2	2	2
2	4	4	4	4	3
3	6	6	6	5	5
4	8	8	8	7	7
5	11	10	10	9	9
6	13	12	11	11	10
7	15	14	13	13	12
8	17	16	15	14	14
9	19	18	17	16	15
	16	15	14	13	12
1	2	2	1	1	1
2	3	3	3	3	2
3	5	5	4	4	4
4	6	6	6	5	5
5	8	8	7	7	6
6	10	9	8	8	7
7	11	11	10	9	8
8	13	12	11	10	10
9	14	14	13	12	11
	11	10	9	8	7
1	1	1	1	1	1
2	2	2	2	2	1
3	3	3	3	2	2
4	4	4	4	3	3
5	6	5	5	4	4
6	7	6	5	5	4
7	8	7	6	6	5
8	9	8	7	6	6
9	10	9	8	7	6

152 XIV. RECIPROCALS.

0	0	1	2	3	4	5	6	7	8	9
.0	∞	100.0	50.00	33.33	25.00	20.00	16.67	14.29	12.50	11.11
.1	10.0000	9.091	8.333	7.692	7.143	6.667	6.250	5.882	5.556	5.263
.2	5.0000	4.762	4.545	4.348	4.167	4.000	3.846	3.704	3.571	3.448
.3	3.3333	3.226	3.125	3.030	2.941	2.857	2.778	2.703	2.632	2.564
.4	2.5000	2.439	2.381	2.326	2.273	2.222	2.174	2.128	2.083	2.041
.5	2.0000	*9608	*9231	*8868	*8519	*8182	*7857	*7544	*7241	*6949
.6	1.6667	6393	6129	5873	5625	5385	5152	4925	4706	4493
.7	4286	4085	3889	3699	3514	3333	3158	2987	2821	2658
.8	2500	2346	2195	2048	1905	1765	1628	1494	1364	1236
.9	1111	0989	0870	0753	0638	0526	0417	0309	0204	0101
1.0	1.0000	*9901	*9804	*9709	*9615	*9524	*9434	*9346	*9259	*9174
1.1	0.9091	9009	8929	8850	8772	8696	8621	8547	8475	8403
1.2	8333	8264	8197	8130	8065	8000	7937	7874	7813	7752
1.3	7692	7634	7576	7519	7463	7407	7353	7299	7246	7194
1.4	7143	7092	7042	6993	6944	6897	6849	6803	6757	6711
1.5	6667	6623	6579	6536	6494	6452	6410	6369	6329	6289
1.6	6250	6211	6173	6135	6098	6061	6024	5988	5952	5917
1.7	5882	5848	5814	5780	5747	5714	5682	5650	5618	5587
1.8	5556	5525	5495	5464	5435	5405	5376	5348	5319	5291
1.9	5263	5236	5208	5181	5155	5128	5102	5076	5051	5025
2.0	0.5000	4975	4950	4926	4902	4878	4854	4831	4808	4785
2.1	4762	4739	4717	4695	4673	4651	4630	4608	4587	4566
2.2	4545	4525	4505	4484	4464	4444	4425	4405	4386	4367
2.3	4348	4329	4310	4292	4274	4255	4237	4219	4202	4184
2.4	4167	4149	4132	4115	4098	4082	4065	4049	4032	4016
2.5	4000	3984	3968	3953	3937	3922	3906	3891	3876	3861
2.6	3846	3831	3817	3802	3788	3774	3759	3745	3731	3717
2.7	3704	3690	3676	3663	3650	3636	3623	3610	3597	3584
2.8	3571	3559	3546	3534	3521	3509	3497	3484	3472	3460
2.9	3448	3436	3425	3413	3401	3390	3378	3367	3356	3344
3.0	0.3333	3322	3311	3300	3289	3279	3268	3257	3247	3236
3.1	3226	3215	3205	3195	3185	3175	3165	3155	3145	3135
3.2	3125	3115	3106	3096	3086	3077	3067	3058	3049	3040
3.3	3030	3021	3012	3003	2994	2985	2976	2967	2959	2950
3.4	2941	2933	2924	2915	2907	2899	2890	2882	2874	2865
3.5	2857	2849	2841	2833	2825	2817	2809	2801	2793	2786
3.6	2778	2770	2762	2755	2747	2740	2732	2725	2717	2710
3.7	2703	2695	2688	2681	2674	2667	2660	2653	2646	2639
3.8	2632	2625	2618	2611	2604	2597	2591	2584	2577	2571
3 9	2564	2558	2551	2545	2538	2532	2525	2519	2513	2506
4.0	0.2500	2494	2488	2481	2475	2469	2463	2457	2451	2445
4.1	2439	2433	2427	2421	2415	2410	2404	2398	2392	2387
4.2	2381	2375	2370	2364	2358	2353	2347	2342	2336	2331
4.3	2326	2320	2315	2309	2304	2299	2294	2288	2283	2278
4.4	2273	2268	2262	2257	2252	2247	2242	2237	2232	2227
4.5	2222	2217	2212	2208	2203	2198	2193	2188	2183	2179
4.6	2174	2169	2165	2160	2155	2151	2146	2141	2137	2132
4.7	2128	2123	2119	2114	2110	2105	2101	2096	2092	2088
4.8	2083	2079	2075	2070	2066	2062	2058	2053	2049	2045
4.9	2041	2037	2033	2028	2024	2020	2016	2012	2008	2004
5.0	0	1	2	3	4	5	6	7	8	9

Differences.

	98	96	94	92	90
1	10	10	9	9	9
2	20	19	19	18	18
3	29	29	28	28	27
4	39	38	38	37	36
5	49	48	47	46	45
6	59	58	56	55	54
7	69	67	66	64	63
8	78	77	75	74	72
9	88	86	85	83	81
	88	86	84	82	80
1	9	9	8	8	8
2	18	17	17	16	16
3	26	26	25	25	24
4	35	34	34	33	32
5	44	43	42	41	40
6	53	52	50	49	48
7	62	60	59	57	56
8	70	69	67	66	64
9	79	77	76	74	72
	78	76	74	72	70
1	8	8	7	7	7
2	16	15	15	14	14
3	23	23	22	22	21
4	31	30	30	29	28
5	39	38	37	36	35
6	47	46	44	43	42
7	55	53	52	50	49
8	62	61	59	58	56
9	70	68	67	65	63
	68	66	64	62	60
1	7	7	6	6	6
2	14	13	13	12	12
3	20	20	19	19	18
4	27	26	26	25	24
5	34	33	32	31	30
6	41	40	38	37	36
7	48	46	45	43	42
8	54	53	51	50	48
9	61	59	58	56	54
	58	56	54	52	50
1	6	6	5	5	5
2	12	11	11	10	10
3	17	17	16	16	15
4	23	22	22	21	20
5	29	28	27	26	25
6	35	34	32	31	30
7	41	39	38	36	35
8	46	45	43	42	40
9	52	50	49	47	45
	48	46	44	43	42
1	5	5	4	4	4
2	10	9	9	9	8
3	14	14	13	13	13
4	19	18	18	17	17
5	24	23	22	22	21
6	29	28	26	26	25
7	34	32	31	30	29
8	38	37	35	34	34
9	43	41	40	39	38
	41	40	39	38	37
1	4	4	4	4	4
2	8	8	8	8	7
3	12	12	12	11	11
4	16	16	16	15	15
5	21	20	20	19	19
6	25	24	23	23	22
7	29	28	27	27	26
8	33	32	31	30	30
9	37	36	35	34	33

Differences.

XIV. RECIPROCALS. 153

5.0	0	1	2	3	4	5	6	7	8	9
5.0	0.2000	1996	1992	1988	1984	1980	1976	1972	1969	1965
5.1	1961	1957	1953	1949	1946	1942	1938	1934	1931	1927
5.2	1923	1919	1916	1912	1908	1905	1901	1898	1894	1890
5.3	1887	1883	1880	1876	1873	1869	1866	1862	1859	1855
5.4	1852	1848	1845	1842	1838	1835	1832	1828	1825	1821
5.5	1818	1815	1812	1808	1805	1802	1799	1795	1792	1789
5.6	1786	1783	1779	1776	1773	1770	1767	1764	1761	1757
5.7	1754	1751	1748	1745	1742	1739	1736	1733	1730	1727
5.8	1724	1721	1718	1715	1712	1709	1706	1704	1701	1698
5.9	1695	1692	1689	1686	1684	1681	1678	1675	1672	1669
6.0	1667	1664	1661	1658	1656	1653	1650	1647	1645	1642
6.1	1639	1637	1634	1631	1629	1626	1623	1621	1618	1616
6.2	1613	1610	1608	1605	1603	1600	1597	1595	1592	1590
6.3	1587	1585	1582	1580	1577	1575	1572	1570	1567	1565
6.4	1563	1560	1558	1555	1553	1550	1548	1546	1543	1541
6.5	1538	1536	1534	1531	1529	1527	1524	1522	1520	1517
6.6	1515	1513	1511	1508	1506	1504	1502	1499	1497	1495
6.7	1493	1490	1488	1486	1484	1481	1479	1477	1475	1473
6.8	1471	1468	1466	1464	1462	1460	1458	1456	1453	1451
6.9	1449	1447	1445	1443	1441	1439	1437	1435	1433	1431
7.0	1429	1427	1425	1422	1420	1418	1416	1414	1412	1410
7.1	1408	1406	1404	1403	1401	1399	1397	1395	1393	1391
7.2	1389	1387	1385	1383	1381	1379	1377	1376	1374	1372
7.3	1370	1368	1366	1364	1362	1361	1359	1357	1355	1353
7.4	1351	1350	1348	1346	1344	1342	1340	1339	1337	1335
7.5	1333	1332	1330	1328	1326	1325	1323	1321	1319	1318
7.6	1316	1314	1312	1311	1309	1307	1305	1304	1302	1300
7.7	1299	1297	1295	1294	1292	1290	1289	1287	1285	1284
7.8	1282	1280	1279	1277	1276	1274	1272	1271	1269	1267
7.9	1266	1264	1263	1261	1259	1258	1256	1255	1253	1252
8.0	1250	1248	1247	1245	1244	1242	1241	1239	1238	1236
8.1	1235	1233	1232	1230	1229	1227	1225	1224	1222	1221
8.2	1220	1218	1217	1215	1214	1212	1211	1209	1208	1206
8.3	1205	1203	1202	1200	1199	1198	1196	1195	1193	1192
8.4	1190	1189	1188	1186	1185	1183	1182	1181	1179	1178
8.5	1176	1175	1174	1172	1171	1170	1168	1167	1166	1164
8.6	1163	1161	1160	1159	1157	1156	1155	1153	1152	1151
8.7	1149	1148	1147	1145	1144	1143	1142	1140	1139	1138
8.8	1136	1135	1134	1133	1131	1130	1129	1127	1126	1125
8.9	1124	1122	1121	1120	1119	1117	1116	1115	1114	1112
9.0	1111	1110	1109	1107	1106	1105	1104	1103	1101	1100
9.1	1099	1098	1096	1095	1094	1093	1092	1091	1089	1088
9.2	1087	1086	1085	1083	1082	1081	1080	1079	1078	1076
9.3	1075	1074	1073	1072	1071	1070	1068	1067	1066	1065
9.4	1064	1063	1062	1060	1059	1058	1057	1056	1055	1054
9.5	1053	1052	1050	1049	1048	1047	1046	1045	1044	1043
9.6	1042	1041	1040	1038	1037	1036	1035	1034	1033	1032
9.7	1031	1030	1029	1028	1027	1026	1025	1024	1022	1021
9.8	1020	1019	1018	1017	1016	1015	1014	1013	1012	1011
9.9	1010	1009	1008	1007	1006	1005	1004	1003	1002	1001
10.0	0	1	2	3	4	5	6	7	8	9

Differences.

	36	35	34	33	32
1	4	4	3	3	3
2	7	7	7	7	6
3	11	11	10	10	10
4	14	14	14	13	13
5	18	18	17	17	16
6	22	21	20	20	19
7	25	25	24	23	22
8	29	28	27	26	26
9	32	32	31	30	29
	31	30	29	28	27
1	3	3	3	3	3
2	6	6	6	6	5
3	9	9	9	8	8
4	12	12	12	11	11
5	16	15	15	14	14
6	19	18	17	17	16
7	22	21	20	20	19
8	25	24	23	22	22
9	28	27	26	25	24
	26	25	24	23	22
1	3	3	2	2	2
2	5	5	5	5	4
3	8	8	7	7	7
4	10	10	10	9	9
5	13	13	12	12	11
6	16	15	14	14	13
7	18	18	17	16	15
8	21	20	19	18	18
9	23	23	22	21	20
	21	20	19	18	17
1	2	2	2	2	2
2	4	4	4	4	3
3	6	6	6	5	5
4	8	8	8	7	7
5	11	10	10	9	9
6	13	12	11	11	10
7	15	14	13	13	12
8	17	16	15	14	14
9	19	18	17	16	15
	16	15	14	13	12
1	2	2	1	1	1
2	3	3	3	3	2
3	5	5	4	4	4
4	6	6	6	5	5
5	8	8	7	7	6
6	10	9	8	8	7
7	11	11	10	9	8
8	13	12	11	10	10
9	14	14	13	12	11
	11	10	9	8	7
1	1	1	1	1	1
2	2	2	2	2	1
3	3	3	3	2	2
4	4	4	4	3	3
5	6	5	5	4	4
6	7	6	5	5	4
7	8	7	6	6	5
8	9	8	7	6	6
9	10	9	8	7	6
	6	5	4	3	2
1	1	1	0	0	0
2	1	1	1	1	0
3	2	2	1	1	1
4	2	2	2	1	1
5	3	3	2	2	1
6	4	3	2	2	1
7	4	4	3	2	1
8	5	4	3	2	2
9	5	5	4	3	2

Differences.

154 XV. QUARTER-SQUARES.

0	0	1	2	3	4	5	6	7	8	9
0	0	0	1	2	4	6	9	12	16	20
1	25	30	36	42	49	56	64	72	81	90
2	100	110	121	132	144	156	169	182	196	210
3	225	240	256	272	289	306	324	342	361	380
4	400	420	441	462	484	506	529	552	576	600
5	625	650	676	702	729	756	784	812	841	870
6	900	930	961	992	1024	1056	1089	1122	1156	1190
7	1225	1260	1296	1332	1369	1406	1444	1482	1521	1560
8	1600	1640	1681	1722	1764	1806	1849	1892	1936	1980
9	2025	2070	2116	2162	2209	2256	2304	2352	2401	2450
10	2500	2550	2601	2652	2704	2756	2809	2862	2916	2970
11	3025	3080	3136	3192	3249	3306	3364	3422	3481	3540
12	3600	3660	3721	3782	3844	3906	3969	4032	4096	4160
13	4225	4290	4356	4422	4489	4556	4624	4692	4761	4830
14	4900	4970	5041	5112	5184	5256	5329	5402	5476	5550
15	5625	5700	5776	5852	5929	6006	6084	6162	6241	6320
16	6400	6480	6561	6642	6724	6806	6889	6972	7056	7140
17	7225	7310	7396	7482	7569	7656	7744	7832	7921	8010
18	8100	8190	8281	8372	8464	8556	8649	8742	8836	8930
19	9025	9120	9216	9312	9409	9506	9604	9702	9801	9900
20	1 0000	1 0100	1 0201	1 0302	1 0404	1 0506	1 0609	1 0712	1 0816	1 0920
21	1025	1130	1236	1342	1449	1556	1664	1772	1881	1990
22	2100	2210	2321	2432	2544	2656	2769	2882	2996	3110
23	3225	3340	3456	3572	3689	3806	3924	4042	4161	4280
24	4400	4520	4641	4762	4884	5006	5129	5252	5376	5500
25	5625	5750	5876	6002	6129	6256	6384	6512	6641	6770
26	6900	7030	7161	7292	7424	7556	7689	7822	7956	8090
27	8225	8360	8496	8632	8769	8906	9044	9182	9321	9460
28	9600	9740	9881	2 0022	2 0164	2 0306	2 0449	2 0592	2 0736	2 0880
29	2 1025	2 1170	2 1316	1462	1609	1756	1904	2052	2201	2350
30	2 2500	2 2650	2 2801	2 2952	2 3104	2 3256	2 3409	2 3562	2 3716	2 3870
31	4025	4180	4336	4492	4649	4806	4964	5122	5281	5440
32	5600	5760	5921	6082	6244	6406	6569	6732	6896	7060
33	7225	7390	7556	7722	7889	8056	8224	8392	8561	8730
34	8900	9070	9241	9412	9584	9756	9929	3 0102	3 0276	3 0450
35	3 0625	3 0800	3 0976	3 1152	3 1329	3 1506	3 1684	1862	2041	2220
36	2400	2580	2761	2942	3124	3306	3489	3672	3856	4040
37	4225	4410	4596	4782	4969	5156	5344	5532	5721	5910
38	6100	6290	6481	6672	6864	7056	7249	7442	7636	7830
39	8025	8220	8416	8612	8809	9006	9204	9402	9601	9800
40	4 0000	4 0200	4 0401	4 0602	4 0804	4 1006	4 1209	4 1412	4 1616	4 1820
41	2025	2230	2436	2642	2849	3056	3264	3472	3681	3890
42	4100	4310	4521	4732	4944	5156	5369	5582	5796	6010
43	6225	6440	6656	6872	7089	7306	7524	7742	7961	8180
44	8400	8620	8841	9062	9284	9506	9729	9952	5 0176	5 0400
45	5 0625	5 0850	5 1076	5 1302	5 1529	5 1756	5 1984	5 2212	2441	2670
46	2900	3130	3361	3592	3824	4056	4289	4522	4756	4990
47	5225	5460	5696	5932	6169	6406	6644	6882	7121	7360
48	7600	7840	8081	8322	8564	8806	9049	9292	9536	9780
49	6 0025	6 0270	6 0516	6 0762	6 1009	6 1256	6 1504	6 1752	6 2001	6 2250

$$\tfrac{1}{4}(a+b)^2 - \tfrac{1}{4}(a-b)^2 = a\,b.$$

XV. QUARTER-SQUARES.

50	0	1	2	3	4	5	6	7	8	9
50	6 2500	6 2750	6 3001	6 3252	6 3504	6 3756	6 4009	6 4262	6 4516	6 4770
51	5025	5280	5536	5792	6049	6306	6564	6822	7081	7340
52	7600	7860	8121	8382	8644	8906	9169	9432	9696	9960
53	7 0225	7 0490	7 0756	7 1022	7 1289	7 1556	7 1824	7 2092	7 2361	7 2630
54	2900	3170	3441	3712	3984	4256	4529	4802	5076	5350
55	5625	5900	6176	6452	6729	7006	7284	7562	7841	8120
56	8400	8680	8961	9242	9524	9806	8 0089	8 0372	8 0656	8 0940
57	8 1225	8 1510	8 1796	8 2082	8 2369	8 2656	2944	3232	3521	3810
58	4100	4390	4681	4972	5264	5556	5849	6142	6436	6730
59	7025	7320	7616	7912	8209	8506	8804	9102	9401	9700
60	9 0000	9 0300	9 0601	9 0902	9 1204	9 1506	9 1809	9 2112	9 2416	9 2720
61	3025	3330	3636	3942	4249	4556	4864	5172	5481	5790
62	6100	6410	6721	7032	7344	7656	7969	8282	8596	8910
63	9225	9540	9856	10 0172	10 0489	10 0806	10 1124	10 1442	10 1761	10 2080
64	10 2400	10 2720	10 3041	3362	3684	4006	4329	4652	4976	5300
65	5625	5950	6276	6602	6929	7256	7584	7912	8241	8570
66	8900	9230	9561	9892	11 0224	11 0556	11 0889	11 1222	11 1556	11 1890
67	11 2225	11 2560	11 2896	11 3232	3569	3906	4244	4582	4921	5260
68	5600	5940	6281	6622	6964	7306	7649	7992	8336	8680
69	9025	9370	9716	12 0062	12 0409	12 0756	12 1104	12 1452	12 1801	12 2150
70	12 2500	12 2850	12 3201	12 3552	12 3904	12 4256	12 4609	12 4962	12 5316	12 5670
71	6025	6380	6736	7092	7449	7806	8164	8522	8881	9240
72	9600	9960	13 0321	13 0682	13 1044	13 1406	13 1769	13 2132	13 2496	13 2860
73	13 3225	13 3590	3956	4322	4689	5056	5424	5792	6161	6530
74	6900	7270	7641	8012	8384	8756	9129	9502	9876	14 0250
75	14 0625	14 1000	14 1376	14 1752	14 2129	14 2506	14 2884	14 3262	14 3641	4020
76	4400	4780	5161	5542	5924	6306	6689	7072	7456	7840
77	8225	8610	8996	9382	9769	15 0156	15 0544	15 0932	15 1321	15 1710
78	15 2100	15 2490	15 2881	15 3272	15 3664	4056	4449	4842	5236	5630
79	6025	6420	6816	7212	7609	8006	8404	8802	9201	9600
80	16 0000	16 0400	16 0801	16 1202	16 1604	16 2006	16 2409	16 2812	16 3216	16 3620
81	4025	4430	4836	5242	5649	6056	6464	6872	7281	7690
82	8100	8510	8921	9332	9744	17 0156	17 0569	17 0982	17 1396	17 1810
83	17 2225	17 2640	17 3056	17 3472	17 3889	4306	4724	5142	5561	5980
84	6400	6820	7241	7662	8084	8506	8929	9352	9776	18 0200
85	18 0625	18 1050	18 1476	18 1902	18 2329	18 2756	18 3184	18 3612	18 4041	4470
86	4900	5330	5761	6192	6624	7056	7489	7922	8356	8790
87	9225	9660	19 0096	19 0532	19 0969	19 1406	19 1844	19 2282	19 2721	19 3160
88	19 3600	19 4040	4481	4922	5364	5806	6249	6692	7136	7580
89	8025	8470	8916	9362	9809	20 0256	20 0704	20 1152	20 1601	20 2050
90	20 2500	20 2950	20 3401	20 3852	20 4304	20 4756	20 5209	20 5662	20 6116	20 6570
91	7025	7480	7936	8392	8849	9306	9764	21 0222	21 0681	21 1140
92	21 1600	21 2060	21 2521	21 2982	21 3444	21 3906	21 4369	4832	5296	5760
93	6225	6690	7156	7622	8089	8556	9024	9492	9961	22 0430
94	22 0900	22 1370	22 1841	22 2312	22 2784	22 3256	22 3729	22 4202	22 4676	5150
95	5625	6100	6576	7052	7529	8006	8484	8962	9441	9920
96	23 0400	23 0880	23 1361	23 1842	23 2324	23 2806	23 3289	23 3772	23 4256	23 4740
97	5225	5710	6196	6682	7169	7656	8144	8632	9121	9610
98	24 0100	24 0590	24 1081	24 1572	24 2064	24 2556	24 3049	24 3542	24 4036	24 4530
99	5025	5520	6016	6512	7009	7506	8004	8502	9001	9500

$$\tfrac{1}{4}(a+b)^2 - \tfrac{1}{4}(a-b)^2 = ab.$$

XV. QUARTER-SQUARES.

100	0	1	2	3	4	5	6	7	8	9
100	25 0000	25 0500	25 1001	25 1502	25 2004	25 2506	25 3009	25 3512	25 4016	25 4520
01	5025	5530	6036	6542	7049	7556	8064	8572	9081	9590
02	26 0100	26 0610	26 1121	26 1632	26 2144	26 2656	26 3169	26 3682	26 4196	26 4710
03	5225	5740	6256	6772	7289	7806	8324	8842	9361	9880
04	27 0400	27 0920	27 1441	27 1962	27 2484	27 3006	27 3529	27 4052	27 4576	27 5100
05	5625	6150	6676	7202	7729	8256	8784	9312	9841	28 0370
06	28 0900	28 1430	28 1961	28 2492	28 3024	28 3556	28 4089	28 4622	28 5156	5690
07	6225	6760	7296	7832	8369	8906	9444	9982	29 0521	29 1060
08	29 1600	29 2140	29 2681	29 3222	29 3764	29 4306	29 4849	29 5392	5936	6480
09	7025	7570	8116	8662	9209	9756	30 0304	30 0852	30 1401	30 1950
110	30 2500	30 3050	30 3601	30 4152	30 4704	30 5256	30 5809	30 6362	30 6916	30 7470
11	8025	8580	9136	9692	31 0249	31 0806	31 1364	31 1922	31 2481	31 3040
12	31 3600	31 4160	31 4721	31 5282	5844	6406	6969	7532	8096	8660
13	9225	9790	32 0356	32 0922	32 1489	32 2056	32 2624	32 3192	32 3761	32 4330
14	32 4900	32 5470	6041	6612	7184	7756	8329	8902	9476	33 0050
15	33 0625	33 1200	33 1776	33 2352	33 2929	33 3506	33 4084	33 4662	33 5241	5820
16	6400	6980	7561	8142	8724	9306	9889	34 0472	34 1056	34 1640
17	34 2225	34 2810	34 3396	34 3982	34 4569	34 5156	34 5744	6332	6921	7510
18	8100	8690	9281	9872	35 0464	35 1056	35 1649	35 2242	35 2836	35 3430
19	35 4025	35 4620	35 5216	35 5812	6409	7006	7604	8202	8801	9400
120	36 0000	36 0600	36 1201	36 1802	36 2404	36 3006	36 3609	36 4212	36 4816	36 5420
21	6025	6630	7236	7842	8449	9056	9664	37 0272	37 0881	37 1490
22	37 2100	37 2710	37 3321	37 3932	37 4544	37 5156	37 5769	6382	6996	7610
23	8225	8840	9456	38 0072	38 0689	38 1306	38 1924	38 2542	38 3161	38 3780
24	38 4400	38 5020	38 5641	6262	6884	7506	8129	8752	9376	39 0000
25	39 0625	39 1250	39 1876	39 2502	39 3129	39 3756	39 4384	39 5012	39 5641	6270
26	6900	7530	8161	8792	9424	40 0056	40 0689	40 1322	40 1956	40 2590
27	40 3225	40 3860	40 4496	40 5132	40 5769	6406	7044	7682	8321	8960
28	9600	41 0240	41 0881	41 1522	41 2164	41 2806	41 3449	41 4092	41 4736	41 5380
29	41 6025	6670	7316	7962	8609	9256	9904	42 0552	42 1201	42 1850
130	42 2500	42 3150	42 3801	42 4452	42 5104	42 5756	42 6409	42 7062	42 7716	42 8370
31	9025	9680	43 0336	43 0992	43 1649	43 2306	43 2964	43 3622	43 4281	43 4940
32	43 5600	43 6260	6921	7582	8244	8906	9569	44 0232	44 0896	44 1560
33	44 2225	44 2890	44 3556	44 4222	44 4889	44 5556	44 6224	6892	7561	8230
34	8900	9570	45 0241	45 0912	45 1584	45 2256	45 2929	45 3602	45 4276	45 4950
35	45 5625	45 6300	6976	7652	8329	9006	9684	46 0362	46 1041	46 1720
36	46 2400	46 3080	46 3761	46 4442	46 5124	46 5806	46 6489	7172	7856	8540
37	9225	9910	47 0596	47 1282	47 1969	47 2656	47 3344	47 4032	47 4721	47 5410
38	47 6100	47 6790	7481	8172	8864	9556	48 0249	48 0942	48 1636	48 2330
39	48 3025	48 3720	48 4416	48 5112	48 5809	48 6506	7204	7902	8601	9300
140	49 0000	49 0700	49 1401	49 2102	49 2804	49 3506	49 4209	49 4912	49 5616	49 6320
41	7025	7730	8436	9142	9849	50 0556	50 1264	50 1972	50 2681	50 3390
42	50 4100	50 4810	50 5521	50 6232	50 6944	7656	8369	9082	9796	51 0510
43	51 1225	51 1940	51 2656	51 3372	51 4089	51 4806	51 5524	51 6242	51 6961	7680
44	8400	9120	9841	52 0562	52 1284	52 2006	52 2729	52 3452	52 4176	52 4900
45	52 5625	52 6350	52 7076	7802	8529	9256	9984	53 0712	53 1441	53 2170
46	53 2900	53 3630	53 4361	53 5092	53 5824	53 6556	53 7289	8022	8756	9490
47	54 0225	54 0960	54 1696	54 2432	54 3169	54 3906	54 4644	54 5382	54 6121	54 6860
48	7600	8340	9081	9822	55 0564	55 1306	55 2049	55 2792	55 3536	55 4280
49	55 5025	55 5770	55 6516	55 7262	8009	8756	9504	56 0252	56 1001	56 1750

$$\tfrac{1}{4}(a+b)^2 - \tfrac{1}{4}(a-b)^2 = ab.$$

XV. QUARTER-SQUARES.

150	0	1	2	3	4	5	6	7	8	9
150	56 2500	56 3250	56 4001	56 4752	56 5504	56 6256	56 7009	56 7762	56 8516	56 9270
51	57 0025	57 0780	57 1536	57 2292	57 3049	57 3806	57 4564	57 5322	57 6081	57 6840
52	7600	8360	9121	9882	58 0644	58 1406	58 2169	58 2932	58 3696	58 4460
53	58 5225	58 5990	58 6756	58 7522	8289	9056	9824	59 0592	59 1361	59 2130
54	59 2900	59 3670	59 4441	59 5212	59 5984	59 6756	59 7529	8302	9076	9850
55	60 0625	60 1400	60 2176	60 2952	60 3729	60 4506	60 5284	60 6062	60 6841	60 7620
56	8400	9180	9961	61 0742	61 1524	61 2306	61 3089	61 3872	61 4656	61 5440
57	61 6225	61 7010	61 7796	8582	9369	62 0156	62 0944	62 1732	62 2521	62 3310
58	62 4100	62 4890	62 5681	62 6472	62 7264	8056	8849	9642	63 0436	63 1230
59	63 2025	63 2820	63 3616	63 4412	63 5209	63 6006	63 6804	63 7602	8401	9200
160	64 0000	64 0800	64 1601	64 2402	64 3204	64 4006	64 4809	64 5612	64 6416	64 7220
61	8025	8830	9636	65 0442	65 1249	65 2056	65 2864	65 3672	65 4481	65 5290
62	65 6100	65 6910	65 7721	8532	9344	66 0156	66 0969	66 1782	66 2596	66 3410
63	66 4225	66 5040	66 5856	66 6672	66 7489	8306	9124	9942	67 0761	67 1580
64	67 2400	67 3220	67 4041	67 4862	67 5684	67 6506	67 7329	67 8152	8976	9800
65	68 0625	68 1450	68 2276	68 3102	68 3929	68 4756	68 5584	68 6412	68 7241	68 8070
66	8900	9730	69 0561	69 1392	69 2224	69 3056	69 3889	69 4722	69 5556	69 6390
67	69 7225	69 8060	8896	9732	70 0569	70 1406	70 2244	70 3082	70 3921	70 4760
68	70 5600	70 6440	70 7281	70 8122	8964	9806	71 0649	71 1492	71 2336	71 3180
69	71 4025	71 4870	71 5716	71 6562	71 7409	71 8256	9104	9952	72 0801	72 1650
170	72 2500	72 3350	72 4201	72 5052	72 5904	72 6756	72 7609	72 8462	72 9316	73 0170
71	73 1025	73 1880	73 2736	73 3592	73 4449	73 5306	73 6164	73 7022	73 7881	8740
72	9600	74 0460	74 1321	74 2182	74 3044	74 3906	74 4769	74 5632	74 6496	74 7360
73	74 8225	9090	9956	75 0822	75 1689	75 2556	75 3424	75 4292	75 5161	75 6030
74	75 6900	75 7770	75 8641	9512	76 0384	76 1256	76 2129	76 3002	76 3876	76 4750
75	76 5625	76 6500	76 7376	76 8252	9129	77 0006	77 0884	77 1762	77 2641	77 3520
76	77 4400	77 5280	77 6161	77 7042	77 7924	8806	9689	78 0572	78 1456	78 2340
77	78 3225	78 4110	78 4996	78 5882	78 6769	78 7656	78 8544	9432	79 0321	79 1210
78	79 2100	79 2990	79 3881	79 4772	79 5664	79 6556	79 7449	79 8342	9236	80 0130
79	80 1025	80 1920	80 2816	80 3712	80 4609	80 5506	80 6404	80 7302	80 8201	9100
180	81 0000	81 0900	81 1801	81 2702	81 3604	81 4506	81 5409	81 6312	81 7216	81 8120
81	9025	9930	82 0836	82 1742	82 2649	82 3556	82 4464	82 5372	82 6281	82 7190
82	82 8100	82 9010	9921	83 0832	83 1744	83 2656	83 3569	83 4482	83 5396	83 6310
83	83 7225	83 8140	83 9056	9972	84 0889	84 1806	84 2724	84 3642	84 4561	84 5480
84	84 6400	84 7320	84 8241	84 9162	85 0084	85 1006	85 1929	85 2852	85 3776	85 4700
85	85 5625	85 6550	85 7476	85 8402	9329	86 0256	86 1184	86 2112	86 3041	86 3970
86	86 4900	86 5830	86 6761	86 7692	86 8624	9556	87 0489	87 1422	87 2356	87 3290
87	87 4225	87 5160	87 6096	87 7032	87 7969	87 8906	9844	88 0782	88 1721	88 2660
88	88 3600	88 4540	88 5481	88 6422	88 7364	88 8306	88 9249	89 0192	89 1136	89 2080
89	89 3025	89 3970	89 4916	89 5862	89 6809	89 7756	89 8704	9652	90 0601	90 1550
190	90 2500	90 3450	90 4401	90 5352	90 6304	90 7256	90 8209	90 9162	91 0116	91 1070
91	91 2025	91 2980	91 3936	91 4892	91 5849	91 6806	91 7764	91 8722	9681	92 0640
92	92 1600	92 2560	92 3521	92 4482	92 5444	92 6406	92 7369	92 8332	92 9296	93 0260
93	93 1225	93 2190	93 3156	93 4122	93 5089	93 6056	93 7024	93 7992	93 8961	9930
94	94 0900	94 1870	94 2841	94 3812	94 4784	94 5756	94 6729	94 7702	94 8676	94 9650
95	95 0625	95 1600	95 2576	95 3552	95 4529	95 5506	95 6484	95 7462	95 8441	95 9420
96	96 0400	96 1380	96 2361	96 3342	96 4324	96 5306	96 6289	96 7272	96 8256	96 9240
97	97 0225	97 1210	97 2196	97 3182	97 4169	97 5156	97 6144	97 7132	97 8121	97 9110
98	98 0100	98 1090	98 2081	98 3072	98 4064	98 5056	98 6049	98 7042	98 8036	98 9030
99	99 0025	99 1020	99 2016	99 3012	99 4009	99 5006	99 6004	99 7002	99 8001	99 9000

$$\tfrac{1}{4}(a+b)^2 - \tfrac{1}{4}(a-b)^2 = ab.$$

158 XVI. BESSEL'S COEFFICIENTS.

C_1	C_2	C_3	C_4	C_5	C_1	C_2	C_3	C_4	C_5
.00	0.00000	0.00000	0.00000	0.00000	.50	0.12500	0.00000	0.02344	0.00000
.01	0495	0081	0083	0008	.51	2495	0042	2343	0005
.02	0980	0157	0165	0016	.52	2480	0083	2340	0009
.03	1455	0228	0246	0023	.53	2455	0125	2334	0014
.04	1920	0294	0326	0030	.54	2420	0166	2327	0019
.05	2375	0356	0405	0036	.55	2375	0206	2318	0023
.06	2820	0414	0483	0043	.56	2320	0246	2306	0028
.07	3255	0467	0560	0048	.57	2255	0286	2293	0032
.08	3680	0515	0636	0053	.58	2180	0325	2277	0036
.09	4095	0560	0710	0058	.59	2095	0363	2260	0041
.10	0.04500	0.00600	0.00784	0.00063	.60	0.12000	0.00400	0.02240	0.00045
.11	4895	0636	0856	0067	.61	1895	0436	2218	0049
.12	5280	0669	0926	0070	.62	1780	0471	2195	0053
.13	5655	0697	0996	0074	.63	1655	0505	2169	0056
.14	6020	0722	1064	0077	.64	1520	0538	2141	0060
.15	6375	0744	1130	0079	.65	1375	0569	2111	0063
.16	6720	0762	1195	0081	.66	1220	0598	2080	0067
.17	7055	0776	1259	0083	.67	1055	0626	2046	0070
.18	7380	0787	1321	0085	.68	0880	0653	2011	0072
.19	7695	0795	1381	0086	.69	0695	0677	1973	0075
.20	0.08000	0.00800	0.01440	0.00086	.70	0.10500	0.00700	0.01934	0.00077
.21	8295	0802	1497	0087	.71	0295	0721	1892	0079
.22	8580	0801	1553	0087	.72	0080	0739	1849	0081
.23	8855	0797	1607	0087	.73	0.09855	0756	1804	0083
.24	9120	0790	1659	0086	.74	9620	0770	1758	0084
.25	9375	0781	1709	0085	.75	9375	0781	1709	0085
.26	9620	0770	1758	0084	.76	9120	0790	1659	0086
.27	9855	0756	1804	0083	.77	8855	0797	1607	0087
.28	0.10080	0739	1849	0081	.78	8580	0801	1553	0087
.29	0295	0721	1892	0079	.79	8295	0802	1497	0087
.30	0.10500	0.00700	0.01934	0.00077	.80	0.08000	0.00800	0.01440	0.00086
.31	0695	0677	1973	0075	.81	7695	0795	1381	0086
.32	0880	0653	2011	0072	.82	7380	0787	1321	0085
.33	1055	0626	2046	0070	.83	7055	0776	1259	0083
.34	1220	0598	2080	0067	.84	6720	0762	1195	0081
.35	1375	0569	2111	0063	.85	6375	0744	1130	0079
.36	1520	0538	2141	0060	.86	6020	0722	1064	0077
.37	1655	0505	2169	0056	.87	5655	0697	0996	0074
.38	1780	0471	2195	0053	.88	5280	0669	0926	0070
.39	1895	0436	2218	0049	.89	4895	0636	0856	0067
.40	0.12000	0.00400	0.02240	0.00045	.90	0.04500	0.00600	0.00784	0.00063
.41	2095	0363	2260	0041	.91	4095	0560	0710	0058
.42	2180	0325	2277	0036	.92	3680	0515	0636	0053
43	2255	0286	2293	0032	.93	3255	0467	0560	0048
.44	2320	0246	2306	0028	.94	2820	0414	0483	0043
.45	2375	0206	2318	0023	.95	2375	0356	0405	0036
.46	2420	0166	2327	0019	.96	1920	0294	0326	0030
.47	2455	0125	2334	0014	.97	1455	0228	0246	0023
.48	2480	0083	2340	0009	.98	0980	0157	0165	0016
.49	2495	0042	2343	0005	.99	0495	0081	0083	0008

C_2, C_5, Negative. C_2, C_3, Negative.

XVII. BINOMIAL COEFFICIENTS. 159

C_1	C_2	C_3	C_4	C_5	C_1	C_2	C_3	C_4	C_5
.00	0.00000	0.00000	0.00000	0.00000	.50	0.12500	0.06250	0.03906	0.02734
.01	0495	0328	0245	0196	.51	2495	6206	3863	2696
.02	0980	0647	0482	0384	.52	2480	6157	3817	2657
.03	1455	0955	0709	0563	.53	2455	6103	3769	2615
.04	1920	1254	0928	0735	.54	2420	6044	3717	2572
.05	2375	1544	1139	0899	.55	2375	5981	3664	2528
.06	2820	1824	1340	1056	.56	2320	5914	3607	2482
.07	3255	2094	1534	1206	.57	2255	5842	3549	2434
.08	3680	2355	1719	1348	.58	2180	5765	3488	2386
.09	4095	2607	1897	1483	.59	2095	5685	3425	2336
.10	0.04500	0.02850	0.02066	0.01612	.60	0.12000	0.05600	0.03360	0.02285
.11	4895	3084	2228	1733	.61	1895	5511	3293	2233
.12	5280	3309	2382	1849	.62	1780	5419	3224	2180
.13	5655	3525	2529	1958	.63	1655	5322	3154	2125
.14	6020	3732	2669	2060	.64	1520	5222	3081	2071
.15	6375	3931	2801	2157	.65	1375	5119	3007	2015
.16	6720	4122	2926	2247	.66	1220	5012	2932	1958
.17	7055	4304	3045	2332	.67	1055	4901	2855	1901
.18	7380	4477	3156	2412	.68	0880	4787	2777	1844
.19	7695	4643	3261	2485	.69	0695	4670	2697	1785
.20	0.08000	0.04800	0.03360	0.02554	.70	0.10500	0.04550	0.02616	0.01727
.21	8295	4949	3452	2617	.71	0295	4427	2534	1668
.22	8580	5091	3538	2675	.72	0080	4301	2451	1608
.23	8855	5224	3618	2728	.73	0.09855	4172	2368	1548
.24	9120	5350	3692	2776	.74	9620	4040	2283	1488
.25	9375	5469	3760	2820	.75	9375	3906	2197	1428
.26	9620	5580	3822	2859	.76	9120	3770	2111	1368
.27	9855	5683	3879	2893	.77	8855	3631	2024	1308
.28	0.10080	5779	3930	2924	.78	8580	3489	1937	1247
.29	0295	5868	3976	2950	.79	8295	3346	1848	1187
.30	0.10500	0.05950	0.04016	0.02972	.80	0.08000	0.03200	0.01760	0.01126
.31	0695	6025	4052	2990	.81	7695	3052	1671	1066
.32	0880	6098	4082	3004	.82	7380	2903	1582	1006
.33	1055	6154	4108	3015	.83	7055	2751	1493	0946
.34	1220	6208	4129	3022	.84	6720	2598	1403	0887
.35	1375	6256	4145	3026	.85	6375	2444	1314	0828
.36	1520	6298	4156	3026	.86	6020	2288	1224	0769
.37	1655	6333	4164	3023	.87	5655	2130	1134	0710
.38	1780	6361	4167	3017	.88	5280	1971	1045	0652
.39	1895	6384	4165	3007	.89	4895	1811	0955	0594
.40	0.12000	0.06400	0.04160	0.02995	.90	0.04500	0.01650	0.00866	0.00537
.41	2095	6410	4151	2980	.91	4095	1488	0777	0480
.42	2180	6415	4138	2962	.92	3680	1325	0689	0424
.43	2255	6413	4121	2942	.93	3255	1161	0601	0369
.44	2320	6406	4100	2919	.94	2820	0996	0513	0314
.45	2375	6394	4076	2894	.95	2375	0831	0426	0260
.46	2420	6376	4049	2866	.96	1920	0666	0339	0206
.47	2455	6352	4018	2836	.97	1455	0500	0254	0154
.48	2480	6323	3984	2804	.98	0980	0333	0168	0102
.49	2495	6289	3946	2770	.99	0495	0167	0084	0050

C_2, C_4, Negative.

160 XVIII. ERRORS OF OBSERVATION.

t.	$\frac{1}{\sqrt{\pi}}e^{-t^2}$	$\frac{2}{\sqrt{\pi}}\int_0^t e^{-t^2}dt$	$\frac{t}{.4769}$	$\frac{2}{\sqrt{\pi}}\int_0^t e^{-t^2}dt$
0.0	.56419	0.000000	0.0	0.0000
0.1	.55858	112463	0.1	0538
0.2	.54207	222703	0.2	1073
0.3	.51563	328627	0.3	1604
0.4	.48077	428392	0.4	2127
0.5	.43939	520500	0.5	2641
0.6	.39362	603856	0.6	3143
0.7	.34564	677801	0.7	3632
0.8	.29749	742101	0.8	4105
0.9	.25098	796908	0.9	4562
1.0	.20755	0.842701	1.0	0.5000
1.1	.16824	880205	1.1	5419
1.2	.13367	910314	1.2	5817
1.3	.10410	934008	1.3	6194
1.4	.07947	952285	1.4	6550
1.5	.05947	966105	1.5	6883
1.6	.04361	976348	1.6	7195
1.7	.03136	983790	1.7	7485
1.8	.02210	989090	1.8	7753
1.9	.01526	992790	1.9	8000
2.0	.01033	0.995322	2.0	0.8227
2.1	$.0^{2}6858$	997020	2.1	8433
2.2	$.0^{2}4461$	998137	2.2	8622
2.3	$.0^{2}2845$	998857	2.3	8792
2.4	$.0^{2}1778$	999310	2.4	8945
2.5	$.0^{2}1089$	999593	2.5	9082
2.6	$.0^{3}6540$	999764	2.6	9205
2.7	$.0^{3}3850$	999866	2.7	9314
2.8	$.0^{3}2221$	999925	2.8	9411
2.9	$.0^{3}1256$	999959	2.9	9495
3.0	$.0^{4}6963$	0.9999779	3.0	0.9570
3.1	$.0^{4}3783$	9999884	3.1	9635
3.2	$.0^{4}2015$	9999940	3.2	9691
3.3	$.0^{4}1052$	9999969	3.3	9740
3.4	$.0^{5}5382$	9999985	3.4	9782
3.5	$.0^{5}2700$	9990993	3.5	9818
3.6	$.0^{5}1327$	9999996	3.6	9848
3.7	$.0^{6}6396$	9999998	3.7	9874
3.8	$.0^{6}3021$	9999999	3.8	9896
3.9	$.0^{6}1399$	9999999	3.9	9915
4.0	$.0^{7}6349$		4.0	0.9930
4.1	$.0^{7}2824$		4.1	9943
4.2	$.0^{7}1232$		4.2	9954
4.3	$.0^{8}5264$		4.3	9963
4.4	$.0^{8}2205$		4.4	9970
4.5	$.0^{9}9057$		4.5	9976
4.6	$.0^{9}3645$		4.6	9981
4.7	$.0^{9}1438$		4.7	9985
4.8	$.0^{10}5563$		4.8	9988
4.9	$.0^{10}2109$		4.9	9991
5.0	$.0^{11}7835$		5.0	0.9993

PROPORTIONS OF THE DIFFERENT CONSTANTS.

Let M. be modulus; M. E., mean error; E. M. S., error of mean square; P. E., probable error; then:

	M.	M. E.	E. M. S.	P. E.
Modulus, - - - -	1.000000	0.564190	0.707107	0.476936
Mean error, - -	1.772454	1.000000	1.253314	0.845348
Error mean square,	1.414214	0.797885	1.000000	0.674490
Probable error, -	2.096716	1.182945	1.482602	1.000000

n.	$\frac{0.6745}{\sqrt{(n-1)}}$	$\frac{0.6745}{\sqrt{n(n-1)}}$	$\frac{0.8453}{\sqrt{n(n-1)}}$	$\frac{0.8453}{n\sqrt{(n-1)}}$
2	0.6745	0.4769	0.5978	0.4227
3	4769	2754	3451	1993
4	3894	1947	2440	1220
5	3372	1508	1890	0845
6	3016	1231	1543	0630
7	2754	1041	1304	0493
8	2549	0901	1130	0399
9	2385	0795	0996	0332
10	0.2248	0.0711	0.0891	0.0282
11	2133	0643	0806	0243
12	2034	0587	0736	0212
13	1947	0540	0677	0188
14	1871	0500	0627	0167
15	1803	0465	0583	0151
16	1742	0435	0546	0136
17	1686	0409	0513	0124
18	1636	0386	0483	0114
19	1590	0365	0457	0105
20	0.1547	0.0346	0.0434	0.0097
21	1508	0329	0412	0090
22	1472	0314	0393	0084
23	1438	0300	0376	0078
24	1406	0287	0360	0073
25	1377	0275	0345	0069
26	1349	0265	0332	0065
27	1323	0255	0319	0061
28	1298	0245	0307	0058
29	1275	0237	0297	0055
30	0.1252	0.0229	0.0287	0.0052
31	1231	0221	0277	0050
32	1211	0214	0268	0047
33	1192	0208	0260	0045
34	1174	0201	0252	0043
35	1157	0196	0245	0041
36	1140	0190	0238	0040
37	1124	0185	0232	0038
38	1109	0180	0225	0037
39	1094	0175	0220	0035
40	0.1080	0.0171	0.0214	0.0034
41	1066	0167	0209	0033
42	1053	0163	0204	0031
43	1041	0159	0199	0030
44	1029	0155	0194	0029
45	1017	0152	0190	0028
46	1005	0148	0186	0027
47	0994	0145	0182	0027
48	0984	0142	0178	0026
49	0974	0139	0174	0025
50	0.0964	0.0136	0.0171	0.0024
55	0918	0124	0155	0021
60	0878	0113	0142	0018
65	0843	0105	0131	0016
70	0812	0097	0122	0015
75	0784	0091	0113	0013
80	0759	0085	0106	0012
85	0736	0080	0100	0011
90	0715	0075	0094	0010
95	0696	0071	0089	0009
100	0.0678	0.0068	0.0085	0.0008

www.ingramcontent.com/pod-product-compliance
Lightning Source LLC
Chambersburg PA
CBHW030303170426
43202CB00009B/854
* 9 7 8 3 3 3 7 1 3 2 4 6 0 *